JN123188

北海道酪農の150年の歩みと将来展望

――酪農技術の発展と酪農哲学の再考――

監修: 干場　信司

編集: 北海道酪農の歩みと将来展望を考える会

デーリィマン社

推薦のことば

北海道大学　大学院農学研究院教授　岩渕　和則

本書は、北海道酪農の歴史を詳細に記述した貴重な内容を含んでいる。現在でこそ、北海道は広大な土地を活用した乳製品の生産地として確固たる地位を築き上げているが、それは「明治政府によって欧米の技術が導入されて、大規模酪農が発展した」という単純な歴史ではないことが本書を読み進めると分かる。いかなる技術も、新たな土地への導入には、多くの困難を乗り越え、試行錯誤を重ねて、その土地に順応するという手順を踏むが、北海道酪農の歴史も同様であることが分かる。一般に黎明（れいめい）期は方向性を見定めることが求められ、多くの困難があったことは想像に難くないが、今日があるのは、黎明期を支えた明治政府、渡日して教育や技術支援を担った多くの招聘（しょうへい）者、そしてそこでの学びを北海道に順応させ、実践してきた人々の存在である。

非常に特徴的であるが、この本は、単なる北海道酪農の歴史を記述した書ではない。本書には、酪農哲学という言葉が出てくる。哲学とは、分かっているようで、うまく説明できない言葉であるが、「全体を貫く基本的な考え方・思想」という意味である。すなわち「酪農を行う上での基本的な考え方」が酪農哲学に最もふさわしい意味であろう。酪農は農業であり、「業」とはあくまでも利益を生むための活動なので、儲かればそれで良しとする見方が一般的であるかもしれない。しかし業であるが故に、一本筋が通った哲学が必要であり、それを実践してきた人々に支えられてきたのが今日の姿であることが、本書を通して理解できると思う。本書は、その哲学を浮き彫りにし、それが北海道酪農の中で脈々と引き継がれていることを、あらためて私たちに知らせてくれている。第３章に記述された、酪農家おのおのが自身の経験の中で酪農哲学を学び経営を行っている様子などは、まさにその証拠であろう。実は、本書の中に「酪農哲学」とは何かについて明確に記述している箇所があるが、それは本書を読んでご確認いただきたい。

現在はあらゆる社会活動においてSDGs（持続可能な開発目標）への適応が世界的に求められている。それは少なからずリスクを伴う可能性があるが、それでも私たちの生活スタイルさえ変わらざるを得ないと感じさせる非常に大きな転換期だといえる。SDGsは、貧困、飢餓、水・衛生、気候変動、エネルギーなど多岐にわたっているが、わずか10年後の2030（令和12）年を目処に一定の成果が求められている。2020（令和２）年の年末に日本政府が唐突に「2030年前半、ガソリン車販売禁止」を打ち出したことに驚かれた人もいるかと思うが、SDGsの流れを知っている人にとってはそれほど驚く出来事ではない。もちろんこの達成は非常に困難と予想され、日本の自動車産業が大打撃を受ける可能性が高いが、この流れは加速している。

当然これからの酪農にもSDGsへの対応が求められることになる。アニマルウェルフェア、食料の安定的供給と環境保全など、一見多くのことに対処する必要があるように見えるが、本書で述べられている酪農哲学は普遍性を持っており、SDGsの本質と同じである。本書は、動物、人、土壌などあらゆるモノの持続可能性を大事にしていこうというメッセージとも言える。

北海道酪農の歴史も振り返りながら、まさに将来像を考えさせられる良書である。

はじめに

干場　信司

本書の基本的視点について述べる。

北海道の酪農の歴史を考えるとき、明治維新後に時の政府が打ち出した政策の影響を無視することはできない。その政策はわが国に欧米産業を導入させようというものであり、それに伴って北海道に酪農が導入されたからである。もちろん、第１章の初めに述べるように、北海道酪農の歴史は官の政策だけによって形づくられたわけではなく、多くの酪農を志した先人の努力を見逃すことはできない。しかし、これまでの北海道酪農の歩みを振り返り、今後の将来を展望しようとするとき、明治維新から現在までの約150年を１つの区切りとして考えることに異論はないであろう。

本書の目的は、北海道酪農が胎動し始めて150年を超えたこの時期に、酪農の本質を今一度思い起こし（振り返り）、将来の方向を考えてみることである。言い換えれば、変わりゆく（発展し続ける）技術と、変わってはならない考え方とを再確認することである。

前述した「酪農の本質」や「変わってはならない考え方」を、ここでは「酪農哲学」と表現することにしたい。そして本書における「酪農哲学」は、「酪農生産を持続的に行うためには、物質の循環が成立していなくてはならない」ということである。この詳細についても、第１章第２節で述べることにする。

従って、本書は単に歴史を懐古しようとするものではない。歴史を学びながら、将来方向を考えようとするものである。

本書の構成について述べる。

第１章は、まず、酪農が萌芽し始めた時期に、手探りで挑戦した先人たちの足跡を振り返る。次に、その中で「酪農哲学」の形成に深く関わった町村金弥、宇都宮仙太郎、町村敬貴、黒澤酉蔵を中心に、どのようにして「酪農哲学」がつくられたのかについて述べる。章末で、明治維新後の約150年間における酪農の歩みを振り返る上で必要となる時代区分について述べたい。

第２章は、飼料・牛の個体管理・畜舎・施設・機械のそれぞれの分野で、150年間の内にどのような技術が用いられてきたか、またその背景にある考え方や将来展望について述べる。次に、発展期に入ってから顕在化してきた環境保全問題や、その解決のために必要な総合的視点について述べる。章末で、北海道酪農を支えてきた行政および普及の働きや問題点について述べるとともに、その将来方向についても展望する。

第３章は、酪農業を実際に行っている酪農家の方々に自身の酪農の考え方、方法について述べていただいた。酪農業は、その構成要素が極めて多様な（いろいろな種類の農業の中でも最も多い要素からなる）産業であり、その要素の組み合わせ方も、酪農家ごとに大きく異なる。その多様な素晴らしさと、「酪農哲学」についての想いを述べていただく。

「おわりに」の章で、第１章から第３章までの内容を基に、新しい技術の発展の中でつくり出される、多様な酪農形態の容認とともに、変わらざる「酪農哲学」について述べる。

なお、第２章の各節においては、内容的に多少重複する点がみられたり、各執筆者の意図するところが多少不ぞろいとなっている部分があることをご容赦いただければ幸いである。

目 次

目　次

目 次

イメージ写真提供：萩原 拓也

第1章
酪農哲学はこうして創られた

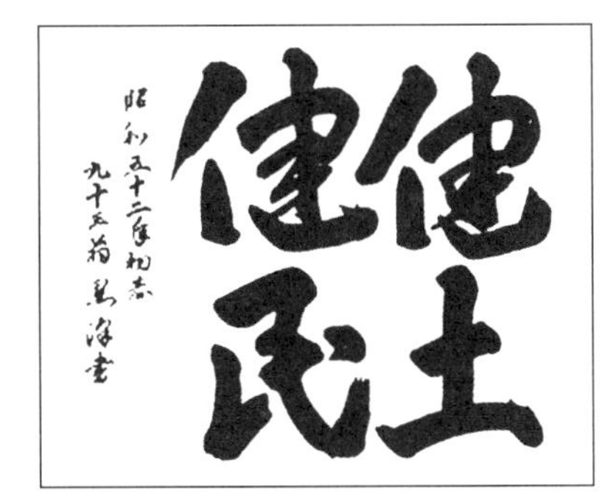

第1章
酪農哲学はこうして創られた

干場　信司

第1節　北海道酪農の萌芽

1．明治以前の牛に関わる話

高倉（1957）によると、北海道で牛について記されている最も古い記録は、白牛が松前の白神海岸に漂着したというもの（1684〈貞享元〉年）であるが、その前から漂着していた牛はいたようである。

その後、1799（寛政11）年に徳川幕府が、南下政策を推し進めようとするロシアを警戒して蝦夷地を直轄とし、東北の南部から馬とともに牛4頭を東蝦夷地に導入した。1854（安政元）年には箱館（現・函館市）付近で257頭、勇払で19頭、沙流でも若干の牛が飼われていたようだが、農耕用ではなく運搬用に利用していたようである。

北海道において牛の用途が変化したのは、1854（安政元）年に日米和親条約が結ばれ、翌年箱館が開港されてからである。すなわち、これまでの運搬用としての利用から、肉用や乳用としての利用を、来船した外国人から求められたのである。1857（安政4）年には、アメリカ貿易事務官のライスが箱館奉行所に要求して乳牛1頭を飼い、搾乳の仕方や飲み方を教えたとのことである。これが、北海道で記されている最初の搾乳の記録である。このような状況の下で箱館奉行所は1858（安政5）年、軍川（現・七飯町）に牛牧場を開き、南部から牛50頭を買い入れて、外国商人の要求に応えたが、この場所は熊や寒さによる被害が大きく、慶応年間には牧場を箱館に移した。いずれにしても、明治維新より10年も前に牛の牧場が設置されていたことになる。また、当時の牛乳はとても高価で、薬用として飲まれていたようである。

2．明治時代の「酪農」に向けての動き

（1）開拓使時代

①黒田清隆がホーレス・ケプロンを招聘（しょうへい）

明治新政府は、旧来から続くロシアの南下政策に対抗するためには、北海道の開拓に本腰を入れるしかないと考えるようになり、1869年（明治2年）に北海道開拓使を設置した。この難業を成功させるには、未開の寒地の開拓に豊富な経験を持つアメリカの指導を仰ぐしかないと考え、1870（明治3）年に黒田清隆を開拓次官に任命するとともに、翌1871（明治4）年に、適任のアメリカ人を雇い入れるべく、黒田をアメリカに派遣した。

黒田は、渡米すると当時の大統領ユリシーズ・グラントを訪問して指導者の推薦を依頼し、現職の農務長官であったホーレス・ケプロンに北海道開拓使顧問を引き受けてもらうとともに、開拓に必要な機械・家畜・種子などの購入を依頼した。

ケプロンは農務長官の職を辞して、同年（1871年）7月に来日し、8月に黒田が建議した「開拓使10年計画」の作成をサポートした。この計画には、当時としては破格の10年間で1,000万円という大規模予算の投入が決定されており、明治新政府の北海道開拓に対する意気込みがうかがい知れる。

ケプロンは1875（明治8）年5月に帰国するまでの4年間にわたり、北海道開拓の推進にとって極めて重要な役割を果たした。特に、北海道に適した農業として「有畜農業」を位置付けたことは、その後の酪農哲学にもつながる先見の明であった。また、ケプロンが推薦して官費でアメリカから雇い入れた技術者や教育者らは総勢で48人を数え、その分野も農業技術者の12人をはじめ、生活・教育・土木・林業・漁業に至る極めて広範囲に及んだ。その中には、1873（明治6）年に来日して北海道の酪農を指導・けん引したエドウィン・ダンや、札幌農学校の初代教頭として、専門教育とリベラル・アーツ（全人的教育）を指導したウィリアム・クラーク博士（1876～1877〈明治9～10〉年、約9カ月間）が含まれている。

②官園による酪農技術の普及 ― ダンの貢献

北海道開拓使は、1872（明治5）年からスタートした「開拓使10年計画」の下、ケプロンの協力を得ながら有畜農業の普及を図ろうとして、官園を札幌、東京、七重に設置した。官園とは農業に関する試験・普及機関のことで、最初にスタートしたのは、現在の七飯町に当たる七重官園（開墾場）であった。なぜ七重なのかということについては、3.の項にその詳細を記するが、プロシア（現・ドイツ）人のR・ガルトネルが七重に農場を開いていたことに起因している。その準備は、少なくとも明治維新の前から行われており、家畜、種子、農機具をプロシアから持ち込んで、プロシア農法を既に実施していたようであるが、明治新政府が1871（明治3）年に農地を買い戻していたのである。七重官園はこのガルトネル農場の跡地に開墾場として1871（明治3）年に開設された。

この官園を舞台とした北海道の開拓、酪農・畜産の振興をけん引したのは、ケプロンが推薦したオハイオ州出身の25歳の青年エドウィン・ダンだった。ダンは大学を中退して、親が経営する大牧場や叔父の牧場を手伝っていた畜産の実践者で、牧場経営の実力を十分に身に付けていた。大学時代の同級生であったケプロンの息子を通して、「農業指導技術者として日本に来てほしい」というケプロンの熱い誘いを受け、日本行きを決断した。

ダンの最初の大仕事は、日本に連れて行く家畜の調達と日本への運搬であった。当時（1873〈明治6〉年）の交通・移送の状況を考えると、乳牛140頭、羊140頭、馬・豚を合わせて300頭を超える家畜運搬の困難さは容易に想像できるが、ダンはアメリカ・オハイオ州から横浜まで50日余をかけて、全頭無事に運び入れた。

日本に着いてまず行ったのが、連れてきた家畜の馴致（じゅんち）であった。そのために東京の中心地（現在の青山近辺）に150haの東京官園が設置された。ダンはこの東京官園に2年間滞在したが、畜産だけではなく農業全般にわたり、オハイオ州での実践で身に付けてきたものを快く農業現術生に伝えた。なお、開拓使では、お雇いの外人技師の指導の下にその仕事を手伝いながら実地に技術を学ぶ「農業現術生制度」が設けられ、官費を得ながら学ぶことができた。この制度から多くの優秀な技術者や指導者が輩出されている。

ダンが運んできた家畜の目的地は北海道だったので、東京官園での馴致が終了すると、北海道への移動を開始した。ダンが函館に近い七重官園に家畜とともに移動したのは1875（明治8）年で、そこに1年間滞在した。前述した通り、七重官園は1870（明治3）年に既に開設されていたので、そこで家畜たちを北海道の気象条件に馴致させたのである。この間、最終目的地である札幌官園の真駒内牧牛場の開設準備を行っていたが、それだけではなく、日本の技術者と共にわが国最初のチーズづくりに成功している。

もう１つ、七重官園におけるダンの生活で忘れてはならないのは、妻となるツルとの出会いである。その後のダンの献身的な北海道・日本での働きは、この出会いなしにはあり得なかったであろう。

1876（明治９）年、満を持して真駒内牧牛場への移動が行われた。ダンは真駒内に100頭余の牛、若干の耕馬、80頭の豚を100ha余の飼料畑で賄うという模範的な牧場を完成させたのである。まさしく循環型の牧場経営と言うことができるだろう。札幌官園でのダンの仕事は真駒内牧牛場の設置・運営だけにとどまらず、馬産計画の拠点として新冠牧場や牧羊場も開設した。さらには、新作物や15種類もの牧草の試験および畜力農機具の導入をしており、北海道農業への貢献は計り知れない。

そして、札幌農学校在学中からダンの指導を受け、卒業と同時にこの真駒内牧牛場にやってきて場長となったのが２期生の町村金弥であり、また、同農場に懇願して牧夫見習いとして１年半ほど働いたのが、その後デンマーク農業推進の中心人物となる宇都宮仙太郎であった。この話は第２節つながることになる。

（２）官から民へ － アメリカ式大規模牧場への挑戦と挫折

開拓使は「開拓使10年計画」が終了した1882（明治15）年に廃止され、ダンも解雇されてけん引者を失った（ダンはその後、愛娘ヘレンを連れて故郷のオハイオ州に戻ったが、間もなく駐日アメリカ公使館二等書記官の職を得て、愛妻ツルのいる日本に戻り、その後も立場はいろいろ変わりはするが、変わらぬ誠実さで日本の発展に大きく貢献し、84歳で天寿を全うした）。

「開拓使10年計画」は、ダンらの尽力により、

表１－１　主要大農・牧場の概要（1903）

	所在地	設立年次	総面積（町）	牛（頭）	馬（頭）	摘　要
園田牧場	七飯	1887（明治20）	555	洋　56	洋　40	函館に搾乳場
前田牧場	篠路	1888（明治21）	209	エアシャー　雄７、雌16 ホルスタイン　雄２、雌５ 洋雑　63	？	小樽に搾乳場
波恵牧場	門別	1880（明治13）	300	洋　４、洋雑　100	洋　3 洋雑　297 和　34	
赤心社	浦河	1882（明治15）	1,273	洋雑　62	雑　83 和　163	
晩成社	大津	1886（明治19）	－	洋　2 雑　137	雑　59 和　112	函館に肉店
山県牧場	根室	1890（明治23）	2,918	洋　雄３、雌61 洋雑　雄17、雌52 和　43	洋　5 洋雑　120	
藤野牧場	網走	1892（明治25）	1,412	洋　84 雑　126 和　32	洋　1 雑　120	旭川に屠場

※『北海道拓殖要覧』pp.99-102から作成

出典：北海道立総合経済研究所（1963）『北海道農業発達史　上巻』，p.662を一部修正

アメリカの農業・酪農技術の導入には一定の成果が見られたものの、官費で設置された牧場の運営は厳しく、1886（明治19）年に北海道庁が設置されるとともに、財を成した実業家や、明治維新の功労で裕福になった府県の華族が払い下げを受け、大規模な民間牧場が生まれた。このような動きの背景には、土地制度の改訂もあった。すなわち、1886（明治19）年の「北海道土地払下規則」や、1897（明治30）年の「北海道国有未開地処分法」およびその改正法（1908〈明治41〉年）であり、それに伴って、**表１－１**に示すように総所有面積が1,000haを超える牧場も出現した。

次に表に示されている大規模牧場を含めていくつかの例を挙げる。

園田牧場：1887（明治20）年に園田實徳が、七重官業試験場の跡地の払い下げを受けてつくった牧場である。園田は北海道運輸会社（1882〈明治15〉年）や北海道炭鉱鉄道の創立にも関わった実業家で、進取の気性に富み、当時、札幌農学校でしか導入（1889〈明治22〉年）されていなかったホルスタイン種の乳牛を、翌年の1890（明治23）年にアメリカから輸入しており、乳牛改良にも熱心であったと思われる。搾った牛乳を鉄道便で函館に設置した園田牧場牛乳所に朝夕２回輸送し、蒸気殺菌して市内に販売していたという。競馬界の草分けでもあり、日本競馬会の会長も務めた。騎手・調教師で活躍した武邦彦やその息子で騎手の武豊は親族に当たる。第二次世界大戦後の農地改革で、所有地は没収され小作人に解放された。

前田牧場：旧加賀藩主の前田利嗣が失業した加賀藩士の授産（職業先の開拓と訓練）の目的で、1894（明治27）年に茨戸（堀牧場）を、また翌年には軽川に未開墾地を購入し、総面積368haで前田牧場を創設した。最盛期（1908〈明治41〉年ごろ）には、総面積が当初の6.5倍の2,006haにも達し、札幌・篠路・石狩にまたがる333haを大型農業機械を導入した直営で、また琴似・手稲の1,673haを70戸の小作農家で運営し、百数十頭のエアシャー種と数頭のホルスタイン種の乳牛をほぼ自給飼料で賄った。小樽には乳牛場を設けて搾乳・販売していた。このように前田牧場は、東北の小岩井農場と並んで大規模牧場経営の模範として貢献したが、大正末期（1925〈大正14〉年ごろ）には、第一次世界大戦後の不況や牛の病気（乳牛結核病）の発生などのため、酪農・耕作部門の廃止と小作地の開放を決定し、林業に一元化した。その後、1932～1935（昭和７～10）年の間に51世帯が自作農として独立し、1960（昭和35）年ごろまでは農業・酪農地帯として発展した。

雨竜華族農場：当時の裕福な華族は投資先を探していたが、内大臣の三条実美（さねとみ）と２人の侯爵（蜂須賀茂韶〈もちあき〉・菊亭脩季〈ゆきすえ〉）が共同出資し、北海道庁の強力な援助も得て、1890（明治23）年にアメリカ式大規模農場を建設した。その事業主任を任されたのは町村金弥であった。金弥は、真駒内牧牛場運営の重責を５年にわたり果たし、同牧場の道庁移管とともに道職員となり、道内各地の大牧場の経営指導を行っていたが、そこを辞しての農場経営であった。しかし、アメリカの農業機具を用いて効率よく開墾はできたものの、良質な労働力が確保できなかったこと、開墾間もない原野の地力不足、生産物販売の困難さなどに加えて、出資者の中心人物であった三条が急逝したため、２年を待たずして中止せざるを得ず、大きな挫折を味わうことになった。なお、同農場の開設半年後には、金弥が真駒内時代に雇った宇都宮仙太郎が、３年にわたるアメリカでの酪農修行を経て、金弥の要請により同牧場の開墾を手伝っている。

このように、アメリカ式大規模牧場への挑戦は、北海道の酪農を技術的に大きく進展させたものの、社会的背景はいまだ整っておらず、その方向性への疑問が表れ始めたと言えよう。

（3）搾乳業者の出現

「搾乳業者」とは、牛の乳を搾ってそれを売る牛乳屋のことで、古くは、前述した箱館時代のアメリカ貿易事務官ライスによる搾乳にまでさかのぼるが、函館では1878（明治11）年ごろに七重種畜牧場（当時の七重官園の呼び名）の出張所を設けて２頭の乳牛を飼い、牛乳の需要に応えたとの記録がある。

小樽では1874（明治７）年に松田直次郎が１頭で開業し、札幌でも1877（明治10）年から札幌農学校が希望者に牛乳を実費払い下げしたといわれている。その後、牛乳の消費は徐々に高まり、札幌では1886（明治19）年に岩淵利助が開業し、次いで長谷川正司、寺口房五郎らが続いた。また前出の宇都宮仙太郎も、２頭の牛（１頭は金弥から借り受けたもの、もう１頭は退職金代わりのホルスタイン種の子牛）とともに雨竜から札幌に出て、1891（明治24）年に開業している。1895（明治28）年には仙太郎が中心となって、搾乳業者十数人により札幌牛乳搾取業組合（申合、通称「４日会」）が設立された。

このように搾乳業者は、20世紀に入ったころから全道のほとんどの主要都市に存在するようになったが、その在り方は多様であり、大きく２つに分類することができる。１つは前出の前田牧場のように、大牧場の乳牛を本場から市街地の搾乳場に送り、搾乳して販売する方式で、乾乳となった牛は本場の搾乳牛と交換するというやり方であり、もう１つは宇都宮牧場のように、市街地の周辺に位置する牧場で自給飼料を生産しながら牛乳生産を行い、それを直接消費者に販売する方式である。

牛乳の衛生状態にも次第に目が向けられるようになり、1900（明治33）年に「牛乳営業取締規約」という内務省令が公布されると、札幌で岩淵利助（前出）が営む「乳楽軒」では、殺菌と瓶詰めの設備をいち早く設置した。

（4）アメリカ方式からデンマーク方式へ

明治の初めにケプロンが北海道に適した農法として提案したのは「有畜農業」であり、ダンが真駒内牧牛場で示した模範も「有畜農業」によってもたらされる循環型農業であった。一方、当時はどうしてもアメリカの大規模化・機械化ばかりに注目が集まり、家畜から生産される有機物の還元については、あまり深い認識がされていなかったように思われる。しかし、官営から民営へと農場の在り方が変わり、小作農家が多くなるにつれて、地力の停滞・枯渇が次第に顕在化しだしたのである。明治の末期にはその打開策としての家畜飼養特に畜牛飼養の必要性が再認識され、ついには北海道庁が1905（明治38）年に「移入牝牛補助規程」と「移入牝牛購買委託手続」を施行し、畜牛の購入補助をするに至った。

仙太郎が２度目の渡米をしたのは、その直後の1906～1907（明治39～40）年にかけてであり、ウィスコンシン大学で聴いたウィリアム・ヘンリー農学部長の「デンマークに学べ」に強烈なインパクトを受けたのは、この北海道農業の状況があったからこそとみるのは、考え過ぎであろうか。

いずれにしても、明治新政府がアメリカ式農業を北海道農業の方向性と決定して以来、官営による普及を図ろうと努力してきたのだが、それだけでは変えることのできなかった重要な問題点、すなわち農業者教育の問題と農業者の主体的協同組織の問題に対する答えを、仙太郎はデンマークの農業に見たのであろう。しかもそれに気づいたのがアメリカであったというのは、アメリカ方式からデンマーク方式への切り替えの必要性を物語る、いかにも象徴的な出来事ではないだろうか。第２節で、当時のアメリカ方式とデンマーク方式の両方に共通の哲学であった「循環型酪農」が、わが国においていかにして形づくられたかについて述べたい。

3．七飯（七重）と北海道酪農

道南の七飯町は、昔から「北海道酪農の発祥の地」「日本の西洋農業の発祥地」などと呼ばれている。明治維新前の北海道で一番栄えていたのは箱館（現・函館）で、七重（現・七飯町）はその近郊であったため、薬園や植林地として古くから注目されていたのであろう。この呼び名「…発祥の地」の由来を示す歴史的出来事をたどってみたい。

①軍川に牛牧場

北海道で最初に牛牧場が設置されたのは軍川（現・七飯町軍川）であった。明治維新の10年も前のことである。当時の日本人には牛肉を食べたり牛乳を飲んだりする習慣はなく、函館の開港（1855〈安政２〉年）とともに集まってきた諸外国の人々からの要求に応えるためのものであった。

②ガルトネル兄弟

当時は、以前から南下を狙っていたロシアだけではなく、フランス、イギリス、プロシア（現・ドイツ）など多くの国々が蝦夷地を植民地として狙っていたようである。プロシアは他の国々に比べると蝦夷地へのアプローチの時期は一歩遅かったが、その進め方は綿密で戦略的であった。中でもプロシアのガルトネル兄弟の活発な動きは特筆に値する。弟のコンラート・ガルトネル（C・ガルトネル）は、1861（文久元）年から貿易商人として箱館に在留し、自国プロシアの高い捕鯨技術や蒸気船などに関する先進的な知識を道具として、箱館奉行所との関係を築き上げつつあった。C・ガルトネルは、1865（慶応元）年にはプロシア国を代表する日本在駐の領事であったフォン・ブラントから、副領事（函館在駐）に任命され、その後まもなく蝦夷地視察のために箱館に着いたブラント領事を歓待している。

弟の動きをさらに強力にしたのは、歴史あるプロシア農業に精通した兄のラインホルト・ガルトネル（R・ガルトネル）であった。兄は弟より遅れて1863（文久３）年に箱館に来た。ブラント領事は1867（慶応３）年にも蝦夷地調査に訪れており、プロシア国の蝦夷地に対す関心の高さがうかがえる。彼は、「蝦夷地がプロシア国の植民地として極めて適している」と考えていたのである。この調査に同行したのは、R・ガルトネルであった。彼は調査同行を通して、ブラント領事の強い思いを受け止めることになる。

ガルトネル兄弟は、これまで築き上げてきた箱館奉行所との絆を生かしながら、箱館奉行所と粘り強い交渉を行う。その時彼らが狙いを付けていたのは「七重村」であった。時は明治維新で新政府ができていたとはいえ、旧幕府派が「蝦夷共和国」をつくろうとして新政府と争っていた時代である。その激動の中で、ガルトネル兄弟は「七重開墾地」を「ガルトネル農場」にすべく策動した。実は、旧幕府派も新政府も、共に彼らの農業技術の高さは認めていて、新式の農具や種子、苗木などに大きな魅力を感じており、明治維新の前から彼らが七重村で農場を開く準備をすることを認めていたようである。そしてとうとう1869（明治２）年に、蝦夷島（「蝦夷共和国」）総裁の榎本釜次郎（武揚）との間で「蝦夷地七重村開墾条約」を結ぶことに成功する。そこに書かれてあったのは、「R・ガルトネルが七重村とその近傍の荒野300万坪（1,000ha）を99年間借し受ける」との条文であり、これこそが彼ら兄弟が狙っていたものだったのである。

この条約は、新政府が蝦夷地を治めて開拓使を置くようになって、外交上の大問題となる。新政府は（蝦夷を改めた）北海道に外国の借地があることを了承せず、開拓使に解約の命令を下すが、交渉は困難を極め１年以上にも及んだ。結局、1870（明治３）年の12月に新政府がR・ガルトネルに６万2,500ドルを払うことで決着し、「ガルトネル農場」の敷地でもともと地元（七重村）の人々が所有していた土地は戻されたのである。

この「ガルトネル事件」は、北海道や七重村の人々を混乱させたという悪い面だけではなかった。R・ガルトネルは、この農場に数えきれないほどの農機具や22種の種子、牛23頭、馬45頭、多数の豚・鶏などの家畜とそれを収容する建物、そして彼の住居などを残した。これらが示しているのは、「R・ガルトネルがこの農場で目指していたものが、植民地的な占有であったと同時に、故国プロシアで形づくられていた農法（有畜農業）の実現であった」と言えるであろう。これが七飯町をして「日本の西洋農業の発祥地」と呼ばしめるゆえんである。

③七重官園

本節２．で述べているように、その後にこの地は、開拓使の「七重官園（開墾場）」として、北海道農業の発展に大きな貢献をするが、エドウィン・ダンが1875（明治８）年にこの地に訪れる以前の1873（明治６）年ごろから、東京官園でケプロンらからアメリカの農業技術を学んだ農業現術生が、七重開墾場に派遣されてきており、彼らがR・ガルトネルが残した農機具や家畜などを使用して、プロシア風の農法を模索していたものと思われる。

④湯地定基（ゆちさだもと・七重官業試験場初代場長）の働き

湯地定基は1869（明治２）年、24歳の時に、薩摩藩の第２回留学生として渡英し、翌年にはアメリカに渡ってマサチューセッツ農科大学の学生として、クラーク博士（1876〈明治９〉年に札幌農学校初代教頭として来道）から農政学を学んでいた。湯地はケプロンの来日（1871〈明治４〉年）より少し後に帰国したが、早速ケプロンや同行アメリカ人の通訳としてその力を発揮する。３度にわたるケプロンの道内巡検にも同行し、ケプロンのアメリカ帰国（1875〈明治８〉年）後、七重官業試験場（当時の七重官園の呼び名）の運営に当たった。同時期に七重にはダンが１年間滞在していたが、ダンの指導を受けながら、レンネット（凝乳酵素）使用のチーズが日本で初めて試作された。一緒に試験場に勤めていた薩摩藩出身の迫田喜二は、この製法を「乾酪製法記」にまとめている。外国人指導者の功績が注目されがちであるが、北海道の酪農・農業の発展の陰には、湯地や迫田のような多くの日本人の努力が隠されているのである。

なお、クラーク博士は帰国の途中で、湯地に会うために道南の七重に立ち寄ったとされている。

七重官園は1882（明治15）年に開拓使が廃止されるとともに、その役割を終え、現在はすっかり市街地化されているが、前述のように七飯町は北海道の酪農・農業の歴史をひも解く上で、極めて国際的でドラマチックで重要なスポットである。

第２節　酪農哲学はどのようにしてつくられたか

前節では、北海道において酪農業を成立させようと果敢に挑戦してきた多くの先達の足跡を見てきた。

本節では、この数多くの挑戦の中で生まれてきた「酪農哲学」について述べる。「はじめに」で述べた通り、本書における「酪農哲学」とは、「酪農の本質」「変わってはならない考え方」であり、「酪農生産を持続的に行うための物質循環の成立」である。この酪農哲学がどのようにして生まれてきたのかをひも解きたい。

１．酪農哲学をつくった先人たちの出会い

（１）アメリカの指導者から学んだこと

1868（慶応4／明治元）年に成立した明治政府は、北海道の開発のために黒田清隆を開拓次官（後の長官）に任命した。欧米産業導入政策に基づき、黒田は当時のアメリカ政府農務局長ホーレス・ケプロンに北海道開拓の指導を懇願。彼が来日したのは1871（明治４）年だった。ケプロンの日本滞在は４年弱に及んだが、滞在中にいろいろな提言をしており、農業に関しては「北海道には有畜農業が相応しい」というものだった。この提言はその後、極めて重要な意味を持つことになる。

提言を実現すべく、ケプロンが選んだ指導者たちが来日した。まず1873（明治６）年に、アメリカ・オハイオ州で酪農をしていたエドウィン・ダンが、畜産・酪農の指導者として招かれた。ダンは乳牛140頭と羊140頭等とともに来日し、1876（明治９）年には真駒内牧牛場を開設して、北海道酪農の基礎をつくった。ちなみに、ウィリアム・クラーク博士が札幌農学校の初代教頭（実質は学長）として来日したのは、ダンの来日の３年後の1876（明治９）年である。

このように、北海道酪農のスタートは、ダンの指導によって始まったと言うことができる。ダンに師事したのが、札幌農学校２期生の町村金弥であった。金弥は札幌農学校在学中から、札幌農学校の教師を兼任していたダンに酪農に関する実践的で広範囲な技術を学び、卒業と同時の1881（明治14）年にダンのいる真駒内牧牛場に勤めることになった。

（２）町村金弥・敬貴、宇都宮仙太郎、黒澤西蔵の出会い

ダンは開拓使の廃止に伴い、1882（明治15）年に真駒内牧牛場から去り、金弥にその運営が任された。1885（明治18）年、酪農に憧れて真駒内牧牛場に飛び込んできた19歳の若者がいた。それが大分県出身の宇都宮仙太郎であった。ただこの時、真駒内牧牛場では組織再編があって、牧牛部門が縮小されたことや、牧牛場における酪農技術に仙太郎は疑問を感じ、本場のアメリカで学んで来ようと思い立ち、牧牛場に来て１年半たった1887（明治20）年に単身渡米した。

渡米後、仙太郎はいろいろな牧場で実習をしながら、ついにはイリノイ州の代表的な牧場であったガラー牧場で実習する。そこでの働きぶりが認められて、ウィスコンシン大学の試験場でも働くこととなり、さらには大学のショートコース（短期講座）にも出席させてもらい、ウィリアム・ヘンリー博士やスティーブン・バブコック博士（バブコック法の考案者）、Ｆ・Ｈ・キング博士（キング式換気法の考案者）から学ぶ機会を得ることになった。このような仙太郎のチャレンジ精神と一生懸命さこそが、北海道そして日本に酪農を根付かせる力になったのであろう。

渡米して３年後、金弥からの要請で1890（明治23）年に帰国し、翌年、金弥から借り受けた１頭の乳牛を含む２頭の乳牛を伴って、札幌（北１条西15～16丁目）に小さな牧場を開いた。しかし、苦労して搾った牛乳は当初な

かなか売れず、極貧の生活を余儀なくされた。それを救ったのは、アメリカで学んだバターづくりであった。その後の紆余曲折を経て1902（明治35）年、上白石（現在の札幌市白石区）に牧場を開設し、ようやく自分の土地を持ち、自分の家に住むことができるようになったのである。

この上白石の牧場で朝晩の搾乳をしていたのが、金弥の長男の町村敬貴。父の金弥が仙太郎の牧場の近くに土地を買っていて、札幌農学校に通っていた敬貴はそこにあった農家に寝泊まりしていた。

そして、北海道酪農にとって重要なもう1つの出会いが、この上白石の牧場で生まれる。黒澤酉蔵との出会いである。16歳で田中正造（足尾鉱毒事件で天皇に直訴）のもとに飛び込んだ酉蔵は中学を卒業後、北海道に渡り、1905（明治38）年に宇都宮牧場の門をたたいた。酉蔵が20歳の時である。酉蔵はその後独立して、仙太郎の右腕となって酪連の設立や、雪印乳業の前身である北海道興農公社の設立に中心的な役割を果たし、また野幌機農学校、酪農学園短期大学・大学を開学して、酪農の教育に大きな力を発揮する。

一方、敬貴は札幌農学校卒業後、直ちにアメリカに渡り（1906〈明治39〉年）、10年間滞在して、酪農家（ラスト牧場）で実習するとともにウィスコンシン大学で学んだ。この牧場を敬貴に紹介したのも、仙太郎であった。

酪農界は狭い世界とはいえ、町村金弥・宇都宮仙太郎・町村敬貴・黒澤酉蔵とつながる人の出会いが「酪農哲学」を生み出したと言えるであろう。

こうした人の出会いから、どのようにして「酪農哲学」が生まれてきたのかを次に述べたい。

2．デンマークに学べ — 宇都宮仙太郎

（1）ヘンリー博士から学んだデンマーク農業

1900年代に入る少し前から、札幌周辺の酪農家は「四日会」という組合をつくって、ビール粕の払い下げを受けていた。「四日会」という名称は、毎月4日にその代金の支払いに利用農家が集まっていたことから付けられた。当時、仙太郎は「四日会」の中心的存在になっていた。この集まりの中で、「アメリカから優秀な牛（ホルスタイン種）を買ってこよう」ということになり、仙太郎が買い付けに行った（1906〈明治39〉年12月）。

この時、仙太郎は主目的である牛の買い付けはもちろんのこと、以前在学していたウィスコンシン大学のファーマーズコースで、チーズの製造について約1カ月間学んだ。ちょうどその折、以前世話になっていたヘンリー博士（農学部長）の退官記念講演会が開かれた。そしてそこでヘンリー博士から聞いた話が「デンマークに学べ」であった。「デンマークはウィスコンシン州の1/4にも満たない面積で、しかも痩せた土地でありながら農業は進歩し、農民は豊かで文化程度も高い。ウィスコンシンは何としてもデンマークを模範にすべきである」とヘンリー博士は力説した。仙太郎はこの講演に強い感銘を受けた。

購入したホルスタインの純粋種5頭とともに、デンマーク農業への想いを胸にして、仙太郎は1907（明治40）年6月に帰国した。仙太郎のデンマーク農業に対する想いはその後、極めて大きな動きとなっていく。ちなみに、敬貴は前年に渡米していたが、父親の金弥からの依頼を受けていた仙太郎は、帰国前の5月に敬貴をラスト牧場に紹介している。

仙太郎は帰国後、酪農仲間にデンマーク農業のことを伝えるとともに、機会を見つけてはデンマークをモデルにした北海道農業の開発の必要性を主張した。この熱心な働きかけは北海道庁をも動かし、1912（大正元）年道庁の主任技師が調査のためデンマークに派遣された。仙太郎は行政に頼るだけではなく、自分の娘婿の出納陽一を私費でデンマークに留学させた。しかもデンマークの生活実態を

も見てきてほしいとの思いから、妻（仙太郎の娘）琴子も同行させたのである。

これらの動きに押されて道庁は本腰を入れる。まず３人の技師と民間から１人（深澤吉平）を４カ月ないし１年半、デンマークに派遣した（1922〈大正11〉年）。極め付きはデンマークの農家２家族を北海道に招き、５年間実際に営農してもらう、という試みであった。

模範農家として選ばれたのは、１家族目がモーテン・ラーセン家と助手のペター・ショナゴー、２家族目がエミール・フェンガー家。彼らは、全く知らない国と自然条件の中で、批判的な視線を感じながらも、デンマークの技術と生活を通して、デンマーク農業の神髄を５年にわたり、ものの見事に示した。

（２）デンマーク農業の本質

では、「デンマークの農業」とは一体どのようなものなのであろうか。

デンマークの農業を形づくった歴史的な背景の詳細については別書に譲るが、デンマークはドイツ（プロシア）・オーストリア連合との戦争（1864〈元治元〉年）で肥沃（ひよく）な南部の土地を失ったものの、残された不毛な土地を不屈の精神で改良し続け、ついには生産力の高い農地をつくり上げている。この改良の実現は、戦争の少し前から始まっていた農法の改革を、本格的に推し進めたことによってもたらされた。つまり、穀物生産主体で地力収奪的な「主穀農業」から、家畜を飼養して生産される糞尿を土地に戻す「主畜農業」への変換である。

これは、アメリカから招いたケプロンが北海道に適していると提案し、ダンが実践を示そうとした「有畜農業」と同じものである。北海道の畑作が可能な地帯では、「畑酪複合農業」とか「畑酪混同農業」と呼ばれている。家畜から生産される糞尿を土地に還元して生産を持続する「循環型農業」である。

仙太郎がヘンリー博士の唱えた「デンマーク農業に学べ」から感じ取ったのは結局、この「循環型農業」ではないだろうか。仙太郎は生前、「『家畜なければ肥料なく、肥料なければ農業なし』これが古今東西、万古不易の鉄則である。私が畜産を尊重するのは、こうした固い信念に基づくもので、畜産の為の畜産というような執着、囚われはいささかも持っておらない。日本はいうまでもなく米と麦の国であって畜産の国ではない。しかしながらその米と麦のためにこそ畜産が必要、不可欠なものなのである。われわれはすべからく、農業のための畜産をやらなければならない」（「空樽自鳴」から）と述べている。これはまさしく、循環型農業の神髄を表した言葉であろう。

そして、このデンマーク農業を支えているのは、技術的な問題だけではなかった。夫妻でデンマークに留学していた出納陽一は、仙太郎に手紙を送り、「デンマークの農業が発達した原因の第一は教育にあると存じます。第二は組合組織の発達であります。そして第三は国家が独立農民を造るに、多大の努力をなしたがためと申せましょう」と書いた。仙太郎は出納から送られてくる多くの手紙を読んで、大切なことは「農民のことは農民自身の手によって行うという精神」、すなわち仙太郎の同郷の師である福沢諭吉が言っていた「独立自尊」であると確信したのである。

３．土づくり、草づくり、牛づくり ― 町村敬貴

（１）10年にわたるアメリカでの酪農修行

一方、仙太郎の紹介を受けてラスト牧場で働くことになった敬貴は毎日、早朝から夜まで牧場のあらゆる仕事に一所懸命に取り組んだ。その努力を牧場主は見てくれて、３年後にはウィスコンシン大学の酪農科で学ぶことを勧めてくれた。それから３年間は夏の間だけ牧場で働き、秋から春にかけては大学で学んだ。大学卒業後もラスト牧場で働き続けたが、敬貴が最も興味を持っていたのは、「牛づくり」すなわち乳牛改良技術を学ぶことであり、大学で学問的知識を身に付けるとともに、ラスト牧場から共進会に出品する牛の世話をしながら、牛の良しあしを見極める力を身に付けた。

（2）石狩町樽川での土地づくり

10年にわたるアメリカでの修行を経て、敬貴は1916（大正5）年に帰国した。敬貴は牧場づくりをすぐにでも始めたかったが、資金や土地の問題があって、そう簡単にはいかなかった。結局、父の金弥が持っていた石狩町（現在の石狩市）樽川の土地で始めることになったが、そこは面積こそ100haほどと十分あるものの、全く不毛の泥炭地であった。敬貴の「土づくり、草つくり、牛づくり」はここから始まるのである。

この樽川の土地は、金弥が札幌興農園の小川次郎に貸していたもの。小川は、札幌農学校でアメリカ教師から教育を受け、わが国初の「牧草論」を書いた人で、その実力は敬貴も認めるところであった。小川の「家畜改良牧草論」の自序には、ベルギーのことわざとして「牧草なくば家畜なく、家畜なくば肥料なく、肥料なくば作物なし」を挙げており、その小川が樽川で牧草づくりをしていたことは、敬貴にとって幸いだったのかもしれない。

しかし、この樽川の泥炭地で実際に牛を育てていくには、ただならぬ努力を払わねばならなかったことは間違いない。その上、樽川は消費地である札幌から離れているということも大きな負の要因であった。とはいえ、敬貴はそこから逃げることはなかった。ひたすら土地改良に努めて、草をつくり、牛を飼った。そして8年目には何とか経済的に採算が取れるまでになった。

（3）江別市対雁での土づくり

そのころから敬貴は、樽川での開拓にある程度の限界を感じるようになった。いくら土地改良をしても、この地ではアメリカで見てきた本場の酪農に追い付くことは無理だろうとの結論に達した。敬貴は新天地を探し始め、ついに江別町（現在の江別市）対雁（ついしかり）に50haの土地を購入し、1928（昭和3）年に移転した。

しかし、新天地であるはずの対雁とて、初めから理想的な土地条件ではなかった。そこは、樽川よりははるかにましだったものの、50年もの間、屯田兵が地力を搾取し続けた土地であり、酸性土壌と湿地が多い重粘地であった。敬貴は、当時は誰も目もくれなかったその土地の条件を分かった上で、購入したのである。樽川での苦労を思えば、ここならできると思ったのであろう。

敬貴は対雁の地で、再び「土づくり、草つくり、牛づくり」に挑んだ。この挑戦の中で生み出されたのが、石灰散布と暗きょ排水であった。当時なかなか手に入らない石灰を、江別にあった製紙工場から出る廃材に見つけた。また、暗きょ排水のためには、アメリカで見ていた土管を江別市野幌のレンガ工場につくってもらった。

（4）手塩にかけた優良牛が伝えたもの

対雁に移転して10年ほどたった頃には、農地全てに土管暗きょが張り巡らされ、ウィスコンシンで見ていたアルファルファもできるようになっていた。このような困難に立ち向かい、それを乗り越えていく力は、当初は言葉も通じなかったであろう異国のアメリカで10年にわたって挑戦し続けたことから生まれたものだろう。

敬貴は対雁の地を肥沃な地に蘇らせるとともに、アメリカにも引けを取らない素晴らしい牛を育て、全国に供給した。敬貴が手塩にかけた優良牛が全国で活躍するとともに、「土づくり、草つくり、牛づくり」という敬貴が自らの実践の中で実証してきた酪農哲学が、北海道はもとより全国の酪農家に広まったのである。

4．健土健民、循環農法図 ― 黒澤酉蔵

黒澤酉蔵を語るとき、2人の偉人との出会いを忘れることはできない。1人は田中正造であり、もう1人は宇都宮仙太郎である。

（1）田中正造に師事

茨城の貧農で生まれた酉蔵は、足尾鉱毒事件で明治天皇に直訴した田中正造の行動に鮮烈な印象を受け、居ても立ってもいられなくなり、学業を半ばにして直接、田中のもとに飛び込んだ（1901〈明治34〉年）。酉蔵はまだ16歳だった。田中と共に鉱毒被害者の救済活動に奔走するうちに、警察からにらまれて投獄されたりしたものの、被害を受けた農民の立場になってわが身を捨て行動する田中から学んだものは計り知れない。

また、田中は直訴の翌年に法廷侮辱の罪で投獄されていたが、その時初めて聖書に触れ、晩年は聖書に深い安らぎを感じるようになった。酉蔵もまた獄中で差し入れられた1冊の聖書によってキリスト教との接点を持ち始める。このキリスト教との接点は後々、酉蔵の生き方に大きな影響をもたらすこととなる。

足尾銅山の閉鎖を求める闘いが続く中、田中は救済運動に没頭する酉蔵の将来を案じて、学業に復帰するよう説得し、酉蔵もそれに従った（1903〈明治36〉年）。この時、田中は酉蔵の学費を篤志家に依頼していたのである。

こうして、酉蔵は1905（明治38）年に無事中学を卒業することができ、その後の進路について思案しているところに、母イノの危篤の知らせが届く。母の急逝で弟妹の養育の責任を感じた酉蔵は、心機一転、北海道で働く覚悟を固めた。

（2）仙太郎との出会い

北海道に渡った酉蔵は、2人目の偉人である仙太郎の門をたたく。酉蔵は20歳になっていた。仙太郎のもとを訪ねた酉蔵が最初に聞いたのが、「牛飼い（酪農）三徳」すなわち第1に「役人に頭を下げなくてよい」、第2に「ウソをいわなくてよい」、第3に「牛乳は自他ともに健康にする」であった。これまで散々役人にいじめられてきた酉蔵は、この話をすっかり気に入って、いささかのためらいもなく牧夫として働くことにした。

酉蔵の超人的な働き方は周囲を驚かせ、仙太郎も一目を置くところとなった。兵役の2年間を除くと、酉蔵が仙太郎の所で働いたのは2年弱であったが、1909（明治42）年にはエアシャー1頭を借りて独立した。その後も酉蔵は毎朝3時には起きて、寝る間を惜しんで働き続け、5年後の1914（大正3）年には14～15頭の乳牛を飼うようになって、着々と酪農家としての力を付けていった。北海道に渡って18年たった1923（大正12）年には、札幌市山鼻に当時の近代的な牛舎を建てて、30頭を超える乳牛を飼養する立派な酪農家になっていた。

（3）「北海道を日本のデンマークに」

自分の酪農経営が安定した酉蔵は、社会的活動にも積極的に関わるようになり、1924（大正13）年には北海道議会議員になっていた。この少し前から、酉蔵は恩師である仙太郎の片腕として力を発揮したのは言うまでもない。ちょうど仙太郎は「北海道農業はデンマークに学ぶべし」との強い思いを胸に、精力的に動いていたので、当然のことながら酉蔵にもその気持ちは伝わって、「北海道を日本のデンマークに」が合言葉になっていた。そして、田中や仙太郎から学んで酉蔵の中に蓄積されてきたものが、社会に向けて大きく花を開き始めるのである。

仙太郎を通して「デンマーク農業の本質」を学んだ酉蔵は、その実現に向けて大きな力を発揮する。その手始めは、出納が「デンマークの農業発達の原因」と報告した「組合組織」

と「独立農民」づくりであった。

折しも1923（大正12）年9月1日に関東大震災が発生し、政府は物資不足を恐れて乳製品の関税撤廃に踏み切った。このため、価格の低い乳製品が外国から入り込み、乳価の下落を引き起こし、乳業会社は牛乳を買いたたきするようになってしまった。仙太郎や酉蔵らは、この難局を切り抜けるには乳業会社に頼らず酪農家自らが製酪組合を設立するしかないと考え、震災前の同年2月にデンマーク農業を勉強するために設立していた「北海道畜牛研究会」が中心となってこの提案を主張し、ついに北海道製酪販売組合連合会（酪連）の設立にこぎ着けた（1926〈昭和元〉年）。組合長理事には仙太郎、専務理事には酉蔵が選出された。

さらに酉蔵は、出納が「デンマークの農業発達の原因」として第1に挙げていた「教育」に取り組む。酉蔵は日頃から酪農家の実情を見て、酪農の将来を考えれば考えるほど農業教育の必要性を感じていた。「デンマークのように本当の農業をやれる農民、それも技術だけではなく、頭も心も立派な農民を育てなければならない」という思いである。

酉蔵は、1933（昭和8）年の酪連臨時総会において「北海道酪農義塾」の創設を提案し、承認を得た。全寮制で、学費は酪連から拠出した。その後、道内乳業の大同団結のために酪連が解散した時（1941〈昭和16〉年）にも、それまでの剰余金を教育に投じることを組合員の投票（僅差）で決めて、現在の酪農学園の敷地（当時は西野幌）を購入した。つまり、酪農民の教育のために「酪農家の浄財」を投入したのである。なお土地の購入に当たっては、乳業の大同団結のために共に闘った敬貴の紹介を得ている。

その後も酉蔵は農業教育の充実に精力を注ぎ続け、興農義塾野幌機農学校（1942〈昭和17〉年）、野幌機農高校（1948〈昭和23〉年に改名）に続いて、ついには酪農学園短期大学（1950〈昭和25〉年）、酪農学園大学（1960〈昭和35〉年）の開設を実現し、現在に続いている。

（4）酪農哲学への導き

前述のように酉蔵は波乱に満ちた、しかし常に希望を追い求めながら精いっぱいの努力に満ちた生き方を続けてきた。田中のもとに飛び込み、農民救済と国土保全のために共に闘い、時には牢獄に入りながら体得してきたものや、仙太郎との出会いから酪農による自立を志し、敬貴との接点を持ちながら、日本にはないデンマーク農業の素晴らしさに一歩でも近づこうとした並々ならぬ努力を通して、酉蔵は酪農の本質を見極め、時代が変わっても変わることのない酪農哲学を確立したのである。それは「健土健民」として、またそれを実現するための「循環農法図」としてまとめられている。

（5）健土健民とは

酉蔵は健土健民について、「健康な国民は健康な食生活から　健康な食料は健康な農業から　健康な農業は健康な農地から　健康な農地は健康な農民から　健康な農民は健康な心身から　まず心田を肥沃健康にせよ」と述べている。

筆者は酉蔵の「健土健民」を高く評価しているが、筆者なりの解釈をピラミッド状の**図2－1**と次の表現で示す。

健土健民は「健康な土があって初めて健康な民（人）が存在する」という考え方であり、「健康な土」と「健康な民」の間には、「健康な草」「健康な牛」「健康な乳肉」がある。つまり「健康な自然や環境」があって「健康な動植物」が存在でき、その中で「健康な食」を得ることができ、それを食べることで人間も健康になることができる。すなわち健土健民は、健康な「土―草―牛―乳―人」のつながりを、また同時に、健康な「自然―植物（作

三愛精神に基づく

健土健民

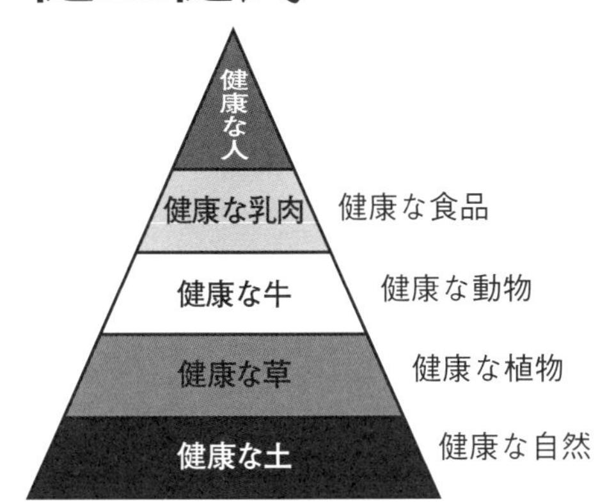

図２－１　図で表した酉蔵の「健土健民」（干場作図）

物）—動物（家畜）—食—人」のつながりを表しており、人は自然—植物—動物—食に支えられた存在であることを意味している。

健土健民は私たちにいろいろなことを教えてくれている。近年、ヨーロッパを中心に家畜福祉、動物福祉という概念が重要視されてきているが、これは周知の通り、快適性に配慮した家畜の飼い方を示した言葉であり、ヨーロッパの多くの国々では家畜福祉を無視した飼い方は認められなくなってきている。現在、国内においても指針などの検討を行っているところである。家畜福祉は、ヨーロッパの発想ではあるが、この考え方は既に健土健民の中に位置付けられている。健土健民は健康な自然—植物（作物）—動物（家畜）—食—人のつながりであることを既に述べたが、この健康な動物（家畜）—食—人のつながりこそが、家畜福祉が求めているものと見ることができる。すなわち「人は健康な家畜に支えられており、健康な家畜は快適な家畜飼育環境から生まれる」ことになる。

酉蔵は酪農学園の建学の精神として、健土健民とともに「三愛精神」を挙げている。「神を愛し、人を愛し、土を愛す」の三愛精神は、デンマークの戦後復興の精神的支えとなったグルントビーやクリステン・コルの教えである「神を愛し、人を愛し、祖国を愛す」を基に酉蔵が唱えたもので、「愛土から生まれる健土、ここから初めて健康な食物が穫れこれを食してこそ健民が育つ」と述べている。その意味で「三愛精神に基づく健土健民」と言うことができるであろう。

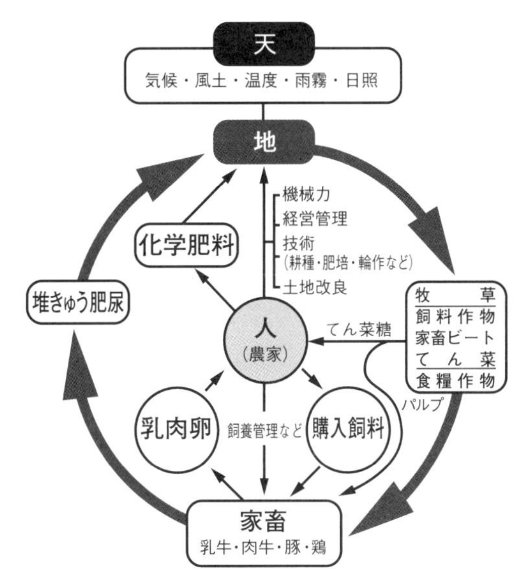

図２－２　黒澤酉蔵の「循環農法図」

（6）循環農法図が意味するもの

また、健土健民を実現する具体的な方法が循環農法であり、酉蔵はこれを「循環農法図」（**図２－２**）として表わし、「農業とは、天・地・人の合作によって、人間の生命の糧を生み出す聖業である」と述べている。

この図は次の意味を持っていると筆者は考える。人間や家畜が食する作物や飼料は、「天」（太陽がその中心的な意味を占めていると考えられる）からのエネルギーを利用しながら、「地」すなわち地球であり大地であり土である「地」から生産され、人間や家畜がそれを消化・利用するわけであるが、その割合はエネルギー的に見て約30％であり、残りの多くは排せつ物として体外に放出される。この排せつ物を堆肥化などにより発酵させて再び「地」に還元し、再生産を行うのが農業の

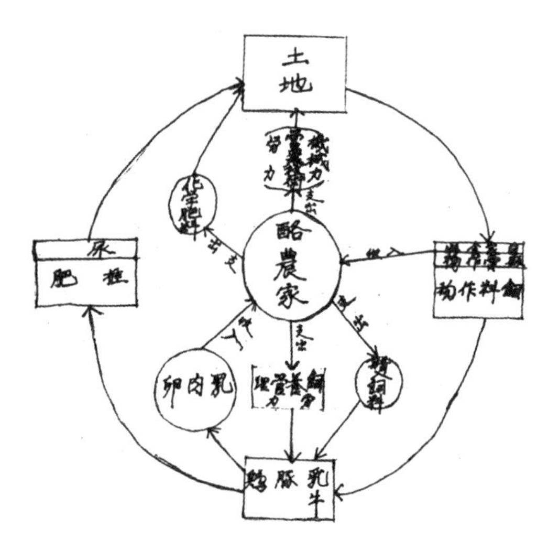

図２－３　作図途中の「循環農法図」（黒澤酉蔵自筆）

基本である。「人」は循環の中で生産された命をいただくとともに、この物質循環の成立を管理する役割を持っていると考えられる。

循環農法図は酉蔵が経験してきたこと全てが集積されたものである。ケプロンが提案しダンが実証した農法、そして仙太郎や酉蔵がデンマークから学んだ農法は、共に有畜農業であり、この図に生かされている。敬貫が実践した「土づくり、草づくり、牛づくり」も然りである。

図２－３は、酉蔵が循環農法図を作成していた途中段階の直筆のものである。この段階では、「天」はまだ描かれていない。感心させられるのは、酉蔵の科学的思考力である。完成した農法図（**図２－２**）を改めて見ると、農業の生産に関わる要素とその間の物質循環が見事に表現されていて、うなずかざるを得ない。農法をこのように表したものは、世界にもないであろう。

５．改めて「酪農哲学」を顧みる

先人たちが重ねてきた言い尽くせぬ努力の中で学んできたものは何だったのであろうか。それは、ケプロンやダンの「有畜農業」、仙太郎の「デンマークに学べ」、敬貫の「土つくり、草つくり、牛つくり」とつながり、酉蔵が「循環農法図」や「健土健民」という言葉でまとめた「循環型農業」であったと考える。酪農は、酉蔵の循環農法図や健土健民に表されているように、土（自然）—草（植物）—牛（動物）—乳（食料）—人を含めた全ての要素を包含した産業である。それぞれの地域において、これらの要素が上手に循環することによって、持続的で環境にも優しい農業を営むことができる。人の役割は、この循環がその地域で維持できるように管理する（見守る）ことである。それ故に、酪農は地域を形づくる重要な産業となり得ると考える。これが、先人たちがつくってくれた酪農哲学である。

この酪農哲学は、現在～将来にわたってつなげて行かなくてはならない。搾乳ロボットやバイオガスプラントなどの先進技術を利用することは構わないが、循環が成り立たない酪農は長続きしない。北海道酪農が150年を超えた今、われわれはこのことを「反すう」し、地に足が着いた力強い酪農を将来に向けて続けて行きたいものである。

第3節　本書における時代区分

北海道酪農の時代区分は、いろいろな視点から行うことができるであろう。例えば、和暦（元号）、政治的施策、機械化の展開、労働時間の変化、消費動向などの視点が挙げられる。本書においては、本書の目的が「酪農哲学」を主体としていることから、「酪農哲学」の形成、軽視化、多様化、再確認という視点から時代区分を行う。それに対応する酪農業の進展過程の名称として、①黎明期、②発展期、③転換期、④現在から将来—と呼ぶこととする。すなわち、①黎明期は酪農哲学が形成され定着した時代、②発展期は酪農業が急速に発展するとともに酪農哲学が軽視化された時代、③転換期は多様な価値観が混在する時代、④現在から将来は、多様性を認めながらも酪農哲学を再確認する時代—という位置付けである。それぞれについて、その年代と特徴を次に述べる。

①黎明期（～1955〈昭和30〉年頃）

わが国で酪農が始められた時から、明治維新（1868〈明治元〉年）とともに行政主導で欧米の酪農を導入され、それをきっかけに、先人たちが理想の酪農を目指して多くの障害を乗り越え、酪農を行う上での基本的考え方（酪農哲学）にたどり着き（前節参照）、それが定着した時代である。

組合組織としては1926（大正15）年に北海道製酪販売組合連合会（酪連）が設立され、教育機関としては1934（昭和９）年に北海道酪農義塾、1950（昭和25）年に酪農学園短期大学が開校した。また行政施策としては、1953（昭和28）年に有畜農家創設特別措置法、1954（昭和29）年に酪農振興法が施行され、1955（昭和30）年には根釧パイロットファームへの入植が始まっている。

②発展期（1955～2000〈昭和30～平成12〉年頃）

1955（昭和30）年は日本の高度成長が始まった年ともいわれているが、この頃から日本や北海道の酪農振興政策が具体的に動き始めた。酪農関係の新しい機械がどんどん導入されている。まずこれまで手搾りだった搾乳がバケットミルカで行われるようになり、牛乳の貯蔵もバルククーラで行えるようになった。バーンクリーナも次第に使われ始めた。これらにより労働時間は1975（昭和50）年頃まで急激に減少した。この頃には、パイプラインミルカも使われ始め、ロールベーラも導入され始めている。新酪農村事業による入植が1975年から始まっている。またこの頃から、１頭当たりの乳量や１戸当たりの頭数が急増し始めた。

前述のようにこの時期には、全ての酪農技術が急激に変化をしており、第２章で各技術分野別の推移を述べるためには、発展期を２期に分けた方が話を進めやすい。そこで、発展期を1955～1975〈昭和30～昭和50〉年頃までの前期と、それ以降～2000（平成12）年頃までの後期に分けることとする。

この発展期における酪農技術の進歩は目覚ましいものがあり、頭数規模や生産乳量の増加といった、酪農生産の「外枠の大きさ」「生産金額の大きさ」は、確かに進展したのかもしれない。しかし、その陰に隠れて、先人たちがつくり上げてきた「酪農哲学」は守られていたのであろうか。補助金を背景にした施設・機械の導入により、大頭数を飼う（収容する）ことは可能になったが、そのための餌の自給は難しくなり、北海道ですら半分近くの餌は海外に頼らざるを得なくなってしまった。当然ながら、牛から生産される糞尿は邪魔者扱いされるようになり、物質の循環が成立しなくなったのである。発展期は「酪農哲学」が軽視されていた時代と言わざるを得ないであろう。特に後期において、酪農生産上で大きな問題、すなわち畜産環境問題、家畜福祉の問題、働き手の問題などが噴出し始めた。「健土健民」において「土（自然）—草（植物）—牛（動物）—乳（食）—人」でつながる「それぞれの要素の健康」に関する問題である。

③転換期（2000〈平成12〉年頃〜現在）

多くの酪農家の関心が、規模拡大と生産量の増大のみに集中する中で、いろいろな問題が生じ始めた。まず、環境問題である。市民の環境問題への意識の高まりとともに、酪農生産に伴う周囲への環境汚染に対する視線も厳しくなった。1999（平成11）年、ついに行政は「家畜排せつ物の管理の適正化及び利用の促進に関する法律」（家畜排せつ物法）を施行し、家畜糞尿の野積み・垂れ流しを禁止した。法の適用には5年間の猶予が与えられたものの、指導・助言・勧告・命令という措置が取られ、従わない場合には罰則も伴う厳しい施策である。環境問題・エネルギー問題にも関連して、糞尿を用いたバイオガスシステムも注目されてきた。

また、牛の飼い方自体に対する批判も強まった。ヨーロッパを中心に高まってきた「家畜福祉」の問題である。人間の都合のみを牛に押し付けて、牛に苦痛を与える飼い方になってはいまいか、という視点である。

さらに働き手に関しても、多くの問題が顕在化した。高齢化問題、新規就農者を含んだ後継者問題であり、また女性労働者（経営者を含む）の位置付けの問題である。そのような中で、あらゆる酪農作業にロボットが導入されてきて、働き手問題の解決法としても注目されてきている。

このように、これまでになかったロボットやバイオガスシステムなどが導入される中で、環境保全的な視点と市場原理主義的な視点が混在し、競合している時代と見ることができよう。

④現在から将来

価値観が混在・競合する厳しい状況でありながら、一方では、高水準の乳価や個体販売価格の高騰、さらには、大規模化・ロボット化を助長する国の補助制度（畜産クラスター）などがもたらす「酪農バブル」の中で、酪農経営の基本となる「酪農哲学」を意識する機会が少なくなっているのではないだろうか。

このような時にこそ、未来永劫に続く健全な酪農のため、農業のため、そして国民の健康のために、先人たちが苦労しながらつくり上げた「酪農哲学」を再認識するとともに、新しい技術と共存していく道を探す必要がある。

【第1章　参考文献】

蝦名賢造（1971）『町村敬貴伝』町村敬貴記念事業の会（北海道酪農協会内）

蝦名賢造（2000）『北海道牛づくり百二十五年』西田書店

牛乳新聞社編（1934）『大日本牛乳史』牛乳新聞社

函館市桔梗町会編（2019）「園田牧場と場主実徳」『開基百年記念「桔梗沿革誌」（13）第4節』函館市桔梗町会

北海タイムス社（1912）「北海道の牧場（1〜6）」『北海タイムス1912.8.26〜1912.9.1』

北海道庁（1932）『北海道の牧場』

北海道・マサチューセッツ協会（2010）「ケプロンの通訳〜開拓使判官　湯地定基の生涯と業績」『HOMASニューズレター・日本語版』No.60

北海道立総合経済研究所（1963）『北海道農業発達史 上巻』

木村勝太郎（1985）『北海道酪農百年史』樹村房

小山心平（2007）「北海道酪農のくさわけ」『北国に光を掲げた人々』第25集、北海道科学文化協会

黒沢酉蔵（1998）『酪農学園の歴史と使命』

酪農学園
小川二郎（1902）『家畜改良牧草論』札幌興農園
酪農学園編（2015）『酪翁自伝』酪農学園
廣瀬可恒監修（1998）『日本酪農の歩み』酪農学園大学エクステンションセンター
酪農総合センター編（1992）『わたしの酪農哲学』酪農総合センター
崎浦誠治（1993）『先覚者たちの酪農哲学と現代』酪総研選書No.29,酪農総合研究所
札幌市手稲区役所（2013）「前田の基礎をつくった大農場」札幌市手稲区役所ホームページ『ていねっていいね』
沢潤一（1976）『北海道酪農史点描』デーリィマン社
仙北富志和編著（2013）『創立者黒澤酉蔵を今に読む』酪農学園大学エクステンションセンター
高倉新一郎（1957）『明治以前の北海道に於ける農牧業』北海道大学
高倉新一郎（1965）「開拓使時代における技術教育と技術普及」『北海道大学農経論叢21』
田辺安一（1999）『お雇い外国人エドウィン・ダン』北海道出版企画センター
田辺安一（2010）『ブナの林が語り伝えること』北海道出版企画センター
谷口雅春（2017）「北海道の西洋農業前史1-4」『北海道マガジン　カイ』No.137
宇都宮仙太郎（1981）『空樽自鳴』宇都宮勤
和仁皓明（2017）『牧野のフロントランナー』デーリィマン社

干場（ほしば）　信司（しんじ）

1949（昭和24）年北海道生まれ。北海道大学農学部卒業、アメリカ・ミネソタ大学大学院修士課程修了。北海道立新得畜産試験場研究職員、北海道大学助手、農水省農業工学研究所（当時）、同北海道農業試験場を経て、1995（平成7）年酪農学園大学教授、2010（平成22）年同酪農学部長。2013～2015（平成25～27）年同大学学長。博士（農学）

第2章
技術分野における150年の歩みと将来展望

第2章
技術分野における150年の歩みと将来展望

第1節　飼料の視点から

中辻　浩喜

農林水産省の統計によれば、2017（平成29）年度において北海道は日本全体の草地・飼料作物畑面積の約60%（59万4,000ha）を有し、全国の生乳の約54%（392万2,000t）を生産しており（農林水産省、2019）、文字通りわが国最大の酪農・畜産地帯であることは言うまでもない。しかし、このような北海道酪農が広大な飼料基盤を有効に利用した「土地利用型酪農」として展開されているかと言えば、必ずしもそうではない。

北海道における乳検成績の推移を見ると、1頭当たり乳量は1975（昭和50）年の5,900kgから年々増加し、2017（平成29）年には9,574kgにまで達している（家畜改良事業団、2018）。一方、同時期の草地・飼料作物畑面積とその単収はほぼ頭打ちである（農林水産省、2019）。すなわち、この間の乳量増加は草地・飼料作物畑から生産された自給粗飼料によるとは考えにくい。これは乳牛の遺伝的改良もさることながら、同時期に安価であった輸入穀類を多給した結果であろう。実際、酪農経営における自給飼料給与割合（TDN〈可消化養分総量〉ベース）は1975（昭和50）年の74.8%から徐々に低下し、2017（平成29）年には、この北海道でさえ47.8%（都府県14.2%）まで低下している（農林水産省、2019）。

今後、乳牛に与える飼料はどうあるべきなのだろうか。

ここでは、北海道酪農150年の歩みの中で、乳牛に給与されてきた「飼料」がどのような変遷をたどり現在の状況に至ったのか、その歴史を振り返るとともに、北海道酪農の「飼料」の面から見た将来展望について述べる。

1．黎明期（1873〈明治6〉～1954〈昭和29〉年）

北海道酪農の歴史は、明治初期の開拓使時代に来日したエドウィン・ダンの進言で建設された真駒内牧牛場（1877〈明治10〉年開設）から始まった。ダンは北海道に初めて本格的な酪農の技術を紹介し、牛の飼い方、牧草の栽培技術、牛乳・乳製品の製造技術を伝えた。牧場は搾乳場、製乳所、穀物貯蔵庫などが完備され、約81ha（約200エーカー）の原野を切り開き、乳牛の飼料として牧草、トウモロコシの他、根菜類も栽培した。ダンは、牧場建設に当たり、越冬期間に栄養価の高い飼料を与えることの重要性を強調し、北海道の風土から外来の牧草が適しており、また牧草の前作にはトウモロコシが最適であると進言した。当時、牛には野草を中心に若干の穀物を与えるのが主であったが、外来牧草は栄養価が高く、また収量も高いことから、ダンは牧草の栽培費用を考えても野草よりも飼料費の節約になると述べている。具体的には、真駒内の耕地を４分割して、４年目には1／4がトウモロコシ、1／4が牧草（乾草用）、1／2が牧草（放牧用）となるように輪作体系を組むことを推奨し、きゅう肥を還元すれば耕地の生産性はより高い水準で保てると説いた。ダンの教えは、いわゆるアメリカの「大農方式」であり、輪作体系を種々の大型農機具を組み合わせて大規模な農業を営む方式である。そのような考え方と家畜飼料の生産技術は、札幌農学校２期生であり、1881（明治14）年から真駒内牧牛場でダンと共に働いた町村金弥へ継承され、その後は1885（明治18）年、金弥によって同牧牛場の牧夫として採用された宇都宮仙太郎へと受け継がれていく。

北海道の畜産事業は、1872（明治５）年から始められた「開拓使10カ年計画」の中で、真駒内牧牛場を中心とした官営牧場の下で展開されてきた。しかし、必ずしも成果が上がらず、1882（明治15）年に開拓使が廃止されると同時に新冠と根室の官営牧場は廃止され、畜産事業は真駒内牧牛場に統合される。その後、1886（明治19）年に北海道庁が設置されると真駒内牧牛場は道庁所管となり、「真駒内種畜場」と名前を変えて事業規模が縮小され、官営の畜産は大きく後退することとなった。

それと同時に、貧しい小さな農家を増やすよりも財力のある大規模農場を優遇するとの行政方針の下、官営農場のほとんどが民間の事業家に払い下げられ、1887（明治20）年に北越拓民社（野幌、現・江別市）、1890（明治23）年に雨竜華族農場（雨竜町）など、北米方式農法による大規模民間牧場が各地に次々と現れた。これらの牧場の開墾指導には町村金弥が当たった。特に雨竜華族農場開設時には、金弥は道庁の職を辞して事業計画立案とその経営推進に当たった。さらに真駒内牧牛場を辞めて渡米し、ウィスコンシン州立大学の農事試験場においてウィリアム・ヘンリー教授の下で実習をしながら、大学のショートコースの学生として学んでいた宇都宮仙太郎を牛担当係長として呼び寄せた。

しかし、このような大規模農場の経営は困難を極めた。アメリカから輸入した大型農機具による開墾は、それまでの人力中心の開墾とは比べものにならないほどのスピードで進んだものの①労働力が確保できない②原野は地力が弱く作物が思うように育たない③生産物を売る市場ができていない－などの農業の根本的な問題に直面し、1893（明治26）年に雨竜華族農場は解散することとなった。金弥は、徐々に北海道にはアメリカ式の大農経営は不向きで、中規模で自立できる酪農経営がふさわしいのではと思い始めたようである。

1891（明治24）年、金弥の農場長辞任もあって、仙太郎は１年間で雨竜華族農場を離れ、札幌で搾乳業を始めた。搾乳業（者）とは、牛を飼って牛乳を搾って売る「牛乳屋」のことである。その多くが、札幌や函館の市街地の大農家が地方から搾乳できる牛を購入して飼育し、そこで生産した牛乳を消費者に直接販売するスタイルであった。仙太郎は、金弥から借り受けた１頭の牛から搾乳業を始め、多くの苦労を重ねながらもアメリカ留学時に覚えたバターの製造・販売などをしながら、経営を徐々に軌道に乗せ、いつしか札幌市内の同業者のリーダー格となった。

このころの札幌は人口が増え続け、それに伴い牛乳の消費量も年々増えていった。これらの需要に応えるには搾乳業者が飼育する乳牛を増頭しなければならなかったが、そのためには飼料を安定的に確保する必要があった。当時の搾乳業者が乳牛の飼料として用いていたのは、夏は牧草、麦ヌカ、豆腐粕、塩など、冬はワラ、乾草、カブ、エンバク、ビール粕、麦ヌカ、豆腐粕、麦芽の根、塩などであったとの記録がある。1895（明治28）年、仙太郎は10数人の搾乳業者とともに「札幌牛乳搾取業組合」を設立し、その代表者となった。この組合は別名「ビール粕組合」といわれたが、札幌麦酒株式会社（現・サッポロビール）から出るビール粕を一括購入して組合員に分配する、飼料の共同購入を主たる目的とする組織であった。この組合では、ビール粕のほか、大豆粕、綿実粕、ビートパルプなど加工副産物の飼料利用も行うなど、今でいう「エコフィード」の利用をわが国で初めて行った、酪農民による酪農民のための画期的な団体であると言えるであろう。

その後、この団体を核に札幌牛乳販売組合（1915〈大正４〉年)、札幌酪農組合（略称・札酪）(1917〈大正６〉年)、札幌酪農信用販売購買生産組合（1920〈大正９〉年）を経て、1925（大正14）年に現在の雪印メグミルク㈱の前身である北海道製酪販売組合（1926〈昭和元〉年全道組織の「連合会」〈略称・酪連〉）（組合長：宇都宮仙太郎〈札酪組合長〉専務理事：黒澤酉蔵〈札酪理事〉）が設立された。

仙太郎は搾乳業の安定とバター製造・販売の実績を背景に、少しでも広い牧場でアメリカ式の酪農経営を実践するため、1902（明治35）年に白石村上白石（現・札幌市白石区菊水）に、国内初のギャンブレル屋根牛舎に地上式塔型サイロを備えた牧場を開設した。このサイロは札幌軟石でつくられたものであり、このようなサイロを使っての仙太郎が学んだアメリカ仕込みのサイレージ調製技術はその後、多くの酪農家に普及していった。

1906（明治39）年、仙太郎は乳牛改良のためのホルスタイン種購入を目的に再渡米した。折しも、恩師のヘンリー教授（当時ウィスコンシン州立大学農学部長）が退官の年であり、仙太郎はその記念講演を聴講して感銘を受けて帰国した。その内容は北欧の小国・デンマークの農業事情についてであった。このことについて博士は、デンマークの面積はウィスコンシン州の1／4（北海道の約半分）にも満たず、土地は痩せ、天然資源は乏しいが、農畜産業は最も進歩し、農民は豊かで聡明である。家畜と輪作を組み合わせたデンマーク農業こそ、これからの酪農村をつくるモデルである。家畜を飼えば糞尿を土地に還元でき、土地が次第に肥えてきて良い草が取れる。どんなに悪い天候でも草は生える。家畜は死なない。「家畜なくして肥料なく、肥料なければ農業なし」と力説したという。

仙太郎の帰国後、札幌牛乳搾取業組合を中心に、酪農民たちはデンマークという国の歴史と農業について関心を持ち、研究を始めた。なぜならば、デンマークは気候・風土や国土の面積が北海道と似通っていること、農業技術が高く、酪農民の組合組織が発達し、農民の生活が豊かだからである。そして何より、デンマークは貧困でも農業を営めることを証明した国であったからである。

1923（大正12）年、「デンマークを見習って酪農民の酪農民による生産組織をつくろう」と仙太郎、黒澤酉蔵、佐藤善七らは北海道各地の熱心な酪農家に声を掛け、「北海道畜牛研究会」を設立した。彼らの提言に対して、当初道内の多くの農民の反応は冷ややかであったが、熱心な取り組みは当時の北海道長官であった宮尾舜治の方向性とも一致し、道費でデンマークからモデル酪農家を招き、５年間実際に模範的な営農をしてもらうという画期的な「実験」を行うに至った。

招聘された酪農家はモーテン・ラーセン（入植地：豊平町道庁真駒内種畜場内）とエミール・フェンガー（琴似村北海道農事試験場内）およびその家族であった。当初から彼らの受け入れに反対していた日本人側からの言われなき誹謗中傷にも耐えながらも、彼らは在任期間中に与えられた荒野を見事に開墾し飼料畑をつくり上げた。それは、戦争で荒廃した国土を家畜と輪作による主畜農業で復興に導いた、まさにデンマーク農業の模範経営を実証したものであった。

当時の北海道の一般酪農民は、北海道畜牛

研究会が行った「丁抹（デンマーク）農業講演会」で彼らが紹介したデンマーク式農業の話に耳を疑い驚きつつも、彼らが実証して見せた営農の成功を目の当たりにして多くのことを学んだ。この時の講演録は、1924（大正13）年に『丁抹の農業』として出版されたが、今日の農業現場では常識的な考え方や技術が数多く紹介されている。講演会の内容と彼らが実証して見せた営農技術について、「飼料生産」の視点から、筆者なりに重要と思われる点をピックアップすると、次の３点に集約される。

（1）抜根と暗きょ工事の徹底

原始林伐採後の切り株が多数あり、また雑草が生い茂っている未開墾地は、まず排水工事を施さなければ開墾することはできない。樹木の根株を大小問わず完全に取り除く（伐根する）ことは、馬を使って耕作する畑として開墾するためには必須の条件である。

また、開墾しようとする土地が湿地の場合には、排水による土壌改良が必須である。暗きょ排水は工事後、土の下に隠れて見えなくなってしまうが、畑の中の排水性改善のためには特に重要である（フェンガーは開拓使時代にアメリカから輸入し、使われないままにある暗きょ用の配管機械を借りてきて黙々と暗きょ工事を行って見せたとのこと）。

（2）飼料用作物を含む輪作体系と堆肥導入による生産性向上

日本の水田のように、同じ土地に同じ作物をつくる連作方式を畑作で行うと、その作物に必要な特定の養分ばかり吸収するため、農地は痩せる一方で、作物の病気を引き起こす細菌やウイルスが増え、雑草や害虫が多くなりやすい。これに対して、異なる作物を順番に畑を替えて作付けすることにより、連作による障害を防ぎ収穫を保証することから、輪作の徹底は必須である。また、輪作することにより、重労働と忙しい労働のピークを集中させずに作付けから収穫までの作業ができる。

実際の輪作は、人間がすぐ食べる作物や売り物にする作物のみを作付けるのではなく、家畜の飼料となる牧草や根菜類のビートやカブを大量に低コストで生産することに重きを置くべきである。家畜飼養によって出る糞尿を堆肥として土地に還元し、地力を高めることで飼料用作物の収量と栄養価を高め、冬季の飼料も確保でき、畜産物の生産量や商品価値を向上させるという、主畜農業には必要な考え方である。

（3）秋起こしの重要性

秋の収穫後そのまま放っておけば雑草がはびこるのは当たり前である。雑草は越冬前に実を付け、畑にまかれるので、翌春に雑草が大繁茂する。雑草は畑の養分を横取りするのみならず、作物が繁茂するのに必要な場所も日光も奪い取ることから、収穫される飼料作物の栄養価は低下し、収量も減少する。従って、雑草退治にとって秋起こしは重要である。秋は収穫、運搬、脱穀などで忙しいとは思うが、まずは何をおいても秋起こしだけは直ちに実行すべきである。

秋起こしは、プラウで耕起した後ハローをかける。その後、厚板に人が乗り、馬に引かせて土を均す。これにより切り刻まれた雑草の根や地下茎は土の中に埋められる。しばらくして雑草の芽が出始めたら再びハローをかける。これを何度か繰り返し、その後、冬起こし（２回目の耕起）を行うことで雑草退治に相当な効果が期待できる。根菜類の畑は収穫時期が遅いのでこうした方法を取れないが、これらの畑は雑草が少なく、土も軟らかいので、冬起こしをできるだけ早くすることで問題はない。

秋起こしは雑草防除のみならず、土壌微生物を増やすための環境整備作業として重要である。土壌微生物は土中にすき込まれた雑草や収穫残さ、ワラなどを分解し、作物の養分に変える。従って、秋起こしは肥料をやることと同じであり、農業者の本務である。

さて、明治末期～大正～昭和初期にかけ、デンマーク農業の影響を受けた人々が道内各地で酪農を展開した。数ある中、ここでは1924（大正13）年、仙太郎が娘婿の出納陽一と共に、今の札幌市厚別区上野幌に開設した宇納牧場について紹介する。仙太郎は、３年間のデンマーク派遣から帰国した陽一にデンマーク酪農を実践させた。宇納牧場にはデンマーク農業に関心を持った、多くの若い実習希望者が全道から殺到したと言われている。

このころの酪農家が、飼料として何をどれくらい生産し給与していたのかに関する記録は少ないが、『上野幌百年のあゆみ』（1985）に、当時出納農場で働いていた酪農実習生の記録として「1932（昭和７）年の経営概況」の記載があるので紹介する。

土地面積：17ha（輪作圃場15haのほか、輪作外圃場としてエンバク用2ha）

輪作圃場は１区2.5haずつ６区に分け、トウモロコシ、家畜ビート、エンバク・牧草混播、青刈り用牧草はそれぞれ１区ずつ、乾草用牧草は２区使用し６年輪作する。

１年目：トウモロコシ（牧草地を更新）
→２年目：家畜ビート
→３年目：エンバク・牧草（混播）
→４年目：牧草（青刈り用）
→５年目：牧草（乾草用）
→６年目：牧草（乾草用）

・家畜：乳牛60頭（搾乳牛35、育成牛25）、耕馬４頭、豚40頭（繁殖豚３、育成豚37）、鶏（成鶏）50羽

トウモロコシは全量サイレージにし、家畜ビートとともに冬季用貯蔵飼料として使い、エンバクは耕馬と鶏および乳牛に使用した。混播エンバクと１年目の牧草は青刈り飼料に、乾草は夏冬を通して乳牛と馬に、サイレージは乳牛に、家畜ビートは乳牛と豚にそれぞれ給与した。粗飼料の給与法は、冬季は１日当たりサイレージ20kg、家畜ビート30kg、乾草10kgが搾乳牛の給与量であったが、夏季は青刈りが主体で牧草60kg、乾草10kgを給与していた。

搾乳は１日３回で１頭平均7,200kg搾っていた。残念ながら、濃厚飼料源として何をどのくらい与えていたかの記載はない。しかし、1ha当たりの乳牛飼養頭数は成牛換算で３頭程度であったが、粗飼料は自家生産で十分間に合ったとのことなので、ビール粕や麦ヌカなど、加工副産物を濃厚飼料としてある程度の量与えていたと思われる。同書は、「当時の出納農場の経営はデンマーク農業そのものといって過言でなく、あるいはデンマーク農業以上であったかも知れない」と評している。

今でこそ日本一の酪農専業地帯である根釧地域であるが、現在に至る酪農の基礎を築くことになったのは、1931（昭和６）年、1932（昭和７）年の冷害による大凶作を経験した後のことである。黒澤酉蔵は当時の北海道長官佐上信一に、「明治以来の主穀中心の開拓方針を改め、徹底的に乳牛の飼育を推奨すべきだ。牛主体の酪農経営に大転換するため、農民にただで牛を与えよ」と建言した。主穀農業は南方型農業なので冷害に弱い。一方、デンマークで発達した北方型の主畜農業である酪農は牛が中心なので、これは冷害に強い農業の導入を意味した。こうして策定されたのが「根釧原野開発五カ年計画」であり、1933（昭和８）年から1938（昭和13）年までの５年間実施された。こうして根釧地域に酪農が定着し始め、冷害を回避できるようになったのである。

1937（昭和12）年の日中戦争の勃発に始まる日本の戦時体制下において、酪農は産業的、軍事的に一層重要性を増した。しかし戦争の

拡大、長期化に伴い、労働力の減少、飼料の高騰、供給困難などを生じ、酪農の生産性は減退の一途をたどった。

第二次世界大戦敗戦直後の1945（昭和20）年11月、「緊急開拓事業実施要領」が閣議決定された。これに基づいて道外の罹災者、海外からの引揚者、復員軍人などが北海道各地の開拓地へ入植した。５年間で全国の未利用地150万haを開拓し、100万戸を入植させる計画で、北海道はこのうち70万haを開拓し、20万戸を受け入れる計画であった。入植地は耕地として適さない劣悪な条件の土地がほとんどであった。入植当初は自給のための作物や豆類などの換金作物を中心とした主穀農業であったが、1953～1954（昭和28～29）年の連続冷害に加えて、1956（昭和31）年には大正期以来の大冷害に見舞われ、壊滅的な被害を受けた。すなわち、農業の有畜化の機運は、このような度重なる冷害の経験から醸成され、以降の北海道酪農発展へとつながるのである。

２．発展期（1955〈昭和30〉～1999〈平成11〉年）

（1）前期：1955（昭和30）～1974（昭和49）年

戦後の混乱から徐々に回復し、北海道酪農が本格化したのは、1956（昭和31）年以降であろう。この年、世界銀行の融資を受けて「根釧パイロットファーム事業」が始まった。この事業は、酪農を主体とする大規模農業開発プロジェクトであり、乳牛の飼料の大部分を牧草に依存する草地酪農を日本で初めて目指したものであった。また、それまで入植者の人力や畜力で行われていた原野の開墾を機械で大規模に行った、日本で初めての事例でもあった。1964（昭和39）年までに約5,000haを開墾、約360戸が別海町（三原・豊原）に入植し、根釧酪農の基礎が築かれた。しかし、与えられた土地が１戸当たり耕地14.4ha、採草・放牧地1.8haと狭く、また草地の牧草が寒冷地向きではなく、乳牛に与える飼料として十分とは言えない生産量であった。また、１戸当たり10頭導入された乳牛は、体格は小さいが飼料利用性が高く、放牧に適し、粗放な管理でも十分に生産が上がるとの触れ込みのジャージー種であったが、人獣共通感染症であるブルセラ病が持ち込まれまん延した。これら多くの困難によって経営難に陥り、離農を余儀なくされた入植者も少なくなかった。

このため、営農規模を拡大して安定を図るべく、1973（昭和48）年に「新酪農村建設事業」が10年間の計画で開始された。この事業は、牧場施設（住宅を含む）を一体的に整備して建売牧場を建設し、大規模経営についての能力と意欲を有する地域内の農家の移転入植、および地域外からの新規入植を促すものであり、根室市、別海町、中標津町を中心に約１万5,000haの草地が造成されて200戸以上が入植した。

入植者の標準的な経営規模は、１戸当たり草地面積50ha、成牛50頭、育成牛18頭、フリーストールあるいはスタンチョンによるつなぎ飼いで、それぞれミルキングパーラあるいはパイプラインミルカによる搾乳を行う牛舎であった。また、糞尿処理はスラリー方式であった。

粗飼料給与に関しては、スチール製気密サイロが設置され、ボトムアンローダによるサイレージ取り出し、およびベルトコンベアによる運搬とセルフフィーダを組み合わせた自動給餌方式が採用された。粗飼料としてのサイレージを乾草と比較した場合、調製作業が天候に左右されにくい、養分損失が少ない、機械化しやすいなど、サイレージの有利性が説かれ、サイレージに関する試験研究が盛んに行われたのがこの時期である。その中で、従来の高水分サイレージの持つ欠点を克服した予乾サイレージや低水分サイレージの調製技術が発達してきた。サイレージの水分含量を下げることは、不良発酵の抑制、排汁による養分損失の防止、家畜の乾物摂取量の増加、運搬労力の節減などの効果がある。しかし、一方で詰め込み時の空気の排除、貯蔵中の空気流入の防止の点から難点があり、しばしば不良発酵が生じた。こうした難点を克服するために開発されたのが気密サイロである。また、サイロの上から詰め込み、下から取り出すボトムアンローダの採用は、サイレージ給与期間中の「追い詰め」を可能とし、サイロを年中使用することができる。当時は、ほとんどの酪農家が夏季に放牧や青刈り給与を行っていたが、ボトムアンローダ式の気密サイロは、その後の主流となる「通年サイレージ方式」に対応させることを考慮したものであった。

「根釧パイロットファーム事業」から「新酪農村建設事業」へと続くこの時期は、草地造成・改良事業により草地面積が拡大したが、同時に北海道に適した牧草や飼料作物の新品種の育成・供給が行われ、収穫体系も確立されていく時期でもあった。戦前から、国の事業として海外導入品種の適応性検定などは行われていたが、本格的な育種に取り組み始めたのは戦後になってからである。1959（昭和34）年、国は「飼料作物育種計画」を策定し、1963（昭和38）年には牧草育種指定試験地を設け、育種体制の強化を図った。牧草については、農林省北海道農業試験場（現・農研機構北海道農業研究センター）がイネ科のオーチャードグラス、トールフェスクおよびメドウフェスクと、マメ科のアカクローバおよびアルファルファを、北海道立（現・道総研）北見農業試験場がイネ科のチモシーを担当した。また、飼料用トウモロコシについては、農林省北海道農業試験場が担当した。

飼養規模の拡大に伴い、粗飼料生産も機械体系化する必要が出てきた。さまざまな補助事業や融資などにより、トラクタや一連の飼料調製用作業機の導入が図られ、1965（昭和40）年以降、基本的な粗飼料収穫の機械体系が徐々に出来上がっていった。乾草収穫ではコンパクトベーラによる体系が普及したが、出来上がった梱包の圃場での拾い上げや格納庫への収納などで労力がかかる問題があった。また、サイレージ体系で特筆すべきは、気密サイロを含む塔型サイロが広く導入され始めたことであり、低水分サイレージの発酵品質向上へ大きく貢献した。

（2）後期：1975（昭和50）～1999（平成11）年

1975（昭和50）年以降、乳量や乳成分の不安定さなどの問題から、次第に放牧が行われなくなり、それに代わる画期的な飼料給与システムとして「通年サイレージ方式」が普及した。

通年サイレージ方式は、農林水産省草地試験場（現・農研機構畜産研究部門畜産飼料作研究拠点）の高野信雄らが開発した技術である。1973（昭和48）年から、栃木県の那須山麓の酪農家を対象に、夏季の放牧や青刈り給与をやめて年間を通じてサイレージを給与する方式への転換を総合的に指導し、新たなシステムとして確立した。通年サイレージ方式では、牧草を適期に全て刈り取るので、毎日の草刈りから解放される。適期にまとめて刈り取ることから収量が多く、飼料の栄養価の変動を少なくでき、安定した品質の粗飼料を定量給与できるので、牛の生理から見ても好ましい。通年給与するサイレージを調製・貯蔵するには、大型の定置式サイロが必要である。幸い北海道では、新酪農村建設事業を契機に機密サイロなどの塔型サイロが普及しており、通年サイレージ方式に対応する基盤は既に整っており、この飼料給与方式の普及が生産性の向上をもたらした。

通年サイレージ方式では、牧草サイレージに加えトウモロコシホールクロップサイレージの利用が普及した。以前の飼料用トウモロコシは、茎葉生産量は多いが子実の充実が良くない晩熟長稈の品種であったが、1970（昭和45）年ごろから、子実割合が高くホールクロップサイレージに向く早熟短稈のF_1品種が出回り始めた。乳熟期から糊熟期に収穫するより、黄熟期に収穫する方が子実のでん粉含量が多く栄養価が高くなるため、より早く登熟が進む早生品種は、冷涼な気候の道東地域においてもその栽培面積を拡大した。

1980年代（昭和55年以降）になると、乳牛の多頭化がますます進み、飼料給与や搾乳をより省力化できるミルキングパーラを備えたフリーストール牛舎での群管理を行う酪農家が増えてきた。また、乳牛の泌乳能力向上により、購入飼料（濃厚飼料）割合の高い飼料構成へと変化していった。乳牛への飼料給与は、伝統的に粗飼料と濃厚飼料を別々に給与するのが常であった。しかし、多頭数の群飼いの場合、それぞれ何度にも分けて多回給与する必要があり、その労力が半端ではない。また群飼いのため、中には濃厚飼料のみを過剰に摂取する個体もあり、健康上の問題発生や、一方で濃厚飼料を摂取できない個体の乳量が低下するなど、不適切な群管理となる場合も多くなった。このような状況の中、新たな飼料給与方法として登場したのが「TMR方式」である。

TMRはTotal Mixed Rationの略で、日本語では混合飼料と呼ばれるのが一般的である。この技術がアメリカから入ってきた当初はコンプリートフィード（Complete Feed）と言われていたが、これは現在のTMRと同義と考えてよい。TMRは乳牛が要求する全ての飼料成分が適正になるように、粗飼料と濃厚飼料および添加物など全ての飼料原料を選び食いができないように混合した飼料であり、乳牛に自由採食させるのが基本である。TMR方式は、多頭数の群飼いにおける飼料給与の省力化とルーメン発酵の安定性の維持に大きく貢献した飼料給与技術である。

1985（昭和60）年のプラザ合意を境に、急激な円高の進行で安価な穀類が容易に手に入るようになり、全国的に輸入飼料への依存傾向にますます拍車がかかることとなった。そこで北海道の飼料生産現場では、粗飼料生産の量的拡大から質的改良に対する新たな取り組みが次第に表れてきた。

その取り組みの1つは「牧草の早刈り運動」である。この運動は、根釧地域の営農指導に携わる全ての人々の共通認識の下で推進していくため、農業改良普及センターを中心に自治体、農業団体、試験場などが営農指導対策協議会を組織し実施された。具体的には、チモシー1番草の刈り取りを通常の出穂期より早めの、穂ばらみ期から出穂始期に行い、高栄養価の粗飼料を収穫しようという技術である。当然、乾物収量は低下するが、この粗飼料を給与して得られる乳量増などによる収益の向上の方が勝るとの判断があってのことである。早刈りすることによる草勢の低下に対しては、2番草の収穫時期の調整や翌年は同一圃場で早刈りを行わないといった対処法が示され、また同一ステージの牧草を1カ月にわたって収穫できるよう、熟期の異なるチモシー草地の造成を推進するなど、量の確保から一歩進めた段階の粗飼料生産技術であると評価できる。

もう1つは「放牧の再評価」である。前述の通り、1975（昭和50）年以降は通年サイレージ方式やTMRの普及により、放牧を行う酪農家は減少していった。しかし一方で、規模拡大は労働負担が過重となることから、省力的な放牧を再評価する動きが出てきた。特に、1985（昭和60）年ごろから、合理的な放牧管理を行うことで刈り取り利用に劣らない高い土地生産性を達成できるとされる、いわゆる「集約放牧」が、これを行うために必要な簡易な電気牧柵（簡易電牧）とともにニュージーランドから紹介された。すなわち、高い消化率を持つペレニアルライグラスなどの草種の放牧地を簡易電牧で細かく区切って「短期輪換放牧」（ストリップ放牧）を行うことで、常に短草利用で牧草を高栄養価に保ち、放牧牛の採食量を高める技術である。注意すべき点は、季節によって放牧する面積や輪換日数を変更、すなわち牧区の分割数を変更することである。牧草は季節によって再生速度が大きく異なることから、常に同じ面積で放牧すると、春は牧草の再生速度に牛の採食が追いつかず、草高が高くなり過ぎて栄養価は低下する。このような草は牛が食べず、残った草が枯草となり、結局は生産草の多くが無駄になってしまう。

浜頓別町の池田牧場は、この集約放牧を北海道で最初に採用した牧場であり、当時、北海道立天北農業試験場（現・道総研酪農試験場天北支場）で現場導入試験が行われていたペレニアルライグラスを国内で初めて酪農現場に導入した。

その後、「足寄町放牧酪農研究会」（十勝管内）や「マイペース酪農交流会」（根室・釧路管内）など、酪農家有志が集まり、省力的な放牧酪農に転換することで購入飼料を削減し、仲間とともに経営改善を目指す活動が見られるようになった。

北海道大学の研究グループは、北大農場で行った一連の研究から、放牧の効率的利用による生牧草の多給はサイレージなどの貯蔵粗飼料に比べ、乳生産に対する飼料エネルギーの利用効率が優れることを明らかにした。また、1乳期飼養では夏季は放牧主体、冬季はトウモロコシサイレージとアルファルファサイレージとの組み合わせが乳生産効率の面から有効な粗飼料構成であるとした。一方、1頭当たり乳量や乳生産効率のような家畜生産性のみならず、単位土地面積当たり乳生産といった土地生産性の検討も行った。その結果、道央地域では、放牧開始時草高を10cm、春季（放牧開始から40日間）の放牧間隔を20日（それ以降14日）として、放牧強度6頭／haで1日5時間（30cow-hour/ha／日）の時間制限輪換放牧を行った場合、採草利用に劣らない1ha当たり10t程度の牧草乾物利用量が見込め、1ha当たり10～12tの乳生産が達成可能であり、放牧の高い土地生産性が示された。また、放牧期のトウモロコシサイレージ給与は、タンパク質含量の高い放牧草に対するでん粉質の高いトウモロコシサイレージの組み合わせという栄養素バランスの面のみならず、放牧に単位面積当たり収量の高いトウモロコシサイレージを用いることの土地生産性に対する有効性が示された（中辻、2003）。

この時期、乳牛の放牧研究は北海道内の国公立農畜産研究機関においても盛んに行われ、その試験研究成果は『集約放牧マニュアル』（1995）として、農家に利用しやすい形に整理し出版された。

3．転換期（2000〈平成12〉年～現在）

2000年代（平成12年以降）に入り、自給飼料の重要性を再認識させる大きな動きが見られた。1つは2000（平成12）年の口蹄疫および2001（平成13）年の牛海綿状脳症（BSE）の相次ぐ発生、もう1つは2006（平成18）年秋以降に起きた配合飼料価格の急騰である。

2000（平成12年）年の口蹄疫の感染ルートは特定できなかったが、輸入稲ワラの可能性が高いことが指摘され、安易な輸入飼料の利用に大きな警鐘を鳴らした。1996（平成8）年のイギリスで発生したBSEは、異常プリオンで汚染された牛の脳や脊髄などを原料として含む肉骨粉の給与が原因と考えられたため、それ以来わが国では牛や羊など反すう動物由来肉骨粉の牛用飼料への使用が禁止されていた。しかし、国内でのBSE発生を受け、さらに厳しい法的な飼料規制が実施された。飼料に用いる牛の肉骨粉の輸入は全面的に停止され、牛用飼料への動物由来タンパク質（肉骨粉、血粉、チキンミール、フェザーミール、魚粉など）の使用を禁止した。また、これらの意図せぬ混入を防ぐため、牛用飼料と豚や鶏などその他の飼料の製造、保管、輸送などを完全に分離することが義務付けられた。すなわち、これら疾病の発生は「安全・安心な牛乳生産」を支える自給飼料の重要性を再確認する大きなきっかけとなった。

2006（平成18）年秋以降に起きた配合飼料価格の高騰はわが国の酪農経営に深刻なダメージを与え、「平成の畜産危機」と称されている。それ以降、価格水準は若干の上がり下がりはあるものの、現在まで依然として高止まり傾向を示している。配合飼料の価格はその主要原料であるトウモロコシの価格と連動するが、この時期の配合飼料価格の上昇は、トウモロコシの最大輸出国であるアメリカでのバイオエタノール生産のためのトウモロコシ需要の大幅な増加の影響であった。すなわち、トウモロコシを巡り、新興国の人口増加と経済発展に伴う人間の食料としての需要増大に加え、国際的な環境への関心の高まりの中で石油に替わる燃料原料としての新たな需要が大幅に高まった結果である。このことは、長い間安価な輸入穀物に依存してきた酪農をどのように転換させるか、突き付けられた時期である。

こうした背景の中、トウモロコシに替わる飼料作物として全国的に注目されたのはイネである。イネの飼料利用については1985（昭和60）年前後にかなり研究され、飼料としての有用性は確認されていたが、当時は円高で穀類が安く手に入ったことなどから、本格的な利用には至らなかった。しかし、2000（平成12）年の口蹄疫発生の関連で稲ワラをはじめとする輸入粗飼料の輸入が困難になる事態が発生し、緊急的な対策の1つとしてイネホールクロップサイレージ（WCS）の利用が始まった。この時期、人口減少や高齢化、食生活の変化などによって、主食用米の国内消費量が年々減少して生産調整を行っていた時期でもある。飼料用米への転換は畜産サイドからの需要に応えるとともに、稲作農家にとっても主食用米の需給調整やコメの価格安定にも大変有効な手段であった。稲作農家から見れば、飼料用とはいえ主食用米と基本的な栽培技術は同じであり、手持ちの機械・設備などで作業ができ、収穫作業は畜産農家の既存の機械体系で可能であるなど、取り組みやすいものであった。このような流れの中、茎葉を含めたイネ全体の収量や茎葉の消化性を向上させたイネWCS専用品種の開発、栽培管理法の改善、専用のロールベーラなどの収穫機器の実用化など収穫・調製法と家畜への給与実証など、国公立の農畜産研究機関において精力的に試験研究が行われ、その成果が、2002（平成14）年『稲発酵粗飼料生産・給与技術マニュアル』としてまとめられた。このマニュアルはこれまで5回の改訂を経て、現在は2014（平成26）年の第6版が最新版として公表されている。

イネの飼料利用についてはWCSのみならず、イネの子実自体を飼料原料として利用する、いわゆる飼料用米の生産・利用促進についても国を挙げて取り組んできた。コメの栄養価は配合飼料の主原料であるトウモロコシとほぼ同様であり、安全で安心な国産濃厚飼料源としての需要を見込んでのことである。WCS同様、飼料用米生産における品種選定、栽培管理法の改善、利用形態（もみ米または玄米）と適切な加工法（粉砕および蒸気圧ぺん処理）、サイレージ（ソフトグレインサイレージ：SGS）調製法、加工・調製法と栄養価の関連、家畜への給与実証など、多方面からの試験研究が国公立の農畜産研究機関で行われた。それらの成果が、2013（平成25）年『飼料用米の生産・給与技術マニュアル（2013年版）』として初めてまとめられ、これまで2回の改訂を経て、現在は2016（平成28）年版が最新版として公表されている。

これまで述べた通り、イネの飼料化については、国の重点課題としてのプロジェクト研究で取り組まれ推進されてきた。これらの取り組みは、耕畜連携による安全・安心な自給飼料の供給のみならず、水田の持つ国土保全機能を守りながらの環境に配慮した飼料生産という観点からも評価されるべきである。しかし、これらのプロジェクト研究は都府県の研究機関の参画が主であった。北海道としては、農研機構北海道農業研究センターが、北海道向け飼料用新品種として「きたあおば」(2008)と「たちじょうぶ」(2010)を育成・提案したが、WCSおよび飼料用米共に飼料としての有用性、特に乳牛用飼料として給与実証に関する研究には参画していない。

これには、当時の北海道としての事情が垣間見える。1つは、北海道は都府県に比べ、減反面積のほとんどを休耕することなく転作利用しており、既に水田フル活用が達成されていたので、そもそも飼料用イネを作付けする余地はほとんどなかったのである。また、この時期は、それまでまずいコメの代名詞であった北海道米を改良すべく、北海道立(現・道総研)中央・上川・道南・北見農業試験場が1980(昭和55)年に開始した「優良米の早期開発」プロジェクトの成果が実を結び、「きらら397」(1988)から始まり、「ほしのゆめ」(1996)、「ななつぼし」(2001)、「ふっくりんこ」(2003)、「ゆめぴりか」(2008)といった優良品種を続々と世に送り出し、その作付面積も拡大していた。日本を代表する米作地域に上り詰めた北海道において、コメを家畜の飼料として利用するという発想自体あり得なかったというのも、もう1つの事情かもしれない。

このように、イネの飼料化の振興は都府県向けの政策であったかもしれないが、北海道内の地域によっては、特色ある取り組みも見られた。『稲発酵粗飼料生産・給与技術マニュアル第6版(平成26年度版)』(2014)にも紹介されている、イネWCSの生産に関する先駆的な取り組みは、2001(平成13)年ころから愛別町で始まった。愛別町では、このイネWCSを普及させるために、2005(平成17)年に「愛別町稲発酵粗飼料生産部会」が発足、2009(平成21)年からは十勝地方の肉牛生産農家への出荷を始めている。しかし、残念ながら給与する粗飼料としてイネWCSを取り入れていることを特徴としてうたっている北海道の酪農経営はほとんどないようである。

一方、飼料用米については酪農経営でも利用されている。その中の先進的な事例の1つは、コープさっぽろによる飼料米を使って生産された畜産物を「黄金そだち」としてブランド化し、販売した取り組みである。この取り組みは、飼料用米の生産に意欲を示す道内のJAと飼料米の利用を模索する畜産農家が、コープさっぽろと共同で取り組めないかと提案し、2011(平成23)年から開始された。黄金そだちのブランドとしては、豚肉、鶏肉、鶏卵のほか、飼料米を10%配合した飼料を給与して生産された牛乳が「黄金そだちの別海牛乳」(㈱別海乳業興社)として販売されている。

先に述べた通り、自給濃厚飼料源としての飼料米は、その作付可能面積から考えて、北海道酪農における必要量には到底及ばないことは明らかであった。そこで農研機構北海道農業研究センターでは、2009(平成21)年より、国産濃厚飼料の安定供給に向け、トウモロコシの雌穂(イアコーン〈子実、穂皮、芯〉)をサイレージ化し、濃厚飼料として生産利用する技術開発に着手した。しかし、単収が高いトウモロコシとはいえ、生産量確保のためには作付面積が今以上に伸びなければならないのだが、これを畑作地帯での新たな輪作作物としてトウモロコシを組み込む耕畜連携により確保しようという発想であった。わが国最大の畑作地帯である北海道においてイアコーンサイレージの取り組みが始まったのは、ある意味で歴史的必然と言えるだろう。

イアコーンサイレージは、「スナッパヘッド」と呼ばれる雌穂収穫専用のアタッチメントを自走式ハーベスタに装着して収穫する。イアコーンの収穫は雌穂乾物率が55~60%を目安とし、ホールクロップの収穫適期である黄熟後期より1~2週間後の完熟期に行うことが妥当である。乾物収量も10a当たり800～1,000kgであり、条件が良ければ1,200kgも可能である。収穫作業は、アタッチメント交換以外、ホールクロップサイレージと同様な機械体系で行うことができ、その作業効率（1.2～1.5ha／時）は同等以上である。密封・梱包に細断型ロールベーラ・ラッパを用いれば、発酵品質も良好で長期保存が可能であることが確認されている。その場合のイアコーンサイレージのTDN含量（乾物ベース）は75～85%と、トウモロコシホールクロップサイレージ（65～70%）に比べて1～2割高く、乳牛用の自給濃厚飼料として十分利用できる。乳量、乳成分、血液性状などから、イアコーンサイレージを圧ぺんトウモロコシの代替として給与する場合、牧草サイレージ主体給与時は1日1頭当たり乾物で3.3kg、牧草サイレージとトウモロコシサイレージの併給時は約2kg、放牧主体飼養時の補助飼料としては約5kgが目安である。

これらの研究成果は2013（平成25）年に『イアコーンサイレージ生産・利用技術マニュアル』として整理され、現在は2017（平成29）年に第2版が公表されているが、このマニュアルには、研究成果のみならず、北海道内での普及事例についても紹介されている。イアコーンサイレージ導入のメリットの1つである「耕畜連携型」については、肉牛経営の事例のみであり、酪農経営への導入については「TMRセンター型」の取り組みが紹介されている。

㈲ジェネシス美瑛（美瑛町）は、わが国で初めて国産濃厚飼料源としてのイアコーンサイレージの生産利用に取り組んだTMRセンターである。2007（平成19）年から稼働、翌年の2008（平成20）年からイアコーン栽培を開始した。当初2haの作付けから始め、2016（平成28）年には約100haまで拡大している。また、2012（平成24）年からは、子実と芯の一部のみを収穫・調製する、より栄養価の高い子実主体サイレージ（コーンコブミックス：CCM、またはハイモイスチャーイアコーン：HMEC）の生産も行っている。同センターはイアコーンの他、所有する採草地と飼料用トウモロコシ畑から牧草サイレージとトウモロコシホールクロップサイレージを生産し、イアコーンを濃厚飼料の一部として使用する搾乳用TMRを3種類つくっており（その他に乾乳用、育成用もつくる）、構成メンバー8戸が飼育する約1,200頭の乳牛に加えて、メンバー以外の酪農家にもTMRを供給している。イアコーン導入により、購入飼料費の節約に伴うTMR製造コストが低下し、飼料自給率はセンター設立時の56%から2011（平成23）年には72%まで向上した。現在、オーチャードグラスとペレニアルライグラスの短草多回刈りやタンパク質源としての飼料用大豆の導入などにより、飼料自給率85%を目標としているとのことであり、今後の動向が注目される。

2000年（平成12年）以降、これまで述べてきた、北海道酪農の経営基盤を揺るがす2つの出来事（口蹄疫・BSE発生と配合飼料価格急騰）により、自給飼料生産の拡大と低コスト化の必要性が増す一方で、頭数規模拡大に伴う自給粗飼料生産に要する労働時間の過重が大きな問題となった。このようなことから、飼料生産部門を分離し外部に委託する動きが加速し、これらを受託する組織、いわゆるコントラクターが北海道においても、各地に設立されるようになった。その後、自給粗飼料の生産のみならず、乳牛に給与する飼料全体を委託したいとの要望から、飼料の混合調製作業までを受託するTMRセンターへと発展していくこととなった。

コントラクターについては、ヨーロッパでは早くから組織され、1990年代の初め（平成2年）ごろから、その実態が日本でも紹介されていた。全国のコントラクター組織数は2003（平成15）年の317組織（うち北海道124組織）から2016（平成28）年には717組織（うち北海道202組織）へ増加し、北海道と九州で全体の半数を占めている。また、飼料作物の収穫作業の内容は、北海道では牧草とサイレージ用トウモロコシが主体であるが、都府県ではWCS用イネが最も多く、その他に稲ワラ収集なども委託しているのが特徴である。

一方、TMRセンターは、2003（平成15）年の32組織（うち北海道25組織）から2016（平成28）年には137組織（うち北海道74組織）へと増加し、北海道が全体の半数を占めることとなった。2006（平成18）年には、TMRセンター構成員の経営改善や地域農業の発展を図ることを目的に、「北海道TMRセンター連絡協議会」が設立されて、各TMRセンターの活動事例発表会や情報交換会、研修会、講習会などを毎年実施している。

北海道のTMRセンターは、そのほとんどが酪農用に飼料を供給しているが、都府県では肉牛用に供給するTMRセンターの割合が高い。また、北海道では、TMR原料の粗飼料はセンター構成員による自家生産、あるいはセンター自らのコントラクター活動で賄う「自給飼料活用型」であり、先に述べたイアコーンのような濃厚飼料源の一部も自家生産する組織も見られる。それに対し、都府県では、TMR原料の粗飼料のほとんどを濃厚飼料と同様に購入で調達する「輸入飼料購入型」の割合が極めて多いのが特徴である。しかし、環境調和と資源循環型畜産推進の観点から、都府県においても、イネWCSなどの自給粗飼料に混合する濃厚飼料源として、ビール粕、しょうゆ粕、豆腐粕などの加工副産物、いわゆる国産エコフィードを積極的に調達し・利用するセンターも増えてきている。

現在のTMRセンターは、酪農家に単に飼料を供給するだけではなく、地域の産業クラスターの中核を担う役割が求められている。すなわち、預託哺育・育成牧場や酪農ヘルパー、獣医師・人工授精サービス、農協、市町村、改良普及組織、コンサルタントなどとの連携・協力体制の中核としての役割である。加えて、TMRセンターを中心とする各組織が地域の雇用の受け皿となり、地域経済の活性化に寄与するとともに、農業後継者育成の場としての役割も期待されている。

1985（昭和60）年以降、酪農経営が大規模化する一方で、それによる労働負担の過重軽減の手段として「放牧の再評価」がなされ、道北、十勝、根釧地域の酪農家で積極的に実施されてきたことは、先に述べた通りである。中でも、放牧地を簡易電牧で細かく区切って短期間で転牧し、常に短草利用で牧草を高栄養価に保つことで牛の採食量を確保し高い土地生産性を達成するという、集約放牧技術が注目されていた。しかし、この技術の持つデメリットも見えてきた。短草利用で牧草の利用率と栄養価を高め、放牧牛の綿密な栄養管理を達成しようとするあまり、朝夕の搾乳後、1日2回転牧したり、乳量別に群分けして放牧するなど、電牧線の張り替え作業が増加し、牛の出し入れ作業が複雑化した。すなわち、省力化がメリットの1つであった放牧に関わる作業負担が増加し、乳生産は低下しないものの、「割に合わない」と感じる酪農家も出てきた。

そこで再び注目されたのが、放牧地を分割することなく1牧区に乳牛群を1シーズン放牧する「定置放牧」であった。すなわち、転牧に要する労力や放牧資材費用が少なくて済む、いわゆる従来型の放牧方式である。粗放で生産性が低いと考えられて敬遠されたはずの定置放牧が、なぜ再び注目を集めたのか。それは、旭川市の斎藤牧場のような、戦後開拓の苦難の時代、山に牛を入れ、ササや野草を食わせ、あるいは火を入れて牧草の種をまいて蹄に踏ませてつくった大面積の、いわゆる「蹄耕法」草地を定置放牧によって放牧期間を通じて短草型に維持し続けている実例を目の当たりにしたからである。個体乳量は少ないものの、草地へ化学肥料は使わず、輸入穀類の給与も少ない、北海道における低投入持続型定置放牧の代表例である。また、同様な大牧区定置放牧による酪農生産の事例は道北、十勝地域においても見られるようになった。

しかし、粗放で生産性が低いと言われてきた定置放牧が、放牧地からの牧草採食量や乳生産量まで含めた土地生産性について、本当に輪換放牧に比べて劣るのか、これを実際に比較検討し、データで示した例はなかった。

そこで、北海道大学の研究グループは、北大農場の放牧地において、定置放牧における乳生産の土地生産性について輪換放牧と比較検討した。すなわち、先にも述べた輪換放牧で適切と考えられた放牧強度（30cow-hour/ha／日〈６頭／haで１日５時間放牧〉）と放牧開始時草高（10cm）の条件下で泌乳牛の定置放牧を行い、同様の放牧強度および放牧開始時草高での輪換放牧（放牧間隔15日）の結果と比較した。その結果、定置放牧での１日１頭当たり放牧草採食量は、季節間差が大きく春季に集中するが、放牧期間を通じた放牧地からの利用草量は輪換放牧に劣らず（遠藤ら、2009）、放牧地1ha当たりの乳生産量（9.1t）（Nakatsuji et al. 2004）も輪換放牧と比較し、必ずしも劣るものではなかった。また、定置放牧では、輪換放牧より低い草高（8cm）で放牧を開始することで、放牧地の牧草再生量や利用草量を高く維持し、経年的に放牧地から安定した乳生産を得ることができることを示した。（遠藤、2008）。

４．現在～将来

牛は、われわれ人類が利用することのできない草類を食べ、消化利用し生命活動を営むことのできる動物である。すなわち、乳牛の飼料の中心は「草」である。草であったはずである。しかし、これまでの北海道酪農150年の歩みを、乳牛に給与されてきた「飼料」の観点からたどってくると、ある時期から給与飼料の構成が変化していったことが分かるだろう。

それは、第二次世界大戦後の復興とともに徐々に、そして1975（昭和50）年以降（前述の２．発展期（２）後期）顕著に見られた、牧草などの粗飼料から輸入穀類で構成される濃厚飼料割合の高い飼料構成への変化である。これは、乳牛の泌乳能力向上によって個体の栄養要求量が増加したこともあるが、円高により安価な穀類が容易に手に入るようになったことが最も大きな要因であろう。事実、濃厚飼料購入価格がサイレージや乾草の生産費に比べて安い時期もあった。従って、経費も労力もかかり巨大な貯蔵施設も必要な粗飼料から、必要な時に必要な量を電話一本で購入でき、必要な貯蔵タンクも無料で提供してくれる濃厚飼料に酪農家がシフトするのは、当時としては必然であった。安い濃厚飼料を多給して１頭当たり乳量を伸ばし、飼養規模を拡大することが酪農家の収入増に直結した。

しかし、このような状況も長く続かない。海外原料の濃厚飼料に依存した畜産は、生乳生産量を増大させた裏側で、国内に現存する草地・飼料作物畑が吸収・利用可能な量を超える過剰な糞尿を生産し、養分の系外流出による環境汚染が顕在化した。また同時に、輸入飼料と関連が深い口蹄疫や牛海綿状脳症（BSE）といった疾病の発生など、食の安全を脅かし、消費者の信頼を揺るがす由々しき事態をも招いてしまった。さらに、平成の畜産危機と呼ばれる配合飼料価格の高騰は、輸入穀類に依存していた酪農家に深刻なダメージを与えるとともに、その後の価格水準も現在まで高止まり傾向が続いており、経営を圧迫している。

現在も進行している世界の人口増加とそれに関連する食料需要の増加は、近い将来、「濃厚飼料は高い」から「濃厚飼料が手に入らない」状況へと進む可能性を否定できない。

従って今一度、酪農の原点に立ち戻る必要

がある。乳牛の飼料の中心は“草”であり、牛乳は稲作や畑作など他の農業分野と同様、土地を基盤とした土－草－牛を巡る物質循環の中から生産されるものであることを再認識すべきである。すなわち、作物生産が単位土地面積当たりの収量として表されるのが当然のように、牛乳生産も１頭当たり乳量で表される「家畜生産性」のみならず、たとえば1ha当たり乳量などの「土地生産性」を指標とし、その向上を目指すべきである。なぜならば、「濃厚飼料が手に入らない」状況の場合、酪農家の収入は土地生産性と直結するからである。

牛乳生産の土地生産性を向上させる省力的な手段として放牧が有効であることは、一連の研究成果から紹介した通りである。また、放牧時の併給粗飼料としてのサイレージ用トウモロコシの利用は、さらに土地生産性を向上させるとともに、冬季も含めた年間を通じての生産性向上が期待できるであろう。

このように、放牧とサイレージ用トウモロコシは、将来にわたる北海道酪農の持続的発展を支える粗飼料として重要な位置を占めるであろうと、筆者は考えている。もちろん、北海道の酪農家が一律にこれらを粗飼料として利用できないことは十分承知している。牧草サイレージや乾草も、放牧やトウモロコシサイレージ同様、乳牛における重要な粗飼料である。各酪農家の置かれている地域の気象条件、土地条件および社会条件下において、省力的で高い土地生産性を達成できると思われる粗飼料構成を選択すべきである。

一方、既に一部で実用化されているイアコーンサイレージのように、自給濃厚飼料を生産しようという動きがある。これらの事例は、北海道酪農における飼料自給率の向上と酪農を巡る物質循環の適正化を実現するための、今後の飼料の在り方の１つとして大変興味深い。しかし、トウモロコシは飼料エネルギー源を供給する濃厚飼料原料として重要であるが、タンパク質含量が低い。従って、タンパク質源をどのような飼料作物で確保するかが問題となる。

このことについて、粗飼料としてのみならず濃厚飼料生産も含めた土地利用を想定した乳牛飼養体系モデルを設定し、用いる粗飼料と濃厚飼料の種類やその給与割合の違いが、飼料生産に必要な土地面積と1ha当たり乳生産量に及ぼす影響について検討した筆者の研究（中辻、2019）を、次に紹介する。

ここでは、粗飼料としてトウモロコシサイレージと牧草サイレージの通年給与体系を想定した。また、濃厚飼料は、一般に広く利用されている圧ぺんトウモロコシと大豆粕を混合して給与することとした。すなわち、濃厚飼料源として子実トウモロコシと大豆を生産することを想定した。

その結果、粗飼料畑（採草地＋サイレージ用トウモロコシ畑）１ha当たりの乳生産は、濃厚飼料畑（子実用トウモロコシ畑＋大豆畑）を含めた全飼料生産圃場面積1ha当たりの乳生産に比べて高いことが示された。粗飼料の中でもサイレージ用トウモロコシの作付け割合が高いと土地からの乳生産は向上したことから、牛乳生産の土地生産性に対する粗飼料、特にサイレージ用トウモロコシの有利性を再確認した。

しかし、濃厚飼料生産の土地面積も含めた土地生産性を考えると、必ずしもサイレージ用トウモロコシの有利性を発揮できない場合もあった。サイレージ用トウモロコシ畑の面積が増えると、給与飼料中のタンパク質含量を維持するために、必然的に大豆畑の面積も増加せざるを得ない。大豆粕の単収はトウモロコシサイレージに比べて格段に低いため、トウモロコシサイレージ給与割合の増加に伴って大豆畑面積を急激に拡大せざるを得ず、粗飼料畑と濃厚飼料畑を含めた全飼料生産圃場面積1ha当たりの乳生産が低下した。すなわち、トウモロコシサイレージ多給時における飼料タンパク質源確保のための大豆畑面積の拡大は、牛乳生産の土地生産性に負の影響を与えることは明らかである。

一方、サイレージ用トウモロコシ畑を減らし牧草サイレージ用採草地の面積を増加させると粗飼料畑1ha当たりの乳生産はやや低下するが、牧草由来のタンパク質が増加するため大豆畑面積の増加が抑えられ、粗飼料畑と濃厚飼料畑を含めた全飼料生産圃場面積1ha当たりの乳生産は増加した。また、この増加割合は、個体乳量が高い場合に大きかった。すなわち、これらの結果は、粗飼料生産圃場に限定した単位面積当たりの乳生産で見ると、単収の高いサイレージ用トウモロコシの利用は土地生産性の向上に有効であるが、濃厚飼料も含めた飼料生産圃場全体で考えると、タンパク質源は濃厚飼料（大豆粕）より牧草（牧草サイレージ）から確保する方が有利であり、特に乳量レベルの高い牛群に対してその効果が大きいことを示唆している。

前記の研究は、乳牛用飼料のタンパク質供給源として牧草利用が有効であることを示した。すなわち、飼料用高収量大豆の開発や飼料用新規マメ科植物の探索などもさることながら、採草地のマメ科牧草の維持、早刈り利用、あるいは放牧による短草利用など、牛飼いの基本を確実に励行することによって、草から飼料タンパク質源を確保することが、高い個体乳量を維持することのみならず、牛乳生産の土地生産性向上にも大きく貢献することを再認識する必要があろう。

牛の餌はいつの時代も、やはり「草」なのである。

5．参考文献

農林水産省（2019）『畜産の動向（平成31年2月）』農林水産省生産局畜産部畜産企画課

（一社）家畜改良事業団（2018）『乳用牛群能力検定成績のまとめ －平成29年度－』乳用牛群検定全国協議会

田辺安一（1999）『お雇い外国人　エドウィン・ダン －北海道農業と畜産の夜明け－』㈶ダンと町村記念事業協会

高宮英敏（2008）『酪農語録　－北海道酪農を築いた人々－』酪農学園大学エクステンションセンター

小山心平（2007）「北海道酪農のくさわけ」『北海道青少年叢書 25 北国に光を掲げた人々』北海道科学文化協会

宇都宮仙太郎（編纂）（1924）『丁抹の農業』北海道畜牛研究会

上野幌開基百年記念事業協賛会編集部（1985）『上野幌百年のあゆみ』

㈳畜産技術協会（編）（2011）『畜産技術発達史』

北海道根室振興局（2018）『根室の農業 －概要編－（平成30年３月）』

金川直人（1979）「新酪農村建設の背景と現状」『北海道家畜管理研究会報 13』pp. 22-32

大原益博（2005）「飼料作物の育種・栽培の取り組み」『北海道畜産学会報 47』pp. 5-7

西尾敏彦（2001）「酪農で多頭飼育を可能に －高野信雄の通年サイレージ－」『続・日本の「農」を拓いた先人たち』（公社）農林水産・食品産業技術振興協会（編）

西埜進（1983）「乳牛の完全飼料と給餌システム」『北海道家畜管理研究会報 18』pp. 1-6

片山正孝（1995）「根釧地域における良質粗飼料生産技術の普及」北海道草地研究会報 29』pp. 5-11

佐藤智好（1999）「我が家の放牧導入の試みと足寄町放牧酪農研究会の取り組みについて」『北海道家畜管理研究会報 35』pp. 1-4

斎藤晶（1998）「斉藤牧場の山地酪農」『北海道家畜管理研究会報 34』pp. 1-5

中辻浩喜（2003）「放牧草地と採草地、どちらが有利か？」『北海道草地研究会報 37』pp. 33-38

集約放牧マニュアル策定委員会（編）（1995）『集約放牧マニュアル』北海道農業改

良普及協会
農林水産省（2014）『稲発酵粗飼料生産・給与技術マニュアル第6版（平成26年度版）』（一社）日本草地畜産種子協会
（独）農業・食品産業技術総合研究機構（2017）『飼料用米の生産・給与技術マニュアル（2016年版）』（一社）日本草地畜産種子協会
生活協同組合コープさっぽろ（小松　均）（2013）「道産飼料用米で育てた「黄金そだち」の取り組みと今後の課題」『飼料用米生産利用拡大シンポジウム』資料（平成25年8月5日、岐阜県美濃市）
（独）農業・食品産業技術総合研究機構（2017）『イアコーンサイレージ生産・利用技術マニュアル（第2版）』（独）農業・食品産業技術総合研究機構北海道農業研究センター
㈲ジェネシス美瑛（浦　敏男）（2017）「イアコーン生産による飼料自給率向上」『農林水産省飼料増産シンポジウム～国産濃厚飼料の可能性を探る～』資料（平成29年4月13日、東京）
農林水産省（2017）『コントラクターをめぐる情勢（平成29年2月）』
農林水産省（2016）『TMRセンターをめぐる情勢（平成29年2月）』
（独）農畜産業振興機構（2014）『北海道におけるコントラクターおよびTMRセンターに関する共同調査報告書 －自給飼料基盤の高度利用と北海道酪農の安定を目指して－』（独）農畜産業振興機構
遠藤哲代・三谷朋弘・高橋誠・上田宏一郎・中辻浩喜・近藤誠司（2009）「泌乳牛の定置放牧および輪換放牧の違いが草地構造、牧草生産量および利用草量に及ぼす影響」『日本草地学会誌 55』pp. 9–14
Nakatsuji, H., Endo, T., Kurata, M., Mitani, T., Takahashi, M., Ueda, K., Kondo, S. (2004) “Herbage production and utilization, and milk production per unit area under set stocking and rotational grazing by lactating dairy cows”, Proceedings of the 11th AAAP Animal Science Congress 3, pp.517–519
遠藤哲代（2008）『泌乳牛の定置放牧における放牧強度と牧草生産および利用に関する研究』北海道大学大学院農学研究科博士論文
中辻浩喜（2019）「濃厚飼料生産を含む土地面積あたりの牛乳生産」『北海道畜産草地学会報 7』pp. 99–105

中辻（なかつじ）　浩喜（ひろき）

1961（昭和36）年北海道旭川市生まれ。北海道大学大学院農学研究科修士課程修了。北海道立新得畜産試験場、北海道大学北方生物圏フィールド科学センター、同大学院農学研究院を経て、2012（平成24）年酪農学園大学農食環境学群循環農学類教授。博士（農学）

第2節　乳牛の個体管理の視点から

森田　茂

1．はじめに

時代ごとの乳牛管理方法、およびその考え方の変遷は、現代的に言えば乳牛への配慮（アニマルウェルフェア）に関わってきた。しかし「動物と人間の関係」は、慣習や哲学・宗教的倫理観によるところが大きく、また地域によっても異なり、統計資料による追跡は困難である。

動物としての「乳牛」の特徴が科学的に明らかになると、乳牛の習性や感覚（痛み・悩み）が理解できるようになり、地域差などとは無関係な、乳牛にとって適切な管理基準が求められるようになる。もちろん農家当たりの飼養頭数や作業時間は、当時の家畜との向き合い方を示すデータになるだろう。また、作業時間は機械化の程度によって、その変化を類推することができる。さらに、時代ごとに注目される施設や機械、あるいはそれらも含めた酪農生産システムには、その時代の社会的背景が投影される。本節では、こうした関係を記載することで「乳牛の管理」をひも解いていく。

2．黎明期（1868〈明治元〉～1955〈昭和30〉年）

北海道の地に先人として暮らしていた人々は、狩猟や漁撈（ぎょろう）を生業（なりわい）の中心に据えていた。彼らは犬を狩猟時の友とし、捕らえた子熊を育てて熊送りの儀式を行った。このように先人たちは動物を扱ったり、飼育したりする技術を有していた。しかし、酪農業に代表される「動物からの恵み（食品）を求めて自ら飼育する」ことはしなかったようである。これは、牛乳に食品や食品原料としての価値を見いださなかったからであろう。

明治維新後に北海道へ本格的に移住し、「開拓」と称して入植した人々の中でも、それまでに牛を飼育した経験を持つ者はほとんどいなかったであろう。牛には物資の輸送や田畑の耕うん、その結果としての有機質肥料の提供といった役割がある。牛は馬と異なり蹄が分かれているため、足場の悪い傾斜地での歩行に向いているとされる。しかし、江戸時代には牛車や馬車などの車両によって物資を運送することが少なく、牛車の利用は、国内でもいくつかの限られた地域（江戸や京都など）でしか機能していなかった（川田、2016）。

一般的に、江戸時代の人々は牛の飼育になじみがなかった。江戸時代初期、17世紀に江戸市中は大きな施設の建築ラッシュを迎えて、京都から牛を扱う運送者を呼び寄せたが、その後、高輪牛町（高輪大木戸と品川宿の間）に、多い時で1,000頭にも及ぶ牛が飼育されている（**写真2－1**）。

写真2－1　「東海道高縄牛ご屋」
（国立国会図書館蔵『東海道名所風景』）

しかし、こうした牛の飼養管理は、牛乳を生産させる酪農とは大きく異なるものであったと推察できる。酪農的飼養管理はわずかに、江戸城雉子橋門近くの厩舎で数頭の搾乳用白牛を、安房国（現在の千葉県南房総市から鴨川市にまたがる地域）の「嶺岡牧」から移して飼養し、白牛酪（白牛の乳に砂糖を加え煮詰めてつくる薬）をつくっていた程度である。白牛酪は一部販売もされ、白牛の飼養管理技術は、白牛酪の製造法とともに明治期まで伝承される。しかし、こうした技術を理解する者は、ごく一部であった。なお、嶺岡牧での牛の飼育は明治維新後も引き継がれるが、1873（明治６）年の牛疫の発生により、268頭いた牛が24頭まで減ってしまったとの記録がある。

農耕利用（犂耕＝りこう）に関しては、近畿・中国地方で牛が用いられていたものの、東日本ではほとんど普及しておらず、農家であっても牛の飼養についてほとんど長じていなかった。ましてや、北海道初期の開拓を支えた元士族たちの中に、牛の飼養方法に長じた者は皆無であったろう。

わが国において、わずかに存在していた乳製品への要求は、今から150年前に大きく変化し進展を見せる。1873（明治６）年には「牛乳搾取人心得規則」が制定され、酪農業が国内の産業として認知される。しかし、この頃の牛乳搾取人（搾乳業者）は乳牛飼養管理より、搾乳した生乳の販売ルートの確保に、多くの努力を払っていたと思われる。

もちろん、家畜を飼養する上で、疾病の発生は管理者の最も危惧する事柄の一つであり、疾病対策が飼養管理のレベルを上げる要因ともなるのが一般的である。牛疫は江戸時代から牛の感染症として国内で多くの被害を与えてきたと考えられているが、特に海外と交流が始まったことで、防疫に関して注意が払われるようになる。こうした動きも踏まえ、1871（明治４）年には「牛疫予防法」が太政官布告される。また、1872（明治５）年には、内藤新宿（現在の新宿１～３丁目）の勧業寮（当時、内務省に置かれた殖産興業担当部署）において300頭近い牛が死亡したとの記録もある（牛疫かどうかは不明）。さらに、1873（明治６）年には牛疫の流行で全国４万頭以上の牛が死亡し、1877（明治10）年まで続いたとの記録もある（山内一也、2009）。こうした感染症の流行とそれへの対応が、当時の家畜飼養管理技術を向上させる要因になっただろう。事実、牛疫の国内での発生は1922（大正11）年で終焉した（国際的には2011〈平成23〉年）。

明治維新以降、北海道に来て、この地を西欧風の農業用に開拓した人々（入植前に農業に従事していなかった者がほとんど）も、牛を飼養して牛乳を得る酪農業の技術には元来疎く、外国技術の導入が繰り返し行われている。北海道開拓初期には、気候が類似し、直近の開拓経験が豊富であるとの考えから、アメリカ型農業の技術導入が開拓使10カ年計画（1872〈明治５〉～1882〈明治15〉年）として策定、目標とされた。

こうした海外からの技術導入を目的に、1868（明治元）年に設置された開拓使には多くの外国人技術者が招聘（しょうへい）される。中でも、エドウィン・ダンが「北海道の畜産の父」と称されるのは、家畜全般の飼養管理技術に通じた実務者であるという、彼の経歴によるところが大きい。もちろん、いかに優秀な人間であっても、１人の人間の努力のみで今日の北海道酪農の興隆が達せられたわけではない。乳牛飼養の実務的指導を通じ、当時の酪農産業を支える者たちが大きな影響を受けたことは十分想像できる。牛の飼い方、１つ１つが学ぶ対象だっただろう。

事実、1882（明治15）年に開拓使が廃止され10カ年計画が終了すると、ダンは職を解かれることになる。併せて七飯勧業試験場や真駒内牧牛場などを含む関連組織は農務省所管へ移行した。移行後も、こうした官庁機関により畜牛の飼養が行われ、家畜飼養技術の改善や家畜の改良が行われた。ただし、1887（明治20）年以降は、戦時色の強い状況（日清戦争・日露戦争）により、畜産振興は軍馬や使役馬の拡大へと発展する。軍馬生産が官営施設の畜産分野の中心に据えられ、必ずしも酪農振興にはつながらなかった。

こうした中、1876（明治9）年、教頭にウィリアム・クラークを迎え札幌農学校が開校する。クラークの農学校滞在はわずか8カ月だったが、科学とキリスト教的道徳教育を1期生である佐藤昌介（北海道帝国大学初代総長）らに授けた。また、2代目の教頭、ウィリアム・ホイーラーもクラークの精神を引き継いで教育（土木・数学）に当たり、2期生として新渡戸稲造、内村鑑三、広井勇、宮部金吾、諏訪鹿三、南鷹次郎、そして町村金弥が卒業する。

札幌農学校に入学した町村金弥は、1881（明治14）年に卒業するまでダンの指導の下、畜産学および簿記、さらに農業に関わる作業全般を通じて、当時のアメリカ式大農場経営とそれに関わる畜産技術を学ぶことになった。町村は札幌農学校卒業後、開拓使に職を得て、真駒内牧牛場で乳牛飼養や搾乳の指導を行う。前述のように、開拓使は1882（明治15）年に廃止されダンは職を解かれるが、町村は真駒内牧牛場にとどまる。そして1885（明治18）年に、宇都宮仙太郎が牛飼いを学ぶために真駒内牧牛場で勤務を開始する。さらに宇都宮は、1887（明治20）年、真駒内牧牛場（既に馬中心の飼養施設になっていた）を辞して、酪農を学ぶためにアメリカへと旅立つことになる。

このように開拓使に端を発する官庁を主導としたアメリカ型大型酪農導入（ダンらによる飼養管理技術の持ち込み）による北海道開拓政策は、家畜の増殖や配布といった酪農業普及進展や、農業者の養成、学校などの教育施設の創設および人材の育成（札幌農学校や真駒内牧牛場）といった面での貢献は認められた。しかし、単なるアメリカ式酪農の模倣であることが多く、北海道における飼養管理技術の進展は、導入された技術の改善や、模範する技術の変更とともに、酪農業の実際的普及以降に認められるようになる。

開拓使廃止に伴い、北海道開拓方針は官庁主導から民間事業所を中心とした開拓（農地払い下げ）へと変化する。例えば、1887（明治20）年の北越殖民社（野幌）や1890（明治23）年の雨竜華族農場ではそれまで同様、アメリカ式大規模酪農が志向され、帰国した宇都宮が勤務していた。しかし、労働力確保、地力向上、市場不足もあり、導入された大規模直営型農場は破綻し、一部小作制へと移行して酪農の普及が見られるようになった。

一般的に当時は、乳牛飼養の実際という面では、多くが搾乳業と呼ばれる小規模な個人搾乳業者が都市部を中心に広がっていった。日本の酪農が都市部から広まっていったのと同様、北海道酪農も函館や札幌を中心とする都市部から発展を遂げることになる。1902（明治35）年には全道の主要都市に搾乳業が展開しており、搾乳牛数は767頭、搾乳場数は107戸であるとの記録があり、1戸当たりの搾乳牛数は7頭程度だった（**表2－1**）。ただし、加工を伴わない飲用乳生産ではその販路から飼養頭数が限定され、わずかな頭数を飼って疾病発生や事故による淘汰を防ぐことが飼養管理の主眼だっただろう。また、当時の酪農を専業とすることの困難さは、宇都宮の回顧自叙伝からも読み取ることができる。

表2－1　明治～大正期の搾乳業推移

西暦(和暦)年	搾乳場数(戸)	搾乳牛数(頭)
1902(明治35)年	107	767
1910(明治43)年	386	3,400
1918(大正7)年	279	4,048

出所：松野弘(1964)『北海道酪農史』

個人搾乳業者が最も苦慮する点は、牛乳（飲用乳）としての販売で残った生乳の処理にある。明治初期の東京では、白牛飼養の技術が伝承されており、残生乳を煮詰めて白牛酪に似た製品をつくった。こうした、東京に端を発する技術は全国に広がる。19世紀中盤に練乳がアメリカにおいて発明され、1866（慶応

2）年に海外にも持ち出せるようになった。すると、その技術とともに酪農製品の中核をなすようになる。一般に生乳の加工は、チーズやヨーグルトのような発酵保存や、バターのような乳脂肪抽出が保存食品としての定番である。しかし、東京を中心とした地域では、江戸時代の技術伝承からか、当初から練乳的保存が進展する。北海道の酪農家においても、飲用に供する以外は、加熱処理による練乳製造が試行される。バター製造などの技術が海外から直接導入されることや、そもそも生産量に対して飲用としての消費量が少なく、大量の生乳を製品として流通せざるを得ないことから、製品加工する必要があった。一方で、農家ごとのバターづくりには時間や手間が掛かるため、協同組合的精神の発揚もあり、農民を中心とした製造組合がつくられるようになる。なお、1927（昭和2）年の北海道第2次拓殖計画には、現代的に言えば飲用乳と加工乳の違いによる、北海道の生乳価格の安さが、問題点として記載されている。

開拓使の頃からアメリカを通じての技術導入は、開拓使廃止後も、町村敬貴の札幌農学校卒業後10年に及ぶアメリカ滞在や、宇都宮の2度目の渡米（1906〈明治39〉年）などで継続していた。しかし、わが国に酪農産業を導入する実験場となった北海道では、単に囲いをつくることで地権を確保するような大規模牧場の設置は、多くの不慣れな牧夫を雇用しなければならず、立ち行かなくなり早々に破綻する。改めて北海道らしい酪農業の未来が模索されることになる。

20世紀初頭には、アメリカでも1880年代のデンマーク農業改革の成功から、営農規模は小さくとも永続した農業システムを考えれば、土壌の改善を基にしたデンマーク農業を範とすべきとの考えが起こる。1912（明治45）年には北海道庁がデンマークへ農業調査に人材を派遣。当時の農業的課題ともマッチして、北海道第2期拓殖計画は、糞尿を土地還元して土壌を肥沃化し、乳量の増加を目指すというものであった。それまでの飼養体系とは大きく違う、物質循環的考え方を計画に盛り込んでいた。

こうした方針転換には、当時の酪農家たちの積極的な産業へのアプローチが大きく関与する。1923（大正12）年には北海道畜牛研究会（宇都宮仙太郎会長）が設置され、デンマーク式農業を通じ協同組合精神の重要性が理解されるようになる。この活動では、出納陽一（札幌農科大学卒業）が大きな役割を演じ『丁抹（デンマーク）の農業』とする冊子も出版される。

また1923（大正12）年にはデンマークから酪農家2家族を招きモデル農場とし、乳牛の飼養管理を含む農業実践を直接学ぶことになる。モデル農場終了後も、そこで学んだ多くの酪農民が、北海道の酪農技術を支えることになる。こうした酪農家を中心とした、協同組合精神に基づく自らの産業継続のための取り組みは、単なる技術の導入ではなく、北海道という風土に根差した技術を酪農家が自ら生むことになる。また、牛を飼い、農地を改良し、地力を維持する酪農業の進展は、北海道を目指す多くの若者の心を捉え、さらに次世代の酪農業の進展を生むことになる。

しかし、こうした酪農業進展の概要は、札幌周辺の社会的インフラが整備された人口が比較的多い地域に限定されたようである。1927（昭和2）年の北海道第2期拓殖計画では、農業移民に対して直接保護を行い、交通、文教、医療など外部経済を充実させ、社会的な環境を改善することによって移民の定着と北海道の開発を進めることを目指した。例えば、根室原野では明治維新以後、1955（昭和30）年までの約100年間は北海道開拓使から道庁時代に至るまで作物の選択や営農方式が固まらず、移住者農民は天候不順に翻弄され続けたとの意見もある。また1910（明治43）年から1923（大正12）年までの第1期拓殖計画で、根室原野に定着したのは1,000戸のみとされ、記録には残らずとも多くの人々の苦難と努力が北海道開拓に注がれていることが分かる（富田、2018）。こうした事実は、酪農場が酪農家の生活の場であり、地方の隅々に社会的インフラが整備されるまで開拓者の苦難は続くことになる。実際、1960年代の瀬棚地域における新規入植者の様子は、西川（2010）により語られている。

黎明期に飼養される乳牛はショートホーンやエアシャー、ガーンジーなど、さまざまな品種が飼われていたが、飲用乳や練乳の販売が中心であれば、泌乳量の多いホルスタイン種が経営的に求められるようになる。ホルスタイン種の本格的導入は、宇都宮がアメリカ滞在中に町村敬貴の協力で20世紀初頭に行われた。その後も、アメリカからのホルスタイン種の導入は続くが、1938（昭和13）年を最後に高能力畜種の輸入は戦時経済体制下で断絶してしまう。それ以降、敗戦国に対する「好意による寄贈」ではない、本格的な民間ベースでの精液輸入が開始されるのは1952（昭和27）年まで待たなければならない。しかし、戦後の導入当初はホルスタイン種に限らず、他のさまざまな品種の輸入も行われてしまう。戦争による家畜改良の停滞は極めて大きかった。

1888（明治21）年には北海道庁から「牛乳搾取販売取締規則」が、続いて1900（明治33）年に内務省令で「牛乳営業取締規則」が公布され、食品としての牛乳の基本的衛生、飼養管理上の畜舎の衛生などが決められる。これを契機に、牛乳の殺菌や瓶詰めの技術が進むようになる。

酪農業の黎明期は乳製品の品質向上を目指して、酸度検査を中心に生乳検査が実施されていた。1923（大正12）年には北海道における第１期拓殖計画にて酪農振興が促進されるものの、搾乳や冷却設備の不十分さから生乳はしっかり冷却されず、さらに衛生的な知識の不足から当時の乳質は極めて不良であった。

こうした状況の中、1933（昭和８）年に北海道茂原村（上磯町を経て現在、北斗市）で、乳質改善共励会が、わが国で初めて開催された。1934（昭和９）年から1936（昭和11）年にかけ、北海道牛乳改良共進会も開催され、乳質改善への着実な取り組みが認められる。しかし、1937（昭和12）年の日中戦争、その後、第２次世界大戦が始まり牛乳が軍需物資となり、戦局の進展とともに食品としての質を無視し、量を求める風潮へと変化する。ただし、1941（昭和16）年から北海道酪農検査所は、バターとともに原料乳の検査も行い、乳質改善への取り組みは引き続き実施された。

戦後1949（昭和24）年には全国乳質改善共励会が、1952（昭和27）年からは北海道乳質共励会が開催される。また、1950（昭和25）年には日本乳業技術協会が発足し、乳業技術の紹介や生乳・乳製品検査技術の研修が積極的に行われる。しかし、そうした乳質改善への取り組みの中、1955（昭和30）年には東京都の小学校において、エンテロトキシンによる集団食中毒が発生する。こうした社会的状況に対応するかのように、北海道乳質改善協議会が設立された。この協議会は乳質共励会の開催とともに、技術講習会や功労者表彰も含めた乳質改善に関する取り組みにより、北海道の乳質向上を推進した。

３．発展期（1955〈昭和30〉～1999〈平成11〉年）

1950（昭和25）年に制定された「家畜改良増殖法」の第３条２では、農林水産大臣の義務として家畜改良増殖目標を策定し、これを公表することを規定している。ここに乳牛個体の飼養管理の目標も定まることになる。

酪農は農業の１形態として、人類の歴史を形づくる文化である。しかも、酪農業は産業の１つであるから、人間社会全体の変容とともに変化する。1955（昭和30）年以降の北海道酪農はいわゆる高度経済成長を背景に、寒冷地域に適した農業として位置付けられ、専業化や規模拡大を目標に振興が図られる。

こうした振興策により、北海道の農業生産額に占める酪農部門の割合は1965（昭和40）年の13％から、1985（昭和60）年には30％程度まで増加する。2015（平成27）年統計での乳牛部門産出額が36％であることから、産業内に占める経済的構造は、この発展期に形づくられたと言える（**図２－１**）。もちろん、1960（昭和35）年以降でも新規入植者に目を向ければ、乳牛を飼うことに加えて、自らが生活する上での多くの苦難を乗り越えながら、北海道酪農を支えていたことも事実である。

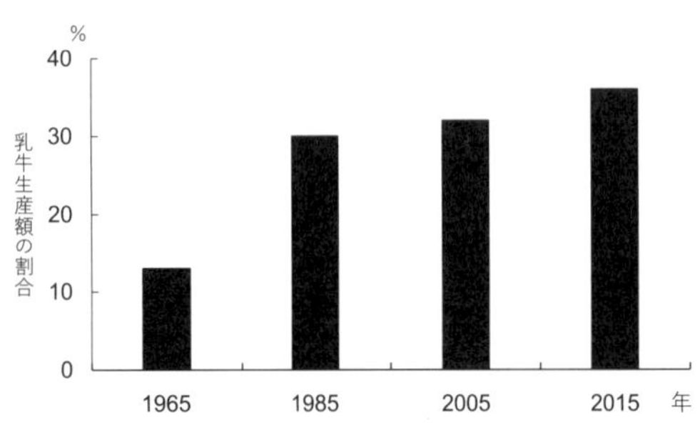

図２－１　北海道の農業生産額に占める酪農部門の割合

乳牛管理上、飼養頭数や、搾乳牛の飼養頭数に占める比率は重要な意味を持ち、それを支える機械化の内容は、個体管理において検討するべき項目である。さらに、機械化に伴うコンピュータ活用（現代的に言えば、IoTやAI利用）といった作業補助や判断を含む、「高度化の程度」は、現代酪農技術に至る飼養管理発展のキーワードとなる。

1961（昭和36）年の北海道の乳牛飼養頭数は、１戸当たり3.7頭で経産牛比率は54％だった。経産牛は乾乳牛と搾乳牛であるから、平均の搾乳牛数は当時２頭以下であったことになる。飼養する乳牛の状態の把握は、この２頭、乾乳牛を含めても３頭程度の乳牛に対し実施すればよいから、管理者の「判断力」で十分把握可能であったろう。ただし、泌乳牛１頭を廃用とすることは、飼養頭数の半分を失うことになる。こうした条件では、まさに長命連産が求められ、そのための技術が重要になる。

およそ15年後の1975（昭和50）年の乳用牛飼養頭数は１戸当たり22頭で、搾乳牛比率を考慮すると、搾乳牛の平均飼養頭数は10頭まで増加していることになる。一方、1960（昭和35）年ごろの１頭当たり平均乳量は年間4,000kg程度から、1975（昭和50）年ごろの4,500kg程度への微増にとどまり、1975（昭和50）年までは乳牛増頭の時代であったと言える。２頭から10頭への乳牛頭数の増加に対応する飼養管理の変化は、収容施設、給与飼料および量、搾乳方式の変化も伴うと考えられる。事実、1970年代に建設された牛舎は40～50頭規模でつなぎ飼い、パイプライン方式でのミルカ搾乳、２～３人の家族労働向きの施設が多かった。１つの建物の中で２階部分を乾草ストックスペースとして断熱性を高め、搾乳牛や育成牛を一緒に飼うことで、冬季の牛舎内温度低下や凍結を防止した。しかし、人間にとっての作業性や快適性は向上したが、牛の快適性についての配慮にはやや欠ける牛舎であった。

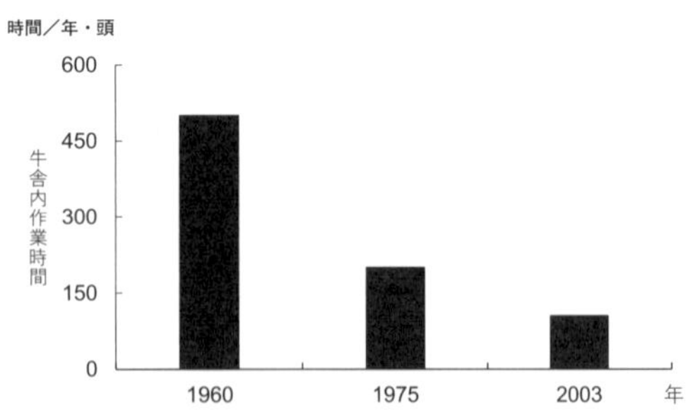

図２－２　年間牛舎内作業時間の変化

1960（昭和35）年の搾乳牛１頭当たり牛舎内作業の年間作業時間は500時間／（年・頭）程度とされており、1975（昭和50）年には200時間／（年・頭）まで減少する（**図２－２**）。１頭当たりの作業時間の減少は労働生産性の向上指標として重要であるが、人間の省力化の観点からは、当時の乳牛頭数を考慮して、１日当たりで表現すると分かりやすい。例えば、1960（昭和35）年当時の500時間／(年・頭）は、２頭飼養を考慮すれば1,000時間／年に置き換えることができる。これは160分／日と推定できるから、１日２～３時間の作業が乳牛に費やされていたことになる。この作業時間には、牛舎管理作業、生乳運搬、搾乳関連、糞尿管理および飼料給与などの作業も含まれる。

このうち搾乳関連作業は、全体作業時間の35％を占めていて、１日当たりで見れば１時間程度が搾乳に当てられたことになる。現代の私たちにとって、搾乳作業に１日１時間程度を費やすということは、それほど重労働とは感じないかもしれない。しかし、1957（昭和32）年当時、バケットミルカは全道でも57台しかなく、搾乳が手搾りの作業であったことを考えれば、1960（昭和35）年以降の頭数増加は、機械化なしに対応できなかったことは当然の事実である。

また1960（昭和35）年ごろの飼料給与作業は牛舎内作業の24％で、１日の作業時間としては40分程度であった。糞尿の処理のための牛舎内作業は、約20分程度を費やしており、２頭程度の搾乳牛飼養であることを考えれば、１日２時間もの時間、飼養された乳牛の近くで個体管理に関わっていたことになる。訓練され経験を積んだ管理者が、乳牛の体調変化を発見するには十分な時間であり、個体ごとの兆候の基準（糞スコア、ボディーコンディションスコアなど）が整備されていなくとも、疾病などの発生は未然に防がれていたものと思われる。併せて、トウモロコシ栽培とサイレージの利用は行われているものの、牧草生産利用形態では、放牧利用や乾草利用が圧倒的であり、少なくとも冬季間を除き、けい留のみに依存しない飼養管理が一般的であった。

1975（昭和50）年における年間作業時間（200時間／〈年・頭〉）から、当時の平均頭数10頭を考慮すれば、2,000時間／(年・頭）となり、これは5.5時間／日に相当する。当時の搾乳関連作業の時間割合は50％程度で、他の作業の減少より搾乳作業の減少程度は小さく、作業時間の比率幅は小さい。つまり１日当たり２時間以上は、搾乳作業に従事していたことになる。

1974（昭和49）年の北海道の酪農家におけるミルカの普及率は、搾乳牛飼養数１～４頭が25％程度、５～９頭で80％程度、10~19頭で95％、20頭以上でほぼ100％だった。全体平均で普及率が90％を超えたことも考慮すれば、作業は軽労化されたものの、搾乳作業に拘束される時間は、1960（昭和35）年当時に比較すると倍以上に延長したことになる。これを家族の生活を基盤に考えると、それまで単独の労働者で賄えていた作業を、例えば、夫婦や親子など複数の作業者で同時に実施する必要性が発生したことになる。

飼料給与に関わる作業時間は、1960（昭和35）年の年間120時間から、1975（昭和50）年で約40時間へと激減する。平均飼養頭数の増加を考慮したとしても、飼料給与関連で必要となる作業時間はわずかに延長した程度で、給餌関連の省力化は達成できたものと考えられる。

また、牛乳運搬に関わる作業の省力化については、1960（昭和35）年から1975（昭和50）年までの作業時間がほぼゼロになった。例えば、十勝地方においては1960（昭和35）年ごろから集乳所の整理が進み、クーラーステーションによる集乳形態が1965（昭和40）年ごろに確立した。こうした集乳形態の整備は、作業性の向上とともに、乳質向上にも効果が現れる。

原料乳の品質は日本農林規格（JAS）に特等乳、１等乳および２等乳として定められた。1955（昭和30）年ごろの２等乳割合は14％程度と極めて高い。８年後の1963（昭和38）年にはこの割合が４％程度まで低下し、確実に乳質向上に向けた動きが認められる。しかしこのJAS基準は、例えば特等乳でも乳脂率の基準は3.2%であり、1等乳は2.8%以上のものとされ（2等乳も同様）、基準値は極めて低かった。1979（昭和54）年になって2等乳割合が、ほぼゼロとなった。また、当時の牛乳成分は食品原料としての評価であり、飼養管理の指標に用いるといった考えは希薄だった。この後、2003（平成15）年3月末でJASによる等級分けは廃止される。

1955（昭和30）年に東京都の小学校において集団食中毒が発生し、2,000人近い小学生が罹患した。この事件などを背景に、同年6月に北海道乳質改善協議会が設立される。この組織を中心に、乳質共励会の開催とともに、技術講習会や功労者表彰も含めた乳質改善に関するさまざまな取り組みがなされるようになる。

例えば、1997（平成9）年から2年かけて生菌数削減への取り組みが行われた。この中で、酪農家はミルカやバルククーラの適正な洗浄・殺菌の実施、およびバルク内牛乳の温度管理、正しい搾乳手順の徹底を学んで実施した。生乳集荷担当者も、バルク乳温の確認や乳質の検査、およびタンクローリの洗浄と殺菌を実施した。こうした活動もあり1988（昭和63）年に生菌数で3万以下の割合が82%だったのに対し、1998（平成10）年には97%に達した（1万以下で89%）。また2002（平成14）年には、1万以下の割合が96%までと飛躍的に上昇する。北海道乳質改善協議会の活動は、こうした乳質の改善とともに、乳房炎予防を通じて、乳牛の健康状態も改善させ、酪農経営にも大きく寄与する。

一方、生乳中の体細胞数については、1988（昭和63）年に30万以下が90%だったにもかかわらず、2002（平成14）年時点で81%へと低下する。そうした中、2002年（平成14）にエンテロトキシンによる集団食中毒が発生し、2003（平成15）年から2年かけて体細胞数削減に取り組むこととなる。詳細は2000（平成12）年以降の項にて説明するが、こうした事業の効果もあり2008（平成20）年には30万以下の割合が99%と大幅に改善した（内田および熊野、2016）。

乳成分については、乳脂率が1977（昭和52）年に3.58%、1988（昭和63）年に3.78、1998（平成10）年に3.98%と着実に増加していった。また、無脂固形分率は1977（昭和52）年の8.33%から、1988（昭和63）年の8.57%を経て、1998（平成10）年の8.67へと増加した。これは、1985（昭和60）年ごろから乳量とともに成分改善を求めた結果であり、2002（平成14）年で成分の変化はほぼ横ばいに落ち着いた。

1975（昭和50）年ごろから酪農業界は、牛乳生産量の伸びが消費量を上回る生産過剰の時代を迎え、一時的な停滞はあるものの農家戸数はさらに減少した。1960（昭和35）年に6万戸近かった北海道の酪農家戸数は、25年が経過した2000（平成12）年（発展期の最後）には1万戸以下となり、2歳以上の乳用牛飼養数が1戸当たり56頭まで増加、4,500kg程度であった平均乳量は7,500kgまで増加する。すなわち発展期の後期であるこの時期は、規模の拡大と乳量レベルの急増が同時に起こる時代であった。こうした時代に対応するための家畜改良や、給与飼料の向上も含めた飼養管理技術の改善、労働的対応が求められることになる。

牛舎内の作業労働時間は1975(昭和50）年において200時間／(年・頭）であったが、2003（平成12）年に105時間／(年・頭）へと半分程度にまで減少する。作業労働時間短縮の要因に機械化や自動化があるだろう。しかし、この期間の顕著な飼養頭数の増加を加味すれば、1頭当たりの作業時間が減少しても、管理者1人当たりの作業時間が必ずしも減少するわけではない。また、同時に作業する人数については何ら考慮していないこと、ゆとりを生

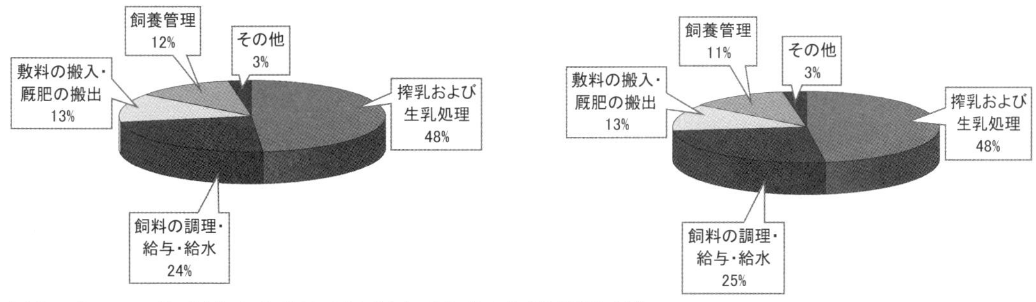

図２－３　1979年（左）および2003年（右）の牛舎内労働時間の内訳

み出す作業体系かどうかの検討とは関連しないこともあるなど、こうした作業時間の現状が必ずしも酪農場の実感と一致しない面もある。

2003（平成15）年の労働時間内訳では、搾乳関連作業が48％、飼料給与関連作業が25％と、両者で全体の70％以上を占めている。このため、酪農におけるさらなる作業時間の短縮に向けた取り組みとしては、搾乳および給餌にかかわる機械化や自動化が重要な視点となっていた（森田、2006）。作業内の搾乳作業に関わる比率は、1979年（昭和54）と全く変わっていなかった（**図２－３**）。

例えば、つなぎ飼い方式での省力的搾乳システムは、自動搬送と自動離脱の機能を有する搾乳ユニット（キャリロボ）を利用することで、それまで22.4頭／人・時であった搾乳効率が、56.9頭／人・時となったとの報告がある。これは60頭の搾乳で作業者が１人であれば、本機械の導入により１時間で終了することを意味する。併せて自動搬送装置を有する搾乳ユニットの利点としては、この自動化装置を導入する以前の作業者が平均2.2人（６搾乳ユニット利用）であったのに対し、導入後は１人（８ユニット利用）となったことが報告されている。すなわち、この自動化装置は、作業時間の短縮のみならず、必要作業者数を減らす効果もあり、実感としての作業の軽減に極めて有効であった。

自動化された機械の利用は、作業時間の短縮のみに役立つわけではない。管理者にとって危険性のある作業の自動化や、時間的には短縮しなくとも重労働からの解放（軽労化）を目指す場合もある。例えば、地下式サイロからのサイレージの取り出し作業の際に用いられる、いわゆるサイロクレーンは、サイレージ取り出しの労力軽減とともに、事故防止にも役立っていた（**写真２－２**）。

写真２－２　地下式サイロからのサイレージ取り出し作業用のサイロクレーン

原則として酪農に定年制はないにもかかわらず、経験に富んだ作業者が労働を継続できない理由は、肉体的労働の中に過重な労働が含まれるからである。作業の軽労化では各酪農場で就労年齢を制限している最も過重な作業を自動化することで、就労可能な年齢を延長できる可能性がある。こうすれば子への経営継承がすぐには困難な場合でも、孫を継承対象にする、あるいは子が相応な年齢に達した後に継承するなど、経営継承のバリエーションが広がる。

現実には、労働時間の短縮だけでは「ゆとり」の実感には結び付かない場合が多い。つなぎ飼い方式とフリーストール方式（パーラ搾乳）を比較すると、搾乳に関わる作業時間はほぼ等しい。しかし、パーラ搾乳における作業では搾乳者１人の他に、牛追いや除糞作業、飼料給与に関わる作業者１人が必要となる。これは、フリーストール牛舎内での除糞作業は、牛舎内に牛がいない状態（搾乳時）で行う必要があるからである。さらに、パーラから乳牛が牛舎に戻ってきた際に、新鮮な飼料が給与されていることにより、搾乳直後の横臥を防止し、パーラからの乳牛の移動を円滑にするためである。

つなぎ飼い牛舎での搾乳作業には必ずしもこのような制約はなく、同時作業者数の少ないつなぎ飼い方式の方が、少人数作業適応への柔軟性は高いと考えられる。同時作業者数が減らなければ、酪農場で実際に作業を担う人数を減らすために、雇用労働を求める必要がある。ただし、同時に発生する作業は１日の作業でも一部に限られるため、その時間のみの外部労働者の雇用は現実として難しい。現実的に大型化した酪農場では、家族労働での作業では賄いきれず、雇用関係に基づく労働力を確保する必要性が生まれ、このことは飼養管理の機械化・マニュアル化に拍車をかけることとなる。

労働者を雇用せずに同時作業者数を減らすためには、同時に発生する作業の一部を自動化しなければならない。前記のフリーストール牛舎（パーラ搾乳）の例で言えば、搾乳作業（自動搾乳機）あるいは除糞・給餌作業（TMR対応の自動給餌機、バーンスクレーパ）を自動化することで、同時作業者数の減少を図ることができる。

一方で酪農作業、特に搾乳作業の特徴は、１日内のほぼ決められた時刻に作業を行わなければならないところにある。このことが酪農作業全体の忙しさに影響していた。近年普及が進んでいる自動搾乳機（搾乳ロボット）は、自動装着を搭載し、乳牛の自発的進入に基づく搾乳を行うことで作業内容とともに作業性も大きく変化した。こうした自動搾乳技術に伴う作業性変化については、2000（平成12）年以降の項で詳細に示す。

このように作業の自動化が作業者に与える影響は、さまざまな段階がある。各作業者の目的と必要性に合わせ「単純な作業時間の減少」「安全性の確保」がこの時代の作業性に関する主な要求である。「軽労化」や「同時作業者数の減少」あるいは「フレックスタイム化」といった課題への要求は、次の時代に高まることになる。

1950年代から2000（平成12）年までの北海道酪農は、酪農家数の大幅減少と大規模酪農家の増加が交錯し、個体乳量の増加に見合った飼養管理、施設、機械整備が求められる時代であった。１戸当たりの飼養頭数の増加は群管理の普及を促進させ、このことは乳牛と管理者の関係にも影響を与えた。ミルキングパーラの普及により乳牛が生活する場所と搾乳を受ける場所の分離が図られ、衛生的にも乳質向上に役立つことになった。

発情などの繁殖状況の確認や、栄養管理を是正するため、1990（平成２）年ころから普及が進んでいたパーソナル・コンピュータを使い、モニタリング（センサ）と情報処理による牛群管理が模索された。ただし当時（1990年代）は、無線方式での情報伝達技術が未発達であった。放し飼い牛舎での牛群管理が発展を遂げるには携帯電話網の普及といった社会的インフラの整備や、スマートフォンに代表される簡易・高性能な端末機器の発達と普及まで、もうしばらく時間が必要だった。

牛群管理における個体情報の収集とその処理に関連して、動物種としての乳牛の特徴（解剖学的・生態的特徴）を理解するため「家畜行動学」的な分野にも注目が集まった。これを施設設計に応用すべく「人間工学」という言葉を転用し「家畜工学」的研究も盛んとなる。こうした家畜の立場に立った研究は2000

（平成12）年以降に動物種の特徴に配慮して「乳牛らしく生活できるように環境を整える」といった「アニマルウェルフェア」的な飼養管理の再構築への道を開くことになる。

併せて、自動哺乳や自動搾乳といった省力的機械が開発され、乳牛の生活自体に影響を与える技術の開発と普及が開始される。こうした機械は、その作業を人間から引き受けるだけではなく、乳牛が１日に数回その機械を訪問する特性から、データ収集機械としての役割も持っていた。2010（平成22）年以降に大きな流れとなった、情報に基づく精密な飼養管理への試みにつながることとなった。

また、乳牛の遺伝的改良が飼養管理の進展とともに急速に発展した。乳牛の改良については、まずは改良目標の設定が、遺伝的改良による第１のポイントになる。1950（昭和25）年に制定された「家畜改良増殖法」に基づいて、おおむね５年ごとに家畜の能力や体型および頭数に関し、10年後の目標として家畜改良増殖目標を農林水産省にて定めている。また1965（昭和40）年ごろには凍結精液が普及し、1970（昭和45）年に牛群検定や後代検定が開始され、乳牛改良の大きな役割を担っている。

家畜の改良増殖目標は、こうした目標値の設定が各家畜の能力改善に役立っているが、このことは乳牛でも例外ではない。現在の改良増殖目標のうち、乳牛における「能力に関する改良目標」の項目には、乳量や泌乳の持続性（乳量変化の小ささ）に加え、乳成分や繁殖性などが含まれている。1989（平成元）年には全国規模の種雄牛評価が開始される。

また、いくつかの形質は、相互に関連する遺伝的形質であれば、改良目標値も一つ一つの項目によるのではなく、総合指数として評価する必要が生じる。そこで1996（平成８）年には目標値を実現するべく、総合指数（NTP: Nippon Total Profit Index）と呼ばれる、泌乳形質や体型形質にそれぞれ重みを付ける指数が導入され、泌乳能力と体型をバランス良く改良することが可能となった。

改良目標の設定の他、繁殖技術の発展としては、家畜の改良スピードを速めた「家畜改良増殖法」制定とともに人工授精が実用化されたが、当時は液状精子の利用であったため、広域での優秀な能力を持つ家畜精子の活用には限度があった。凍結精子の利用が、この問題を解決する。1960年代の改良増殖法改正とともに凍結精子が実用化され、1970（昭和45）年ごろには凍結精液の利用が100％近くとなった。さらに1980年代に受精卵移植技術が普及し、改良増殖法の改正（1983〈昭和58〉年体内・1992〈平成４〉年体外）とともに、この技術による産子数は飛躍的に増加する。受精卵移植技術により、雌雄両面からの改良が進められることになった。

増殖目標の中の「能力向上に資する取り組み」には、牛群検定や改良手法とともに、飼養管理や衛生管理についても言及があり、改良と飼養管理は一体であることが再確認できる。

４．転換期（2000〈平成12〉年～現在）

離農が1990年代に急速に進行し、2000（平成12）年の農家戸数は、1990（平成２）年との比較で2／3まで減少する。この間の乳牛飼養頭数は２％の微増で、１戸当たりの平均頭数は87頭（経産牛で51頭）となる。2000（平成12）年以降、2016（平成28）年には農家戸数が2000（平成12）年のさらに2／3（1990〈平成２〉年を基にすれば45％）まで減少し、１戸当たりの頭数は121頭（経産牛で73頭）となる。その間、農業分野における環境対策が急務となり、無計画な頭数増加への反省など、対応に追われることになる。しかし、増頭傾向は止まることなく、糞尿対策への一定の投資が終了すると規模拡大への対応として雇用労働力に注目が集まる。

農業関連の高等教育機関での経験を就農後

に生かす動きや、法人化された農業団体への就職など人材の輩出は継続するが、就労人口の減少や高齢化は、酪農作業の質的変換、すなわち機械化や省力化を必要とする。1997（平成９）年に導入した自動搾乳技術はこれに対応するものとなる。

また、わが国で飼養される総乳牛頭数は2000（平成12）年以降減少に転じ、2016（平成28）年で78万頭となる。一方、北海道の牛乳出荷量は390万t／年へと、むしろ増加している。こうした状況には、１頭当たり乳量が2000（平成12）年の平均7,380kgから、2016（平成28）年の平均8,375kg、乳牛検定加入農家を対象とすれば2000（平成12）年の平均8,336kgから2016（平成28）年の9,502kgへと増加したこと、すなわち経産牛１頭当たりの生産量の増加による飼養管理の変化が、強く関与している。乳量レベルの上昇は飼養管理技術に変革をもたらし、新たに導入された自動搾乳システムには、飼養管理方法の改善が併せて求められた。

さらに、消費者の食品への関心が高まり、国際的取り決めなどとも関連した、アニマルウェルフェアに配慮した生産システムの再構築が強く求められることになる。

5．自動搾乳技術の歴史

搾乳ロボット（自動搾乳システム）は、わが国において1997（平成９）年に初めて一般酪農場に導入され、2000（平成12）年から注目を集めることになる。2018（平成30）年現在、900台以上のロボットが稼働している。2015（平成27）年以降の導入が顕著である。

自動搾乳機の開発は、1970年代のわが国での研究にさかのぼる。この自動搾乳機開発の嚆矢（こうし）となるシステムは、当初つなぎ飼い方式で研究された。装着時の動作制御は検討されるものの、１日内の行動パターンとして「牛舎内での牛の動き」は想定されていなかった。酪農場における搾乳方式は、「ミルカが動く」のか「牛が動く」のかで区分できる。さらに搾乳施設稼働のコンセプトで「定時稼働型」と「連続稼働型」に分類すると、自動搾乳システムの特徴が明らかになる。現在、わが国で導入が著しい自動搾乳システムは、牛が動く24時間連続稼働システムに分類される。

1990年代には「高価な搾乳ロボット」をそれほど「大規模でない酪農場（せいぜい120頭）」に導入する場合に、１～２台のロボットを24時間稼働させて、乳牛を進入させ活用するというシステム（すなわち24時間連続稼働型利用）が主流を占めた。背景には当時、脚光を浴びつつあったアニマルウェルフェアへの対応や、労働者に「フレックスタイム制」が導入されるという、働き方の変化も関連していた。

アニマルウェルフェアへの対応は「乳牛の個体別要求に配慮する」との考えである。自動（Automatic）とともに、自発的（Voluntary）という言葉が用いられるようにもなる。乳牛の要求を知るためのセンサを活用した酪農は、「精密酪農」や「スマート酪農」と呼ばれる。すなわち自動化技術は乳牛の飼養管理に精密さを求め精密酪農へと発展させ、各種センサ開発と連動して、スマート酪農という名称で一般的になった。

群管理でも個体への配慮を行うというコンセプトは、2000（平成12）年ころに主流であった、群としての飼養管理に焦点を当てたもので、個体間の変異を小さくして完全混合飼料（TMR）技術を中心に発展したアメリカ・カナダ型酪農とは、やや趣の異なるコンセプトであった。なお、このような群管理でも個体に配慮するという考えは、飼料給与方法において放牧活用の飼養管理と一致するところもあり興味深い。

現実的にわが国の自動搾乳システム利用を考え、導入開始から現在までの時代的流れも加味すれば自動搾乳システムへの期待は省力化、大規模化および高泌乳化の３つに集約される。

自動搾乳システム利用は当初（2000〈平成12〉年ころ）、酪農作業の省力化を目指していた。当時、酪農場における作業の約半分は搾乳関連作業であり、飼料給与関連作業と合わせれば70%以上を占めるとされていた。当時の研究（森田ら、2001）によれば、搾乳作業時間は、それまでのつなぎ飼い牛舎やフリーストール牛舎方式での作業時間の半分以下に減少するとされた。もちろん、搾乳管理作業が全くなくなるわけではないが、搾乳の自動化により、残された作業は搾乳機の洗浄、フィルタの交換、長時間未進入の牛を自動搾乳機へ誘導することなど、軽労化された作業であった。

さらにこうした観点から最も特筆すべきは、これらの作業は決められた時刻に実施する必要がないことである。つまり、他の作業との関連で都合の良い時刻にチェックを行えばよく、自動搾乳機利用により時刻拘束された作業の減少（作業時刻の柔軟化＝フレックスタイム化）が図られる。こうした視点が、それ以前に省力化を目指して導入されたフリーストール＋パーラ方式での作業と決定的に異なる点であった。

酪農場の作業は牛舎内管理作業にとどまらない。圃場管理作業などは季節的に作業時間が変動するため、時間的制約が大きい。これに対応する、搾乳自動化に伴う作業のフレックスタイム化は、家族経営の酪農場では極めて有効となる。具体的には、「60～120頭程度の搾乳を１人で、時刻的制約を弱めて実現できる」ということが、自動搾乳システムの導入目的として選択され、その規模の酪農場への導入が主に行われた。

しかし、2000（平成12）年当時のわが国の酪農情勢を顧みれば、環境問題への対応が急務であり、現在のように労働問題（人手不足や劣悪な労働条件）も顕在化していなかった。自動搾乳システム導入の本格化は2010（平成22）年以降の労働環境改善や農家戸数のさらなる減少、酪農経営の安定化などを含めた社会情勢の変化が引き金となった。

2005（平成17）年になると、大規模酪農場への対応や高泌乳個体への対応へと、世界的に搾乳作業の自動化への期待が変化し、わが国の自動搾乳システム導入の目的にも加わることになる。乳牛の飼養管理には、牛の状況を観察してその結果から飼養管理の改善を実行できる人材（エキスパート）が、どうしても必要となる。頭数規模が小さい農場では、従来の観察法や一定の知識・能力により、状態の把握と課題の抽出、およびそれに基づく改善策を実行することは、獣医師や飼料販売者、あるいはコンサルトの協力により、農場主が作業しながらでも可能であった。しかし大規模酪農場では、作業に専念すれば観察や状況判断が間に合わず、課題がより複雑になって手遅れになることも多い。さらに記録される情報は膨大で各所に散在しているため、情報の整合性が取り難かった。

普及当初の自動搾乳システムは、自動搾乳機による搾乳に適合しない牛への対応が別途必要であり、大規模酪農場には不向きとされていた。その後、自動搾乳システムの改良が進み、さらに適合しにくい牛を別飼いすることで労働的対応は軽減される方式が採用されるようになった。自動搾乳機とそれをコントロールするコンピュータで、飼養管理情報の収集や解析・提示が可能であり、他のセンサとも組み合わせ、大型酪農場が必要とする技術に対応できるようになり、作業者（搾乳についてはロボット）とシステム上の運営改善者を分離するため、搾乳ロボットが導入されるようになった。

2010（平成22）年ごろになると自動搾乳システム機械の改良および飼養管理技術がさらに高度化する。自動搾乳システムの高泌乳牛群（平均乳量で40kgを超えるような牛群）への対応方法が明確となる。

例えば、それまでの群飼養管理は、飼料給与の課題から、個体間の乳量差が少ない牛群の飼料設計の方が容易であり、その方向を目指していた。これに対し自動搾乳機では個体ごとの配合飼料の給与が可能であり、1回当たりの給与量や給与回数に留意すべきポイントはあるものの、基礎混合飼料との組み合わせで個体差に対応した飼料設計ができるという特徴があった。こうしたことへの具体的対応に関する理解が、飼料会社職員や獣医師、あるいはコンサルタントにおいて進むことになる。

24時間連続稼働型システムは、個体ごとの搾乳回数設定が、労働力の増加なしで可能となる。一定の条件下では、搾乳回数の増加が乳量増加に結び付くことから、高泌乳牛群を飼養する農家で、自動搾乳システム導入の動きが顕著となる。なお、高泌乳牛への対応では、いかに搾乳牛を牛舎内で動かすか（自動搾乳機への訪問回数とタイミング）ということに、システム運用の成否がかかっている。自動搾乳機での配合飼料給与量により訪問のモチベーションを高め、他の飼養管理により日内訪問を分散化させる技術の精密化が、現在でもさらに求められている。

6．アニマルウェルフェアによる飼養管理の再構築

2000（平成12）年以降の家畜飼養管理において、アニマルウェルフェアの考え方、すなわち家畜への配慮は欠くことができない概念である。アニマルウェルフェアは「生きている動物への配慮」という言葉に集約される。人間の動物に対する倫理観、すなわち人間の動物への意識は時代とともに変化するから、アニマルウェルフェアの考え方も時代により異なる。現在では、動物を殺すこと（実験動物での利用や畜産業）を否定するのではなく、動物が生きている間の生活の質を保証しようという考え方である。こうした概念への理解が、一般社会でのアニマルウェルフェアの受け入れや、生産者も含めたアニマルウェルフェア向上への取り組み促進につながっている。

また、配慮するべき内容は、かわいそうだからといった感情に基づくのではなく、動物の健康状態、行動的反応あるいは生理的状況から科学的に決定される。家畜の飼育環境における配慮すべき内容の選択は、アニマルウェルフェアに基づく飼養環境評価と関連する。また、家畜の生産段階における飼養衛生管理の方策（いわゆる農場HACCP:Hazard Analysis and Critical Control Point「危害要因分析重要管理点」）や農場適正基準（JGAP：Japan Good Agricultural Practices「適切な農場管理と実践」など）に組み込まれつつある。

日常的な飼養環境の評価は、管理者による観察方法として「疾病率や死廃率」や「ボディーコンディション」、行動的表現としての「動作解析」や「葛藤・異常行動」に頼ることが多い。これらの観察記録を自動化し、見やすく携帯型の端末に表示することが、酪農業を洗練（スマート）化する、未来に向けた1つの方向である。

2000（平成12）年以前でも適切な飼養管理への要求は高く、さまざまな評価法が考案されていた。しかし、アニマルウェルフェアの概念が広く理解されるようになると、アニマルウェルフェアに基づく飼養管理評価はそれまでの生産性向上のための評価に反するものではなく、それを促進するものであることが分かり、積極的に取り組まれるようになる。また、観察に基づく家畜自体の状態や家畜が示す動作や行動にも焦点が当てられるようになる。飼養管理のアニマルウェルフェアに基づく評価では、家畜の疾病・傷害や健康の程度が重要である。例えば歩様異常のような明確な変化は、家畜の状態に基づく福祉レベル評価の1つでもある。

家畜の飼養管理では、疾病や傷害の発生後、

管理者が早期に発見し、治療を行うことはもちろんだが、定期的検査や日常的観察を通じ、発病前に動物の状態変化から兆候を発見し、迅速に原因へ対応することが求められる。家畜が暮らす場所の温度や湿度、あるいは二酸化炭素濃度やアンモニア濃度を直接測定し、飼養環境評価に用いる。例えば、牛では温度と湿度を組み合わせた温湿度指数（THI：Temperature Humidity Index）を用い、牛が感じる不快の程度から一定値以上の場合、対応（送風や蒸散を利用した冷却）が求められる。有害ガスの除去には、適切な換気方法の採用が有効である。

牛の状態は、血液や排せつ物に含まれる生理的物質を測定し判断することもできるが、その採取は牛に負担をかけ（侵襲性）、測定結果を得るまでに時間を要する（非即時性）といった欠点がある。そうしたことから家畜の動作や行動から評価を求めることが多い。

例えば、乳牛の横臥時間の計測は、牛床の快適さや用いる床材の良否の判定に有効である。しかし、1日当たりの横臥時間測定には、加速度センサなどの装着が必要となり、こうした装備は現在まだ一般的ではない。休息環境の評価のもう1つの考え方は、起立・横臥動作のしやすさであり、動作の特徴（円滑さ）によるスコアとして記録する。同様の判定に歩行動作の観察があり、牛の歩様から疾病や傷害を発見するとともに、通路床の滑りやすさなど施設面での評価を行うこともできる。

十分な採食ができているかどうかは、個体あるいは牛群の1日当たり採食時間で判断できる。牛群単位であれ、1頭単位であれ、採食時間の把握にセンサなどの利用が不可欠である。さらに、十分な採食時間か否かの判断には、その個体の生産量や成長度合いを加味しなければならない。そこで、そうした評価より飼料摂取の結果である体の削痩・肥満状況（ボディーコンディションスコア）をもって、採食状況の判定を行うことが多い。

飼育場所での1頭当たりのスペース（飼養面積、飼槽数や休息場所の数）は、施設面での飼養環境評価指標の1つになっている。このことは、動物が身動きできないような狭い場所で飼われていることは論外としても、群飼養で1頭当たりのスペースが狭ければ、本来行われるはずの他の個体からの回避や逃避といった行動を発現できず、競合の激化が見られるという観点から、スペース評価が行われるようになった。このように、これまでの飼養管理でも評価の対象としていた事項でも、評価の観点を家畜の行動発現に置くことで、家畜の立場からの評価が可能となり、このことが生産性に結び付く要因となった。

さらにアニマルウェルフェア評価では、それまでは顧みられなかった家畜の精神的苦痛（苦悩）が、肉体的苦痛と同様に飼養環境レベルを低下させることも重視される。家畜生活の質を向上させるためには、この苦悩を除去するよう管理者が配慮しなければならない。こうした苦悩状態は家畜が示す葛藤行動や常同行動が判断の指標となる。さらに、飼養環境は家畜を取り巻く環境そのものであり、私たち人間の存在もその一部である。このことから、管理者と家畜の間の関係も飼養環境評価として用いることがある。

こうした家畜に配慮した飼養環境の整備は、消費者の食品に対する信頼を確保し、同時に生産性も高めることから、アニマルウェルフェア的考え方は今後も飼養環境評価の基準となるだろう。また、こうした取り組みは畜産物への価格転嫁（いわゆる食品認証）やアニマルウェルフェア活動への貢献（寄付など）といった点が模索されている。

乳質に関しては、北海道乳質改善協議会による乳質改善への取り組みのさなか、協議会設立の1955（昭和30）年に発生した東京都の集団食中毒問題と同様に、2000（平成12）年にも北海道産脱脂粉乳による集団食中毒（約1万5,000人の罹患）が発生した。また2001

表２－２　乳用牛の出生頭数と性比の推移

	2007年	2010年	2013年	2017年
雄（頭）	276,000	278,500	247,700	192,300
雌（頭）	254,800	267,000	252,100	246,400
雄比	108.3	104.3	98.3	78.0

雄比は、雌を100としたときの数

出所：『中酪情報』2011年11月、『農林水産省畜産統計』

（平成13）年からのBSE発生と、これに関連した牛肉偽装表示の発覚で、消費者の食品への信頼は大きく揺らぐことになる。2003（平成15）年に「食品安全基本法」が制定され、2005（平成17）年にはポジティブリスト制度が施行され、医薬品に関する飼養記録や記帳の取り組みが行われる。2000（平成12）年、および2010（平成22）年の口蹄疫発生を背景に、「家畜衛生管理基準」の改訂を経て、家畜伝染病予防の観点から農場訪問者の記録など、農場HACCP的運用が行われることとなる。

北海道乳質改善協会は、2003（平成15）年から２カ年、体細胞数削減に取り組んだ。その結果、2002（平成14）年には30万を超える体細胞数の生乳が20％近くを占めていた状況が、2006（平成18）年に６％まで改善され、さらに2008（平成20）年には２％以下へと低下させる原動力となった。

乳牛の改良に関しては、1998（平成10）年以降、検定済種雄牛を1996（平成８）年に導入された総合指数（NTP）でランキングし、泌乳関連形質のみならず、体型なども考慮した総合的改良が行えるようになる。さらに2003（平成15）年には国際評価（インターブル）にわが国も参加し、これにより日本の種雄牛と他国の種雄牛の能力比較が可能となった。これ以降、乳牛の改良は、日進月歩する評価方法（形質の追加や評価モデルの変更など）で行えるようになる。

酪農場に飼養している乳牛（ほとんどはホルスタイン種）は、生まれた子牛が雄であれば、肉用牛として活用される。酪農場で必要な性は雌であるから、安定した酪農場運営のためには、乳牛の遺伝的改良とともに、雌雄の産み分け技術がかねてから期待されていた。

1980年代後半にはX染色体とY染色体のDNA含量の差に基づく選別技術が開発され、これを基にした技術が雌雄判別済み精液の生産に利用されている。国内での選別精液は、家畜改良事業団が2001（平成13）年以降、５年間かけて調査を行い、2009（平成21）年から国内販売を開始している。

わが国における乳用種の出生頭数を見ると、2007（平成19）年は雌を100とした場合、雄は108と、１割近く多かった。しかし、選別精液の発売が開始された以降の2010（平成22）年の雄は104、2013（平成25）年には98と逆転して、2017（平成29）年（2017年２月～2018年１月）出生では、78と急激に減少している（**表２－２**）。実際の酪農場では輸入精液を用いることもあるし、選別精液の利用は酪農家の意志に委ねられ、さまざまな要因によって利用される精液は変化する。しかし、この雄出生の急激な低下は、選別精液の普及によることは間違いないであろう。

ゲノミック評価値は2009（平成21）年、アメリカ農務省から初めて公表される。わが国でのゲノミック評価のための取り組みは2008（平成20）年から開始されており、2010（平成22）年には候補種雄牛の予備選抜で、2013（平成25）年にはホルスタイン種一般雌牛での評価が開始されている。ゲノミック評価とは、これまでの推定育種価にSNP情報を加えた遺伝的能力評価で、若齢牛の評価値でも検定記録に近い信頼度を持つことから、早期の選抜への効果が期待されている。例えば、2017

（平成29）年２月からは泌乳７形質、体型（得点・線形）23形質、繁殖・管理５形質、乳代効果や長命連産性などの指数６形質が種雄牛の評価形質となっている。こうした技術の進展から、遺伝評価の高い雌に高い能力の乳用種X選別精液を授精することで、牛群の計画的整備が促進できる。

７．現在～将来

動物としての乳牛の特徴や個体ごとの違い（個性）が明らかになると、生産を目的として使用する家畜であっても地域や文化、あるいは宗教的な違いにかかわらず、飼養環境を適切にすることへの配慮（アニマルウェルフェア）が今後もますます求められるようになる。こうした配慮に対応するため、乳牛が求める事柄の把握を目指し、乳牛モニタリング技術の高度化や、モニタリングされたデータの人工知能（AI）による判断が必要となるだろう。

一方で、生活上のほとんどの事柄を家畜個体の自由な選択に委ねることで、家畜への配慮に対応しようとすることも正しい方向性と言える。その場合でも、家畜が何を欲しているかを見極め、与える環境を工夫する努力は必要である。もちろん「健全な乳文化形成」がなされず「牛乳のコモディティー化（差別化されず価格競争に陥る）」（柏、2012）が継続すれば、単に乳量を増やせば良いという極論に陥りかねない。

食品としての牛乳あるいは乳製品の生産履歴を積極的に提示することや、消費者とのコミュニケーションを図ることが、今後はますます必要になるだろう。家畜が健康を維持し生き生きと暮らす光景は全ての酪農家の喜びである。しかし、そのことにとどまらず、人間への食品提供の産業である酪農業は、提供する食品に各農場でのアニマルウェルフェアのレベルを付して、他農場の生産物と区分けをすることは十分にあり得ることである。畜産物における食品認証は飼養履歴表示と一体であり、消費者は認証マークやパッケージに記述された内容から、その食品の素材が飼養される過程で保証された家畜への配慮内容を読み取ることができる。

食品事業の国際化により、安全性が世界共通の課題になっており、農場においてもHACCPをはじめとした食品安全管理に関する認証が必要となっている。HACCPでは家畜の伝染病の発生予防・まん延防止や、畜産物の安全確保の観点から重要な衛生的な飼養などが直接的課題であるが、予防的観点から家畜の適正な取り扱いを配慮すべき課題として取り上げている。

家畜の疾病増加はアニマルウェルフェアの評価対象でもあることや、配慮に基づく飼養管理で生産物の質的向上が期待できることから、アニマルウェルフェア評価は、これら食品安全管理に関する認証項目に取り込まれることが多い。畜産物については、農場適正基準（例えば、JGAP）へのアニマルウェルフェア基準の適用が行われようとしている。また、安全管理にとどまらず家畜への配慮自体が人間にとっての喜びでもあることから、アニマルウェルフェアに基づく飼養管理の達成自体を食品認証の根拠にすることも可能となる。

明治維新直後における北海道開拓において、アメリカ式大型酪農を目指した当時の方向性は間もなくその限界に直面し、デンマーク酪農における土壌の肥沃化に配慮した中規模酪農を酪農家自身が目的に据えることで北海道酪農は発展した。酪農家戸数の減少や１戸当たりの飼養頭数の増加の動向は今後も継続するであろう。このことから、ロボット技術を活用した、機械化・自動化による省力化がさらに求められる。例えば「牛も搾乳機も動く」未来型の自動搾乳システム（森田、2008）も現実のものになるかもしれない。

実際、労働時間の短縮を目指した酪農場における飼料生産部門の分離（TMRセンターの設置）や哺育・育成部門の独立が行われている。飼養管理や家畜への配慮を重視しない、単に生産量拡大のみを目指した飼養頭数の増加と省力化の推進は、家畜糞尿の偏在や糞尿由来の肥料を還元できない土地の拡大を生み、北海道酪農が求めていた土を生かした酪農経営から大きく逸脱することにもなりかねない。また、そもそも地域文化を維持できないほどに人口減少が進めば、地域のコミュニティーを破壊し、せっかくこれまで準備した社会的インフラが無用のものとなってしまう。

思い返せば20世紀初頭に北海道酪農を真剣に考え、酪農家自身がデンマークに範を求め、時の行政を動かしたように、研究者や未来を支える若者たちを交えた真剣な議論から、北海道酪農の未来が築かれるだろう。

8．参考文献

川田啓介（2016）「浮世絵にみる牛と人の関わり③牛車による輸送（1）」『LIAJ News』No.160、pp.17-18

富田光夫（2018）「乳の郷になるまで（3）」『デーリィ・ジャパン』pp.68-70

西川求（2010）「北海道の開拓を夢見た若者の記録」酪農学園大学家畜管理学・行動学ゼミ

松田従三（1987）「北海道における乳牛飼養管理機械の普及」『北海道家畜管理研究会報』22、pp.40-70

森田茂（2006）「酪農場における作業の自動化が管理者や乳牛に及ぼす影響」『北海道家畜管理研究会報』41、pp.17-22

内田雅之、熊野康隆（2016）「北海道における原料乳の品質と今後の課題について」『乳業技術』66、pp.18-34

森田茂、韮澤栄樹、杉田慎二、干場信司、小宮道士、平山秀介、時田正彦、植竹勝治（2001）「自動搾乳機および自動給飼機を用いた酪農現場における管理作業時間」『日本家畜管理学会誌』37、pp.75-80

柏久（2012）『放牧酪農の展開を求めて』日本経済評論社

森田茂（2018）「自動搾乳システムの利用と牛舎設計の基本」『畜産技術8月号』畜産技術協会、pp.18-21

森田　茂（もりた　しげる）

1960（昭和35）年和歌山県生まれ。北海道大学農学研究科修士課程修了。酪農学園大学助手、オランダ農業・環境工学研究所客員研究員を経て、2004（平成16）年酪農学園大学教授。博士（農学）

第3節　畜舎の視点から

高橋　圭二

1．はじめに

平安時代には牛乳や、牛乳からつくられた蘇（そ）や醍醐（だいご）などが薬用として重宝され、天皇にも献上されてきた。日本書紀にも乳牛の飼養法が記載されている。しかし、戦国時代になると軍馬の生産が主となり、酪農に関する記述は1727（享保12）年に徳川吉宗が白牛を輸入し、千葉県の嶺岡（みねおか）牧牛場で飼う時まで失われてしまう。そして、日本酪農発祥の地はこの嶺岡牧場とされている。とはいえ、明治以降の近代酪農は北海道から普及し現在、国内の乳生産を支えるのは北海道酪農である。北海道酪農発展の流れを畜舎に焦点を当てながら、乳牛舎構造や換気方法などの変遷とともに振り返る。

2．黎明期（1873〈明治6〉～1955〈昭和30〉年）の牛舎の特徴

（1）モデル・バーンの建設

北海道酪農は1873（明治6）年にA・B・ケプロン（ホーレス・ケプロンの息子）の要請を受けて来日した、エドウィン・ダンの指導により近代化が始まった。1876（明治9）年から札幌で、真駒内牧牛場建設に取り掛かった。

一方、1876（明治9）年7月に札幌農学校教頭に赴任し1877（明治10）年5月に帰国したウイリアム・クラークは、1877（明治10）年に「模範家畜房（model barn＝モデル・バーン）」をW.ホイラーに設計させて建設し、6月に竣工（しゅんこう）させている（**写真3－1**）。地上3階地下1階で2、3階は乾草を収納し、1階には牛房と馬房、地下には豚房が設置され、ここに1階の糞を落として豚にかき混ぜさせ、堆肥化したとされている。

ダンは1877（明治10）年に当時アメリカで最新式とされた3階建ての真駒内牧牛場畜舎（**写真3－2**）を7月に着工、11月に竣工させた。モデル・バーンと同じように3階で乾草を収納し2階は牛舎部分、乾草を3階から落として給餌できるようにしていた。1階は

写真3－1　北海道大学第2農場のモデル・バーン

写真3－2　真駒内牧牛場の乳牛舎（エドウィン・ダン記念館で撮影）

写真3－3　モデル・バーンの牛床（展示物が置いてあるところが牛床）

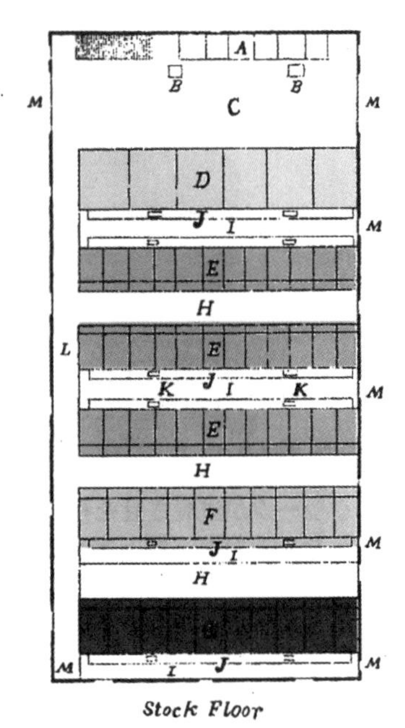

図３－１
モデル・バーン建設当初：1階平面

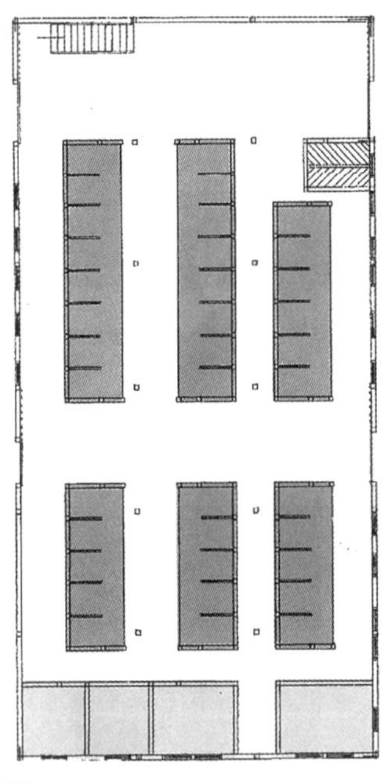

図３－２
モデル・バーン1900年ころ：
移築前（1985年ころ～1910年）の
モデル・バーン1階平面

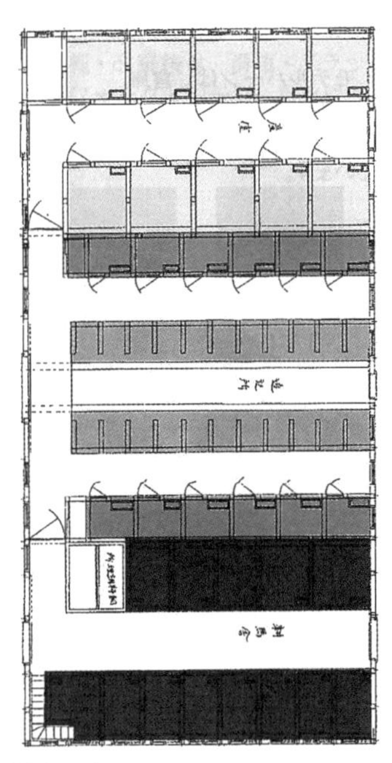

図３－３
モデル・バーン現在：
移築・改築後（1910年以降）の
モデル・バーン1階平面

豚舎で、３階へは傾斜路を取り付けて乾草を運び込んだ。

モデル・バーンの１階の牛房部分のレイアウトは建設当初、**図３－１**のように牛房と牛床が建物の横方向に並ぶレイアウトになっており、1895（明治28）～1910（明治43）年ごろは、**図３－２**のような縦方向の牛床レイアウトに変更された。さらに、1910（明治43）年の移築後は**図３－３**のように初期のレイアウトとほぼ同じ配列になっている。牛床は尻を向かい合わせる対尻式（たいきゅうしき）で、牛床形状（**写真３－３**）は長さ190cmであった。ここで搾乳し産室房で分娩させていた。子牛房も多数配置されている。

（２）キング式換気法の普及

この２つの牛舎の外観は切り妻型で中央に大きな換気塔が設置された形状である。しかし、建設当初の牛床部分の換気方法は不明である。

いわゆる「キング式換気法」が最初に実際の牛舎換気として示されたのは1889（明治22）年で、F･H･キングによって1908（明治41）年11月に発表された『Ventilation』である（**図３－４**）。この書籍の中ではギャンブレル（屋根）牛舎と切り妻型牛舎の換気法が示されている。

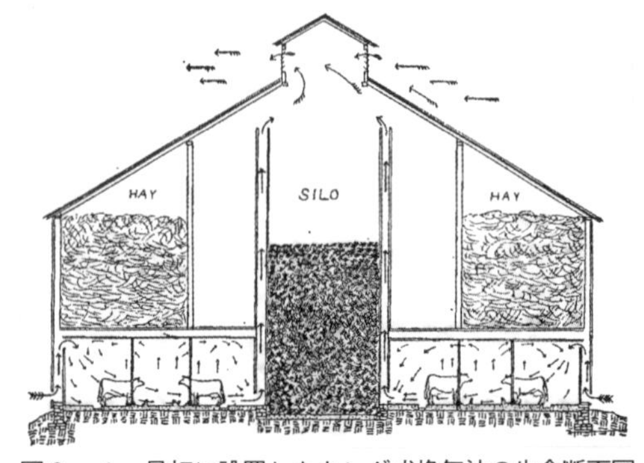

図３－４　最初に設置したキング式換気法の牛舎断面図（1889）

写真３－４　札幌農学校第2農場の牧牛舎外観（左）と牛舎内部のダクト下部排気口（右：円内の開口部分）

札幌農学校第２農場の牧牛舎（**写真３－４**）は1909（明治42）年に新築されており、この『Ventilation』に示された換気法が導入されたものと考えられる（**図３－５**）。その後、改造が加えられたが1976（昭和51）年の重要文化財指定時に初期時と同じ形式で再建された。

『Ventilation』の解説書とも考えられる、1908（明治41）年12月発行のウィスコンシン州の牛舎資料『The King System of Ventilation』（C. A. OCOCK）の表紙に掲載されたのが**図３－６**で、ギャンブレル牛舎での換気法が示された。その後、UADA（アメリカ農務省）の農家普及資料として発行された、1923（大正12）年の『Dairy-Barn Construction（No. 1342）』、1924（大正13）年の『Principles of dairy-Barn Ventilation（No. 1393）』では、ギャンブレル牛舎でのキング式換気法と、この改善法であるラザフォードシステム（Rutherford System）が示されている（**図３－７、８**）。

キング式換気法とは、牛舎内外の温度差と煙突効果を活用した自然換気法である。その詳細は**図３－９**に示したように、外壁に開けた外気取入口から新鮮空気を取り入れ、壁内から天井の空間を通し、天井の開口部から牛の鼻先に吹き下ろす。排気は壁の基部に開けた排気口から２階のダクトを通して屋根頂部から排出する。煙突が長く、牛によって暖め

図３－５　切り妻屋根牛舎での煙突を伸ばしたキング式換気構造（1908）

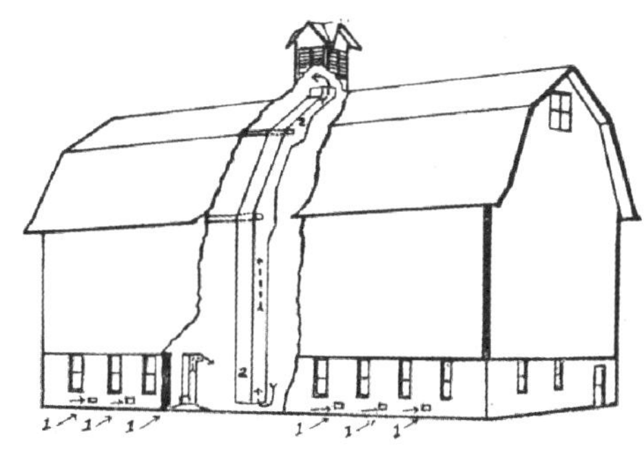

図３－６　『The King system of Ventilation』に示されたギャンブレル牛舎の換気（1908）

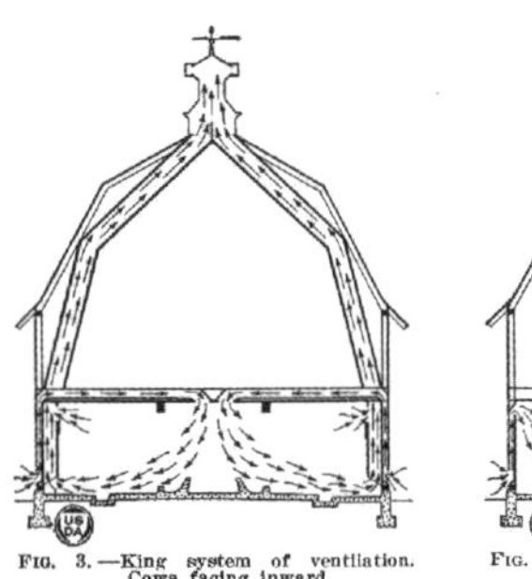

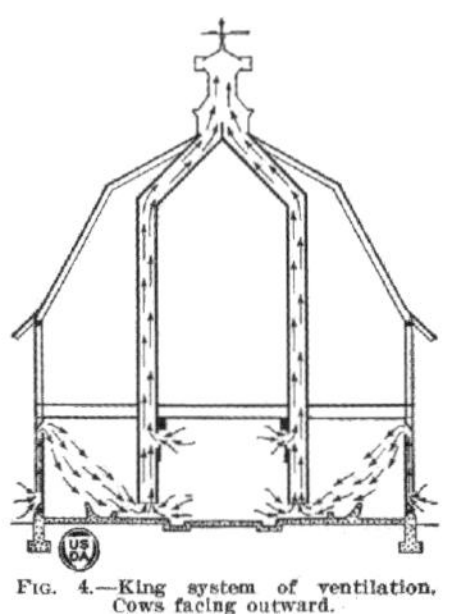

図３－７　キング式換気法での空気の流れ（『Principles of Dairy-Barn Ventilation』、1924）

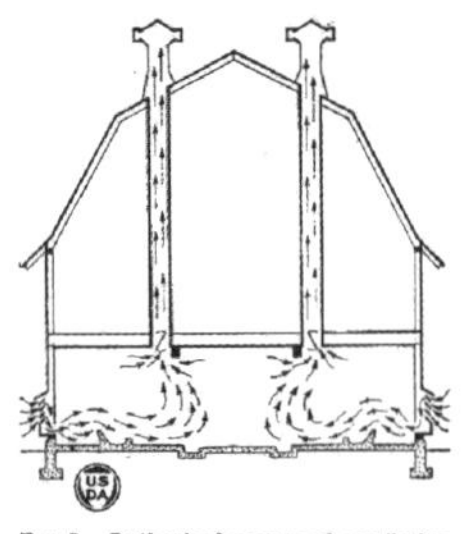

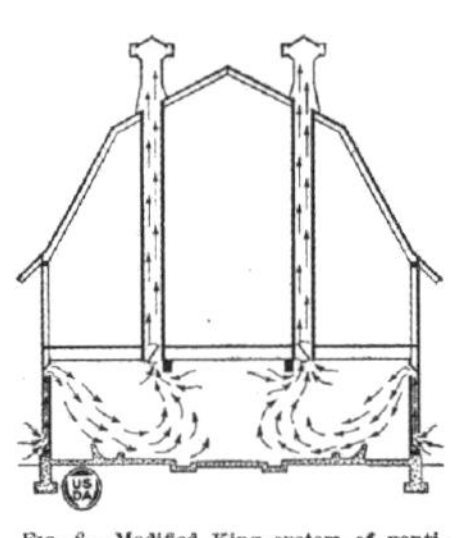

図３－８　ラザフォードシステムでの空気の流れ（『Principles of Dairy-Barn Ventilation』、1924）

図３－９　キング式換気構造の詳細（『Ventilation』、1908）

られ汚れた空気が吸い上げられて排気されることによって、牛舎内が負圧となりこの負圧で屋外の新鮮空気が引き込まれる。換気量は内外温度差や煙突の長さなどで決まる。資料

写真３－５　旧宇都宮牧場の牛舎（「日本近代酪農発祥の地 ー 宇都宮牧場跡」）
https : //www.city.sapporo.jp/shiroishi/shokai/history/rekishirube/documents/reki44_45.pdf

に示されたダクト内の平均風速とダクト断面積から換気量を求めると、現在の基準では冬期間の最低連続換気量（換気回数３～４回／時）程度であることから、冬季間の牛舎内環境改善を目的とした換気法であると考えられる。

（３）道内のキング式換気法を導入したギャンブレル牛舎

道内に建設され調査が可能だったギャンブレル牛舎についてその特徴を挙げていく。

①旧宇都宮牧場牛舎（札幌市上白石、1912〈大正元〉年）

現存していないが、ギャンブレル牛舎でキング式換気法が採用されていたとされる（中井ら、2010〈平成22〉年）。

『殖民公報』（79号、1915）によれば牛舎は120坪の大きさで、中央通路で左右に各43の牛床があり、牛床前に給水桶、後ろに尿桶を置くとされている。換気はキング式で入気は外壁の入気口から取り入れ、壁から天井を通して牛の頭上より牛舎に引き込まれる。排気は壁際から屋根裏を通り排気される（**写真３－５**）。工費は約5,000円（現在の約2,000万円）。

写真３－６　男爵資料館の牛舎
（男爵資料館ホームページ　※執筆時）

写真３－７　男爵資料館２階の排気ダクト
（男爵資料館ホームページ　※執筆時）

写真３－８　旧小川家畜舎の外観
（サイロは別の農家から移設）

②男爵資料館（上磯町、1924〈大正13〉年）

2014（平成26）年３月から無期限休業。資料館のホームページに示された写真や記事などから、ギャンブレル牛舎でキング式換気法が採用されていたことがうかがえる（**写真３－６、７**）。1856（安政８）年、土佐に生まれた川田龍吉は21歳でイギリスに７年間も留学した経験があった。牛舎は67歳のころ、アメリカから最新式の農機具などとともに技術導入したものとみられている。

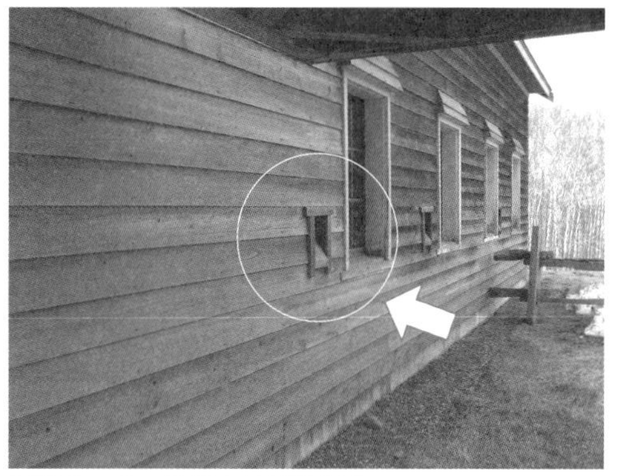

写真３－９　外壁の外気取入口

写真３－10　牛床と通路上部の入排気口部（上）と天井の入排気口部（左）

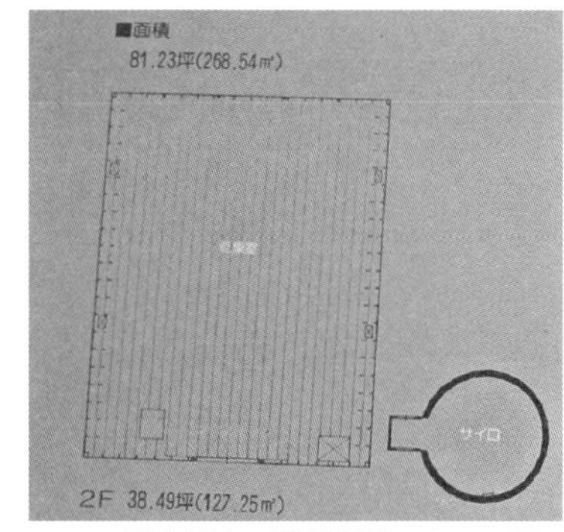

写真３－11　旧小川家の展示説明パネルの図
（２階壁近くにダクトが記載されている）

③旧小川家酪農畜舎（月寒村、1926〈大正15〉年ころ）

北海道開拓の村に保存されている牛舎（**写**

写真３－12　旧町村農場の第１牛舎

写真３－13　第１牛舎の牛床部分

写真３－14　第１牛舎外壁の入気口

写真３－15　牛舎１階の排気ダクト

写真３－16　２階フレーム構造と排気ダクトなど

写真３－17　ダイニング桜のギャンブレル牛舎外観

写真３－18　ダイニング桜の内部フレーム構造とダクト跡（矢印）

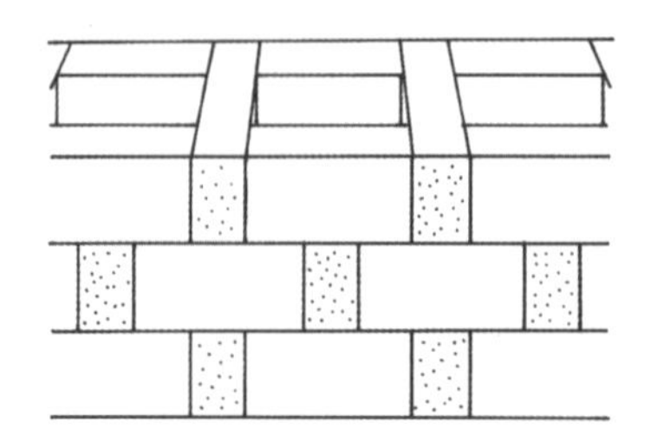

図３－10　レンガの積み方「小端空間積み」

真３－８）。札幌農学校出身の小川三策がアメリカから取り寄せた設計図を参考に大正末期に建設したとされる。この時期には、USDAの牛舎資料も発行されており、ギャンブレル牛舎でキング式換気法が採用されている。外壁には外気取入口があり（**写真３－９**）、牛舎内の入排気口（**写真３－10**）も確認できる。２階部分は立ち入り禁止のため確認できなかったが、１階部分の換気構造や説明パネル（**写真３－11**）から考えて排気筒が設置されていると考えられる。2017（平成29）年の積雪で倒壊したが再建展示されている。

④旧町村農場第１牛舎（江別市対雁、1927〈昭和２〉年）

江別市の旧町村農場に保存されている牛舎（**写真３－12**）で、キング式換気構造が残された牛舎である。対尻式で牛舎の大きさも幅142cm×長さ183cm、幅123cm×長さ172cm、幅148cm×長さ198cmと現在でも極めて大きなものである（**写真３－13**）。『建築知識』（1992（平成４）年８月号）ではまだ牛舎が現役で利用されている時の写真が紹介されており、現在の仕切り柵や前面柵とは異なる形状の柵が見られることからその後、改修されたものと推定される。

牛舎の換気は、屋外壁に入気口があり牛舎天井から入気される（**写真３－14**）。給餌通路の壁には排気用ダクトが設置され（**写真３－15**）、２階部分の６本の円筒ダクトに接続され排気筒から排気している（**写真３－16**）。２階部分は乾草の貯蔵庫として利用され、乾燥梱包（コンパクトベール）を運び上げるコンベヤーが残っている。牛舎１階に投下口があり、サイロは軟石造りとレンガ積みの２本が利用されていた。

⑤旧三谷農場牛舎（札幌市発寒、1928〈昭和３〉年）

札幌市西区発寒の牧場ダイニング「桜」として利用されている（**写真３－17**）。レストラン内は天井が外され、牛舎のバルーンフレームと呼ばれる骨組みが見える。ダクトはないが排気筒の跡があり（**写真３－18**）、外壁は「小端空間積み」（**図３－10**）と呼ばれるレンガ積みで中空断熱構造。外壁入気口も確認できるが天井がないため、牛舎内の入気口の構造は不明である。サイロもレンガ積みで下部は「小端空間積み」。

⑥星子牧場牛舎（札幌市上野幌、1930〈昭和５〉年）

2016（平成28）年まで乳牛数頭を収容し生乳出荷していたが、2017（平成29）年には１頭で搾乳はしていなかった。牛舎はギャンブレル牛舎であるが、２階はバルーンフレームではなく、和小屋組みで「五町歩農家模範畜舎設計」に示された断面形状と同じ様式である（**写真３－19、20、図３－11**）。牛舎工事費は1,562円であった。また、サイロは軟石で設計図が残っており、工事費は2,434円（**図３－12**）。外壁には入気口のような構造が見られるが、牛舎内や２階部分には換気構造は見られない。

「五町歩農家模範畜舎設計」とは、1929（昭和４）年に北海道庁産業部によって示されたもので、五町歩農家に適当なものとして、木造２階建てで牛房３、馬房２、飼料庫などがあり、豚や鶏、羊も収容できて総額は約2,209円だったとされる。換気については特に記載なく、構造的にも示されていない。

⑦宇都宮牧場牛舎（1930〈昭和５〉年に上野幌、1970〈昭和45〉年に長沼へ移転）

1930（昭和５）年に上野幌に建設され、軟石サイロとともに1970（昭和45）年に長沼町の現在地に移築したものである（**写真３－21**）。ギャンブレル牛舎でキング式換気構造となっているのは移築したL字型の部分で、現在は子牛収容スペースとフラットバーンパーラとし

写真３－19　星子牧場牛舎とサイロの外観

写真３－20　星子牧場牛舎の外壁（上）、２階内部（右）

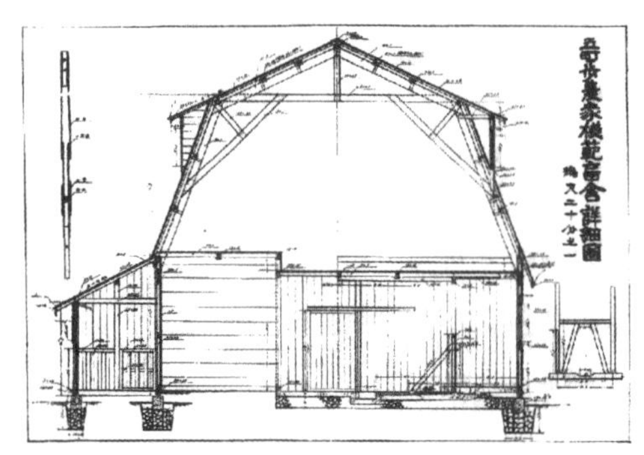

図３－11　五町歩農家模範畜舎の断面詳細
（中井和子「北海道におけるギャンブレル屋根畜舎の導入と展開」、2012）

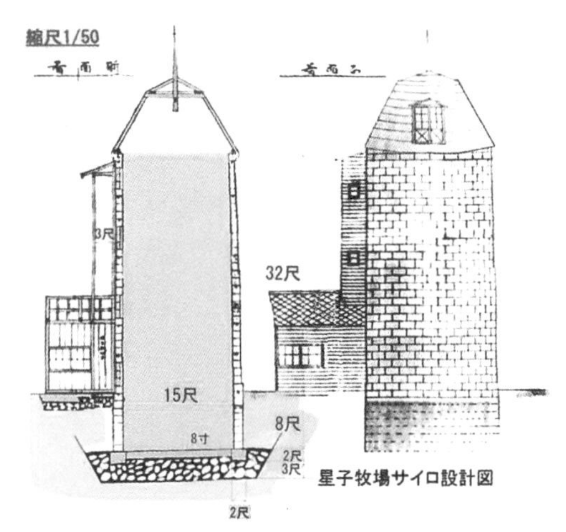

図３－12　星子牧場のサイロ設計図（高井）

写真３－21　宇都宮牧場の牛舎外観

写真３－22　フラットバーンパーラとして改造利用

写真３－23　宇都宮牧場の２階（木製の排気ダクト）

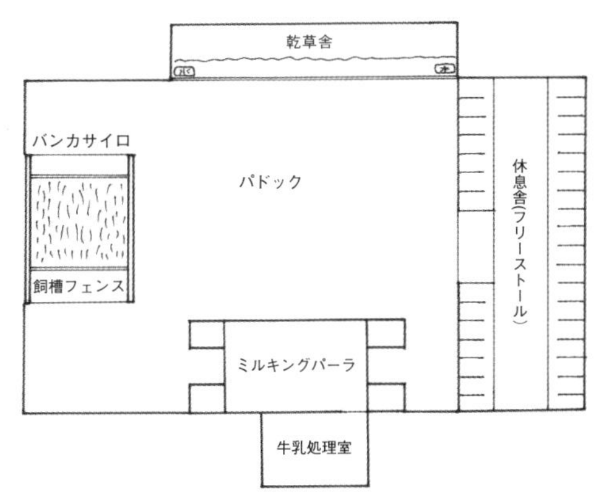

図3－13　パドック（運動場）を中心とした放し飼い牛舎施設

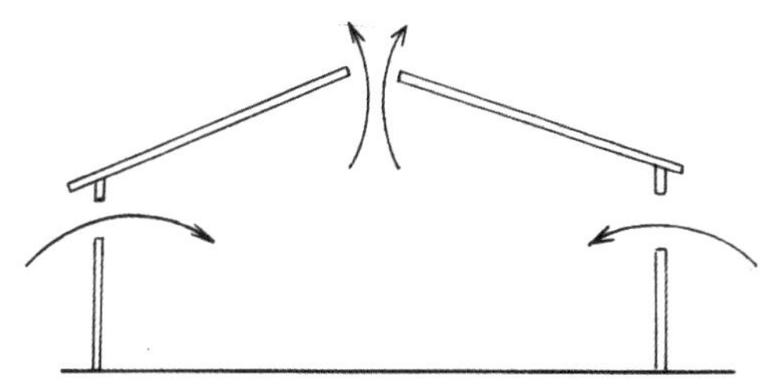

図3－14　オープンリッジの自然換気方式

て利用されている（**写真3－22**）。現在はこのL字型にギャンブレル牛舎を増築してT型にしているが、この部分の換気はキング式換気構造ではなく、1階は窓戸の開閉、2階は屋根排気筒となっている。キング式換気構造牛舎2階の排気筒は木製のダクトとなっている（**写真3－23**）。

3．発展期（前期：1955〈昭和30〉～1975〈昭和50〉年）の牛舎の特徴

（1）フリーストール（キュービクル）牛舎の開発（1960〈昭和35〉年～）

乳牛の飼養方法にはつなぎ飼いと放し飼いがある。つなぎ飼いの牛舎はストールバーン、放し飼い牛舎はフリーバーン、ルースバーン（あるいはルーズバーン）と呼ばれた。このフリーバーン方式がたくさんの麦ワラを使い清掃時の搬出作業が大変だったり、牛が汚れやすいことから、1960（昭和35）年ごろにアメリカとヨーロッパで幅120cm、長さ210cmで自由に出入りができる寝床（ストール）を配置した牛舎が開発された。アメリカではフリーストール、ヨーロッパではキュービクルと呼ばれている。

フリーストール牛舎を利用した農家のレイアウトは、運動場を中心に周囲にフリーストール休息舎、ミルキングパーラ、乾草舎、給餌場としてのバンカサイロが配置されたもの（**図3－13**）となる。やがて、休息舎と給餌場、ミルキングパーラが1つの牛舎にまとめられるようになった。牛舎は切り妻型の平屋となり、換気方法は切り妻屋根の頂部（棟部）に排気用の開口部（オープンリッジ）を設置し、軒下や大きく開放した壁面河口部から入気する自然換気方式が示された（**図3－14**）。この自然換気方式の牛舎はコールドバーンと呼ばれた。

これに対して断熱し、機械換気で換気量を制御して牛舎内温度を維持するタイプはウオームバーン、窓が少ない外観から無窓牛舎とも呼ばれていた。

しかし、道内では初期～1975（昭和50）年ごろのフリーストール牛舎の換気は、窓・戸の開閉とベンチレータの組み合わせのままのものが一般的だった。

（2）パイロットファーム（1955〈昭和30〉年から）

第2次世界大戦後の国内は食糧不足のため、世界銀行の融資を受けて農業開発を進めることとなり1953（昭和28）年、世界銀行のラッセル・ドール氏を団長とする調査団を受け入れた。水田開発を最優先とした政府や道は「愛知用水」「新篠津村」の開発を望んだが、調査団は第3候補の「根釧原野」が適しているとした。資金としては世界銀行の融資とアメリカからの余剰農産物見返り資金を国内の農業開発に利用できるようになり1955（昭和30）年、愛知用水、新篠津、根釧原野、下北などの大型農業開発が進められた。

写真３―24　パイロットファームの牛舎と住宅（『別海町史』）

根釧原野のパイロットファームでは、現在の別海町中春別地区の美原（床丹第一）、豊原（床丹第二）の約1.1万haを大型機械で一気に開墾するとともに、ジャージー牛を導入し、畑作や中小家畜も取り入れた酪農モデル地区をつくるという計画だった。住宅や畜舎、サイロは鉄筋ブロック造りである。1956（昭和31）～1965（昭和40）年までに合計361戸が入植した。

ジャージー牛はニュージーランドやオーストラリアから輸入され、１戸に４頭配付される予定であったが、導入されたのは１戸当たり２頭分で、不足分は当時国内で調達できる２世牛で補う計画となった。しかし、1957（昭和32）年にブルセラ病が発症し、1967（昭和42）年までに62頭が発症して大きな打撃に。また、入植時に建設される牛舎も事業３年目には資金不足から内部仕上げがないまま引き渡され、農家が自分で造作をしなくてはならなくなった。1962（昭和37）～1963（昭和38）年にはパイロットファームは資金的な危機を迎え、ブルセラ病もあったため離農が相次いだ。

さらに、既存農家は20～30haの土地所有で牛はホルスタイン、借入金は30万円程度だったがパイロットファーム入植農家は、土地面積約14haでジャージー牛４頭、借入金250万円と多額の負債を抱え、規模拡大もできない状態であった。

パイロットファームの牛舎はギャンブレル牛舎で、耐寒ブロック造りである（**写真３―24**）。牛舎内は自分で造作する必要があり、各農家でジャージー用やホルスタイン用に牛床をつくった。換気構造は窓戸の開閉である。

（３）牛舎建設資料に見る牛舎構造、換気構造

①『図説　畜舎・サイロ』（川村秀雄、1955〈昭和30〉年、産業図書）

牛舎の推奨される構造として、次の点が挙げられている。

◎十分な採光を取ること：大きな窓を配置し、日射を取り入れること

◎東海以南は防暑、東北、北海道は防寒を考えた耐寒牛舎とする

◎新鮮な空気を確保するために、換気塔や換気装置をしっかりと組み込むこと。また、開け放した窓によっても換気ができる

◎乾燥した健康畜舎を目指す

◎清潔畜舎として床をコンクリート打ちとし、糞尿処理がきちんとできるようにする

◎作業能率を高めた牛舎とする

この時期の畜舎は牛、馬、鶏、豚などを１つの牛舎で飼養する「総合畜舎」と乳牛を飼養する「独立乳牛畜舎」と呼ばれていた。「キング式牛舎」との呼び方で、ギャンブレル牛舎は２階に乾草置き場があり効率的であることや、キング式換気法の換気構造が図示されているが詳細な説明は見られない。

②『乳牛舎の設計と建て方』（林兼六、佐々木嘉彦編著、1963〈昭和38〉年、反芻文庫）

乳牛舎として、単飼（ストールバーン）と群飼（フリーバーン）方式が示されている。ストールバーンは５～10頭、30～50頭の２種類について解説されている。フリーバーンは25頭牛舎などで、搾乳室（ヘリンボーンパーラ、タンデムパーラ）の構造が解説されている。

換気については、換気設備は窓や隙間風に

よる自然換気が少ない場合に必要になるとされている。牛舎は一般住宅よりも粗末で隙間風が多く、1時間当たり10回程度の換気回数があるので、いつでも窓を開けられる地域なら換気設備は不要としている。

自然換気は気密であることが必要で、ブロック造りで天井を気密にし、冬に窓を開けられない寒冷地で必要としている。自然換気設備の詳しい説明がされ、排気口が低い位置のキング式より上部に配置されるラザフォード式が理にかなっており良いとしている。

機械換気については、壁に取り付けたファンで排気し、ダクトを床付近まで下げ、冬季は床付近から、夏は天井付近から排気する壁面ダクトが図示されている。

③『近代畜舎管理法』（鈴木健二、1967〈昭和42〉年、朝倉出版）

畜舎の設計法としてつなぎ飼い、フリーバーン、フリーストールが紹介されている。また、大規模集団管理の事例として次の3つの例が挙げられている。

◎ギャンブレル式ではなく平屋のストールバーン（北海道カクヤマ協業経営）：サイレージはバンカサイロ、パイプラインミルカの利用が記載されている

◎ルースバーン（北海道シホロ農協経営）：冬はストールバーン（スタンチョン）とミルキングパーラ、夏はルースバーンで放牧という方式が紹介されている。ストールバーンの乳牛位置が固定されていないため搾乳の都度、牛の位置が変わりカウトレーナの位置が合わず牛が汚れる

◎フリーストール（北海道オウム共同経営〈雄武町〉）：60頭のフリーストール牛舎であるが、通路幅が狭くトラクタで除糞できず「どろんこ飼育」となっており、床もコンクリートではない。新得畜産試験場のフリーストールのようにトラクタ除糞できるようにすべきと記載されている

④『酪農事情』（1966〈昭和41〉～1967〈昭和42〉年、酪農事情社）

月刊誌の『酪農事情』から1965（昭和40）年ごろの牛舎に関する記事を紹介する。

「特集：金をかけない日本の牛舎」として、ギャンブレル牛舎などの近代的牛舎は試験研究機関にのみ許されるものであるとし、みすぼらしくともコストと合理化のバランスを取る必要があるとしている。農林省農事試験場技官による牛舎分類として、ブリーダーや官公営牧場の「酪農型牛舎」と、都市近郊の「搾乳専業型牛舎」が発展していると説明。酪農型牛舎は長期的な視点で欧米を見習った方法で、北海道に取り入れられたキング式牛舎でスタンチョンを用いる。一方、搾乳専業型牛舎は飲用乳生産場として始まり、暖地の酷暑に苦しめられ、高い土地代のため敷地も狭い。飼料は工場副産物利用で、牛は生産機械と見て儲けが減れば廃棄する、としている。酪農型牛舎が欧米のまねであるため、幾多の困難と失敗を繰り返しているが搾乳専業牛舎は日本独自の酪農とされた。

小岩井牧場の「牛舎を持たない牛飼い」も紹介された。また、北海道の例として、少頭数の酪農は消え、多頭化のため根釧では10頭ではなく20頭へ規模拡大を図っているが、既存の牛舎施設を活用して多頭化を進めているとしている。既存のつなぎ飼いをルースバーンに変えて頭数増に対応している。敷料が多く必要となり、汚れやすい点に注意が必要としている。

1967（昭和42）年には、ミルキングパーラを持つ開放畜舎として、フリーバーン、フリーストールが紹介されている。

⑤北海道家畜管理研究会（1967〈昭和42〉年）

1965（昭和40）年に設立された北海道家畜管理研究会は、1967（昭和42）年に研究会としてストールバーン（12、36、80頭）、ルース

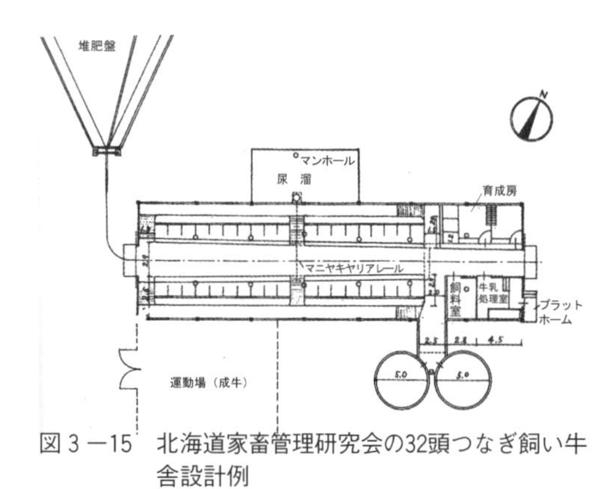

図３－15　北海道家畜管理研究会の32頭つなぎ飼い牛舎設計例

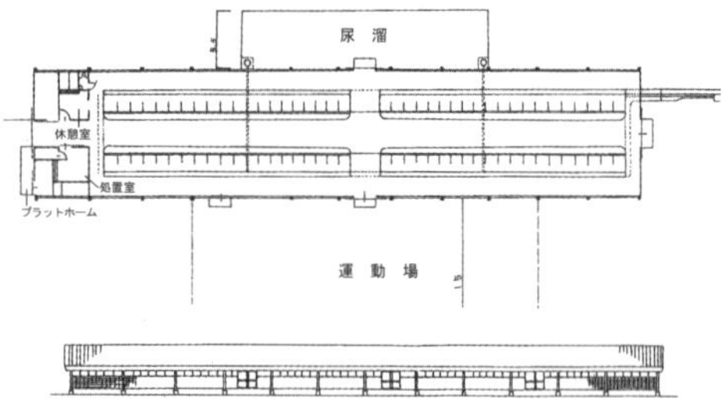

図３－16　北海道家畜管理研究会の80頭つなぎ飼い牛舎設計例

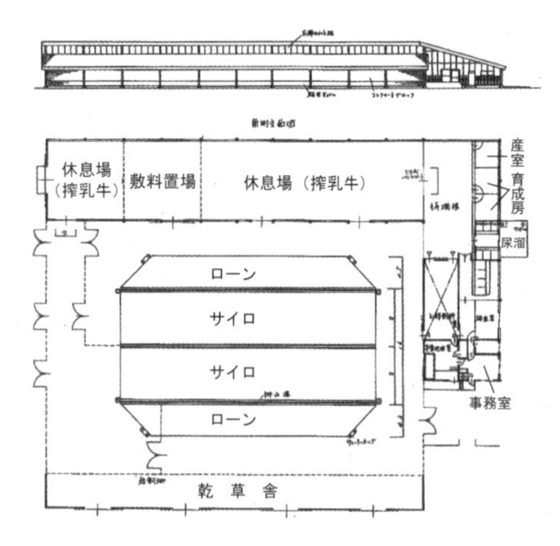

図３－17　北海道家畜管理研究会の80頭フリーバーン設計例

バーン（80頭）、フリーストール（80頭）の設計例を示している（**図３－15、16、17**）。ストールバーンの牛床は幅130cm、長さ170cmで対尻式である。ルースバーンは成牛１頭当たり５～5.5㎡で設計されている。フリーストールは幅120cm、長さ235cmでブリスケットボード、ヘッドバー（ネックレール）を備えている（**図３－18**）。パドックを中心に、周囲にフリーストール休息舎、ミルキングパーラ、乾草舎、飼槽を兼ねたバンカサイロが配置されている。牛舎の他にもサイロや乾草庫、堆肥盤などの設計例も示されている。

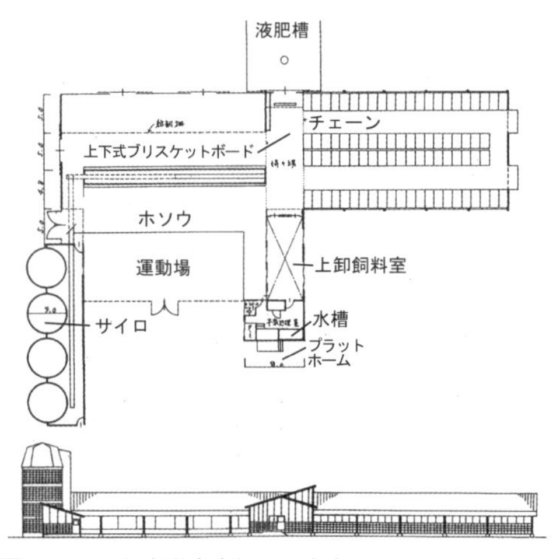

図３－18　北海道家畜管理研究会の80頭フリーストール牛舎設計例

写真３－25　小華和牧場牛舎の外観

（４）ギャンブレル牛舎

①小華和牧場（安平町遠浅、1960〈昭和35〉年）

1960（昭和35）年建設のギャンブレル牛舎で、ブロック造りとなっている（**写真３－25**）。ブロックは当時の「遠浅ブロック」の株を持っていたので利用したとのこと。キング式換気構造で窓の上に入気口があり、１階と２階の間の空間に外気を取り入れている（**写真３－**

26)。牛舎内の通路壁下部に換気口がある。天井には換気口が見られず、どのように入気していたかは確認できなかった。壁の換気口は2階のダクトにつながり、キング式換気構造の自然換気だが（**写真3－27**）、現在はトンネル換気方式となっている。

②長井牧場（江別市、1970〈昭和45〉年）、旧吉井牧場（江別市、1971〈昭和46〉年）、小林牧場（江別市、1981〈昭和56〉年）

これら3戸のギャンブレル牛舎について、換気方法はキング式換気構造ではなく、1階は窓・戸の開閉、2階の乾草庫はベンチレー

写真3－26　窓上部の外気入気口

写真3－27　2階部分の排気ダクト

写真3－28　長井牧場の外観（左）と2階部分（右）

写真3－29　旧吉井牧場の牛舎外観（左）と2階部分（右）

写真３－30　小林牧場の牛舎外観（上）と２階部分（下）

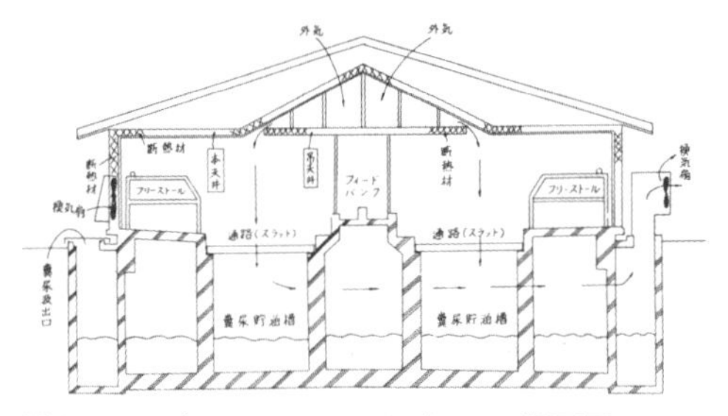

図３－19　ウォームスラットバーンの断面図
（十勝種畜牧場、1980）

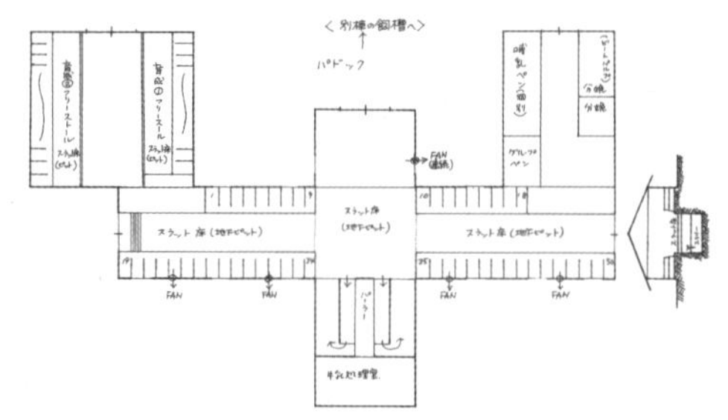

図３－20　清水町横山牧場の牛舎レイアウト
（スラット牛舎）

写真３－31　無畜舎で入植した井沢牧場のパーラ

タでの換気である（**写真３－28、29、30**）。長井牧場と小林牧場では現役の牛舎として利用されている。

（５）スラットバーンと無畜舎入植（1970〈昭和45〉年）

オランダなどでは広く利用されているスラットバーンも導入され、1970（昭和45）年に十勝種畜牧場にウォームスラットバーンが実験展示施設として建てられた（**図３－19**）。また、1971（昭和46）年ごろには清水町・横山牧場もスラット牛舎を建設している（**図３－20**）。スラットバーンは地下に糞尿ピットがあり、その上にある、すのこ状の通路を通って地下に糞尿が貯留される。しかし、オランダやデンマークのように広く普及することはなかった。

また、1970（昭和45）年に清水町に新規入植した井沢牧場では入植時の資金難から牛舎を建てず、パドックの周囲の乾草舎の軒下を避難場所として使いミルキングパーラを配置した無畜舎で入植。10年後、フリーストール牛舎を建てる例も見られた（**写真３－31**）。

（６）換気方式の変化－１

ギャンブレル牛舎の換気方法として開発・導入されたキング式換気法と換気構造は、1930（昭和５）年まで多くの牛舎で利用されてきたが、道庁が作成した「五町歩農家模範畜舎

写真３－32　構造改善事業のギャンブレル牛舎

写真３－33　新酪農村のサイロと牛舎(『別海町史』)

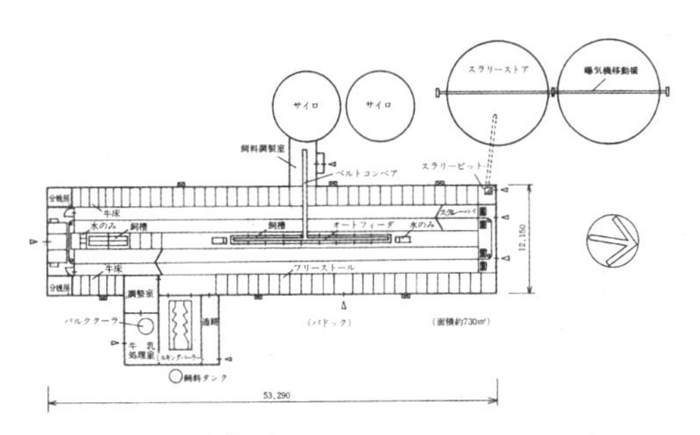

図３－21　新酪農村事業のフリーストール牛舎
(北海道農業試験場「北海道酪農における牛舎構造及び飼養管理技術の特徴－実態調査－」、1985)

設計」では換気構造は示されなかった。また、1960（昭和35）年代半ばの牛舎設計資料にも示されて公共機関の牛舎で利用されたが、一般では簡易で安い牛舎が求められ、名前は「キング式牛舎」とされたが、換気構造としては利用されなくなった。

この原因としては、キング式換気法の換気量が冬期間の連続換気量程度で暑熱向きではないこと、中空壁などの壁構造を必要とするため、二重ブロック造りなどではそれが難しいことなどが理由ではないかと考えられる。

「ギャンブレル牛舎＋キング式換気法」の牛舎は、牛舎設計資料の中でキング式牛舎と呼ばれたことから、換気構造が採用されなくなってもそのままキング式牛舎と呼ばれている。

フリーバーンやフリーストールなどの放し飼い牛舎では、大きく壁を開放するオープンリッジ方式が採用された。しかし、道内では基本的に窓や戸の開閉とベンチレータによる換気に頼っていた。

４．発展期（後期：1975〈昭和50〉～2000〈平成12〉年）の牛舎の特徴

（１）新酪農村事業（1975〈昭和50〉～1983〈昭和58〉年）

パイロットファームから新酪農村事業が開始される間も、第２次農業構造改善計画（1968〈昭和43〉年ごろ）で乳牛舎建設補助が積極的に進められ、ギャンブレル牛舎も多く建設された（**写真３－32**）。これらの牛舎にはキング式換気構造はなく、２階は乾草庫として利用された。

1967（昭和42）年から根釧地区では北海道開発局によって再度、畜産基地として計画が立てられ調査が始まった。これが新酪農村事業で、1975（昭和50）年より入植を開始し初年度は８戸が入植した。土地50ha、牛50頭（ホルスタイン）、牛舎はブロック二重の平屋で、換気は天井に設置した大型換気扇で入気する方式であった（**図３－21、写真３－33**）。牛舎は断熱性が高く設計され、出入り口の戸も密閉できるようになっていた。つなぎ飼いとフリーストール方式で整備され、ボトムアンローダ式のスチールサイロ（気密サイロ）、スラリーストアによるスラリー処理となっていた。

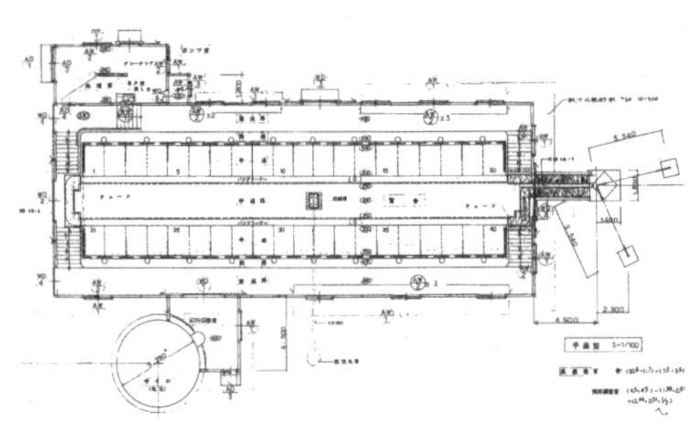
図３－22　公社事業による40頭つなぎ飼い牛舎（1980）

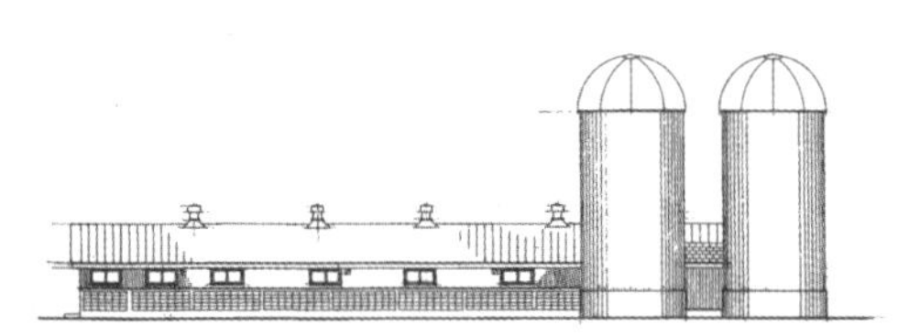
図３－23　公社事業によるつなぎ飼い牛舎の立面図（1980）

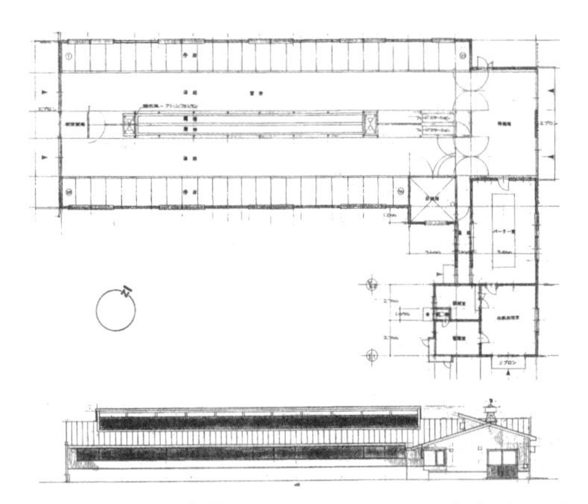
図３－24　公社事業によるフリーストール牛舎（1986）

写真３－34　コンベヤー給餌方式のフリーストール牛舎

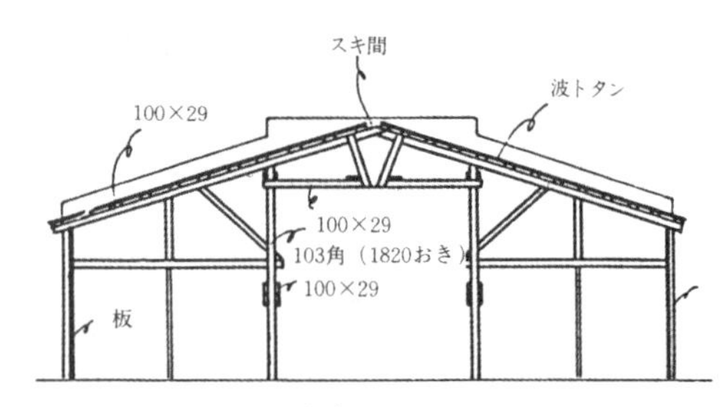

図３－25　標津町Ｈ牛舎

（２）公共事業での牛舎

北海道内では北海道農業開発公社（現北海道農業公社）による牛舎建設（公社事業）が多い。さまざまな補助事業で牛舎建設をする場合、この公社事業が利用されてきた。

①1980（昭和55）年ごろ

主流はつなぎ飼い牛舎で、新酪農村事業の牛舎と同じ平屋の切り妻牛舎（**図３－22**）。サイロを併設したものが多く対頭、対尻式の両方があり40～50頭規模だった。

②1986（昭和61）年ごろ

つなぎ飼い牛舎もコンフォートストールの牛床となり52頭規模に（**図３－23**）。

フリーストール牛舎も建設されるようになり、牛舎内に自動給餌の１つであるベルトフィーダを設置した飼槽があり、壁側に牛床を配置したレイアウトだった（**図３－24、写真３－34**）。牛床は50程度。配合飼料を給与するフィードステーションや乾草架もつくられている。牛床は火山灰でカラマツ材のキックボードを設置。長さは約210cmで幅120cm、ブリスケットボードはまだ設置されていなかった。パーラは４頭複列でヘリンボーンパーラを使用。パーラの出口は片側に移動してから出る方式だった。ピットの深さは65cmと浅く、換気は壁の押し上げパネルでセミモニタとなっていた。

（３）道東地域でのつなぎ飼い牛舎の換気例（現地調査事例から）

1980（昭和55）年ごろ、道東の標津町を中心に牛舎調査を実施している。その中で、換気に特徴のある牛舎を紹介する。

H牛舎は1972（昭和47）年に自家労力で建設した牛舎で、幅40mmのオープンリッジが設置されている（**図３－25**）。断熱材はなく、壁と天井にビニールシートを張っているが、入気構造については詳細不明である。

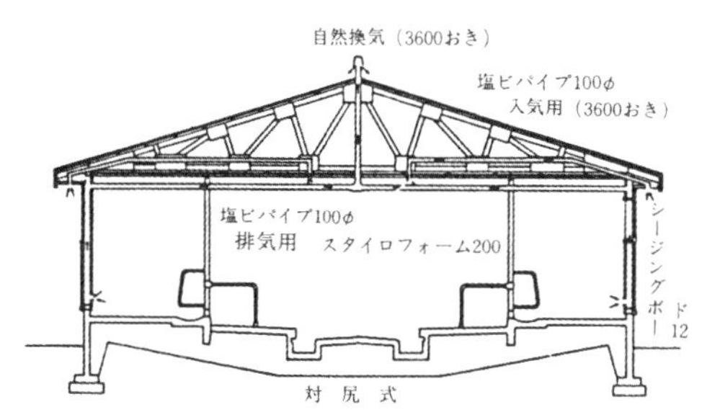

図３－26　標津町Ｄ牛舎

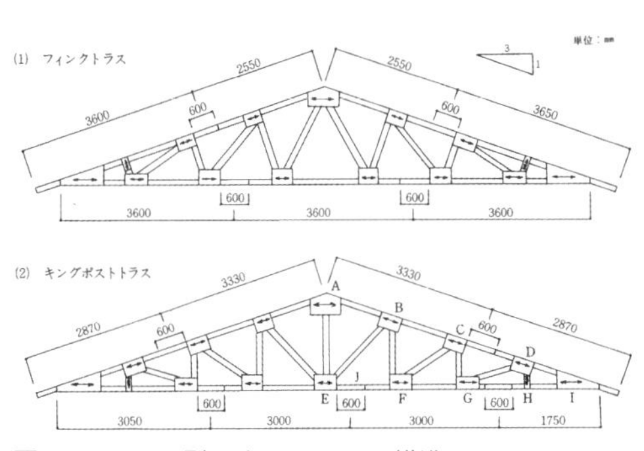

図３－27　PT型ハウスのトラス構造

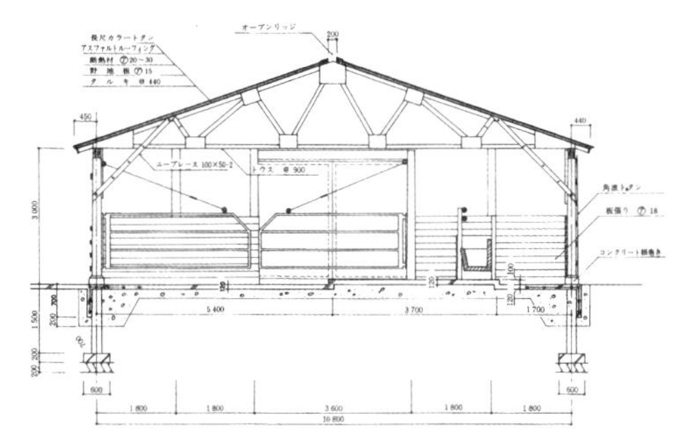

図３－28　PT型ハウスで設計された肉牛牛舎

D牛舎は1981（昭和56）年建設の牛舎で林産試験場のマニュアルを参考にトラス構造を採用し天井25mm、壁20mmの断熱材を用いている（**図３－26**）。注目は塩ビパイプを用いたキング式換気構造を模した入排気構造で、自身で考え施工している。しかし、パイプが細く間隔も3mと広く換気量が少ないので換気扇を取り付けて強制排気とし、間隔も狭くした方が良かったと思われる。

このように農家自身が情報誌での記事などを参考に工夫していたことは、効果は別としても素晴らしい取り組みである。

（４）PT型ハウス

1978（昭和53）年から道立林産試験場を中心に掘っ立て方式のポールコンストラクションをヒントに、カラマツ間伐材を有効利用した実証試験牛舎を建設。1981（昭和56）年に「農業用PT型ハウス設計標準仕様書」、1983（昭和58）年に普及資料「カラマツ材を使った牛舎建設の手引き」をまとめている。

PT型ハウスの特徴はトラスと柱の構造、建設方法が示され、内部の造作は自由にできることである（**図３－27、28**）。日本でのこうした牛舎の自作用マニュアルが示されるのは珍しく、当時の林産試験場、農業試験場、畜産試験場、そして寒地建築研究所などが広く連携して研究した成果である。

（５）フリーストール牛舎の調査例（1988〈昭和63〉～1993〈平成５〉年）

根釧農試では1990（平成２）～1996（平成８）年にフリーストール牛舎について、延べ38戸の調査を実施した。調査地区は十勝・根釧・網走地区である。平均搾乳頭数は約110頭で、60～80頭規模が12戸と最も多く、400頭や590頭の大規模経営はそれぞれ１戸だった。

このうち、1990（平成２）～1992（平成４）年に実施した22戸の調査によると、牛舎レイアウトはパーラと休息舎の配置でL型が13

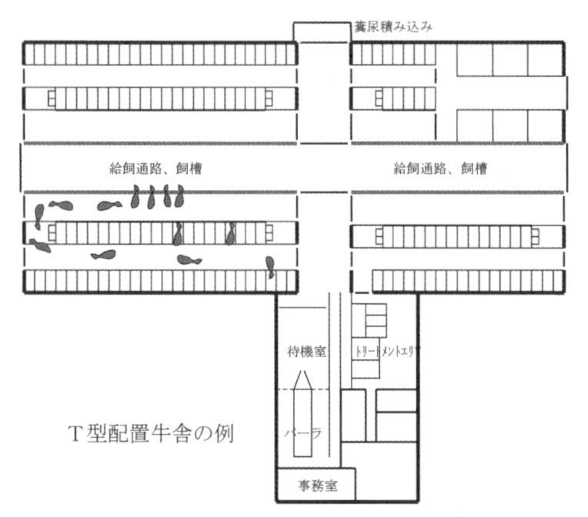

図３－29　T型レイアウトのフリーストール牛舎

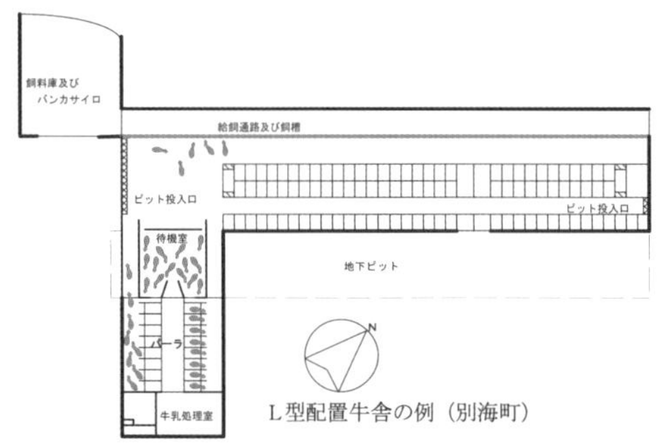

図３－30　L型レイアウトのフリーストール牛舎

戸と最も多く、T型が３戸であった（**図３－29、30**）。換気法はオープンリッジ＋壁面開放11戸、セミモニタ＋壁面開放５戸で壁面を大きく開け、オープンリッジやセミモニタを組み合わせた牛舎が主流となった。

飼槽に対する牛床列数は２列が11戸、３列が11戸と同数であるが、牛床２列からより飼養密度の高い牛床３列に変わる時期だった。

パドックで給餌をしているのは４戸で、他は牛舎内での給餌となっている。パーラはヘリンボーン式が８戸、新たに導入され始めたパラレル式が10戸であった。

（６）ケンネル牛舎

イギリスで利用されている牛舎建設方式で牛床と隔柵、屋根で構成される簡易なフリーストール牛舎建設方式である（**写真３－35**）。

写真３－35　ケンネル牛舎の外観（成牛16頭用）

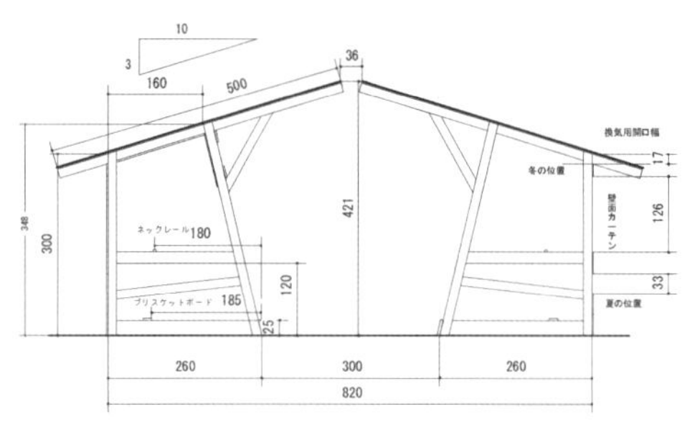

図３－31　ケンネル牛舎断面図（根釧農業試験場、1997）

写真３－36　ケンネル牛舎の牛床

これを道内で利用できるように1997（平成９）年に道立根釧農業試験場（現道総研酪農試験場）で実験牛舎での試験を経て普及資料として示されている（**図３－31、写真３－36**）。舗装されたパドックなどに設置するもので、トンカチとノコギリでつくれるという自作牛舎である。現地農家での利用事例はなかったが、極めて低コストな自作牛舎である。

（７）換気方式の変化－２

つなぎ飼い牛舎の換気方式はキング式換気

法の自然換気構造が利用されなくなり、牛舎が平屋で多頭飼養となったことから窓と戸で入気し、ベンチレータで排気する方式が多くなった。温暖期に問題はないものの、寒冷時には窓や戸を閉め切るため換気不足の牛舎が多くなり、乳牛から排出される水蒸気が牛舎内で結露し、柱や土台、筋交い（すじかい）が腐食する例が見られた。結露による雨だれを防ぐために、牛の上にビニールを張ったりしていた。寒い朝に牛舎の出入り口を開けるとモウモウと湯気が出たり、牛舎内にもやが立ち込めているのは「牧場の風物詩」としてテレビニュースで流されていた。これを解消する方法として牛舎を断熱し、狭く連続した入気口であるスロット入気構造を持った牛舎換気法（**図３－32**）が示されたが、住宅の断熱なども極めてぜいたくな時代で、換気扇を使った牛舎の換気などコストがかかって取り入れてもらえるような状況ではなかった。

これに対し、フリーストール牛舎は1990(平成２）年代に入り急激に導入戸数が増加し、毎年100戸もの牛舎が建設されるようになり、自然換気構造としてのオープンリッジと壁面開放構造が牛舎の設計資料とともに導入されて普及が一気に進んだ。

1980（昭和55）年に建設した旧道立根釧農試フリーストール牛舎はトラス構造で、オープンリッジの自然換気構造（**写真３－37**)、つなぎ飼い牛舎もトラス構造で天井を張った。夏はオープンリッジの自然換気構造、冬はスロット入気の機械換気構造に変換できる換気方式変換牛舎だった（**写真３－38、図３－33**)。この構造の牛舎はその後、旧道立新得畜産試験場の牛舎の換気法として導入されたが、それ以上の普及にはつながらなかった。

スロット入気の機械換気構造牛舎では、換気回数４回／時程度の冬期間の連続換気状態でも極めて均一な牛舎環境が得られる(**図３－34**)。しかし、敷料交換作業などでホコリが立ち込めると排気されるまで数十分程度時間がかか

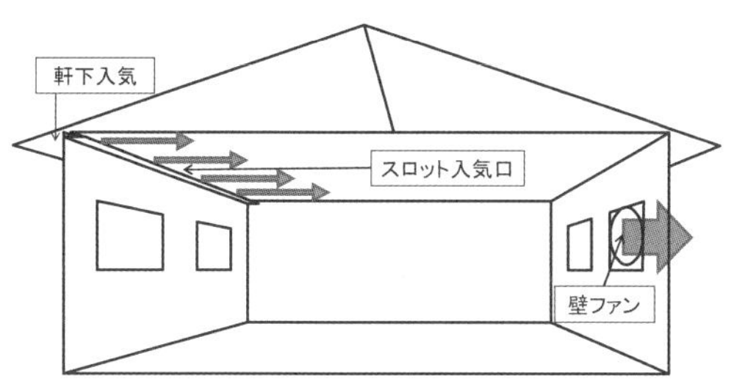

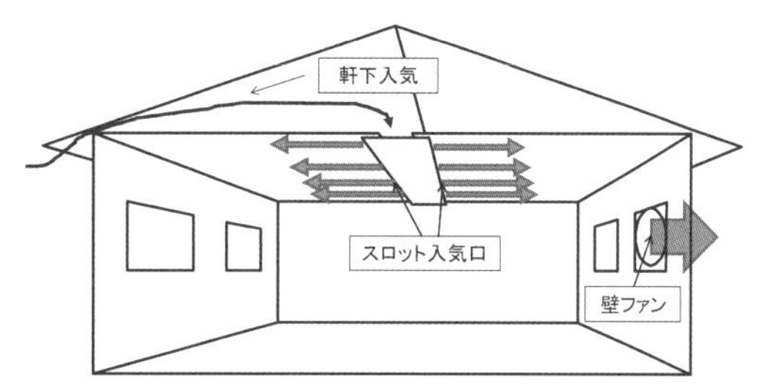

図３－32　スロット入気によるつなぎ飼い牛舎の換気法（左・右）

写真３－37　根釧農試旧牛舎のフリーストール部
（トラスとオープンリッジ牛舎）

写真３－38　根釧農試旧牛舎のストール部
（スロット入気状態）

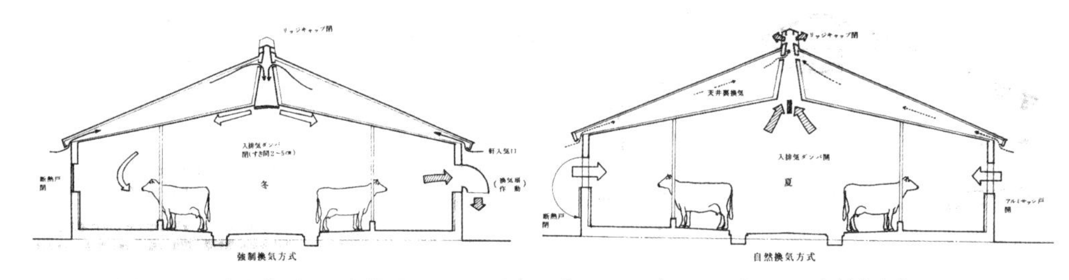

図３－33　換気方式変換牛舎（左：冬期間スロット入気、右：オープンリッジによる自然換気）

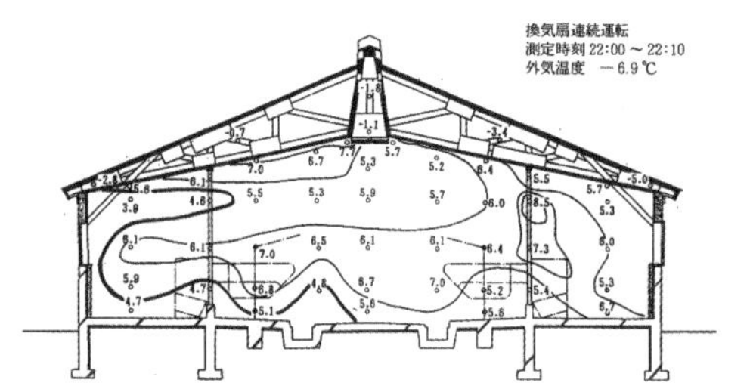

図３－34　換気方式変換牛舎のスロット入気時の牛舎内環境

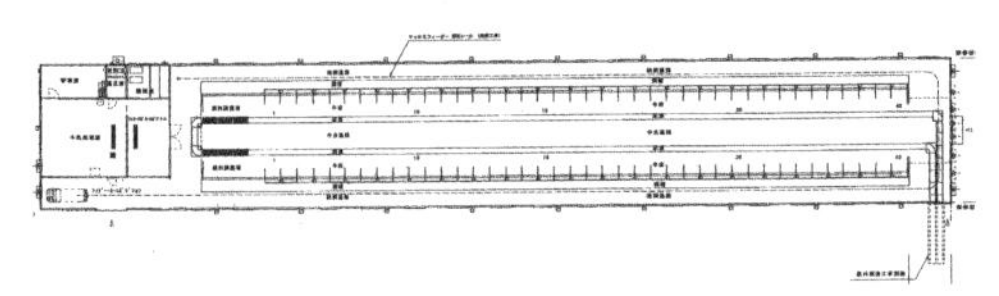

図３－35　公社事業によるつなぎ飼い牛舎（80頭）（北海道農業公社提供）

るため作業者は窓を開けて換気をしようとする。窓を開けると舎内の負圧が維持できなくなり、スロット入気では十分な換気ができなくなるため窓は開けたままとなり、やがて換気扇も止めてしまうという結果になっていたと考える。

５．転換期（2000〈平成12〉～2018〈平成30〉年）の牛舎の特徴

（１）つなぎ飼い牛舎

公社事業で建設されたつなぎ飼い牛舎は、懸架式自動給餌機やミルカユニット自動搬送装置の導入により規模拡大が進み、80～100頭規模の牛舎となり対尻式が多くなっている（**図３－35、写真３－39、40**）。給餌通路を広く取りトラクタ給餌をしている例も見られた（**図３－36**）。また、飼槽柵もレール１本のタイストールとなった。牛床は幅130cm、長さ180cmが多く見られる。

パイプラインミルカの傾斜に合わせて牛舎床も傾斜させることが一般的になった（**写真３－41**）。その結果、牛床からのパイプラインの高さがほぼ一定となり、点検などの作業も容易になった。

2000（平成12）年ごろの換気方法は窓・ベンチレータの換気方式や、オープンリッジで壁面カーテンとした自然換気牛舎もある。2005（平成17）年ごろからは、牛舎の一方の妻面に換気扇を配置し反対側から入気するトンネル換気方式も採用されるようになった（**写真３－42**）。

（２）2000（平成12）年ごろのフリーストール牛舎

根釧農試では2006（平成18）年に根釧地区９戸のフリーストール牛舎の調査を実施している。飼養頭数規模は76～226頭で平均119頭であった（**写真３－43、44**）。飼槽に対する牛床列数は２列４戸、３列５戸であった。この時期は３列牛床の問題点（飼料給与時に全頭一斉に飼槽に並ぶことができない）が指摘され、牛床２列に戻る時期である。牛床幅は120cmで、長さは中央部（前面開放）243cm、壁側（前面閉鎖）261cmと長くなってきている。隔柵はミシガン型からワイドループ型へと変わった。牛床資材は、ゴムチップマットレス

写真３－39　100頭牛床のつなぎ飼い牛舎

写真３－40　100頭牛床のつなぎ飼い牛舎の飼槽通路

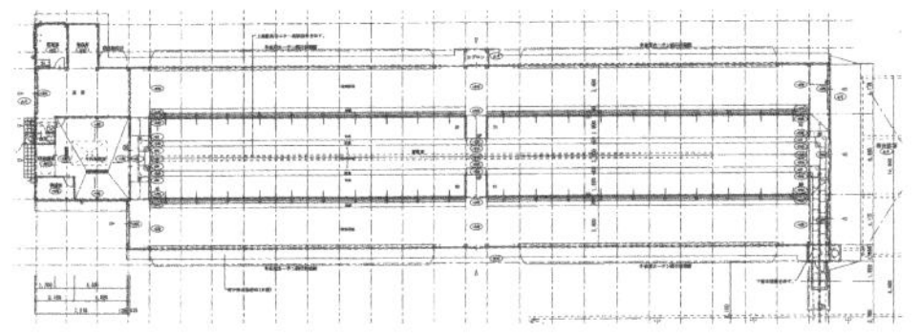

図３－36　公社事業による給餌通路の広いつなぎ飼い牛舎（80頭）（北海道農業公社提供）

写真３－41　パイプラインミルカの勾配に合わせて傾斜した牛舎（遠方が高くなっている）

写真３－42　トンネル換気牛舎の換気扇配置

写真３－43　2006年のフリーストール牛舎（その１）

写真３－44　2006年のフリーストール牛舎（その2）

６戸、EVA1戸、ゴムマット２戸であった。換気方式はオープンリッジまたはセミモニタ＋壁面開放となった。

（３）2005（平成17）年以降の大規模フリーストール牛舎

フリーストール牛舎も300頭以上と大規模化が進んでいる（**写真３－45、46、図３－37**）。中央給餌方式で両側に２列のフリーストールを配置したレイアウトが一般的となった。ミルキングパーラもヘリンボーンパーラやパラレルパーラで一斉退出が普通となり、複列の場合にはそれぞれの側から退出するようになった。

換気方法はオープンリッジやセミモニタ方式で壁面カーテンの自然換気方式であるが、牛舎内に風を起こして乳牛を暑熱から守るために送風機を利用するようになった。

（４）フリーバーン牛舎の再導入

フリーストール牛舎での糞尿処理がスラリーとなることや、飛節損傷が多いことから、フリーストール部分に敷料を厚く入れたフリーバーンとする牛舎が再度増えた（**写真３－47**）。横臥スペースはオガ粉やモミ殻などを追加してロータリで攪拌（かくはん）している。適切な管理で乳牛の汚れもなく飛節損傷も抑えられている。しかし、敷料が不足すると牛体が汚れ、乳房炎などの問題が発生する。

写真３－45　パーラ搾乳のフリーストール牛舎（牛床２列×２）

写真３－46　ノッチドボトム型牛床隔柵

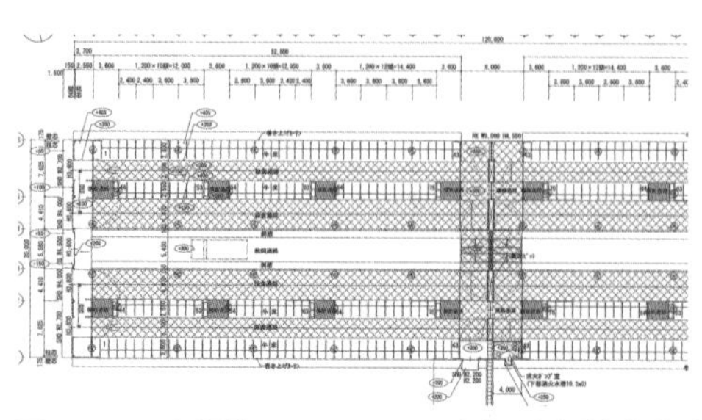

図３－37　大規模フリーストール牛舎の例（土谷特殊農機具製作所提供）

写真３－47　冬期間のフリーバーンの状況

写真３－48　既存牛舎に導入した搾乳ロボットの例（オランダ）

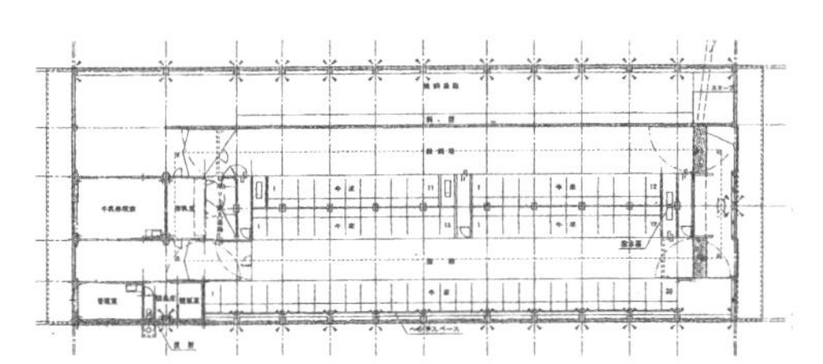

図３－38　公社事業による搾乳ロボット１台のフリーストール牛舎（北海道農業公社提供）

写真３－49　搾乳ロボット牛舎の３列牛床の例（その１）

写真３－50　搾乳ロボット牛舎の４列牛床の例

写真３－51　搾乳ロボット牛舎の３列牛床の例（その２）

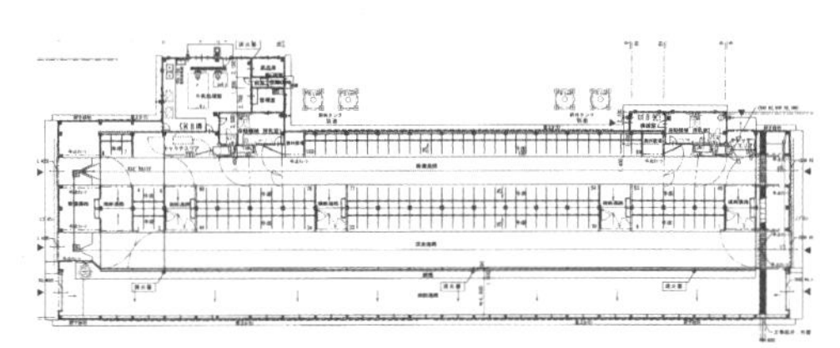

図３－39　公社事業による搾乳ロボット２台のフリーストール牛舎（北海道農業公社提供）

（５）搾乳ロボット牛舎

1990（平成２）年代後半に入ると、オランダで搾乳ロボットの実用機が公開され、一躍脚光を浴びた。国内では1996（平成８）年ごろ、北広島市の馬場牧場で導入された。このときは、オランダでの既存牛舎への搾乳ロボット導入と同じように（**写真３－48**）、1986（昭和61）年ごろの公社事業で建設した既存の牛舎に後付けで導入されている。

その後、2002（平成14）年ごろには公社事業でも搾乳ロボット牛舎が建設されるようになった。当時は搾乳ロボット１台で最大60頭の搾乳が可能とされたことから牛床55で３列のロボット牛舎が建設されている。換気はオープンリッジで壁面カーテンだった（**図３－38**）。

2010（平成22）年以降になると、搾乳ロボット２台で120頭を１ユニットとして、２ユニットや４ユニットのロボット牛舎が多く建設されるようになった（**写真３－49、50、51、図３－39**）。

写真3－52　エアカーテンを装備した環境制御牛舎

パーラ搾乳牛舎では牛床2列が基本となったが、搾乳ロボット牛舎では牛床は3列が一般的で、メーカーによっては4列とした牛舎もある。牛舎幅は120cmが多いが125cmと広くする農家も現れ、乳牛の快適性に配慮した牛舎設計や建設が進められている。

（6）換気方式の変化－3

つなぎ飼い牛舎では牛舎長手方向に風を流すトンネル換気が多く採用され、放し飼い牛舎ではオープンリッジからセミモニター方式が多くなり、壁面開放と組み合わせた自然換気牛舎となっている。本州では暑熱対策として、フリーストール牛舎の横断方向でのトンネル換気の実験も進められていることから、やがて道内でもこの流れでの換気構造となるものと推定される。

また、壁面にエアカーテンを採用し、牛舎内温度で壁面の開口部や換気棟換気口の開口部を制御して牛舎内環境をプラスの気温で制御する、環境制御牛舎が導入されている（**写真3－52**）。

6．これからの牛舎で配慮すべき項目

北海道の酪農は、その広大な広さから食料生産基地として発展してきた。戦後は食糧難に対応するために栄養価の高い牛乳生産が推し進められ、牛乳離れによる供給過剰を招くなどしたが国内の乳生産を支える重要な産業となっている。しかし、離農する農家は多く6,000戸近くまで減少し、その傾向は止まりそうにない。このような状況の中で、どんな点に配慮しながら新しい牛舎を考えていくべきなのか。

まずは、後継者不足・担い手不足への対応である。今後は省力的でしかも軽労化した牛舎管理を可能にしなくてはならない。その代表が、フリーストール化や自動化だ。搾乳ロボットの普及は急激に進んでいるが、コスト面から増産を目指す導入方向が強く打ち出されている。自動化の利点である、既存牛舎への導入と省力化に力点を置いた導入についても、再度検討してみる必要があるのではないかと考える。そのためには、搾乳ロボットのコストの低減が必要である。

次に農家の規模についても、生乳需要を支える大規模酪農経営と、循環型酪農を実践し地域の存続を支える小中規模酪農経営とに大きく役割分担されるのではないか。大規模酪農であっても、糞尿を肥料として循環し牧草や飼料作物として収穫する循環型酪農であるべきことは変わらない。

経営規模が違っても循環型酪農が変わらないことと同じように、乳牛の快適性に配慮した牛舎が求められることも変わらないであろう。これまでの酪農の発展が効率よく乳牛を飼うことに重点があったとしたら、今後は乳牛の快適性に配慮した牛舎設計で、大規模であっても長命連産が可能となるような牛舎設計が必要となる。

さらに、東日本大震災での原発事故や北海道胆振東部地震での道内全体が停電するブラックアウトから、電力を多量に消費する牛舎管理、換気方式からの脱却も模索されるべきと考える。

7．おわりに

これまで、キング式換気法の換気構造がギャンブレル牛舎の換気法として取り入れら

れなかったのは、牛舎の外観だけ模倣して、その基本的原理までは導入しなかったからだと考えていたが、今回の調査によって酪農黎明期の先人たちはキング式換気法をきちんと理解し導入を図っていたことが分かった。

牛舎のレイアウトや換気法を中心に歴史をまとめてきたが、欧米、特にアメリカでの技術開発に先導されるように変化が進んできている。今回は取り上げなかったが、牛床構造や通路、飼槽など、アメリカでの試行錯誤と失敗とがそのまま、時間を置いて道内に導入されてきた。これらの原因の１つに牛舎施設研究者の怠慢と情報不足、知識不足があったと反省している。アメリカの牛舎施設研究者からは「ヨーロッパの技術の方が進んでいる。しっかり勉強しなさい」と、海外調査時に指摘されている。今後はアメリカ一辺倒の現状から、飼養規模などが比較的北海道と同じヨーロッパの技術についても、その基本的な考え方を理解し導入することが必要と考える。若い研究者にはぜひ「先進技術」という言葉に惑わされることなく、施設構造の本質はどうあるべきかを見極めた施設研究をお願いしたい。

最後に、この報告を取りまとめるに当たり、多くの方にご協力を頂いた。特に、公益社団法人北海道農業公社、別海町には資料を提供頂き、有益な調査ができたと感謝している。

８．参考資料

F.H.King（1908）『Ventiloation for Dwellings』Rural Schools and Stables、Madison、WIS.

C. A. OCOCK（1908）『The King System of Ventilation』University of Wisconsin Agricultural Experiment Station

U.S.Depertment of Agriculture（1924）『Principles of Dairy-Barn Ventilation』

西埜進、鈴木省三、河野敬三郎（1967）「柏木甲、設計例について」（『北海道家畜管理研究会』第４号）

別海町百年史編纂委員会（1978）『別海町百年史』別海町

農林水産省十勝種畜牧場（1980）「ウォームスラットバーンに関する調査」

社団法人北海道林産技術普及協会（1983）「カラマツ材を使った牛舎建設の手引き」

北海道立根釧農業試験場（1984）「これからの牛舎を考える」根釧農試新牛舎見学会と講演会

松山龍男、上原守一、竹園尊、片山秀策、小綿寿志、今泉七郎、玉木勝彦、木下善之、杉原敏弘、武田尚人（1985）「北海道酪農における牛舎構造および飼養管理技術の特徴－実態調査－」『北海道農業試験場研究資料』第28号

「近代産業建築　搾乳と酪農の町　道央地方の牧場建築」（『建築知識』1992年８月号）エクスナレッジ

別海町三十年史編纂委員会（2003）『別海町三十年史』別海町

芳賀信一（2010）『根釧パイロットファームの光と影』（道新新書46）北海道新聞社

中井和子（2011）「北海道におけるギャンブレル屋根畜舎の導入と展開」北海道大学大学院

北海道大学総合博物館（2012）「重要文化財札幌農学校第２農場解説集１　モデル・バーン」

久保泰雄「町村農場とキング式牛舎」（抜粋資料）

「日本近代酪農発祥の地－宇都宮牧場跡」

https://www.city.sapporo.jp/shiroishi/shokai/history/rekishirube/documents/reki44_45.pdf

高橋(たかはし)　圭二(けいじ)

1954（昭和29）年新潟県生まれ。北海道大学農学部農業工学科卒業。北海道立中央農業試験場・同根釧農業試験場・同十勝農業試験場研究職員、同根釧農業試験場酪農施設科長を経て、2008～2019（平成20～31）年酪農学園大学教授。2020（令和２）年まで同非常勤講師。現在、Dairy Lab. K&K代表。博士（農学）

第４節　施設・機械の視点から

小宮　道士

１．黎明期「開拓使の洋式畜力農具導入から国産農機具の誕生」（1872〈明治５〉～1955〈昭和30〉年）

1869（明治２）年、七重村（現・七飯町）で借地権を得て経営していたガルトネル開拓農場（のちの七重官園＝開拓使七重勧業試験場）が最初に導入したとされるプラウやハローなど洋式畜力農機具は北海道農業における機械化のスタートと言える（木村勝太郎『北海道酪農百年史』p.208）。その後も多くの洋式農機具が東京・青山の官園などで試験され、真駒内牧牛場や道内の試験場に導入された。この頃に導入された洋式農機具にはプラウ（洋犂＝ようすき、**写真４－１**）、ハロー（洋式馬鍬＝まぐわ）、ドリル（播種機）、コーンプランタ、カルチベータ（中耕除草機、**写真４－２**）、モーア（牧草刈取り機）、リーバ（穀物収穫機）、レーキ（集草機）、運搬用馬車、馬そりがあった（関秀志ら『新版北海道の歴史（下）近代・現代編』p.47）。これらの農機具は開拓使顧問に招かれたホーレス・ケプロンにより、北海道の気候に合致した農作物の栽培が進められると同時に導入された。使用方法を伝えたのは、1876（明治９）年に開学した札幌農学校教頭のウィリアム・クラークやウィリアム・ブルックスであった。また、1872（明治５）年に開拓使は札幌製作（器機）場を開設し、プラウなどの洋式農機具の国産化を行ったといわれている。当時の七重官園や札幌農学校に輸入された農機具については、北海道農業機械工業会が刊行した『北海道農業機械発達史』（1988）に詳しく記述されている。それによると耕起、砕土や飼料、穀物の播種、収穫機械の他、根菜類の収穫や飼料調製を行うポテトディガ、グレーンミル、ルートカッタなども輸入されていることが分かる。1898（明治26）年には興農園が洋式農機具の輸入販売を始め、1955（昭和30）年ころまで多くの畜力農機具が北海道農畜産業の発展に寄与したといわれている。

1915（大正４）年には日本最初の内燃式トラクタ（ホルツ社製、45ps）が三井斜里農場に導入された。また、第１次世界大戦後の1919（大正８）年頃からは、以前に開拓史が導入した寒冷地向けのてん菜が再び注目されるようになり、道内の製糖会社においても15～75psの車輪式、装軌式トラクタの他、双耕プラウ、深耕プラウ、スプリングハロー、カルチパッカ、肥料散布機などを導入している。てん菜は茎葉部やパルプ（根部絞り粕）が家畜飼料

写真４－１　畜力プラウ（北海道大学旧第２農場、1880〈明治13〉年頃導入）

写真４－２　カルチベータ（北海道大学旧第２農場、1880〈明治13〉年頃導入）

写真４－３　軟石サイロ（星子牧場、1930〈昭和５〉年建築）

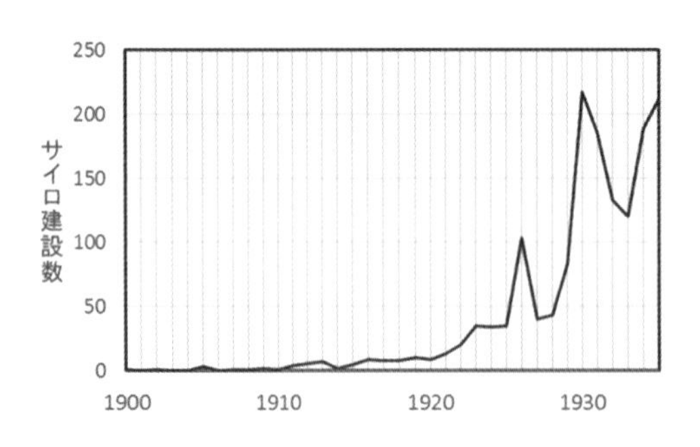

図４－１　北海道におけるサイロ建設数の推移※1)（1935〈昭和10〉年まで）

として利用でき、冷害対策として地力依存農業から脱却するため、1923（大正12）年に北海道庁はデンマークとドイツの４農家を北海道に招き、畑作の有畜経営および輪作モデルを示した。これが北海道におけるデンマーク酪農、ドイツ農産加工の原点になったといわれている。こうして1927（昭和２）年からの「北海道第２期拓殖計画」では「牛馬百万頭計画」により酪農振興が図られた。

牛馬の購入には補助金が交付され、乳牛が増えたために、牧草、トウモロコシが増産され、1930（昭和５）年には200塔を超える円形サイロが建てられた（**写真４－３、図４－１**）。サイロの詰め込みは蒸気エンジンや装軌式トラクタを動力としてエンシレージカッタが利用された。1932（昭和７）年には、豊平機械製作所（後にスター農機、IHIアグリテック）が石油発動機（2.2kW）で駆動する国産の吹上げカッタを製造した。世界恐慌とそれに続く金輸出再禁止政策より、輸入農機具の価格が高騰したことから、1934（昭和９）年には畜力ヘーモーア、畜力ヘーレーキ・テッダを国産化、自給飼料の拡大を図る目的でフィードグランイダ、ハンマーミル、フィードミキサ、コーンセラなどの飼料調製機が製造された※1)。

戦時下において農業機械の材料調達が厳しい状況の中、北海道では1941（昭和16）年、黒澤酉蔵酪連会長らの提唱により設立された北海道興農公社（後の雪印乳業）が主体となり、酪農機械を生産する４企業が合同して「北海道特殊農機具製作所」が誕生、畜力マニュアスプレッダや畜力ライムソーアなどが製造された。さらに1944（昭和19）年には道内の農機具製作工場23社などが加わり、国内最大の農機具合同会社「北海道農機具工業株式会社」が設立された。

戦後は食料不足解消のため、北海道の食料増産に大きな期待がかけられた。終戦直後、酪農家戸数、乳牛飼養頭数は減少したが、その後の有畜農家創設制度など諸政策により次第に増加していった。1950（昭和25）年にはファーモールカブトラクタが営農用トラクタとして北海道農業試験場に配置され、トラクタ用作業機としてプラウ、ハロー、コーンプランタ、モーアなどが輸入された。また、歩行型トラクタ（ティラ）の普及により、ティラ用モーア、レーキ・テッダ、ライムソーアも

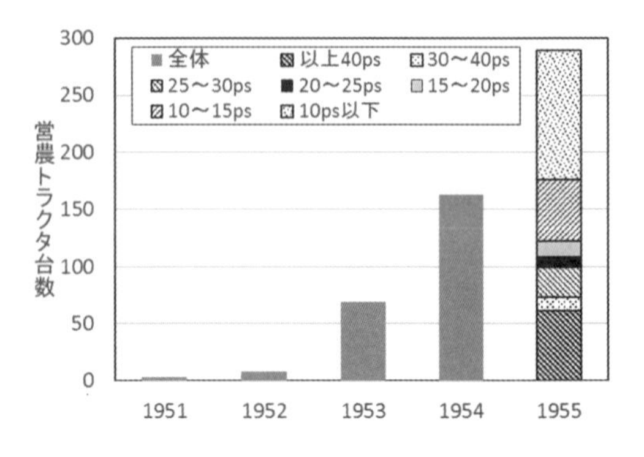

図４－２　北海道における営農トラクタ普及台数※2)

製造された。北海道耕土改良事業が始まり、開墾地や既耕地の耕土改良のため、トラクタによる深耕、心土耕、混層耕が進められた。土層改良は干ばつなどの災害において極めて効果的であり、営農の機械化は有益であることが示された。1953（昭和28）年に「農業機械化促進法」が制定され、畜力からトラクタによる農業の機械化が加速した（**図４－２**）。

２．発展期
（1955〈昭和30〉～1999〈平成11〉年）

（１）前期「高度経済成長時代、トラクタ作業への転換と酪農近代化計画」
（1955〈昭和30〉～1975〈昭和50〉年）

トラクタの動力はガソリンからディーゼル機関へと変わり、輸入されるトラクタはより高出力化していった。1958（昭和33）年には国産トラクタ「小松WD50」が製造された。さらに翌年には「クボタT－15」、「シバウラS17」など小型（７～15kW）で安価な国産乗用トラクタの開発が始まったが、昭和30年代には畜力用機械に動力を搭載したモーア、ヘイコンディショナもまだ多く利用されていた。しかし次第に乗用トラクタは耕起・整地作業だけでなく、牧草の刈り取りや収穫にはトラクタ直装式レシプロモーアやサイドマウント式フォレージハーベスタを使用して、堆肥散布ではけん引式マニュアスプレッダによる機械作業が始まった。さらに「農業基本法」（1961〈昭和36〉年）、農業構造改善事業（1962〈昭和37〉年）により、乗用トラクタの普及台数は急増した。機関出力35kW以上の国産トラクタも導入されるようになり、道内の乗用トラクタ普及台数は1966（昭和41）年の１万2,000台から、1975（昭和50）年にはおよそ７万8,000台になった。耕地の大型化、区画整理、農道の整備などにより農業機械の利用環境が次第に整った。

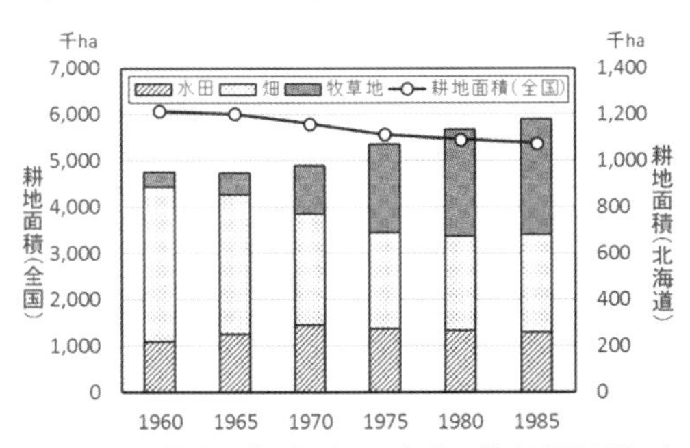

図４－３　耕地面積の推移と北海道の耕地種別内訳※3）

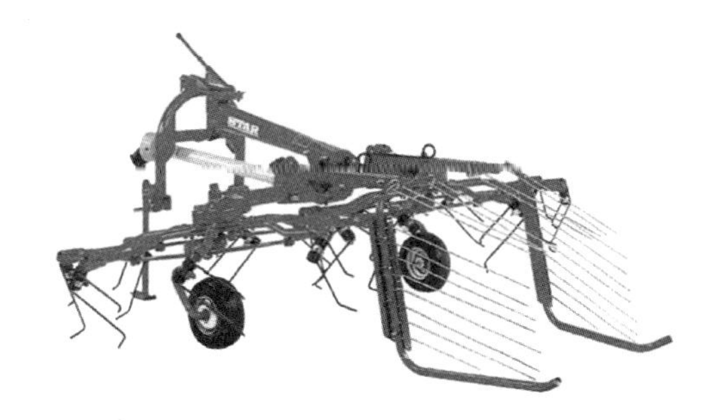
写真４－４　ジャイロヘイメーカ
（スター農機カタログより）

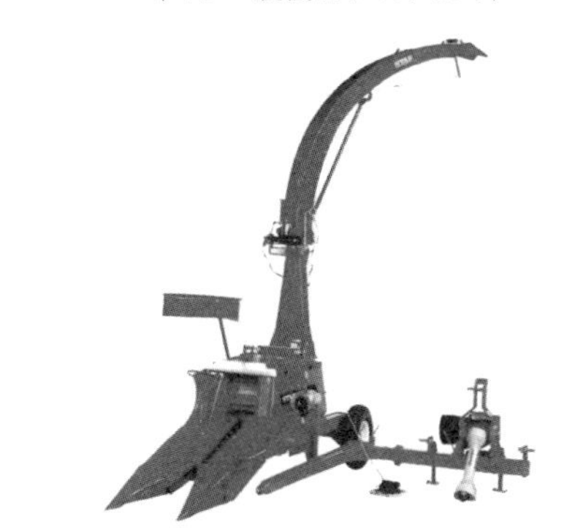
写真４－５　コーンハーベスタ
（スター農機カタログより）

トラクタの普及は北海道における耕地面積の増加からも分かる。1965（昭和40）年から1975（昭和50）年の10年に全国の耕地面積は600万haから557万haへと減少しているが、一方で北海道は22万ha増え、そのほとんどが牧草地である（**図４－３**）。根釧パイロットファーム事業や1973（昭和48）年に着工した新酪農村建設事業などにより、北海道の草地面積はその後も拡大を続けた。

トラクタの普及とともに酪農における牧草機械もより性能と能率が高まり、適期作業が可能になった。1965（昭和40）年代、モーアはレシプロ式から草詰まりが少なく、高速作業が可能なロータリ式の普及が進んだ。またレーキ・テッダもそれまでのデリバリー型、ホイール型からジャイロ型が普及した（**写真4－4**）。1966（昭和41）年からヘイベーラ（コンパクトベーラ）の輸入が始まり、道内の圃場や気候に合った国産機製造の要望により、1973（昭和48）年に梱包密度も変えられ、25ps以上のトラクタに適用する国産ヘイベーラがスター農機から販売された。輸入飼料の高騰から飼料作物としてトウモロコシが再び注目されるようになり、コーンハーベスタが開発された（**写真4－5**）。さらに同年には容量3,000ℓのスラリースプレッダ（糞尿散布機）が数社より製造、販売された。

農業構造改善事業と同時に実施された単独融資事業や根釧パイロットファーム事業などによって、牛舎やサイロの設置が増えた。1972（昭和47）年頃から大型タワーサイロへの詰め込み作業に吹き上げ能力を高めたフォレージブロアやカッタブロアの製造、利用が始まった。またスタンチョン牛舎内での除糞作業を軽労化するため、1964（昭和39）年にオリオン機械により国産製造されたバーンクリーナが、1972（昭和47）年以降導入が進んだ。搾乳機械は1957（昭和32）年に同じくオリオン機械が国産化したバケットミルカが1960～1970（昭和35～45）年に普及した（**図4－4**）。また北海道開道100年の翌年、1969（昭和44）年から始まった第2次農業構造改善事業では牛

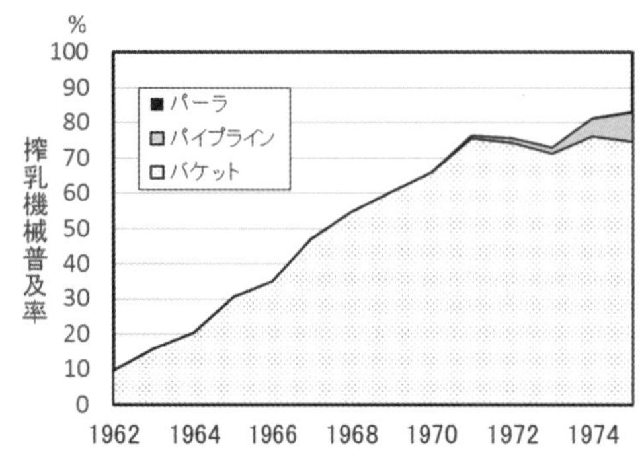

図4－4　十勝地方における搾乳機械の普及率[※4)]

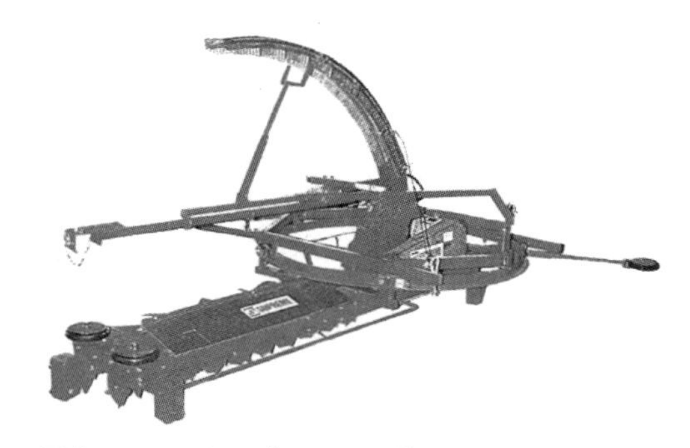

写真4－6　トップアンローダ
（『土谷特殊農機具製作所カタログ』）

乳の品質改善を目的に、牛乳缶の水槽冷却からバルククーラ（牛乳貯冷タンク）の導入に重点が置かれ、設置が進んでいった。

1972（昭和47）年に飼料価格の暴騰や翌年の第1次オイルショックの影響で一時的な停滞はあったが、酪農近代化計画や原料乳不足払い制度など酪農振興政策と飼料生産、牛舎管理作業の機械化により、1戸当たりの乳牛飼養頭数は1965（昭和40）～1975（昭和50）年の10年間で3.5倍の22.5頭となり、1949（昭和24）年に5万2,000頭だった道内の飼養頭数は、1965(昭和40）年に32万頭、1975（昭和50）年には61万頭に増加した[※5,6)]。

（2）後期「省力化を目指した乳牛飼養方式(フリーストール・パーラ）への変化と糞尿処理の多様化（1975〈昭和50〉～1999〈平成11〉年）

新酪農村建設事業（1973〈昭和48〉～1983〈昭58〉年）などにより、スタンチョン牛舎に牛乳配管を敷設したパイプライン方式の導入が増え始め、1980（昭和55）年にバルククーラの普及率は78％となり、またタワーサイロからのサイレージ取り出しにトップアンローダ（**写真4－6**）やボトムアンローダ、牛舎での給餌にバンクフィーダが利用され、作業の効率化が図られた。

1965（昭和40）年頃からフリーストール牛舎、搾乳パーラが利用されるようになった。

写真４－７　バーンスクレーパ（プッシュプル式）

写真４－８　固液分離機（スクリュプレス式）

写真４－９　スラリーインジェクタ

パーラの中でもタンデム式は最も古くから国内各地の農場に導入され、ヘリンボーン式は1975（昭和50）年頃から、ロータリ式も1980（昭和55）年に12頭ヘリンボーン・ロータリパーラが酪農学園植苗農場に導入された。10～20頭のパラレルやロータリパーラなどを併設した大規模な酪農経営も増え、1989(平成元）年から徐々にフリーストールとパーラの普及は進み、2000（平成12）年におよそ１割の普及率となった[※7)]。

１戸当たりの乳牛飼養頭数が増え、フリーストール牛舎による飼養管理の省力化が進んだことから、糞尿処理の方法も、堆肥の切り返し発酵処理や、ロータリ式切り返し機械によるハウス乾燥処理、強制通気と撹拌（かくはん）を行うばっ気による好気性発酵で腐熟化、悪臭を低減させる液状コンポスト化処理、水分80～95％スラリーの固液分離や糞尿混合処理など、飼養方法や排出される糞尿の性状が多様化した。これに合わせて利用する機械も、水分の多い糞尿搬出にはバーンスクレーパ（**写真４－７**）やピストンポンプが使用され、固液分離機は複数のローラで糞尿を圧縮するローラプレスや円筒内部の回転スクリュで糞尿を圧縮して液分を絞り出すスクリュプレスなどが利用されるようになった（**写真４－８**）。さらに散布機械もスラリースプレッダや半固形堆肥用のタンク式マニュアスプレッダ、臭気対策や降雨による流亡防止にスラリーインジェクタ（**写真４－９**）が利用された。

地域共同利用施設として、送風式堆肥化施設や食品加工物残渣などとの蒸散処理プラントが建設され、標茶、天塩では国営肥培かんがい事業などが行われた。

搾乳機械は一層の効率化が求められるようになった。パーラ搾乳にはユニット自動離脱装置が利用されるようになり、パイプライン搾乳には搾乳終了警報装置による過搾乳の防止、懸架式ミルカによるユニット移動時の軽労化が進められた。さらに真空２系統の定圧式ミルククローによりクロー内の真空圧の安定が図られた。

牧草収穫においても効率化が求められ、1975（昭和50）年ころから、刈り取りと圧砕を同時に行い、乾燥効果を高めるモーアコンディショナや直径1.2～1.8m、重量300～600kgの梱包乾草を成形する大型ロールベーラの輸入機が普及し始め、後に国産機も開発された。1.5m×1.5m×2.4mの角形ベールを成形

写真４－10　ラッピングマシン／マケール社「ラウンドベールラッパー」
（株式会社IDEC ホームページより転載
https : //www.idec-jpn.com/product/post/rpoundbalewrapper_991 lberberhs）

するビッグスクエアベーラも一部に導入されたが、普及はしなかった。1988（昭和63）年ころから高水分の乾草ロールをフィルムで密封するラッピングマシン（**写真４－10**）が普及し始めると、天候などに影響されない簡易なサイレージ製造法として定着した。詰め込み作業時間や維持管理の費用支出、老朽化などによって大型タワーサイロは利用が減少したこともあり、ベール解体機や、建設費用が比較的安価なバンカーサイロからの取り出しを行うサイレージカッタ、濃厚飼料と粗飼料を混合給与するミキシングフィーダの利用が増えた。

３．転換期「飼養管理作業の自動化、多頭化と家畜排せつ物法」（2000〈平成12〉～2018〈平成30〉年）

乳牛の飼養管理作業の自動化は1980（昭和55）年ころから、群飼養のフリーストール牛舎において、濃厚飼料を個別に自動給与するために乳牛の個体識別装置が利用されたことが発端となっている。以降、コンピュータと牛群飼養管理ソフトウェアにより、分娩や発情、疾病、泌乳、給餌など乳牛の個体情報が管理可能になった。

家族経営における作業労働の省力化を進め、多頭化ではなく多回搾乳による乳生産性の向上や、乳牛の自発的不定時自由搾乳による家畜福祉などの理由から、オランダ、ドイツ、フランスなどの試験機関や企業により1990（平成２）年ころから自動搾乳の研究や開発が行われ、1995（平成７）年にはオランダにおいて搾乳ロボットの実用機が利用されるようになった（**写真４－11**）。北海道における１戸当たりの飼養頭数が80頭を超えた1997（平成９）年、北海道でも搾乳ロボットが稼動を始めた。

写真４－11　搾乳ロボット

写真４－12　自動餌寄せ機

搾乳ロボットは、箱形の搾乳ストールに濃厚飼料の給餌や乳頭洗浄の機能を備え、フリーストール牛舎内に設置した搾乳ストールに自発進入した乳牛に対し、搾乳機の装着・離脱、ポストディッピングを全て自動で行う。また同時に乳房炎や発情の発見など個体情報も収集する。１台で１日およそ60頭の搾乳が可能であることから、家族経営の酪農場で2000（平成12）年以降、導入が進んだ。初期型から20

写真４－13　TMR自動給餌機

写真４－14　搾乳ユニット搬送装置

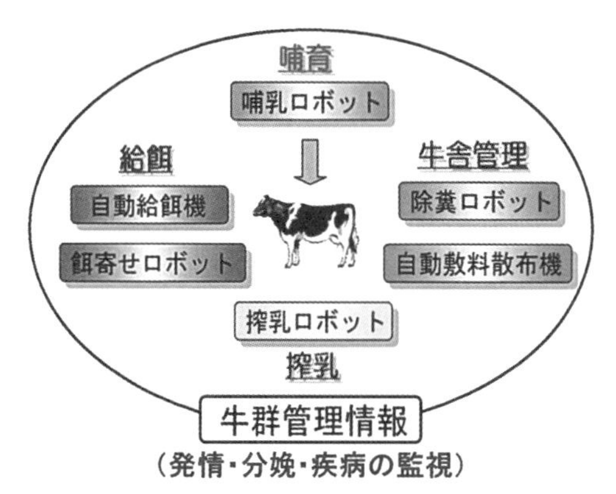

図４－５　スマート酪農

写真４－15　哺乳ロボット（調合装置）

年が経過し更新時期を迎え、異常乳や生乳中のホルモン分析、ボディーコンディションスコアの計測など新たな機能も加えられた。北海道の酪農家戸数が7,000戸以下になった2015（平成27）年、畜産クラスター事業によりロボット６～８台で乳牛400～500頭を搾乳する法人が複数設立されている。2018（平成30）年、道内の搾乳ロボットは431台、道内酪農家戸数の４％が導入していると報告されている（北海道農政部畜産振興課調べ）。

搾乳ロボットが導入されているフリーストール牛舎では、餌寄せ機（**写真４－12**）やTMR自動給餌機が利用されるようになった。自動搾乳において多回給餌や多回餌寄せは乳牛の採食行動を誘引し、搾乳ロボットへの訪問回数を増やして適切な搾乳回数を維持する。餌寄せ機は回転、ブレード、オーガなどの方法により餌寄せを行い、自走方式は飼槽との距離計測や給餌通路面での磁気誘導、懸架によって行われる。TMR自動給餌機はほとんどが懸架式であり、バッテリまたは架設レールからの電力供給で駆動する（**写真４－13**）。粗飼料ストッカからコンベアで自動給餌機に搬送して配合飼料と混合、あるいは定置型ミキサで粗飼料と配合飼料を混合した後に給餌機に搬送する。給餌回数は６～９回程度まで設定できる。

乳牛飼養方式は飼料の個別給与や繁殖管理がしやすいことからおよそ７割がつなぎ飼いであるが、搾乳や給餌作業時の労働負担は大きい。スタンチョン牛舎における搾乳の負担軽減のため、オリオン機械は2003（平成15）年から搾乳作業を一部自動化する搾乳ユニット自動搬送装置（キャリロボ）を製造、販売している（**写真４－14**）。装置は搾乳ユニット

2台を1組として牛舎内に設置されたレールに沿ってバッテリで駆動する搬送装置が移動し、ミルクタップへの接続を自動的に行う。作業者は搾乳準備を整え、隣接する2頭の乳牛に搾乳ユニットを手動で取り付けるが、搾乳終了時にはユニットが自動離脱する。2台のユニットが搾乳終了すると搬送装置がプログラムされた次の位置へと移動して待機する。

つなぎ飼いにおいて個体別の多回給餌は乳牛の生産能力を引き出し、健康にも配慮できる利点を持っているが、給餌通路の幅や高さ、段差の問題からミキシングフィーダなど大型給餌機の利用を困難にしていた。2000（平成12）年、北原電牧（現・未来のアグリ株式会社）はスタンチョン牛舎において給餌通路上部にレールを懸架し、粗飼料を貯蔵タンク（ストッカ）からコンベアで、単味飼料は飼料タンクから積み込み、設定された時刻に充電位置から移動して、個々の乳牛に設定された各種飼料を混合して個体ごとの飼槽に配餌する懸架式TMR自動給餌機を開発した。これにより飼料の給与は1日最大12回まで可能となった。搾乳ユニット自動搬送装置によって計測された乳量と連動させた飼料給餌も可能になり、つなぎ飼いで100頭を超える精密飼養を実現した。

哺育牛の管理省力化においては1998（平成10）年から導入が始まり、子牛の代用乳を調合し、調合装置とドリンクステーション2台で50頭に自動給与可能な哺乳ロボットも普及した（**写真4－15**）。

5年間の猶予期間を経て2004（平成16）年からは「家畜排せつ物法」が本格施行され、糞尿の管理はより厳格化された。前述した搾乳ロボットの導入には、多回搾乳によって増頭せず糞尿の処理量を可能な範囲にとどめ、産乳量を増やしたいという目的もあった。北海道では牛糞尿のメタン発酵施設62基が稼動している[※8)]。2012（平成24）年の再生可能エネルギー電源の固定価格買い取り制度以降、バイオガス発電が新しい糞尿処理の方法として加わった。

家族労働において収穫、貯蔵作業の労働負担が大きい飼料用トウモロコシのサイレージ作業を省力化する細断型ロールベーラが2004（平成16）年から普及した。また収益向上、労働効率化を目指す農業生産法人によるメガファームと呼ばれる多頭飼育が進められ、TMRセンターやコントラクターなどの飼料生産の集約作業による農業機械の大型化が顕著になった。

4．現在～将来「スマート酪農、農業者人口の減少と高齢化に対応する技術の導入」（2018〈平成30〉年～）

北海道の乳用牛飼養戸数は減少を続けており、2017（平成29）年には10年前の76％、6,310戸に、生乳出荷戸数は5,784戸と毎年3％減少している。また、2010（平成22）年まで年間およそ200人まで増加していた酪農における新規就農者数も2015（平成27）～2017（平成29）年では平均100人程度まで減少している（北海道農政部畜産振興課調べ）。深刻化する酪農の担い手不足の解消、新規就農者の育成、確保のための技術導入が必要な課題とされている。

北海道ではGPS搭載トラクタによる農作業の経路誘導装置（GPSガイダンスシステム）が急速な普及を見せている（**写真4－16**）。2008～2017（平成20～29）年の国内における

写真4－16　ＧＰＳガイダンスシステム

写真4－17　ロータリ型搾乳ロボット
(オリオン機械㈱提供)

GPSガイダンスシステムの出荷台数は1万1,500台、さらにガイダンスシステムと組み合わせたトラクタの自動操舵装置については4,800台で、これらのうち9割が北海道で利用されている[※9)]。2016（平成28）年の北海道の戸あたり経営耕地面積は27.1haと、今後も増加傾向にある。GPS搭載トラクタはこうした大規模圃場での農作業支援装置として畑作地域を中心に利用されてきている。GPSガイダンスシステムの利点は、施肥散布での高精度作業による生産性の向上、作物列の直進性改善により作業の効率化が図られること、作業跡が視認しにくい作業や夜間の作業が可能になることが挙げられる。また、農業の担い手不足が深刻化して、トラクタの運転経験が浅いオペレータが作業する場合においても、作業履歴の参照やガイダンスによって経験の不足を補うことも可能になる。また、自動操舵装置はオペレータをトラクタの操舵から解放して、作業機の操作に集中させることができ、より高精度な作業を可能にする。酪農分野における粗飼料生産においても利用の増加が予想される。

今後は運用が予定されている準天頂衛星利用のシステムにより測位精度の向上や、農業機械の自動走行に関する安全性確保のガイドラインが整えられると無人完全自立走行（遠隔監視）によるトラクタ作業が実現する。また、農業生産における作物の生育・収量情報やトラクタ作業記録、営農管理情報など農業データとの連携により、コストや労働時間削減への効果が期待されている。

前項で述べたが、乳牛飼養管理作業の自動化や省力化機械は搾乳、給餌、除糞、哺乳などにおいて実現、普及した。フリーストール牛舎においては搾乳ロボット、自動給餌機、自動餌寄せ機が導入されている。除糞ロボットや自動敷料散布機など自動化機械による管理作業の省力化が進むと考える（**図4－5**）。

メガファームにおける多頭搾乳において利用されてきたロータリミルキングパーラや6～8台の搾乳ロボットに代わり、2018（平成30）年度以降はロータリ型搾乳ロボットが北海道でも導入されている（**写真4－17**）。パラレル型のロータリターンテーブルは28頭から80頭までの11種類のタイプが用意され、それぞれに頭数分の搾乳ロボットが備えられており、完全自動搾乳を行い、省力化酪農を実現する。

つなぎ飼いにおいても完全な自動搾乳が進められている。カナダではケベック州を中心に対尻式牛舎内の中央通路を移動して個別に乳牛を搾乳するロボットが販売、利用されている。今後は国内においても個体別精密飼養の特徴を生かしたつなぎ飼いの自動化機械の開発、導入が進められるであろう。

このように酪農分野では粗飼料生産における圃場管理作業や飼料給与、搾乳、疾病予防、発情発見など、主要な乳牛飼養管理作業などの自動化機械が個別に普及している。将来はこれらの機械が取得した生産管理情報を共有、連繫し、人工知能（AI）を活用して統合的に解析し、生産者や新規就農者に対して視覚化した有益情報を提供する取り組みが進められていくと考える。

5．参考文献

岡村俊民、松山龍男監修（1979）『新酪農機械のすべて』DAIRYMAN臨時増刊号、デーリィマン社

川嶋良一監修（1993）『百年をみつめ21世紀を考える，農業科学技術物語』（社）農林水産技術情報協会
木村勝太郎（1985）『北海道酪農百年史』樹村房
新穂栄蔵（1995）『サイロ博物館』北海道大学図書刊行会
関秀志、桑原真人、大庭幸生、高橋昭夫（2006）『新版北海道の歴史（下）近代・現代編』北海道新聞社
常松栄（1948）『農業機具解説，上巻』北方出版社
常松栄編集代表（1973）『農業機械化の知識，第２巻・畑作，酪農，稲作編』農業技術研修会
二瓶貞一（1972）『農機具今昔ものがたり』近代農業社
新農林社（1959）『農業機械図鑑第５集，機械化農業』６月号臨時増刊、新農林社
松田従三（1986）「北海道における乳牛飼養管理機械の普及」『北海道家畜管理研究会報』22、pp.47–70、北海道家畜管理研究会
松田従三監修（1991）『マニュアコントロール　資源としての牛糞尿処理と利活用』DAIRYMAN臨時増刊号、デーリィマン社
村井信仁（1993）『北海道の農機具図譜『北の証し』から』（株）エー・アイピー

※引用文献

※１）スター農機株式会社（2000）『スター農機社史』
※２）北海道農業機械工業会（1988）『北海道農業機械発達史』p.19（社）北海道農業機械工業会
※３）北海道農政部農地調整課（2018）「北海道における農地をめぐる情勢について」http://www.pref.hokkaido.lg.jp/ns/csi/H30meguruzyousei.pdf
※４）曽根章夫（1986）「乳牛の管理技術」『北海道家畜管理研究会報』22，pp.5–35、北海道家畜管理研究会
※５）岡村俊民（1991）『農業機械化の基礎』p.60、北海道大学図書刊行会
※６）畜産統計調査「乳用牛飼養戸数・頭数累年統計　北海道（昭和35年～平成29年）」https://www.e-stat.go.jp
※７）北海道農政部畜産振興課（2018）「新搾乳システムの普及状況について」http://www.pref.hokkaido.lg.jp/ns/tss/10/rakuno/freestall29milkingparlour.pdf
※８）岩崎匡洋、竹内良曜、梅津一孝（2017）「農業施設に関わる研究・技術の最近の展開－家畜ふん尿を主原料とするメタン発酵処理施設について－」『農業施設』48（３）pp.123–130、農業施設学会
※９）北海道農政部技術普及課（2018）「農業用GPSガイダンスシステム等の出荷台数の推移」http://www.pref.hokkaido.lg.jp/ns/gjf/jisedai/syukka.htm

小宮（こみや）　道士（みちお）
1959（昭和34）年北海道帯広市生まれ。帯広畜産大学大学院修士課程修了。スター農機株式会社（当時）を経て、1987（昭和62）年から酪農学園大学勤務。現在、酪農学園大学農食環境学群教授。博士（農学）

第５節　畜産環境保全の視点から
１．家畜糞尿管理の歩み

干場　信司

（1）黎明期の糞尿管理

明治維新後、アメリカから招聘（しょうへい）されたホーレス・ケプロンが北海道農業に適していると提案したのが「有畜農業」であり、エドウィン・ダンがその実践を披露したのだが、それまでわが国で肥料として用いられてきたのは「人糞」や魚粕であった。「有畜農業」の狙いは、家畜から生産される糞尿を肥料として利用することにあったので、黎明期においては、糞尿は宝物として扱われていたのであろう。環境汚染の原因になることなどみじんも想像できない時代である。

1955（昭和30）年における北海道の酪農家の１戸当たり平均飼養頭数は３頭ほどであったため、この時代に糞尿搬出のために用いられていたものは一輪車で事足りた。戦後になって多少規模の大きい牧場では、牛舎の天井にレールを取り付け、それにキャリアをつるした物（マニュアキャリア）が用いられた。いずれにしても、手作業による糞尿の搬出が行われていた。

（2）発展期前期（1955〈昭和30〉～1975〈昭和50〉年）の糞尿管理

北海道の酪農家の１戸当たり平均飼養頭数が10頭を超えたのは1960年代の後半だが、規模の大きい酪農家も現れており、糞尿管理も機械化されるようになった。その機械がバーンクリーナであり、糞尿を手作業により牛舎外へ搬出するという重労働から酪農家を開放した。頭数規模の拡大が進むに従い、発展期の前期が終了する1975（昭和50）年ごろまでには広く普及した。当時の牛舎の収容方式はつなぎ飼い方式であり、糞尿溝にバーンクリーナが設置されるが、バーンクリーナにより牛舎外へ運び出されるのは、固形分である糞と汚れた敷料であり、液分の尿は地下の尿だめに貯留された。つまり、糞と尿を分離する方式（糞尿分離型）であり、そのために糞尿溝の底には穴の開いた鉄板が用いられていた。貯留された尿は飼料畑に散布され、また糞と敷料は堆肥盤で切り返して発酵させた後、牧草地や畑に散布された。

発展期の前期における北海道酪農の拡充・発展は著しかった。乳牛頭数が1955（昭和30）年に約９万頭であったものが、1975（昭和50）年には約61万頭に急増し、また生産乳量も約20万ｔから約145万ｔに増加した。わずか20年の間に乳牛頭数も生産乳量も約７倍に増加したのである。一方、この時期の飼料生産について見てみると、1955（昭和30）年に始まった根釧パイロットファームや1975（昭和50）年に入植が始まった新酪農村からも分かるように、国策で草地開発が行われ、道内の飼料作付け面積は1955（昭和30）年に10万haに達していなかったものが、1975（昭和50）年には53万haに急増している。結果としてTDN自給率は1975（昭和50）年においても何とか約75％を維持していた。つまり、発展期の前期までは、生産乳量の増大が自給飼料の増加によって何とか支えられていたと見ることができる。従って、この時期には乳牛から生産された糞尿がほぼ土地に還元されていて、それほど大きな環境問題になっていなかったと思われる。ただし発展期前期の後半には（1970〈昭和45〉年ごろから）輸入穀物飼料の給与量が増加しだしており、大頭数を飼養する牧場では土地還元できない余剰の糞尿も出始めてきた。

（3）発展期後期（1975〈昭和50〉～2000〈平成12〉年）の家畜糞尿管理

1980（昭和55）年ごろになると、それまで増加し続けていた道内の飼料作付面積が60万ha強で頭打ちになった。それにもかかわらず乳牛頭数は増え続け、1992（平成４）年には90万頭を超え、また生産乳量も同年には340万ｔを超えた。そのギャップを埋めたのは、海外から輸入された穀物飼料であった。輸入穀物飼料は生乳生産を支えることはできたが、他方では牛乳生産に伴って発生する大量の糞尿余剰をもたらした。土壌中の微生物が分解できる糞尿量の上限を超えてしまい、河川に流出して水質を悪化させたり、地下水の汚染などの環境問題が発生し始めたのである。

その当時の糞尿管理方法はバーンクリーナを用いた糞尿分離型の堆肥化が主体であったが、1965（昭和40）年ごろからは、１戸当たり飼養頭数の急激な増加（1965〈昭和40〉年の６頭余から1985〈昭和60〉年の47頭余）に伴って増えてきた労働時間の短縮のため、糞と尿を牛舎内で混合する方式（糞尿混合型、スラリー方式）が導入され始めていた。これはつなぎ飼い方式の牛舎のためにオランダで開発されたもので、この方式を用いるためには、糞尿溝の構造がこれまでとは異なり、深さは牛舎の長さにもよるが60～80cmと深く、幅も約80cmと広い。牛が糞尿溝に肢を落とさないように金物のスノコで糞尿溝をカバーしている。また、麦稈などの長い敷料は、糞尿溝から地下貯留槽への流下や散布に悪影響を及ぼすため、敷料を用いずにゴムマットにするか若干のオガ粉が使用されるのが一般的である。散布にはスラリータンカが用いられるが、圃場に地下配管をしてレインガンによって散布する国営の肥培かんがい方式も試みられた。

この頃には、敷料の使われ方にも大きな変化が見られた。その原因となったのはロールベーラの出現であった（1974〈昭和49〉年導入）。この機械が導入されたことにより牧草の収穫・運搬が１人でも可能となり、ラッパと組み合わせることにより、高水分状態の牧草からサイレージをつくることも可能にした。つまり、これまで乾草を主要な飼料としていたときには、収穫作業時に雨に当ててしまうことは覚悟せざるを得ず、その結果生じる不良な乾草が敷料に回っていたというのが実情であったが、ロールベールとラッパの利用により、自己所有地の牧草が全て飼料として使われるようになり、自分の経営地内では敷料が生産されなくなってしまった。その結果、麦稈を敷料として購入するようになったが、麦稈の価格が高騰したため、十分な敷料が使われず、牛舎から搬出された「糞＋敷料」の水分含量が高まり、発酵しにくくなるなどの問題が生じた。

この頃には、さらなる規模拡大を目指して、これまでのつなぎ飼い方式から、放し飼い方式であるフリーストール牛舎に建て替える牧場も増えだした。多頭飼養が可能となる一方で、この牛舎では床面で「糞＋敷料」に尿も混合されるため、取り扱いにくいものとなった。また、1990（平成２）年ごろからはTMR（混合飼料）が普及して、濃厚飼料の多給と高水分サイレージの利用を促進させたが、糞尿管理の観点から見ると、乳牛から排せつされる糞尿の水分率をさらに高めて、取り扱いをますます難しくした。一部では、これらの半固形状糞尿（セミソリッド・マニュア）を固液分離機により固形分と液分とに分離し、固形分はすぐに発酵が始まる状態まで水分含量を落とし、液分はばっ気・攪拌（かくはん）などの処理を加えるという方法も実践された。

このように、新しい飼料収穫・調製方法や牛の収容方式および給与方法が導入されることによって、乳牛管理の部分的な改善はなされ、生産乳量の増加には貢献したが、持続的な酪農生産にとって最も重要な物質の循環は後回しにされ、家畜糞尿を原因とする環境問題は社会的な問題ともなってきた。

これを解決するために、農林水産省は家畜

糞尿の扱いに関して規制せざるを得なくなった。こうしてつくられた法律が1999（平成11）年に施行された「家畜排せつ物法」（家畜排せつ物の管理の適正化及び利用の促進に関する法律）である。

（4）転換期（2000〈平成12〉年〜現在）の家畜糞尿管理

家畜排せつ物法は極めてシンプルな法律と言える。「野積みと垂れ流しの禁止」である。本格施行まで5年間の猶予が与えられ、それでも守られていない場合には罰則も規定された。当時の家畜糞尿による環境汚染の深刻さを考えると、分かりやすく、早急に対応が可能な規制であったとも言えよう。なぜなら牛乳生産のシステムには手を付けずに、糞尿の管理方法だけの修正で対応可能だったからである。

この法律によって、確かに野積みと垂れ流しは減少し、環境汚染拡大のスピードを抑える効果はあったが、環境問題の本当の解決になっているとは言い難い。それは、この法律では家畜頭数や作付面積などに関する数値による規制が行われていないからである。ヨーロッパの多くの国々で圃場面積当たりの家畜飼養頭数の規制が行われているのと比べて、際立った違いである。ヨーロッパでは、規制を超えた（違反した）牧場はペナルティーを支払うか経営をやめなくてはならないという厳しい規制であった。わが国で、前述した牛乳生産のシステム（飼養頭数や圃場面積などを含めた牛の飼い方）を修正しなくても良かったのは、数値による規制がなかったからである。それ故、本当の環境問題の解決には結び付かなかったと言えよう。

その表れが、近年の規模拡大の動きに見ることができる。近年の規模拡大は発展期のそれとはレベルが異なり、500頭規模が標準化しているかのようである。それを可能にしているのは、搾乳ロボットやバイオガスシステム（後述）やICT（情報通信技術）と言うことができるだろう。確かに大頭数を管理することができる機械・施設が導入されたことにより、牛を飼い、乳を搾ることはできているようであるが、気になるのは搾乳量の約3倍生産される糞尿の管理である。当然、家畜排せつ物法はクリアしているであろうが、糞尿の還元が果たして十分に行われているかどうかは、疑問を感じるところである。

転換期における具体的な糞尿管理について見てみたい。家畜排せつ物法の施行により、全ての堆肥化施設に屋根（または覆い）が設置され、地下浸透を防止する工事が行われた。また、新しい糞尿管理方式としてバイオガスシステムが導入され始めた。このシステムでは、メタン発酵により生産された消化液を即効性の高い肥料として用いることができるだけでなく、メタンガスによる発電やエネルギー利用を可能とした。詳しくは後述する「3．家畜糞尿管理技術の環境側面の評価」を参照されたい。

また、畑作物を生産することのできる地域においては、酪農家が生産した堆肥を畑作農家が利用し、畑作農家から発生する麦稈などの残さ物を酪農家が利用するという、いわゆる「耕畜連携」によって、個別農家単位ではなく地域全体で物質循環を成立させる「地域内物質循環」が試みられている。詳細については、次の「2．地域内循環の評価」を参照されたい。

2．地域内循環の評価

猫本　健司

（1）複合経営から専業化へ～家畜糞尿の一極集中

一昔前は、少頭数の家畜を飼養しながら水稲や畑作物を栽培する、いわゆる複合経営が多く見られ、家畜糞尿はさまざまな作物に利用されていた。しかし、近年の畑作・酪農の専業化に伴って、家畜糞尿は畜産経営の範囲内で処理しようとする傾向が見られる。このため、限られた面積の土地へ家畜糞尿が集積し、過剰な施肥やそれに伴う地下水汚染などの環境問題が顕在化している。

畜産専業農場が増加した背景には、離農による農場戸数の減少と１戸当たりの飼養頭数の増加があった。『畜産統計調査』（農林水産省、2018）によると、1980（昭和55）年の乳用牛飼養戸数は全国で11万5,400戸だったが、2015（平成27）年には１万7,700戸まで大きく減少した。その上、酪農経営に占める複合経営の割合はもともと、専業経営が多かった北海道も含めてこの35年間に半減している（**図５－１**）。ところが、農場戸数が減っているにもかかわらず、飼料畑面積や家畜頭数が著しく減少しているわけではない（**図５－２**）。このことから、たくさん存在した小さな複合経営が統合されて少数の大きな酪農専業経営に変わったとみることができる。

さらに、１戸当たりの飼養頭数は増加しているのにもかかわらず、乳用牛の飼養密度（飼料畑面積当たりの乳牛頭数）は、1970（昭和45）年では北海道と全国でそれぞれ1.6、7.6頭／ha、2015（平成27）年ではそれぞれ2.2、8.9頭／haと、この30年間に著しく変化していない（**図５－３**）ことから、糞尿の一極集中は単に頭数の増加のみが原因でないことが分かる。複合経営の時代には家畜糞尿は飼料畑だけでなく、小麦や野菜などの普通畑や水田にも適度に分散されていた。しかし、専業化によって糞尿の施用は飼料畑や牛舎周辺などに集中するようになった。

つまり、近年の畜産環境問題の主な原因として飼養頭数の増加や輸入配合飼料による糞尿量の増加が指摘される中で、専業化されたことによる糞尿の畜産経営内への一極集中も原因の１つとして潜在しているのである。

（2）畑酪混同地帯に見られる耕畜の連携と養分循環との重要な関係

畑作農場と酪農場が混在する畑酪混同地帯では、堆肥と敷料との物々交換や、交換耕作が農場間レベルで行われ、地域内の養分循環が形成されている。このような耕畜の連携は、糞尿の飼料畑への集積を防ぐだけでなく、後述するように結果的には外部からの資材の投入を少なくするため、地域全体としての環境問題の低減に一役を担っている。

ただし、農場自身が養分循環や環境問題を意識して連携しているわけではなく、連携の成立にはそれぞれ別の事情があった。例えば畑作農場では、土づくりのために有機物を入手したい、輪作体系を維持するため交換耕作をしたい、という理由があり、酪農場には、ワラ類の敷料を安価に入手したい、余剰の糞尿を外部に出したい、といった事情がある（**図５－４**）。環境問題のためにお金や労を費やしても儲けにならないと考える農場は多いが、余剰窒素が低い、すなわち環境負荷が低い経営ほど収益性は高い傾向がある（干場、2001）ことはあまり知られていない。

本稿では、北海道十勝地方の１町村（以下、A町とする）の実践事例を通して、地域内養分循環の実態と環境問題との関係を解説する。

（3）耕畜の連携①～ワラ類と糞尿の物々交換

敷料に使われるワラ類は水分が数％程度と非常に低く、病原微生物の繁殖が抑えられ、

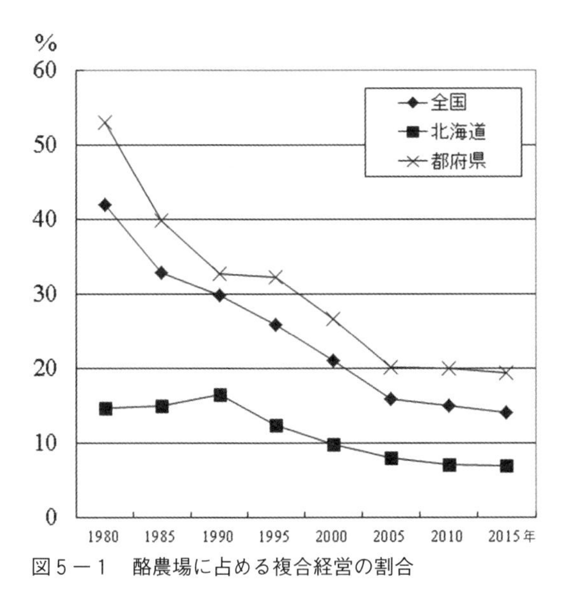

図５－１　酪農場に占める複合経営の割合

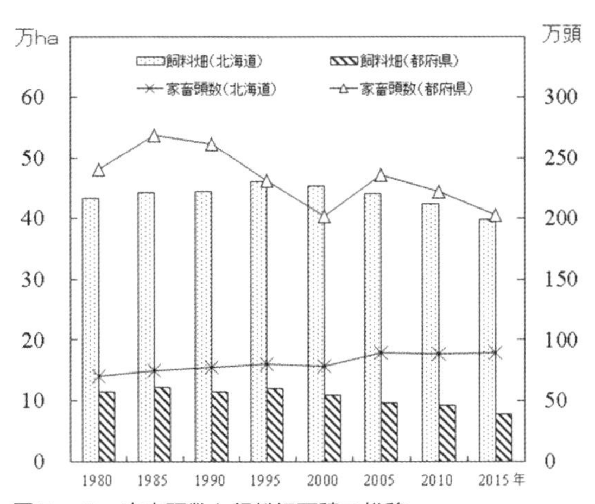

図５－２　家畜頭数と飼料畑面積の推移

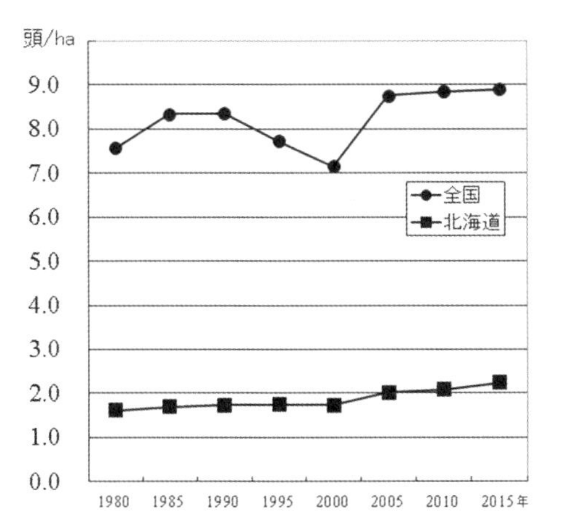

図５－３　乳用牛の飼養密度の推移

牛体にも優しいため、酪農場からは根強い支持がある。複合経営時代には多くの畜産農場が麦や稲を作付けし、収穫するワラを家畜の飼料や敷料に利用していた。畜産経営が専業化されてからも、畑酪混同地帯では堆肥と敷料の交換や売買が行われ、耕畜連携による地域内の養分循環を形成するとともに、化学肥料の購入や使用量の削減、畑作農場の土づくりに役立っている（**図５－５**）。

A町では畑作農場の９割が麦ワラ（小麦ワラ）を畜産農場へ譲渡している。物々交換の場合は堆肥を積んだ10ｔ程度のトラック１台につき、２ロール程度が交換される。この地方では麦ワラが１ロール当たり１万円程度で取り引きされているため、実質的には堆肥を１ｔ当たり2,000円前後で畑作農場に譲渡したと同じことになる。

近年では物々交換の形態は少なくなり、畑作農場が小麦を収穫した後に、酪農場が自らロールベーラを持ち込んで、圃場に残された小麦の茎から麦ワラロールをつくり、酪農場へ運搬するのが一般的となっている。その際の譲渡価格は１ロール当たり1,000円前後の場合が多い。

（４）耕畜の連携②～輪作と交換耕作

交換耕作とは賃貸借を伴わない一時的な農地の相互交換である（市川、1985）。A町の一般的な輪作体系（馬鈴しょ→秋まき小麦→てん菜）の中では、小麦とてん菜の間に飼料用トウモロコシの栽培を入れるパターンが散見される（**図５－６**）。多量の肥料分が必要なてん菜を作付けする前年に、酪農場と農地を一時的に交換して堆肥やスラリーを投入してもらい、地力を付けるという理由からである。

A町の耕地面積は耕畜合わせて約１万haであるが、2001（平成13）年の調査によると約６％の農地で交換耕作が行われていた。このことにより家畜糞尿を施用できる畑の面積が増加し、耕畜連携による地域内の養分循環

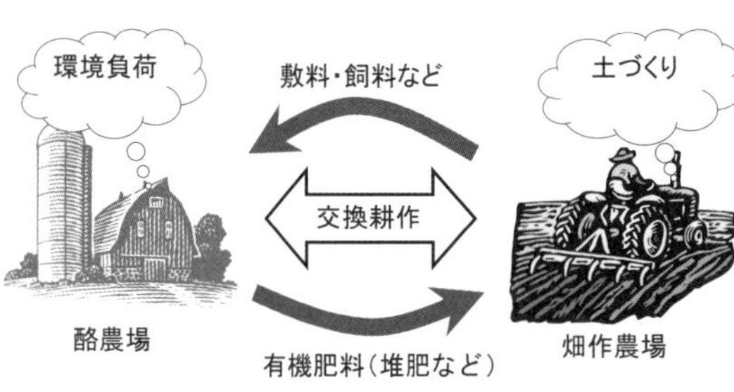

図５－４　畑酪混同地帯で耕畜の連携による養分の循環が生じる背景

図５－５　耕畜の連携①ワラ類と糞尿の物々交換または売買

畑作3品（4品）の輪作体型

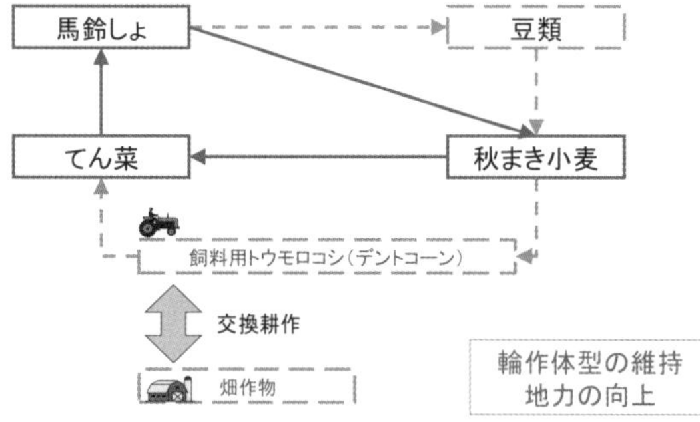

図５－６　耕畜の連携②輪作と交換耕作

が形成されている（**図５－７**）。

（５）耕畜の連携③～粕類の家畜飼料への利用

畑作物の加工工場などで生じる残さ物は、その地域の畜産農場で、安価に購入できる粕類飼料として利用される。A町が属する十勝地方では、製糖工場で生じるてん菜の搾り粕（ビートパルプ）が広く利用され、地域によっては、スイートコーンの加工残さ、ビール粕やでん粉粕など、さまざまな粕飼料が流通している（**図５－８**）。

粕類飼料の利用による地域内循環により、外国からの穀物飼料の購入が削減され、後述する環境負荷の削減（余剰窒素の低下）につながっている。

（６）耕畜の連携による地域の養分循環が余剰窒素に及ぼす影響

肥料の３大要素の１つであるとともに、飼料のタンパク質を構成する窒素は、家畜生産システムの中で常に広く循環する物質である。地下水を汚染する硝酸性窒素や環境負荷ガスであるアンモニアや一酸化二窒素など、よく知られる環境負荷の原因物質も窒素化合物である。このため、窒素は物質循環を把握する指標によく用いられている。窒素の収支から見ると、循環がよくできているほど外部からの投入が少なくなり、その結果、余剰窒素（投入窒素－産出窒素）が小さくなり、環境負荷が抑えられることが分かる（**図５－９**）。

A町における物々交換や交換耕作による窒素の地域循環を**図５－10**に示した。酪農場で発生する糞尿中窒素の１割弱に相当する0.2 GgN／年が畑作物の栽培に利用されている。畑作農場で使われた窒素の３割近くが酪農場で発生した糞尿中窒素に由来していることになる。畑作農場では有機物の投入による土づくりとともに化学肥料の減肥が行われ、外部からの購入資材投入を少なくできる。このような耕畜の連携による地域内養分循環によって、A町の酪農場における環境負荷（余剰窒素）が11%（0.18 GgN／年）削減されている（**図５－11**）。

図５－11は地域循環による余剰窒素の増減を地域全体で見たものである。堆肥は化学肥料に比べて肥効率が低い分、多く施用することから、畑作農場の余剰窒素はむしろ増加す

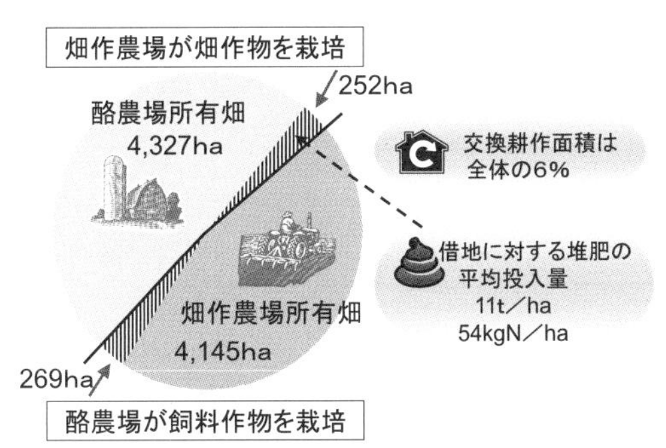

図５－７　A町における交換耕作の実態
（2001〈平成13〉年）

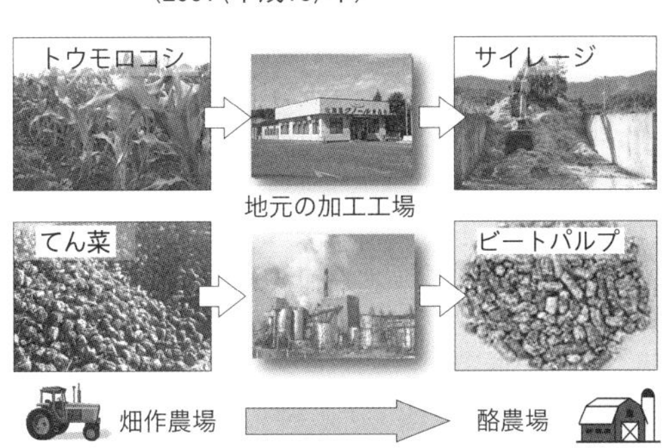

図５－８　耕畜の連携③畑作物加工残さ（粕類）の家畜飼料への利用例

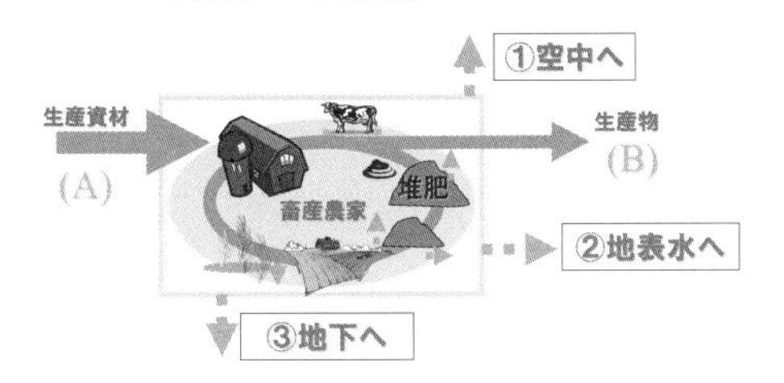

図５－９　余剰窒素の定義

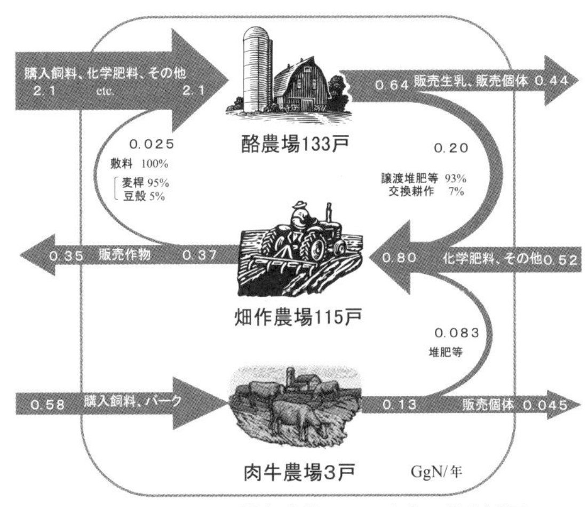

図５－10　A町における耕畜連携による窒素の養分循環

るのだが、A町全体の余剰窒素は60Mg／年減少していた。これは、約500頭の乳牛が年間に排せつする糞尿中窒素量に相当する。このように膨大な量の余剰窒素が、耕畜の連携による地域内の養分循環により低減しているのである。すなわち、環境負荷を増やすことなく、A町の酪農場は500頭も多くの乳用牛を飼養できていると考えることができる。

（7）地域内の養分循環を促進する糞尿管理の在り方

地域内の養分循環を促進するため、どのような糞尿管理をしたらよいか。前述のA町の地域内循環に関して着目すべきことは、A町の酪農場は畑作農場に糞尿を使ってもらうために、乾燥や発酵を目的にした機械設備で高度な処理をしているわけではない、ということである。A町で流通している堆肥の多くは堆肥場に堆積させただけで水分が80％前後、運搬に支障がない程度のいわゆる未熟な堆肥である。畑酪混同地域であるA町では、酪農場と畑作農場の多くは隣接しているので、搬送するため、品質を良くするため、あるいは量を減らすための処理を施す必要はなく、高度な堆肥化に伴う窒素化合物などの環境負荷ガスの揮散も比較的少ない。

一方、都府県では、一部の地域を除けば、施用可能な土地面積が限られているため、糞尿はできるだけ量を減らす処理をして、他所へ移動すること（広域循環利用）が必要となる。このために、撹拌（かくはん）型堆肥化施設など種々の機械・施設を用いる事例が散見される。

他方、北海道の草地酪農地域などでは、近隣に畑作農場がないこともあり、牧草収穫後に化学肥料と同じようにこまめな施用ができる、スラリーや消化液などの液肥による糞尿の循環利用が一般的である。

大切なことは、その地域で循環が最も促進され余剰窒素が小さくなる糞尿循環利用シス

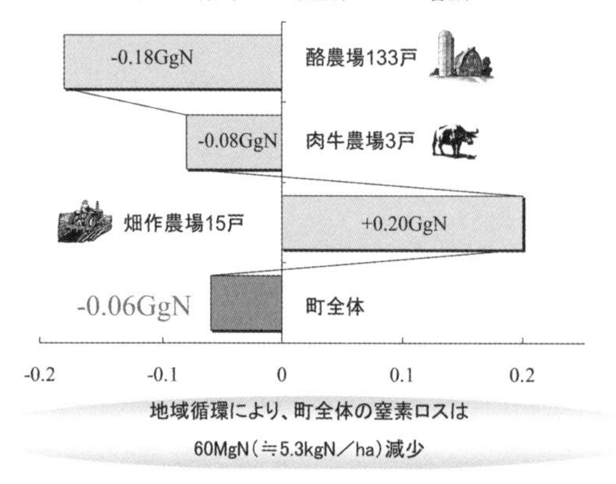

図５－11　Ａ町における地域内循環による余剰窒素の低減

テムを構築することである。畑酪混同地域のＡ町では、耕畜連携による地域内養分循環により、酪農・畑作双方に経済的利益がもたらされるとともに、地域の環境負荷が抑制されていた。

地域の状況に応じて糞尿管理のやり方は変えなければならない。糞尿処理の本来の目的は循環を促進することであり、循環させるために適切に貯留する、発酵させる、運搬するといった視点で考えることが必要である。

猫本（ねこもと）　健司（けんじ）

1966（昭和41）年北海道帯広市生まれ。帯広畜産大学畜産学部獣医学科卒業。株式会社ズコーシャ総合科学研究所、オー・アンド・アール技研有限会社取締役首席研究員、酪農学園大学客員（特任）准教授、株式会社ＯＲ畜産技術研究所代表取締役を経て、2011（平成23）年酪農学園大学農食環境学群准教授。博士（農学）

3．家畜糞尿管理技術の環境側面の評価

菱沼　竜男

（1）糞尿管理技術の環境問題と評価の視点

現在、家畜糞尿は、もみ殻や稲ワラ、麦稈などの農産廃棄物や戻し堆肥と混合して堆肥化され、土壌改良材や肥料資材と位置付けて農地で利用されている。1999（平成11）年に施行された「家畜排せつ物の管理と適正化及び利用の促進に関する法律」によって、糞尿が不適切に管理されること（農地への野積みや素掘りため池への貯留など）を解消して、雨ざらしによる糞尿の河川流出や地下への浸透を防ぐための管理施設を整備することが進められた。また、同時に「肥料取締法」の改正および「持続性の高い農業生産方式の導入に関する法律」が施行され、糞尿を堆肥化して、出来上がった堆肥を積極的に農地で利用する耕畜連携の取り組みが進められている。

また、北海道の酪農家を中心に、湿式のメタン発酵処理を利用したバイオガスプラントによる糞尿管理施設が普及している。メタン発酵処理は嫌気性発酵によって糞尿中の有機物を分解する仕組みであり、その処理過程において可燃性ガスであるメタンガスが産出される。バイオガスプラントは、メタンガスをガスボイラやガス発電機で利用して熱や電力などのエネルギーに変換できることから、再生可能エネルギー生産という点で注目されている。

一方で、家畜糞尿の管理作業はさまざまな環境問題と関係している。家畜糞尿の管理作業において、糞尿に由来する窒素やリン成分およびアンモニアや有機酸などは悪臭や水質汚染など地域の生活環境に影響を与えている。また、管理作業では電力や燃料資材などの化石エネルギー資源が消費されており、これらの資材消費に由来して間接的に発生する二酸化炭素は地球規模の環境への影響と関係している。

畜産業が社会的な支持を得て環境保全的に発展するためには、家畜糞尿の管理技術を定

表５－１　個別バイオガスプラントの設備機器の設定

項目	主要機器
原料受入槽	貯留槽30m³
メタン発酵施設	発酵槽250m³
ガスホルダ	ガスバッグ、脱硫設備
ガス利用機器	ガスエンジン発電機30kW
	（廃熱利用あり）
	貯湯タンク
制御機器	原料糞尿供給ポンプ
	消化液排出ポンプ
	プラント制御盤、手元操作盤
スラリータンク	スラリータンク2,100m³

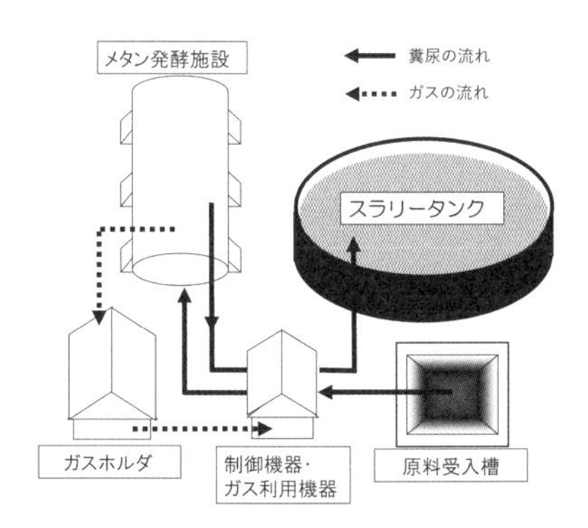

図５－12　個別バイオガスプラント概略（菱沼原図）

表５－２　個別バイオガスプラントの運転条件の設定

項目	設定	備考
糞尿処理量	10m³/日	含水率　90％
発酵温度	35～37℃	中温発酵
滞留日数	25日間	
バイオガス発生量	20m³/m³	糞尿1m³当り
メタンガス濃度	60％	
メタンガス発熱量	36MJ/m³	
ガスエンジン発電機の効率	25％	発電効率
	23％	熱生産効率（通年）

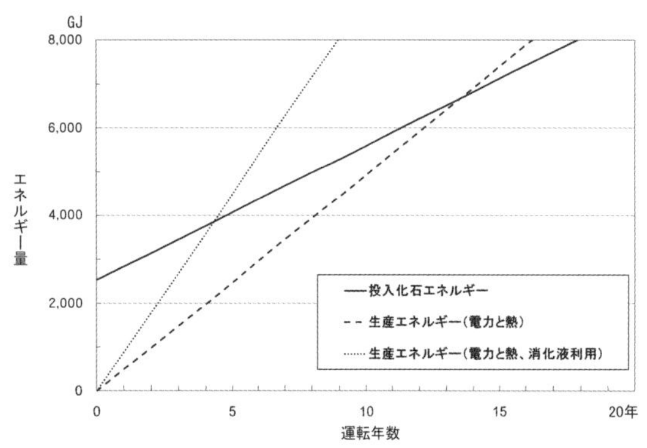

図５－13　個別バイオガスプラントの投入エネルギーと産出エネルギーの比較（菱沼原図）

量的に評価することが必要であり、その評価の視点として投入化石エネルギー量や環境影響を考慮していくことが重要である。本項では、北海道を中心として施設の普及が進んでいるバイオガスプラントを取り上げて、投入化石エネルギーの視点から評価するとともに、ライフサイクルアセスメント手法（LCA）※1を用いて家畜糞尿管理技術に伴う環境影響の比較評価を行う。

（２）投入化石エネルギー量から見たバイオガスプラントの評価

バイオガスプラントは、糞尿のメタン発酵処理を通して再生可能エネルギーの生産が期待できる点で他の糞尿管理技術と異なっている。バイオガスプラントのエネルギー生産性を明らかにするために、施設の建設から運転までに投入される化石エネルギーと施設利用に伴って生産される電力と熱のエネルギーおよび消化液の化学肥料代替効果のエネルギー換算値を比較して評価を行った。

評価対象は、酪農学園大学に設置されたバイオガスプラント（酪農大バイオガスプラント）を参考にして、搾乳牛100頭規模の酪農家が設置することを想定した個別酪農家用バイオガスプラント（個別バイオガスプラント）とし、設備機器類には糞尿の１次貯留槽、メタン発酵槽、ガスホルダ、バイオガス利用機器（ガスエンジン発電機、ガスボイラ）および消化液貯留槽を備えるとした（**表５－１**、**図５－12**）。主要な設備機器類の種類と処理能力は、酪農大バイオガスプラントの設計値と運用実績値を参考とした。設備の建設時に消費されるエネルギー資材量は、酪農大バイオガスプラントの建設業者から聞き取りした値を用いた（**表５－２**）。また、生産された消化液は化学肥料を代替できることから、消化液中の肥料成分量を設定して代替した化学肥料分の製造に要した化石エネルギーの節約量を評価に含めた。

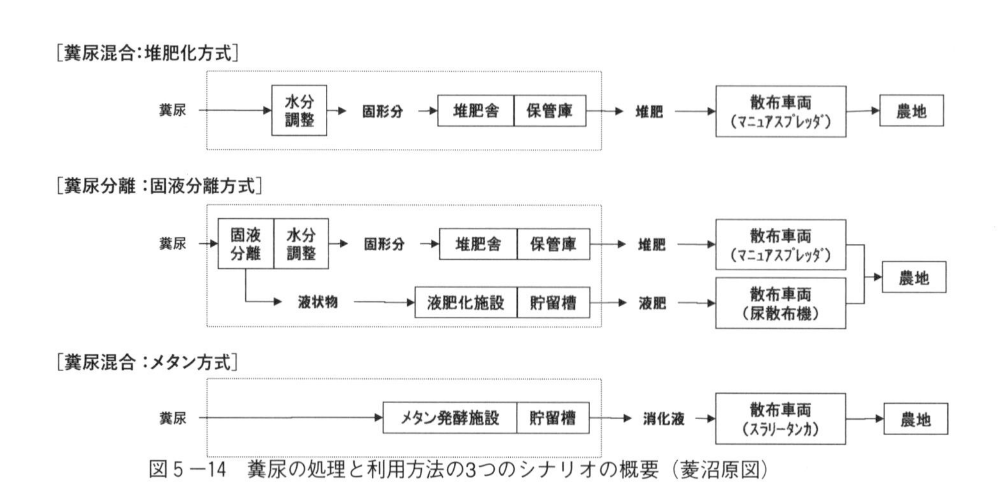

図５－14　糞尿の処理と利用方法の3つのシナリオの概要（菱沼原図）

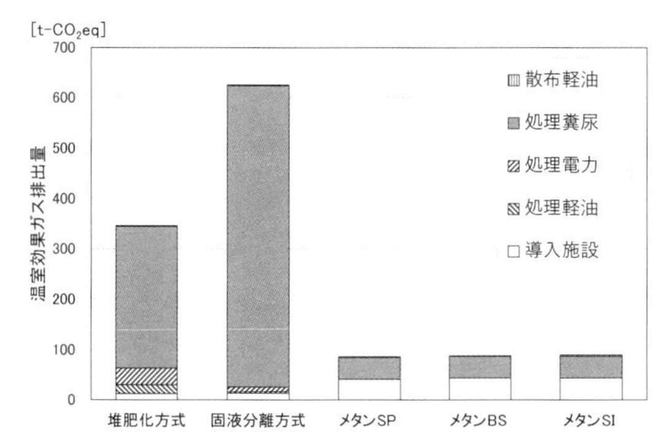

図5－15　シナリオ別の温室効果ガス排出量（菱沼原図）

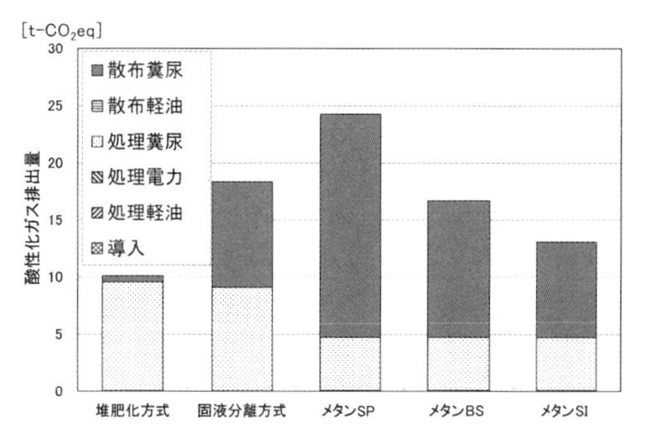

図5－16　シナリオ別の酸性化ガス排出量（菱沼原図）

結果として、個別バイオガスプラントの建設に要した化石エネルギーは2,534GJと推計された。また、個別バイオガスプラントの1年間の運転に要したエネルギー量は動力で128GJ、電灯で25GJであった。これに対して、糞尿のメタン発酵処理に伴って産出したメタンガスの発生量から電力や熱として変換できたエネルギー量は646GJであった。従って、個別バイオガスプラントにおける運転に関係するエネルギーは493GJだけ余剰であった。仮に施設、設備機器のメンテナンスにかかるエネルギーが、運転に要したエネルギー量と同程度であったと仮定した場合でも、340GJのエネルギー量が余剰となることが分かった。また、個別バイオガスプラントの1年間の運転によって生産された消化液は、施設で処理された糞尿量と同じ3,650tであり、消化液中に含まれている窒素、リン酸、カリの量は4.5t、2.7t、13.3tと推計できた。そこで、消化液の肥料成分量が化学肥料を代替できることから、1年間で生産した消化液が化学肥料の製造に要する化石エネルギー量を節減した効果は窒素、リン酸およびカリ肥料の合計で401GJと推計された。

これらの結果を用いて、個別バイオガスプラントにおける投入化石エネルギー（建設、運転）と産出エネルギー（電力、熱および消化液の化学肥料代替効果）を比較して、両エネルギーがつり合うまでの運転年数を求めた。個別バイオガスプラントにおいて、建設と運転に投入された化石エネルギーを、糞尿のメタン発酵によって産出したメタンガスを変換した電力や熱のエネルギーで取り返すまでの運転年数は14年程度であった（**図5－13**）。また、消化液の利用によって化学肥料の代替とする効果のエネルギー換算量を含めた場合、エネルギー収支がプラスになる運転年数は5年程度であることが分かった（図5－13）。これらの結果より、個別バイオガスプラントを利用した糞尿処理によって生産された電力や熱などのエネルギーは、化石燃料を代替する可能性を持っていることが示された。さらに、メタン発酵処理後の消化液を有効に肥料として利用することが、個別バイオガスプラントのエネルギー生産性の現実味を大きく左右することが分かった。

北海道では、酪農学園大学にバイオガスプラントが設置された2000（平成12）年ごろから個別農家規模のバイオガスプラントの導入が進んでいた。現在では、運転開始より20年近い時間がたっており、エネルギー的には産出量が投入量を上回っている時期に入ったと考えられる。

このような施設建設から運転までの投入エネルギーと産出エネルギーの分析から考えることで、消化液を有効利用できる飼料基盤に恵まれた北海道酪農にあって、バイオガスプラントは糞尿処理施設でありながら、再生可能エネルギーを生産できる施設として位置付けることができた。

（3）堆肥化処理、液肥化処理とメタン発酵処理の環境影響評価

家畜糞尿の管理では、その処理過程、堆肥や液肥などの利用過程において悪臭や水質汚染を引き起こす環境負荷物質を排出してしまう。また、排出される環境負荷物質は、利用する糞尿管理技術によって異なると考えられる。家畜糞尿の管理に伴う環境影響を明らかにするために、慣行的な処理方式である堆肥化処理や液肥化処理とバイオガスプラントを取り上げて、施設の建設段階、糞尿の処理段階と利用段階での環境影響をLCA手法を用いて評価する。

評価対象は、搾乳牛100頭規模の酪農家で搬出される糞尿の管理システムとし、バイオガスプラントを利用したメタン発酵処理（メタン方式）、慣行的な処理施設として堆肥舎（堆肥化方式）、固液分離方式の処理として堆肥舎＋液肥化施設（固液分離方式）の３つのシナリオを設定した（**図５－14**）。糞尿処理によって生産された堆肥や液肥は全て自家農地に散布できる設定とし、調査範囲は排せつされた糞尿が処理され農地に散布されるまでのプロセスとした。散布車両にはトラクタけん引式の散布車両を想定した。堆肥散布ではマニュアスプレッダ（MS）、液肥散布にはスプラッシュプレート方式（SP）のスラリースプレッダを用いる設定とした。消化液散布ではスラリータンカを用いると設定して、散布方法と環境影響の違いを見るためにスプラッシュプレート方式、表面散布を行うバンドスプレッド方式（BS）と土中施用を行うスラリーインジェクション方式（SI）の散布方法を想定した。特に、バイオガスプラントでのメタンガスの利用段階は調査範囲に含めなかった。評価の基準は、酪農家で搬出された１年間分の糞尿が処理されて、出来上がった堆肥や液肥、消化液が農地に散布されることとした。シナリオごとの糞尿の処理施設と利用機器の条件設定は、施設の設計値や利用事例、処理や散布に伴って排出される環境負荷量の試験報告などのデータを利用した。また、評価する環境負荷物質は、施設導入による負荷、資材消費に由来する負荷と糞尿に起因する負荷の影響を見るためにメタン（CH_4）、亜酸化窒素（N_2O）、アンモニア（NH_3）、二酸化炭素（CO_2）、窒素酸化物（NO_X）、硫黄酸化物（SO_X）とした。評価では、これらの環境負荷物質を温室効果ガスと酸性化ガスに分類して排出量を整理した。

結果として、各シナリオでの温室効果ガス排出量は、堆肥化方式で346 t CO_2e／年、固液分離方式で625 t CO_2e／年、メタン方式では散布方法の違いから86－90 t CO_2e／年と推計された（**図５－15**）。特に、堆肥化方式と固液分離方式では、処理段階で排出される温室効果ガスの影響が大きいことが分かった。一方で、メタン方式では、処理段階での温室効果ガス排出量は少なく、施設導入に伴う排出量が多いことが示された。これらの違いは、堆肥化方式と固液分離方式の処理施設が開放型で積極的に通気やばっ気を行うのに対して、メタン方式は密閉型の施設であることが理由だと考えられた。また、メタン方式で施設導入に伴う温室効果ガスが比較的大きかったのは、必要な設備が糞尿処理のための機器だけでなく、ガス利用のための機器が設置されたことの影響だと考えられた。

各シナリオでの酸性化ガス排出量は、堆肥化方式で10 t SO_2e／年、固液分離方式で18 t SO_2e／年、メタン方式で13－24 t SO_2e／年と推計した（**図５－16**）。酸性化ガス排出量は、全てのシナリオで、処理段階と散布段階において排出された糞尿由来のNH_3の影響が支配的に大きかった。特に、堆肥化方式では、処理段階で排出されるNH_3の影響が全体の94％、固液分離方式では50％程度を占めた。一方で、メタ

ン方式における処理段階の排出量は、堆肥化方式や固液分離方式の半分程度に抑えられていたが、消化液の散布段階での排出量が大きく、結果的に開放型の処理システムである堆肥化方式や固液分離方式と同程度の排出量となった。また、消化液の散布に伴う酸性化ガス排出量は散布方式の違いによって排出量の差が生じており、土中施用を行うSIを利用した場合で酸性化ガス排出量は少なく抑えられると考えられた。

慣行的な開放型の処理方式と比較したとき、メタン方式による環境影響は温室効果ガスの排出量は低いものの、酸性化ガスの排出量は同程度となることが分かった。特に、メタン方式では、閉鎖型の施設であることから処理段階での環境負荷の排出量は少なく抑えられるが、消化液を散布する段階ではNH_3の排出量が多くなることが分かった。消化液に由来する酸性化ガス排出量を低減するためには、BSやSIの散布方式を利用することが有効だと考えられた。

（4）まとめ

バイオガスプラントを取り上げて、再生可能エネルギー生産という側面と糞尿管理システムとしての環境影響の側面からの分析、評価事例を紹介した。バイオガスプラントでは、排出された消化液を肥料として有効利用することを前提条件とすることで、処理段階で産出されたメタンガスのエネルギーを再生可能エネルギーとして位置付けられることが示された。また、バイオガスプラントは密閉型の処理施設であることから処理段階での環境影響が少ないと考えられるが、消化液の利用段階では酸性化ガス排出の大きな原因となり得ることから、NH_3揮散の少ない散布方法を選択することの重要性が示された。

畜産業が社会的な支持を得て環境保全的に発展するためには、管理技術やシステムの開発とともに、それらの環境側面を総合的な視点から評価して位置付けていくことが非常に重要である。

（5）参考文献

菱沼竜男・干場信司・森田茂・塚田芳久・天野徹（2002）「個別農家用バイオガスプラントのエネルギー的評価」『農業施設　33』pp.45–52

菱沼竜男・栗島英明・楊翠芬・玄地裕（2008）「LCA手法を用いたメタン発酵施設による糞尿処理・利用方式の環境影響の評価－堆肥化・液肥化処理との比較－」『Animal Behaviour and Management　44』 pp.7–20

脚注

※1）ライフサイクルアセスメント手法（LCA） 製品やサービスに関係する物やプロセスのつながりの「ゆりかごから墓場まで」で捉えて、そこでの資源消費量や環境負荷物質排出量などを定量的に把握し、評価対象（製品やサービス）に関する潜在的な環境影響を評価する手法である。LCA手法を用いることで、評価対象について「生産－使用－廃棄」のつながりを考慮した俯瞰的な視点から環境影響を数値化することができる。

菱沼（ひしぬま）　竜男（たつお）

1976（昭和51）年栃木県生まれ。酪農学園大学大学院酪農学研究科酪農学専攻修士課程修了。高根沢町役場、産業技術総合研究所ライフサイクルアセスメント研究センターを経て、現在、宇都宮大学農学部農業環境工学科准教授。博士（農学）

4．持続的・環境保全的酪農は物質循環から

干場　信司

（1）農業と環境のキーワードは共通

筆者は以前から、「農業のキーワードと環境問題のキーワードは同じで、「循環と共生」である」と思っていたが、筆者が以前勤めていた研究室（北大農学部農業物理学研究室）の卒業生で、現在は国立大の環境部門で教員をしている後輩とこの件について話したことがあった。その時、彼は「その通りですよ」と言ってくれた。

物質循環が成立しなくなると農業も持続的ではなくなるが、それだけではなく、環境問題が発生する。畜産環境問題は、畜産業において循環が成立しなくなった結果として生じる問題である。土壌中の微生物が分解することのできる限界を越えて糞尿を投入したときに、この問題が発生する。1.（3）の「発展期後期」の状況がそれに当たるであろう。

酪農業で収入が入ってくるのは乳を販売するからであり、乳量が大きくなれば収入も増えることになる。そのため、どうしたら乳量を上げることができるかに心を奪われがちである。しかし、酪農生産を持続的に行うためには、乳の生産だけではなく、牛の体調管理、土の管理、草の管理そして糞尿の管理も含めて総合的に管理しなくてはならない。まさしく、「循環と共生」を大切にするやり方なのである。それを怠ると、乳代収入は増加しても、治療費や飼料購入費、光熱水費、施設機械購入費などが増大し、気づかぬうちに所得率が低下して、実際に残るお金（所得）はさほど多くない、という結果になってしまう。

家畜糞尿を「邪魔者」としてではなく「宝物」として扱うようになれば、環境保全的な経営になり、自ずと所得率は高まってくるのであろう。筆者が、一般的に使われている「家畜糞尿処理」ではなく、あえて「家畜糞尿管理」という用語を使っているのは、「宝物」は「処理」するものではなく、大切に「管理」するものとの思いからである。

（2）物質循環を成立させる方法

物質循環が成立する本来の酪農に取り組んでいる例を紹介したい。

まずは、放牧酪農である。第2章第1節の「飼料の視点から」では放牧に関するいろいろな試みが述べられており、また第2章第6節においても足寄放牧研究会の総合的評価について述べたが、放牧を主体とした酪農経営では、濃厚飼料の給与量が減少することにより乳量が落ちて乳代収入は減少するかもしれないが、飼料購入費などの支出の減少の方がもっと大きく、所得は増加する。それだけではなく、環境に対する負荷やエネルギー消費量も減少し、牛の疾病も減るし、酪農家の満足度も高い。まさしく、循環と共生が大切にされる経営になっていると言えよう。

また、2.（2）でも述べた「耕畜連携」は、畑酪混同地帯において地域内で物質循環を成立させる極めて有効な方法である。従来（発展期前期）は、1戸の農家が牛を飼いながら畑作も行う「酪畑複合」や「畑酪複合」の経営で、1戸の農家の中で物質循環が成立していた。しかし、農家は長時間労働にさいなまされ、次第に複合ではなく機械化可能な専業経営へと変わりだした。その結果、酪農家では糞尿が余り、畑作農家では堆肥が足りなく、化学肥料に頼った作物生産になってしまった。このような状況を改善するために、畑作専業農家と酪農専業農家が互いに不足する堆肥と麦稈などの残さ物を交換したり、畑作の輪作の中に飼料の生産を加える「交換耕作」を行うことにより、地域全体で物質循環を可能とした。これが耕畜連携である。

別海町では、2014（平成26）年にわが国と

しては画期的な条例が制定された。それは「別海町畜産環境に関する条例」で、面積当たりの飼養可能頭数の制限を初めて規定したのである。

第１条（目的）では、「この条例は、別海町において、健全な畜産環境の保持について、基本理念を定め、町、事業者及び農業団体の責務を明らかにするとともに、施策の基本事項を定めることにより、良好な水環境を保全し、農業と漁業が将来にわたり共存共栄しうる社会を構築することを目的とする」とうたっている。具体的には、単位面積当たりの成牛換算頭数（独自に規定）が2.13頭／haを超えないようにするという規制である。３年間の猶予期間が持たれているが、それでも守られていない場合には、「改善指導」「改善勧告」「改善命令」「氏名公表」という対応が行われることを定めている。

この条例ができるまでには、長年にわたる酪農家と漁業者とのあつれきがあったが、両者が忌憚（きたん）ない意見を出し合った末にまとめられた。この条例を主導した当時の水沼猛町長（故人）の英断を大いに讃えたい。

この条例により、1999年施行の「家畜排せつ物法」で規定された「野積みと垂れ流しの禁止」では不十分な点があることを明らかにした。すなわち今後、畜産の世界で必要となる環境規制は「数字を伴った規制」ということである。

第２章第１節「飼料の視点から」において述べられている通り、酪農においては、１頭当たり乳量で示される「家畜生産性」だけではなく、土地面積当たり（１ha当たり）の乳量で示される「土地生産性」をもっと大切にすべきであろう。その視点が物質循環を高め、持続的な酪農生産をもたらすものと考える。

牛は、人間が食べることのできない草を食べ、人間にとって完全食品ともいわれる「牛乳」を生産してくれるという素晴らしい能力を持っている。それこそが地球における牛の存在意義と言っても良いであろう。いくら牛乳生産量が高まるとはいえ、人間の主要な食料である穀物を大量に与え続けることは、持続的生産とは逆の方向に酪農業を引き込み、環境問題を起こすことになるであろう。人間同士の、また人間と他の動植物との共生のためにも、循環が可能な範囲での酪農生産が望まれる。

第６節　総合的な視点から
１．酪農家を総合的に評価する

加藤　博美

（１）経済偏重からの脱却に向けて

1961（昭和36）年に「農業基本法」が制定されたが、その内容は農業生産の拡大と、他産業に比べ農業従事者の地位を向上させるなど、戦後の食料不足を解消するとともに、“農業でも他産業並みの所得が得られる自立経営農家の育成”といった農家の所得、いわゆる儲けを重視した経営の向上を目指すものであった。

この経営的収益性を高めるために乳牛の改良は進み、その結果、個体乳量の増加をもたらしたが、乳量を維持するための外国産飼料購入量は増加の一途をたどり、同時に家畜の排せつ物も増大している。家畜排せつ物は、堆肥化など適切な処理を施すことによって、土壌改良資材や肥料としての有効な活用ができ、農村地域における貴重な資源として利用できる。しかし、堆肥還元可能な経営面積に対して飼養頭数が多い場合や、処理が追いつかず野積みや素堀りといった不適切な管理をすれば、悪臭の発生や、河川や地下水へ流出して水質汚染を招くなど、環境問題の発生源ともなる。農村部では不十分な家畜排せつ物処理について度々問題となっており、この結果、適切な糞尿処理と利用を促進するために、家畜排せつ物法が1999（平成11）年に制定され、同年11月１日に施行されることとなった。これは、酪農生産システムにおける経済効率偏重が招いた環境問題の１つの表れとみることができる。

このような背景もあってか、経済性優先であった農業基本法は、1999年新たに「食料・農業・農村基本法」として制定された。「食料・農業・農村基本法」では、国民への食料供給という新たな視点が加わり、食料自給率の目標の設定などが盛り込まれ、農業・農村の多面的機能発揮や持続的な発展を述べている。農業・農村の多面的機能としては、災害防止（洪水・土砂崩れ）、気候の安定（暑熱の緩和）、水（地下水）や空気などの環境保全、生物保護、景観の保全、文化の伝承、癒し安らぎ効果（医療的効果）、教育的機能、就労場所の提供、エネルギー生産（バイオマス）など、さまざまある。

図６－１　評価指標

（２）単一評価指標から多面的・総合的評価指標へ

経済効率偏重から脱却して、農業における多面的機能の発揮や持続的な発展を実現していくためには、農業生産の最小単位である農家経営の評価を、単一評価指標から多面的・総合的評価指標による評価へと変えて行く必要がある。

経営的収益性以外の指標を用いた酪農生産システムの評価はさまざまに行われてきている。例えば、Van Calker（2005）は経済性だけではなく、社会・生態学などの複数の指標を考慮することによって本来の意味としての農業の持続性の評価が可能になると述べている。また、化石エネルギー量を評価指標として用いた研究として、宇田川（1976）、大久保

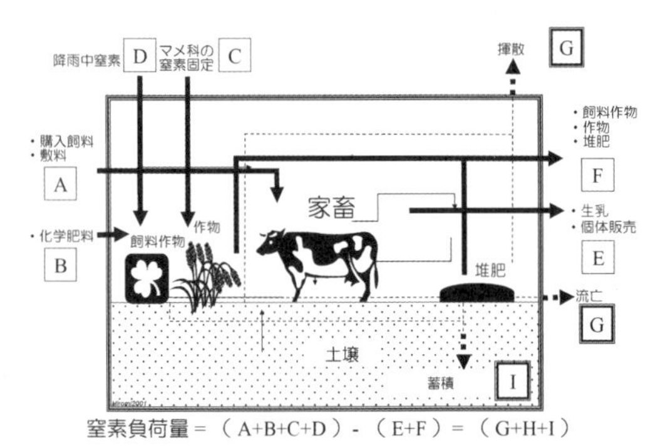

図6－2　窒素負荷の定義と窒素の流れ

(1991)、羽賀 (1989) の研究などが挙げられる。これらの結果からは、経営的収益性（経済効率）と化石エネルギー消費量は必ずしも伴っていないことが示されている。また、LCAを用いたさまざまな環境影響評価も多く報告されている。

筆者らは、これからの農業生産・家畜生産を考える上では、生産量と経済効率だけではなく、環境との調和、家畜福祉、生産者や地域の生活という視点が必要であるとの考えにに立ち、農業生産システム（主に酪農家）を、①経済性　②環境負荷　③エネルギー　④家畜福祉　⑤人間福祉－という５指標（**図6－1**）によって評価してきた。

（３） 5指標による評価の方法

評価の仕方は次の通りである。①経済性は、農業粗収入から農業支出を差し引いた農業所得で評価した。②環境負荷については、投入窒素（飼料、肥料などに含まれている窒素）から産出窒素（牛乳、個体販売など）を差し引いて求められる余剰窒素によって評価した（河上、2004；**図6－2**）。これは、牧場で利用されなかった窒素量のことであり、窒素負荷の大きさを表す指標と考えることができる。③エネルギーは、酪農生産に使われた化石エネルギーの投入量によって評価した。また、④家畜福祉については、家畜の健康状態に注目し、診療費によって評価した。さらに、⑤人間福祉については、酪農経営に関わる作業者の満足度（30項目）をアンケート調査し、大変満足、満足、普通、不満、大変不満の5段階によって評価した。

以降で、実際の酪農家を対象とした評価の事例について述べる。

（４）放牧酪農の総合的評価

この５つの評価指標によって、放牧酪農を評価してみる（河上、2004)。対象は、北海道十勝支庁管内C町の放牧研究会に所属する酪農家７戸の放牧経営である。

まず、経済性では、**図6－3**に示す通り、

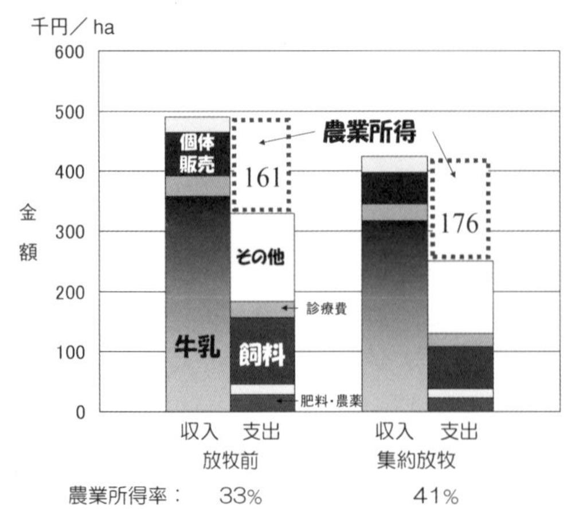

図6－3　農業所得および農業所得率の変化

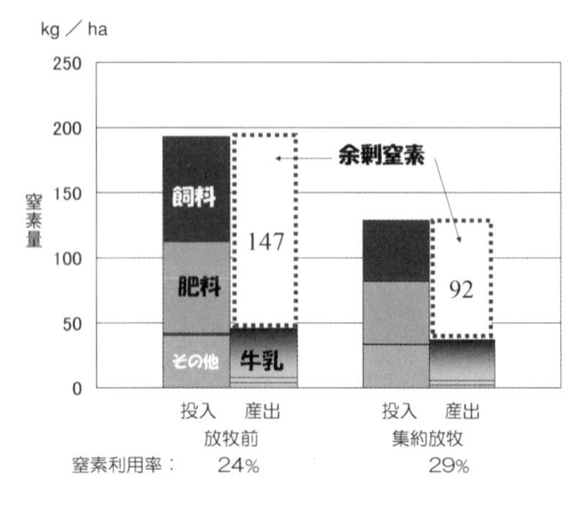

図6－4　余剰窒素および窒素利用率の変化

放牧を始める前に比べて、放牧後は収入（粗収入）は明らかに減少している（河上、2004）。しかし、支出（コスト）も大きく減少し、結果として、農業所得（いわゆる純益）は増加した。支出で最も減少したのは、購入飼料費である。生産乳量は減少したものの、購入飼料の減少による農業所得率の上昇が大きく効いたことになる。

次に投入化石エネルギーについては、経済収支と同様に、購入飼料量の減少が、投入化石エネルギーの減少に大きく寄与していることが明らかである。

また、**図6－4**には、窒素収支（余剰窒素）の推移を示した（河上、2004）。牧場に投入された窒素は、放牧を始めたことにより大幅に減少している。これは、購入濃厚飼料と化学肥料の減少によってもたらされたものである。余剰窒素は放牧開始前に比べ放牧後は、約6割にまで下がっている。

家畜の診療費は、放牧開始後一時的に減少したが、その後、濃厚飼料の大幅な減少に伴うエネルギー不足が原因となって、繁殖障害が強く現れた。しかし、家畜も慣れ、酪農家も管理方法が分かってきて、診療費は再び減少した（河上、2004）。

人間福祉を表す指標として、酪農家の満足度を調べたが、C町の放牧酪農研究会の酪農家の人たちは、他の地域よりも満足度が高いという結果であった。これは、放牧だけが理由とは言えず、妻たち農業女性も含めて共に議論しながら改善を成し遂げてきたことに対する満足感と思われる（河上、2004）。

このように5つの指標で評価することによって、初めて、放牧酪農が農業収入は減少するものの支出を減らし農業所得を高めることができるだけではなく、化石エネルギー投入量や環境負荷（余剰窒素）を減らし、家畜福祉（疾病の減少）や人間福祉（満足度）を良好にする可能性を持っていることが、総合的に解明されたと言えよう。

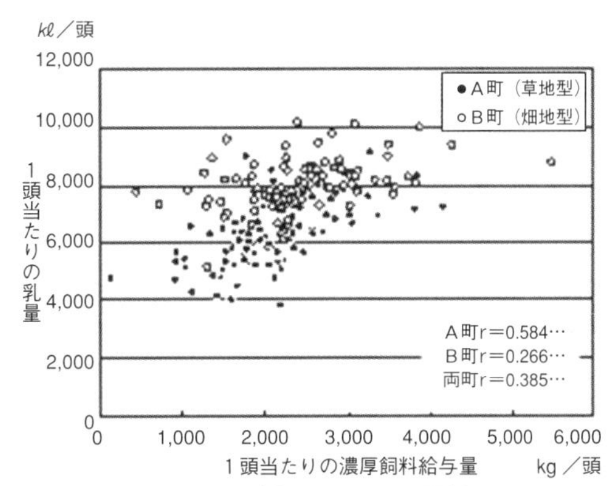

図6－5　濃厚飼料給与量と乳量の関係

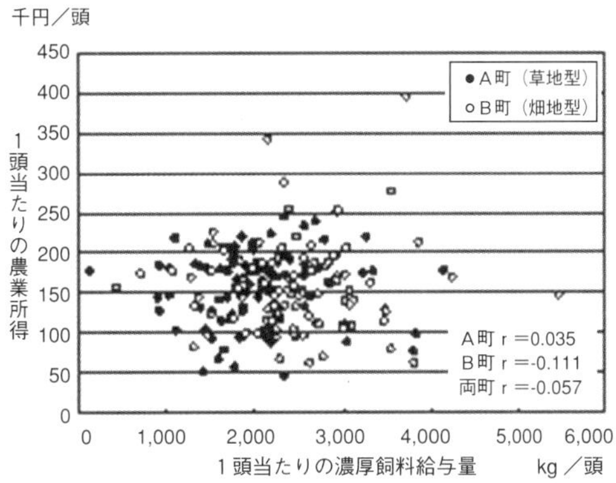

図6－6　濃厚飼料給与量と1頭当たり農業所得の関係

（5）濃厚飼料給与量の総合的評価

濃厚飼料給与量が5指標に及ぼす影響について検討した（加藤ら、2005および干場、2008）。対象は、北海道の釧路支庁管内A町（98戸）と北海道十勝支庁管内B町（94戸）の酪農家群である。酪農類型では、A町は草地酪農地帯、一方、B町は畑地酪農地帯に分類されている。

1頭当たりの濃厚飼料給与量と乳量との関係であるが、確かに濃厚飼料給与量が増加するに従い乳量も増加傾向にあったが、多少頭打ちの傾向がうかがわれた（**図6－5**）。乳飼比は濃厚飼料給与量の増加とともに高まるため、結果として、濃厚飼料給与量の増加は必ずしも1頭当たりの農業所得の増加にはつながってはいないことが明らかになった（**図6**

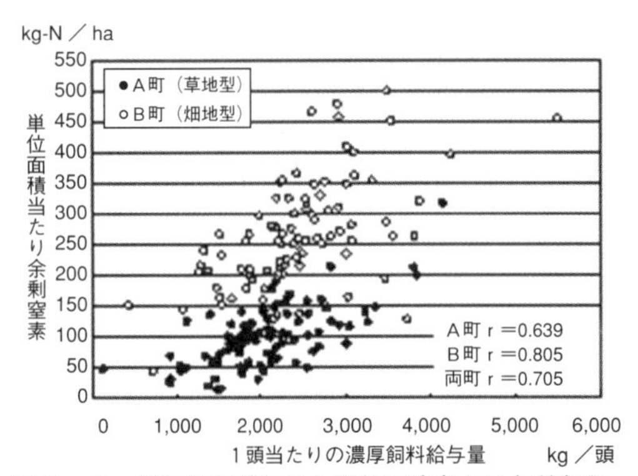

図6－7　濃厚飼料給与量と単位面積当たり余剰窒素の関係

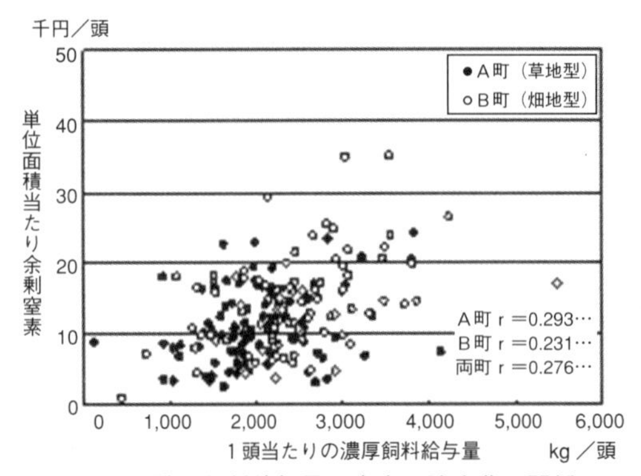

図6－8　濃厚飼料給与量と家畜の診療費の関係

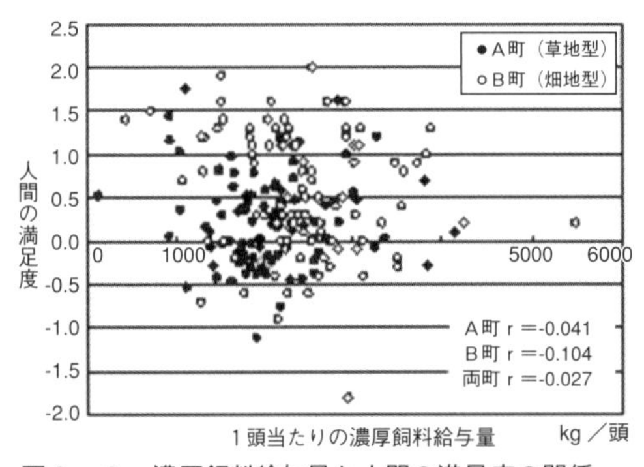

図6－9　濃厚飼料給与量と人間の満足度の関係

表6－1　濃厚飼料が各指標に与える影響

生産性	乳量	有意な正の相関 頭打ち
経済性	1頭当たり所得	弱い負の相関
エネルギー	投入産出比	有意な正の相関
環境負荷	余剰窒素	強い正の相関
家畜福祉	家畜の診療費	有意な正の相関
人間の満足度	人間の満足度	弱い負の相関

－6）。

環境負荷についてであるが、両町共に濃厚飼料給与量の増加は、単位面積当たりの余剰窒素の増加をもたらしており、環境への負荷に大きな影響を与えていた（**図6－7**）。特に、相対的に経営面積の少ない（36.5ha／戸）畑地酪農地帯のB町においては、環境への強い影響が見られた。

家畜の診療費との関係では、濃厚飼料給与量の増加は家畜の診療費を高めており、家畜の健康状態においても悪影響を及ぼす傾向のあることが明らかとなった（**図6－8**）。

最後に、酪農経営に関わる作業者の満足度に関しては、濃厚飼料給与量の増加が満足度を高めているとは言えず、逆に弱いマイナス傾向にあることが示された（**図6－9**）。

これらの結果をまとめて**表6－1**に示した。濃厚飼料給与量の増加は、必ずしも酪農経営を良好にしているとは言い難い。また、飼養頭数の増加は1戸当たりの農業所得を増加させているが、バラツキは極めて大きく、1頭当たりの農業所得を増加させてはおらず、逆に環境負荷（余剰窒素）を著しく増加させていることも明かとなった。

こうした結果は、北海道東部の2町村における傾向を示しているものであり、全ての酪農家に当てはまるわけではない。中には（これら2町村の中にも）、濃厚飼料給与量や飼養頭数を増加させても、家畜の健康状態を良好に保ちながら、また環境への負荷も抑えながら、生産乳量を上手に高めて、高農業所得を得ている酪農家が存在するのも当然の事実である。

しかし、これらの結果は、これまで長い間酪農家が夢としてきた「規模」と「乳量」の神話を見直す時期に来ていることを示しているであろう（干場、2007）。まさしく「量から質へ」である。特に、環境問題をも考慮しながら、将来の自分の経営方法を考える際には、考慮する必要があると思われる。

2．こころの健康と経済性

加藤　博美

少子高齢化が進み、農地、農業経営体が減少していく中で、農業従事者が受ける労働負担の様態は大きく変化している。ひとりひとりが健康であることは日本の食料自給基盤だけでなく社会の安定的発展にも重要である。加藤ら（2018）の推計によると、北海道における酪農家当たりの年間家族労働時間は約7,000時間前後、１人当たりの年間労働時間は約3,000時間前後であり横ばい傾向となっている。これは作業の機械化や自動化により作業時間が短縮されたためと考えられる。しかしながら、2015年の日本人１人当たり平均年間総実労働時間（労働政策研究・研修機構、2017）である1,719時間と比較すると、依然として労働負荷が高い現状がみて取れる。

Kanamoriら（2019）は、畜産生産が活発な地域では自殺率が高く、畜産生産と自殺の関係は、両方の性別で観察され男性より女性においてより強い相関関係があったことを報告しているが、その要因は明らかにされていない。一方Satoら（2020）は、酪農従事者を対象にした調査において、抑うつ症状がある人の割合は、男性では17.3％、女性では31.7％を占め、特に女性では60～75歳の人に比べ、60歳未満の人で抑うつ傾向にある人の割合が多い結果であったと報告している。

持続的農業を考えるためには、経済的に自立した農業経営を追求するだけではなく、従事者自身のこころの健康も考えていく必要性が強く求められている。

ここでは、酪農従事者のこころの健康と農業経営の関係について述べる。

（1）こころの健康評価方法

こころの健康評価には、CES-D（セス・ディー）という質問紙を用いた。これは日本だけでなく、世界的に使われている質問紙である。

このCES-Dという質問紙は、うつ病の「スクリーニング」を目的としているものであり、回答を計算して、16点以上であれば、その疑いがあることになる。「スクリーニング」とは、その病気の疑いのある人を発見するための比較的簡単に実施できる検査などのことである。日本の調査では、約３割の人がCES-Dで16点以上を示すという報告がある（梶達、2011）。よって、この質問紙で16点以上になったとしても、実際にはうつ病ではない人も多く含まれることをご留意して頂きたい。このCES-Dは大きく２つに分割し、うつ病の疑いがあるか、ないかの判断する以外にも総合得点として評価することが可能である。いくつかの留意点があるが、CES-Dをこころの健康を測る１つの指標として選択した。

（2）こころの健康と経済性の関係
～適切で多様な支援体制の構築のために

図６－10には酪農従事者157人のCES-Dスコア（総得点）と成牛換算頭数１頭当たりの農業所得の関係を示した。

結果として、成牛換算頭数１頭当たりの農業所得とCES-Dの総得点の間に有意な相関はなかった。また、農業収入、支出および所得率の間にも有意な相関はなかった。つまり、所得の多少によってこころの健康は決定されないということである。アメリカ・ノースカロライナ州東部の農家におけるストレス要因（Kearney、2014）の報告によれば、農家のストレス要因は大きく３つに分類され、農場経営関連の要因としては、①天候に関する懸念②農場の将来に対する懸念③農業の性質を理解していない部外者から受けるストレス④機械の問題⑤作物／家畜の市場価格に非常にストレスを感じていた。経済的要因としては、

⑥税金⑦医療費であった。社会的要因では、⑧家族と過ごす十分な時間がないことが上げられた。Sato ら（2020）の報告でも、抑うつに関連する仕事要因については、男女ともに、

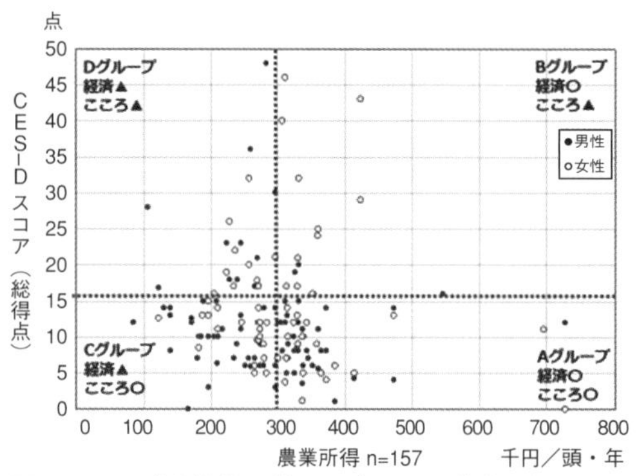

図６－10　成牛換算頭数１頭当たりの農業所得と CES-Dスコア（総得点）

「仕事の過重負担が大きいこと」「人手不足が心配」など仕事の忙しさに関する要因であった。男性では、「農薬の健康への影響」「仕事と家庭の役割のバランスへの心配」が抑うつと関連がみられた。女性では、「経済面の心配」「家畜の健康の心配」「新しい情報や技術を理解することへの心配」「農場の将来への心配」が抑うつと関連していたと報告されている。

このように、こころの健康を決める要因は、経済的なものだけではなく、多岐にわたることを改めて理解する必要がある。

図６－10は、横軸の成牛換算頭数１頭当たりの農業所得の平均である292（千円／頭・年）を境界とし、便宜的に平均以上を経済的

表６－２　グループ別の農家および割合

	全員(人)(%)	男性(人)(%)	女性(人)(%)
A：経○心○	58(36.9)	38(39.6)	20(32.8)
B：経○心▲	16(10.2)	5(5.2)	11(18.0)
C：経▲心○	62(39.5)	42(43.8)	20(32.8)
D：経▲心▲	21(13.4)	11(11.5)	10(16.4)
合計	157(100.0)	96(100.0)	61(100.0)

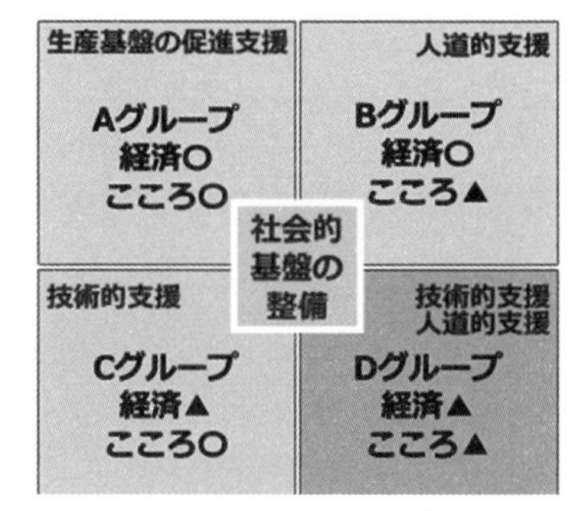

図６－11　それぞれのグループへの支援体制

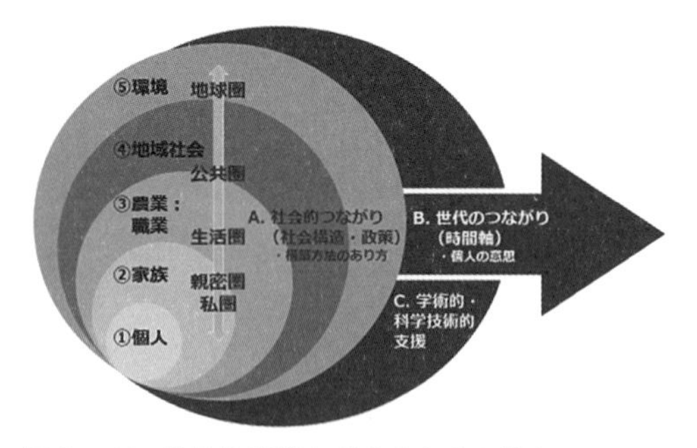

図６－12　持続的農業を考えるための視点

に充足（○）している、以下を不足（▲）していると分け、縦軸のCES-D総得点は、16点以下はこころが健康（○）、16点以上をこころの元気がない（▲）に分割するとA～Dの４つのグループに分けることができる。

対象では、約37%の酪農従事者が経済性もこころも満たされているAグループに入っていた。経済性のみ満たされているBグループは約10%、こころのみ満たされているCグループは約40%、経済性もこころも満たされていないDグループは約13%であった（**表６－２**）。グループ分けをしてみると、各グループが求める持続的な農業経営への支援の多様性が必要であることが示唆される（**図６－11**）。Aグループは経済性もこころも満たされていると考えられるので、より盤石な生産基盤の促進支援が、Dグループには所得向上に直結するような技術的支援と、技術ではない人を中心としたこころの健康への支援も必要になると考えら

れる。

女性と男性を比較すると、こころが相対的に満たされていない人（B+D）の割合は、女性が34.4％なのに対し、男は約半分の16.7％であり、大きな違いが表れた。

持続的な農業を考えるには多くの視点から問題にアプローチする必要がある（**図6－12**）。地球規模で見る環境問題からの視点、地域社会の視点、そして個人的な立場からの視点があり、それぞれに解決方法がある。しかし、問題解決のために必要なさまざまな支援は、1組織のみで成し得ることはできない。市町村、行政、学術機関、民間団体、そして何よりも地域の在住者が強固につながり、共に地域発展に向うことが重要であると考えられる。さまざまな制約がある中、垣根を越えた支援の在り方を構築することが期待される。

※本項は「持続的な農業・農村のための酪農生産システムの評価：人の健康と経営の健全性」（平成30年度科学研究費助成事業基盤研究費）として行われたものである。研究の内容は、研究に参加される方の権利を守るため、研究を実施することの適否について次に示す倫理審査委員会にて審査され、承認された後に研究を開始することになっている。本研究についても、既にその審議を受け、2018年10月4日（2018年11月8日追加承認）北海道大学農学研究院倫理審査委員会の承認を得ている。また、研究結果については同意書を頂いた農家のみを示している。

3．酪農場で働く女性の苦悩と将来、社会学的視点から

加藤　博美

北海道の農村地域では、少子高齢化および人口減少に伴い医療、保健福祉システムなどの社会サービスの低下が大きな問題となっている。農村でも生きやすい社会基盤の整備もこころの健康にとって大きなキーワードになる。Dixonら（2000）は、農村部と都市部の健康状態には格差があり、医療サービスや文化的サービスのアクセスが難しい地理的障壁があることを言及しており、これらが農村在住者の心身の健康の社会的決定要因となることを報告している。「北海道への移住・交流促進に向けた意識調査」（北海道庁）によると、地域に暮らす上で特に重視する情報は「病院、福祉施設、福祉サービスなどに関すること」であることが明らかとなっており、社会サービス、特に医療を基盤とした地域社会のQOL（Quality Of Living）の充足度、つまり地域の質（住みやすさ）が、暮らす人の満足度（幸福感）の評価に大きく影響していると言える。

また、男女共同参画社会への構築が展開される昨今において、女性の活躍が推進されてきている。農業分野においても例外ではない。農業就業人口に占める女性の割合について農林水産省（2019）では、「女性は農業就業人口の約半数を占めるなど、農業の担い手として重要な役割を果たしている。新規就農者全体に占める女性の割合は24.0％となっている。基幹的農業従事者では女性の割合が高くなってきている」と報告しており、今や女性なくして農業経営が成立できないことは明らかである。しかし、現状として、女性は仕事のみならず家事・育児など、多くの役割、いわゆるアンペイドワーク（無償労働）を期待されており、特に家族農業経営においてその議論は十分ではないと、靍（2007）は課題として挙げている。

そこで本項では、視点を地域という枠に当て、女性農業従事者が地域医療について求めていること、およびその支援の在り方について考察する。

（1）調査方法

調査は、自記式質問票を用いて行った。対象者は、北海道に在住する女性農業従事者である。自記式質問票は、関係機関の協力を得て送付し回収した。自記式質問票の概要を**表6－3**に示す。

表6－3　質問票の概要

1．基礎的事項（年齢、職業、結婚の有無、子どもの有無など）
2．通院距離と時間、通院の妨げになる要因
3．魅力的な医療評価（一般的な病院・産婦人科）
4．受療行動の評価
5．地域医療の評価
6．出産経験について（子がいる方のみ対象）

（2）結果および考察

①調査対象者の概要・質問票の回収結果

農業協同組合や、研究の主旨に賛同を得た機関に協力いただき、女性農業従事者および農村地域在住女性へ自記式質問票を郵送した。配布部数は746部、回収部数は275部、回収率は36.9％であり、回答人数は、農業従事者189人、非農業従事者84人であった。回答者の平均年齢は44.5歳であった。

②通院距離と時間

通院の自家用車使用率は、疾病の軽度、重度に関わらず、ほぼ100％自家用車を利用しており、農業従事者と非農業従事者の差はなかった。通院距離および通院時間を**表6－4**に示

表6－4　通院距離および通院時間

	全員 n＝275			(SD)	農業従事者 n＝189	(SD)	非農業従事者 n＝84	(SD)
病院までの平均距離	軽い疾病	km	14.3	(13.5)	14.23	(12.6)	14.5	(15.4)
	最小値	km	0.1		0.10		0.1	
	最大値	km	75.0		60.00		75.0	
	重篤な疾病	km	52.0	(27.7)	50.23	(27.3)	56.2	(28.4)
	最小値	km	0.1		0.10		0.5	
	最大値	km	200.0		200.00		150.0	
病院までの平均通院時間	軽い疾病（夏季）	min	16.2	(12.7)	15.9	(11.5)	16.8	(15.0)
	最小値	min	1.0		1		1	
	最大値	min	75.0		65.00		75.0	
	軽い疾病（冬季）	min	20.2	(15.6)	19.47	(13.8)	21.9	(19.0)
	最小値	min	1.0		1.00		1.0	
	最大値	min	85.0		65.00		85.0	
	重篤な疾病（夏季）	min	56.7	(26.6)	54.29	(25.9)	62.2	(27.7)
	最小値	min	1.0		1.00		5.0	
	最大値	min	180.0		180.00		180.0	
	重篤な疾病（冬季）	min	67.3	(30.4)	64.23	(28.3)	74.1	(33.9)
	最小値	min	1.0		1.00		5.0	
	最大値	min	200.0		200.00		200.0	

す。病院までの平均距離では軽い疾病で平均14.3km、重篤な疾病で平均52.0kmを通院していた。平均の通院時間では、軽い疾病（夏季）16.2分＜軽い疾病（冬季）20.2分＜重篤な疾病（夏季）56.7分＜重篤な疾病（冬季）67.3分の順に多く時間がかかっていた。この結果から長距離移動を経て通院するという北海道の特徴が示され、在住者の経験に基づく地理的障壁を数値化できた。

③通院弊害要因および必要としているサポート

通院を妨げる要因（**表6－5**）は、"通院・診療に時間がかかる" が最も多く、この結果から距離が医療機関受診への大きな弊害となっていることが明らかとなった。通院時に望むサポート（**表6－6**）では、農業従事者とその他の職業で異なっており、農業従事者は "農業ヘルパーなど労働力に対する金銭的補助" を望む声が高い。このことから日々の農作業に従事する中で、代替労働者の金銭的および人材確保の困難さに不便を感じていた。また、両職業者ともに、"交通費の補助" "通院バスなどの整備" を求める声が高い。高齢化に伴い自力での通院が不可能になったときや、小児科への受診など子供を伴った通院時に、このようなサービスが必要不可欠であり、通院基盤を整備することが急務であると言える。若菜ら（2005）は、生活交通サービスの再構築において、❶交通サービスの統合❷DTD（ドアツードア）の導入（バスが個人宅まで送迎する）❸コミュニティー送迎サービスの3つの方法を提案している。交通サービスの充実は、在住者の定住促進と地域の活性化につながる効果を生むものと期待される。

表6－5　通院を妨げる要因（複数回答）

	n＝273	(％)	農業従事者 n＝189	(％)	非農業従事者 n＝84	(％)
a．通院を妨げる要因はない	56	(10.3)	37	(9.7)	19	(11.9)
b．通院・診療に時間がかかる	168	(30.9)	119	(31.1)	49	(30.6)
c．診療にお金がかかる	26	(4.8)	17	(4.4)	9	(5.6)
d．休みがとれない	71	(13.1)	50	(13.1)	21	(13.1)
e．家族の協力や理解がない	15	(2.8)	13	(3.4)	2	(1.3)
f．公共交通機関がない	24	(4.4)	14	(3.7)	10	(6.3)
g．近くに専門の病院がない	154	(28.4)	113	(29.5)	41	(25.6)
h．医師との相性が悪い	13	(2.4)	9	(2.3)	4	(2.5)
i．その他	16	(2.9)	11	(2.9)	5	(3.1)

表6－6　通院時に望むサポート（複数回答）

	n＝273	(％)	農業従事者 n＝189	(％)	非農業従事者 n＝84	(％)
a．交通費の補助	108	(25.3)	64	(21.4)	44	(34.4)
b．子どもの預かり	87	(20.4)	54	(18.1)	33	(25.8)
c．通院バスなどの整備	89	(20.8)	62	(20.7)	27	(21.1)
d．農業ヘルパーなど労働力に対する金銭的補助	126	(29.5)	108	(36.1)	18	(14.1)
e．その他	17	(4.0)	11	(3.7)	6	(4.7)

④妊娠出産の経験から見る農村に暮らす女性の思い－自由記載内容から－

最後に、妊娠出産の経験から見る農村に暮らす女性の思いを整理して、紹介したい。

「出産経験に関する自己評価は、その後の母親としての在り方に関係する」（Macky、1995）と言われリプロダクティブヘルス※（以下、リプロと表記）の問題だけではない女性の一生涯にわたる影響を及ぼす重要な要因であり、中野ら（2003）は、「家族」および「医療者の態度」が出産体験の満足度と関連していると報告している。

本項では、先のアンケートにて、子供がいる回答者（222人）に対し「妊娠や出産にまつわる思い出」を聞いたところ、106人（48％）から自由記入を得た。記載された回答を“通院の不便さ”“仕事について”“家族の理解・協力”“出産前後の気持ち”“助成金”“医師や助産師の対応”“病院や助産院の設備やサービス”“緊急搬送・緊急処置の経験”“その他”の9つのカテゴリーに分け、該当する意見を複数回答として集計した。**表6－7**に結果を示す。最も多い自由記載の内容は、“通院にかかわること（76％）”であった。特に冬期間における出産のための移動の困難さについて多くの意見がみられた。“出産前後の気持ち（73％）”は次に多く記載されており、“悲しい経験”が“幸せな経験”よりも多くみられた。“悲しい経験”では近所に住んでいる知人などから受けたものも多くみられ、地域全体にリプロへの理解を深めてもらう必要性が認められた。また、支援を考える上で、当事者

表6－7　妊娠出産の経験から見る農村に暮らす女性の思い（複数集計）

カテゴリー		回答者数（n＝106）	大カテゴリー回答数（％）	小カテゴリー回答数（％）	代表的な意見
通院の不便さ	自分で運転して通院する困難さ	22	76.4	20.8	・冬季に健診に通うとき、通院時間が長く妊娠後期は辛かった。 ・冬季に道路が凍っていて追突され、病院に戻って検査を受けた。 ・自ら運転していかなければならなかったので、産後は特に不安になりウツになった。
	産婦人科が近くにない不便さ	45		42.5	・通院に約50分かかるので、気がかりなことがあっても、次回の健診まで我慢しようか悩む。 ・陣痛が始まり病院へ車で移動するとき、猛吹雪で天候が悪い中、倍以上時間をかけて着いた。 ・病院まで1時間30分以上かかるため、誘発分娩と決められてしまった。
	産婦人科の選択肢がない	5		4.7	・町には産婦人科がないので、妊娠が分かった時点で行く産婦人科が決まってしまう。
	診察・検診に時間がかかる不便さ	9		8.5	・病院の評判も、先生との相性も良い病院だったが、待ち時間がとっても長くて疲れた。
仕事について	仕事のできない罪悪感	5	4.7	4.7	・妊娠で通院時、その間、仕事ができないので家族に迷惑をかけた。
助成金	市町村独自の助成があり助かった	7	6.6	6.6	・町にはいろいろな補助があり、妊婦健診費用が助成されるのでとても良かった。 ・出産費用は高額だったが、町で助成もあったので助かった。
家族の理解・協力	あり	15	5.7	14.2	・妊娠、出産のときは家族や周りの人も手助けしてくれ、悩みや不安は少なかった。 ・夫や義理の両親にも助けてもらっていたことで不安も少なかった。 ・一番の理解者、協力者が夫で、「ありがとう」と言いたい。
	なし	6		5.7	・里帰り出産を希望したが、夫に反対され断念、理由は“そのまま帰ってこなかったら困るから”だった。 ・母乳を哺乳瓶に入れたとき、家族に「たったそれだけしか出ないのかい!!」と言われ、母乳が止まりミルクになった。
出産後の気持ち	幸せな経験	31	72.6	29.2	・助産院では、自分の力で出産できた感じがしました。母子同室でリラックスできました。 ・何といっても、子どもにやっと会えた喜びが大きかったです。
	悲しい経験	46		43.4	・近所の人に「農繁期を考えて計画的に出産しろ」と言われた。 ・産後にマタニティーブルー（産後うつ）っぽくなってしまったが、田舎だからか理解が少ないように思った。
医師や助産師の対応	良かった	28	34.9	26.4	・スタッフの方みな、あたたかく親切で家庭的、小さな悩みにも丁寧に対応してくれた。 ・病院の方には親切にして頂き、家族共々お世話になりました。 ・医師の声掛けがとてもおだやかで優しく、不安がなくなった。とても良い先生だった。
	悪かった	9		8.5	・出産後のトラブル時に、看護師さんに怒られ、悲しくなった。 ・個室で看護師も助産師も様子を見に来てくれることがなく、とても心細く寂しい入院だった。
病院や助産院の設備やサービス	良かった	23	29.2	21.7	・LDR分娩（立会い出産）だったが、家族とともに子どもの誕生を見ることができ、良かった。 ・自分が望んだ出産方法（アクティブバース）ができ、満足できるお産ができた。 ・病院がとても家庭的な個人病院で、食事がとてもおいしかった。 ・農家の仕事時間に合わせた面会時間にしてくれた。
	悪かった	8		7.5	・母子同室にしたかったが、混んでいたため1日しかできなかった。 ・病室が足りなくて会議室で入院生活をした。 ・出産する人が多く、出産後も分娩台で待機しなくてはならないことがあった。
緊急搬送・緊急処置の経験		11	10.4	10.4	・前置胎盤のため入院中に大量出血、救急車でNICUある総合病院へ搬送、帝王切開で出産した。 ・検診時に帝王切開になり、総合病院へ自家用車で行き、当日のうちに緊急帝王切開をした。 ・自然分娩から緊急帝王切開をした。
その他		27	25.5	25.5	・酪農業なので、産んですぐ仕事に戻らないといけないのが嫌だった。 ・農村は、不便もあるが子どもたちがのびのびと育てる良い環境だと思う。子育てするには最高。

の気持ちを分析する社会学的手法も活用し、より包括的な支援に結び付ける必要性も確認された。

※リプロダクティブヘルス 「性と生殖の健康と権利」と訳され、いわゆる妊娠から出産までの人間の生殖システムおよびその権利と活動過程の全ての側面を包括する。

（3）まとめ

本項では、北海道における女性農業従事者の受療行動から長距離・長時間の通院の現状を明らかにし、地理的障壁の実態として数値化が可能となった。また、通院を妨げる要因は、“通院・診療に時間がかかる”が最も多く、この結果から、精神的にも距離が医療機関受診への大きな弊害となっていることが明らかとなった。この弊害を軽減するための通院時に望むサポートでは、農業従事者と非農業従事者で異なっており、農業従事者は“農業ヘルパーなど労働力に対する金銭的補助”を望む声が高く、非農業者では“交通費の補助”を求める声が高かった。農業経営の現場においては代替人材の確保の困難さ、非農業者は金銭的負担を感じており、農村に在住する女性でも、一般的な女性（非農業者）の抱える課題と、農業従事者ならではの課題が双方にあったが、通院に関しては双方に厳しい状況にあることが明らかとなった。

また、本研究の結果では、ほぼ100％の人が通院に自家用車を利用していた。しかし、藍沢（1983）は、「農村地域では、公的交通機関の未整備により、都市に比べ自家用交通手段の普及が高く、個別的な解決手段により生活欲求を充たし、そのことが一層生活圏を拡大することになる。生活圏拡大のベクトルは、農村地域の都市地域への依存を増々高め、農村地域社会に成立している諸々の施設・組織を崩壊させていく」と述べている。自家用車の利用は農村地域では不可欠なものとなっているが、その利用率の高さが農村文化にとっては必ずしも良いものではない。また、藍沢の対象地は山形県である。本研究で対象とした北海道の方が広大であることは明白であり、より深刻な状況下であると予測できる。この側面を勘案し、北海道の地理的特徴を考慮した農村社会発展のための交通システムの構築が必要であると考察した。

本項では女性の医療サービスへの受療行動を取り上げたが、農村における地理的障壁は、買い物、公共サービス、教育・文化など多岐にわたる。このような状況の中、近年、ICT（情報通信技術）の活用および普及が進み、遠隔健康相談システム、遠隔授業、電子図書館、自宅でのオフィスワークなどの利用も徐々にではあるが、広がってきている。農村の情報環境整備は、農村にとって都市との情報や社会サービス格差を埋める重要なツールであり、インフラ整備がなされることによって、間接的にも直接的にも農村地域の在住への障壁を取り除くことができるのではないだろうか。

※本節3で示した結果は、2017年3月7日に北海道大学農学部倫理委員会の承認を得ている。審査の結果に従い、同年6月、調査協力者に対し、個人情報保護や付随する倫理的配慮についての文書を同封し質問票を送付した。同意した調査協力者からのみ、返送して頂いた。また、(一財)北海道開発協会、平成29年度研究助成金を受けて実施した研究の成果に基づき作成した。

なお、この成果は「加藤博美、小野洋、野口真貴子、小林国之（2019）北海道における女性農業従事者の受療行動の解明、食品経済研究48号、2019年3月、42-53」として発表している。

参考文献（第６節１．～３．）

加藤博美・開地康平・森田茂（2018）「酪農業における労働力の減少がもたらす家畜の健康状態の変化」『酪農学園大学紀要自然科学編 43（１）』 pp.5-11

独立行政法人労働政策研究・研修機構（2017）『データブック国際労働比較』 p.301

Kanamori, M., Kondo, N.(2019)「Suicide and Types of Agriculture : A Time-Series Analysis in Japan」『Suicide and Life-Threatening Behavior』doi : 10. 1111/sltb.12559

Miho Sato, Hiromi Kato, Makiko Noguchi, Hiroshi Ono and Kuniyuki Kobayashi(2020)「Gender Dierences in Depressive Symptoms and Work Environment Factors among Dairy Farmers in Japan」『International Journal of Environmental Research and Public Health,17, 2569 ;』doi : 10.3390/ijerph17072569)

梶達彦他（2011）「中高年における抑うつ症状の出現と生活上のストレスとの関連―日本の一般人口を代表する大規模集団での横断研究―」『精神神経学雑誌 113』 pp.653-661

Kearney GD, Rafferty AP, Hendricks LR, Allen DL（2014）「Tutor-Marcom R. A Cross-Sectional Study of Stressors Among Farmers in Eastern North Carolina」『North Carolina medical journal 75（６）pp.384～392』

Dixon J, Welch N（2000）「Researching the rural-metropolitan health differential using the 'social determinants of health'」『Aust. J Rural Health 8（５） p.254～260』

北海道（2009）『北海道への移住・交流促進に向けた意識調査 報告書 概要版』

農林水産省、経営局就農・女性課女性活躍推進室（2019）『農業における女性の活躍推進について』

靍理恵子（2007）『農家女性の社会学―農の元気は女から』 コモンズ, pp.254

Mackey MC（1995）「Women's evaluation of their childbirth performance」『Maternal-child Nursing Journal 01 Apr 1995 23(２) pp.57-72』

中野美佳、森恵美、前原澄子（2003）「出産体験の満足に関連する要因について」『母性衛生 44（２）』 pp.307-314

藍沢宏（1983）「農村集落における生活圏の設定と生活関連施設の配置に関する研究」『農村計画学会誌１（４）』pp.27-38

加藤（かとう） 博美（ひろみ）

1975（昭和50）年千葉県生まれ。酪農学園大学博士課程満期退学。神奈川県畜産技術センター、農研機構中央農業研究センター、フランスCEA（Commissariat à l'énergie atomique et aux énergies alternatives）を経て、現在、北海道大学農学研究院研究員。博士（農学）

4．適正な飼養密度を総合的に考える

佐々木　美穂
加藤　博美

環境保全的な酪農経営を行うためには、適正な飼養密度（単位面積当たり飼養頭数）を維持することが必要となる。第5章4節でも述べたが、「別海町畜産環境に関する条例」は、その飼養密度の上限を規定した先進的な試みであった。

本項では、畑酪混合地帯の十勝地方鹿追町と草地酪農地帯の浜中町について、別海町の条例と同様な考え方に基づく飼養密度の上限および、本節1.で環境負荷の指標として用いた余剰窒素の上限を算出し、それらの値と両地区の酪農家群の経営実態を比較することにより、将来に向けての提言について述べることとする。

（1）適正な飼養密度の求め方（十勝地方鹿追町酪農について）

ここで言う「適正な飼養密度」とは『北海道施肥ガイド2010』の「施肥標準」に基づいて、糞尿の還元可能量から算出される単位圃場面積当たりの飼養可能成牛換算頭数のことを意味している。この施肥標準は、行政（北海道）が指導の指針として用いているものであり、地域別に気象、土壌や飼料作物品種を考慮した施肥対応となっている。さらに、施肥標準量に従うことで、地下水の硝酸性窒素および亜硝酸性窒素の基準値10mg／ℓ（1999〈平成11〉年に国が設定）を超えない条件となる。つまり、「適正な飼養密度」とは、国が定めた地下水の環境規制をクリアできる飼養密度の上限値ということができる。別海町が条例で定めた飼養密度も、同様な考え方で算出したものである。

なお施肥標準では、窒素だけではなくカリウムについても規制しており、乳牛糞尿はカリウム含量が高いために、カリウムの規制をクリアする頭数は窒素の規制をクリアする頭数よりも低くなる。しかし、カリウムは窒素に比べ環境（河川水）への影響は少ないため、現実的に許容し得る条件として、カリウムによる規制を除外している。

一方、十勝地方の鹿追町は畑酪混合地帯であるため、地域内で耕畜連携を行うことができれば、酪農家の自己所有圃場面積当たりの飼養可能頭数は、草地酪農専業地帯である浜中町よりも大きくしても、地域全体の地下水の環境規制をクリアできることになる。そこで、畑酪混合地帯である鹿追町の「適正な飼養密度」としては、耕畜連携が上手に行われて、家畜糞尿が畑作農家で利用されている場合を想定した。

また、「適正な飼養密度」が成立しているときの余剰窒素（牧場に入ってくる窒素から出て行く窒素を差し引いた値）を「適正な余剰窒素」とした。すなわち、「適正な余剰窒素」とは、国が定めた地下水の環境規制をクリアできる余剰窒素の上限値ということができる。

「適正な飼養密度」と「適正な余剰窒素」を算出する手順を次に示す。また、手順の概念図を**図6－13**に示す。なお、十勝地方の鹿追町においては①から⑧までの手順に従うが、釧路地方浜中町においては耕畜連携を想定していないので、①から⑦までの手順で算出す

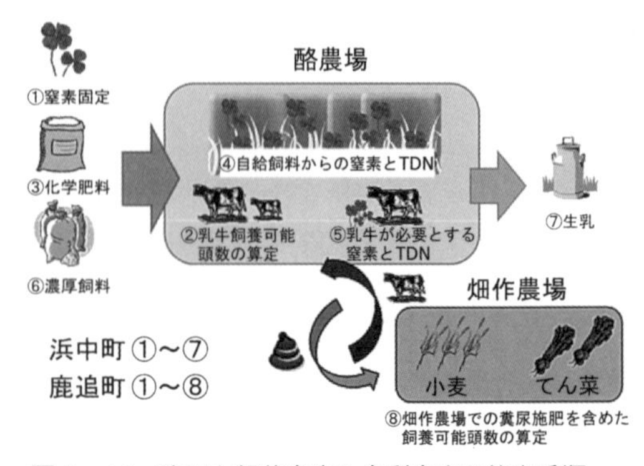

図6－13　適正な飼養密度と余剰窒素の算出手順

る。

①マメ科牧草による窒素固定量の算定
②乳牛飼養可能頭数の設定
③糞尿で窒素養分量が不足する際に補う窒素化学肥料量の算出
④乳牛が必要とする窒素およびTDN要求量の算出
⑤採草地からの窒素およびTDN収量の算出
⑥自給飼料では不足する分の窒素およびTDN養分の算定
⑦生乳からの産出窒素
⑧畑作農場での糞尿施与を含めた飼養可能頭数の算定

算出結果を**表6－8**に示す。鹿追町と浜中町における適正な飼養密度は、それぞれ3.1および2.2頭／haであり、適正な余剰窒素はそれぞれ230および102kgN／haと算出された。

表6－8　適正な飼養密度と余剰窒素の算出結果

	飼養密度(kg／ha)	余剰窒素(kgN／ha)
浜中町	2.2	102
鹿追町	3.1	230

表6－9　調査対象酪農家の経営概要

項目	単位	浜中町(2006)	鹿追町(2009)
調査対象酪農家戸数	戸	172	108
経営面積	ha／戸	64	49
飼養密度	頭／ha	1.4	2.8
個体乳量	kg/(頭・年)	7,313	8,230

表6－10　適正値によるグループ分けと戸数比率（%）

グループ名	A	B	C	D
飼養密度	○	×	○	×
余剰窒素	○	○	×	×
浜中町	53	0	43	4
鹿追町	29	2	51	18

○：適正値を満たす(以内)　×：適正値を満たさない(超過)

なお、十勝地方の鹿追町において、耕畜連携が行われていないと仮定した場合の適正な飼養頭数と余剰窒素は、それぞれ2.4頭／haおよび172kgN／haであった。

（2）飼養密度と余剰窒素から見る酪農経営の実態

鹿追町および浜中町の酪農家における実際の飼養密度と余剰窒素が、前で求めた適正な飼養密度と余剰窒素と比較してどのような状況になっているのかを検討した。

まず鹿追町について述べる。**図6－14**に示すように、飼養密度をX軸、余剰窒素をY軸とした散布図に各酪農家の実態値をプロットした上で、両軸の適正値（3.1頭／ha、230kgN／ha）を引き、実態値と適正値との大小により、酪農家を4グループに区分した。浜中町についても鹿追町と同じやり方で散布図を作成

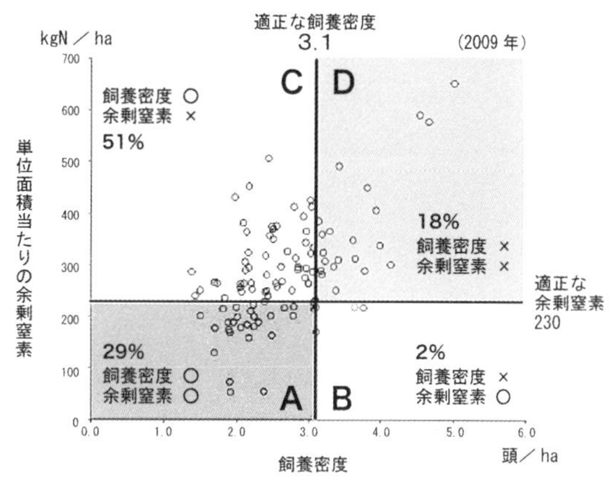

図6－14　JA鹿追町酪農家の飼養密度と余剰窒素の実態

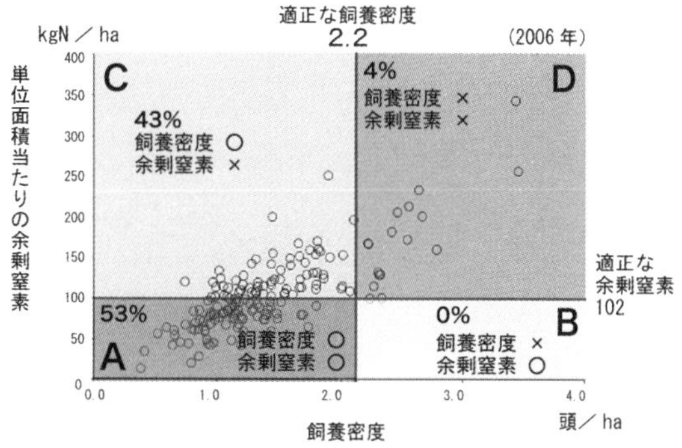

図6－15　JA浜中町酪農家の飼養密度と余剰窒素の実態

表6－11　飼養密度、余剰窒素、収容方式の実態（鹿追町）　（単位：kgN／ha）

グループ名	評価		飼養密度（頭/ha）	収容方式（戸）		投入窒素			産出窒素		余剰窒素
	飼養密度	余剰窒素		TS	FS	マメ科窒素固定量	化学肥料	購入飼料	生乳	堆肥	
A	○	○	2.3	23	8	33	82	183	72	45	182
B	×	○	3.7	1	1	22	70	339	131	76	218
C	○	×	2.5	30	23	44	100	264	87	14	309
D	×	×	3.8	2	17	41	106	396	127	19	396

表6－12　生産量、経済性の実態（鹿追町）

グループ名	評価		1頭当たり濃厚飼料購入量	1頭当たり乳量	乳飼比	1頭当たり農業所得	農業所得率
	飼養密度	余剰窒素	kg／ha	kg／頭	%	千円／頭	%
A	○	○	2,557	7,801	29	200	30
B	×	○	2,909	8,931	30	166	25
C	○	×	3,106	8,386	33	178	25
D	×	×	3,169	8,194	34	163	24

し、浜中町に関する両軸の適正値（2.2頭／ha、102kgN／ha）を引き、同様に酪農家を4グループに区分した（**図6－15**）。なお、用いたデータは、鹿追町が2009〈平成21〉年、浜中町は2006〈平成18〉年に行った調査から得たものであり、それぞれの経営概況を**表6－9**に示す。

区分した4グループが持っているそれぞれの意味は、飼養密度と余剰窒素の両者が適正値を満たしているのがA、余剰窒素のみ満たすのがB、飼養密度のみ満たすのがC、そして両者ともに満たさないのがDである。浜中町と鹿追町の酪農家群がどのような割合で4グループに分けられるかを**表6－10**に示した。

浜中町においては、半分以上の酪農家が両方を満たすAであり、飼養密度を満たしていない酪農家（BとD）はわずか4％しかいなかった。しかし、余剰窒素の適正値を満たしていない酪農家（CとD）も半分近くいて、今後環境に配慮しなくてはならないと思われた。

一方、鹿追町においては、およそ3割の酪農家（A）は飼養密度と余剰窒素の適正値を満たしていたが、2割弱の酪農家（D）は両者とも満たしていなかった。およそ7割の酪農家（CとD）は余剰窒素の適正値を満たしておらず、環境問題を抱えている酪農家がかなり多いと言う実態を示していた。

そこで、グループごとの経営実態を、まず収容方式や窒素収支の内容から解析した。その結果を**表6－11**に示した。これによると、A酪農家群では化学肥料および購入飼料由来の窒素が少なく、堆肥を畑作農家へ譲渡する量が多い（耕畜連携）ことから、現状の余剰窒素は平均で182kgN／haと低かった。投入が少ない要因として、飼養密度が低く、糞尿を十分に生かして自給飼料を生産し、濃厚飼料の購入量が少なくなっているためと思われる。一方、D酪農家群では、化学肥料および購入飼料由来の窒素が多く投入されているため、余剰窒素が高くなったと考えられる。つまり、飼養密度を抑え、堆肥の有効活用を推進することで、余剰窒素を低下させることにつながると思われる。

次に、収容方式に着目すると、A農家群では

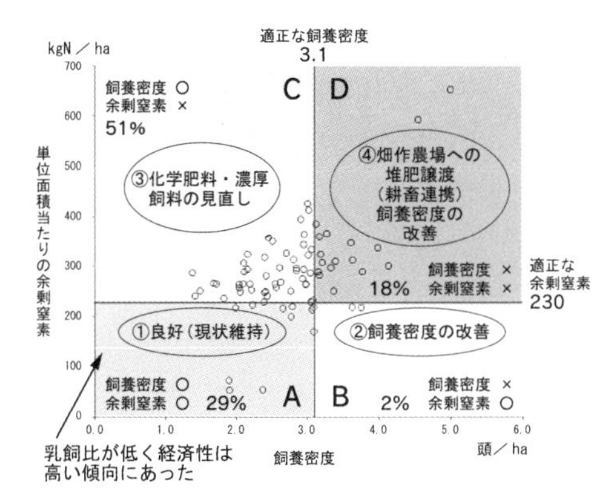

図6－16　鹿追町の各グループの改善点（提言）

TS（つなぎ飼い方式）農家が74％と多く、FS（フリーストール飼養方式）農家は26％であるのに対し、D農家群では逆にTS農家が89％とほとんどを占め、FS農家は11％であった。TS農家ではバーンクリーナを用いて糞と尿を分離して堆肥化することが多く、畑作農家も利用しやすい。それに対しFS農場では、糞尿を分離せずに液状で（スラリーとして）管理することが多いため、畑作農家では利用しにくい。つまり、A農家群とD農家群の糞尿管理の違いが耕畜連携のしやすさに影響し、堆肥の譲渡に伴う産出窒素の差（A>D）として表れているものと思われる。

B酪農家群では、濃厚飼料由来の窒素は多くなっているが、化学肥料の使用量が少ないことから、堆肥の有効活用を行っている酪農家群であると思われる。畑作農場への堆肥譲渡が非常に多いことが、飼養密度が高い状況であっても、余剰窒素を下げている要因と考えられた。またC酪農家群では、化学肥料由来の窒素が多く、畑作農場への堆肥の譲渡が少ないため、余剰窒素が高くなっていると思われた。つまり、堆肥の有効活用を推進することで、余剰窒素の低下につながると考えられた。

さらに、各グループにおける生産性および経済性を濃厚飼料購入量、個体乳量、1頭当たり農業所得、乳飼比などにより表し、特徴を明らかにした（**表6－12**）。それによると、環境負荷が小さく（余剰窒素で182kgN／ha）、また飼養密度も低い（2.3頭／ha）A酪農家群は、濃厚飼料購入量（年間）が2,557kg／頭で個体乳量（年間）は7,801kgとかなり低いにもかかわらず、1頭当たりの農業所得は20万円で最も高かった。一方、環境負荷が大きく（余剰窒素で396kgN／ha）、また飼養密度も高い（3.8頭／ha）D酪農家群は、個体乳量（年間）が8,194kgでA酪農家群より多いものの、濃厚飼料購入量（年間）が3,169kg／頭（乳飼比34％）とかなり多く、1頭当たりの農業所得は16万3,000円で最も低かった。

これらの結果を基に、鹿追町における各グループの酪農家群（鹿追町）に対して次の提言を行った（**図6－16**）。

①A酪農家群は、環境・経済性が共に良好であり、将来的にも現状を維持することが望まれる

②B酪農家群は、飼養密度が過多なので、頭数減または圃場面積の増加ならびに濃厚飼料給与量の減少が望まれる

③C酪農家群は、糞尿管理方法の改善ならびに化学肥料施用量の減少が望まれる。耕畜連携の促進により改善効果が期待できる

④D酪農家群は、飼養密度の減少とともに濃厚飼料給与量および化学肥料施用量の減少が望まれる。耕畜連携の促進により改善効果が期待できる

※本項の詳細については、2014年度酪農学園大学大学院酪農学研究科博士論文「5指標による十勝地方鹿追町酪農の評価とその推移」（佐々木美穂、2015）を参照されたい。また、この研究の実施に当たっては、JA鹿追町、JA浜中町、干場信司氏、前田善夫氏、猫本健司氏、森田茂氏、津島小百合氏らから協力と指導を得たことを記し、謝意を表する。

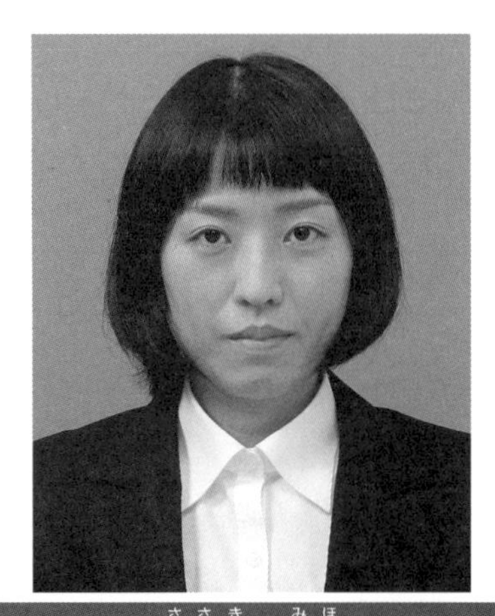

佐々木（ささき）　美穂（みほ）

1986（昭和61）年秋田県生まれ。酪農学園大学大学院博士課程修了。秋田県立増田高等学校、秋田県立大曲農業高等学校を経て、2020（令和２）年秋田県立増田高等学校。博士（農学）

第7節　酪農に関する行政・技術普及の視点から

新名　正勝

第2章では飼料、管理、畜舎、施設・機械、畜産環境保全の5分野と総合評価の視点から、北海道酪農150年の歩みと将来展望について述べてきた。いずれの分野においても、著しい変貌を遂げて現在の姿に至っていることに感慨深いものがある。

しかし一方、現実の酪農経営を改めて見つめ直すと、これらの技術分野からの視点だけでは言及できない側面があり、真の北海道酪農を考察するには前述の項目に「酪農に関する行政・技術普及」からの視点を付け加えることで、より実態に沿った考察になるように思われる。

1．酪農に関する行政

わが国にかつて実在しなかった酪農経営を定着させるためには、行政の誘導と支援なくしては進展し得なかった。いくつかの問題点や課題を包含しているとしても、この150年間に行政の果たしてきた役割はやはり極めて大きい。特に酪農経営のような多額の資本装備を必要とする作目では、酪農経営を志向する希望者がいかに大きな希望と固い意志を持っていたとしても、その準備には限界があるし、何とか経営開始ができたとしても、その後に続く道は平坦ではなかった。それは資金や技術、情報の不足であったり、自然災害、伝染病の発生、需給バランスの歪みであったりした。その時々の対応は常に難しい問題を含んでいたが、何とか今日の酪農に到達し得たのは、多面的に酪農産業を振興してきた行政の力によるところが大きい。

しかし半面、150年の間に酪農に関する行政は揺れ動き、一貫性に欠ける側面も呈した。このため道内各地に使われないまま点在し、現在なお固定資産税を払い続けている大型気密サイロのように、本来の機能を放棄せざるを得ない資本投下も実在した。また、これほど明らかではないが、行政施策と個々の酪農経営の実態にタイムラグや目標差が生じることもあった。これらにうまく対応できなかったり、前述のアクシデントに耐え切れず、夢半ばで離脱せざるを得ない生産者も少なくなかった。また、この間には、苦労してようやく生産、貯留した貴重な生乳を破棄せざるを得ない状況も認められた。

さらに振り返ってみれば、北海道の開拓に当たって明治政府は北海道を無主の地とみなして国有地に編入し、先住民の権利を配慮しないで強引に押し進めてきた経緯も実在した。

150年間の北海道酪農にはこれらが含まれていることを忘れてはならない。

2．酪農に関する技術普及

一方酪農は、土壌、飼料作物（草種・品種、栽培管理、調製・貯蔵）に始まり、乳牛飼養（分娩、哺育、育成、繁殖、乾乳）、育種・改良、搾乳、乳質、牛舎・施設・機械、防疫、糞尿活用、乳加工、経営管理、販売などに及ぶ極めて広範囲な技術組み立てを必要とし、これらが相互に関連し合って酪農経営を形成しているので、どの技術もおろそかにはできない。このため個々の技術普及がバランス良く進展していかないと、脆弱部分から経営が悪化したり、崩壊する危険性を有している。この脆弱部分をできるだけ早く補強するためには、実態を正確に把握して問題点を摘出し、既往の技術情報で対応を検討する必要がある。それができない場合には改善策を試行して効果を確認し、実経営で実践してその経緯を分析、評価しなければならない。この技術普及がうまく機能しないと、脆弱部分はいつまでも生産現場に放置されるため、生産者の試行錯誤が継続して経営を悪化させたり、管理者に大きなストレスを与え続ける。また例え既往の成果や改善策で有効な技術情報があっても、その情報が迅速に広く普及されないと全体の経営改善には結び付かない。これらの面で、酪農における技術普及は他作目に比較して独特の重要な意味を持っていると考えられる。

この技術普及には行政の一環としての取り組みと、民間による取り組みとが共存する。前者には課題解決のための試験研究組織と、その成果を普及・定着させる普及組織がある。その成果を決定するのは生産現場の課題をいかに迅速に解決するかにかかっているが、予算や組織体制などに阻まれて、必ずしも十分な対応ができたとは言えない。しかしそれでも、今日の酪農経営に至るために果たしてきた公的機関による技術普及の貢献度もまた非常に大きい。

一方、民間における技術普及は時代が進むにつれて進化し、発展期以降は農協連や単協の取り組みの他に、各種の関連機関や商社の活動が見られた。中でも、北海道酪農検定検査協会のように、個々の酪農経営における生産実態を調査分析して問題点を摘出し、改善策を提示する具体的な技術普及が著しい成果を上げた。これらにおいては訓練された担当者や外部講師が、研修会や講習会、印刷物の配布などで生産者に働き掛けてきたが、多くの場合これらの活動には普及組織も加わり、組織間の先導的、潤滑油的な役割を果たしてきた。また、これらへの市町村担当者の参画を考えると、半官半民的な技術普及と言うべきかもしれない。近年は地域の関連組織を網羅して技術改善チームを結成し、広範囲で多面的な取り組みが改善効果を上げている。また、今日的には生産者間の情報交換やITを利用した情報入手も有効な手段として活用されている。

このようにして、歴史の浅いわが国が酪農家個々の努力と、関係機関の協力で取り組んだ技術普及によって、北海道酪農を短期間に西欧諸国レベルに高めたことは大いに誇ってよいことだと思われる。

しかし今一度、北海道酪農の現状を冷静に眺めると、まだ多くの課題が山積していて、残念ながら現状の延長線上に安定した北海道酪農の姿があるとは思われない。これを実現するためには、食料自給を大原則として、国民に安全・安心な食料を届けることを本命とする農政が確立されなければならないし、これを阻む多くの複雑な要因を整理、検討して適切に対処していかなければならない。前途はまだまだ多難と思われるのである。

こうした観点から本項では、酪農に関する行政と技術普及の視点から検討を加えた。なお、技術普及においては確立された技術を普及・定着させることが本旨であるが、本稿ではそれらの技術を受け入れるための素地を整える教育や情報誌、各種組織について、さらには北海道の生産現場に合致した技術開発が不可欠であるため、試験研究や学会などの動向をも含めた広義の技術普及を対象として検討を加えた。

3．黎明期

(1) 黎明期における酪農に関する行政

本書第1章「北海道酪農の始まり」において黎明期の開拓行政、乳牛飼養の経緯などを詳細に述べた。また、その中で1910年代に入ってデンマーク農法の取り組みが北海道酪農の基点であると位置付け、優れた大型牧場の紹介も行なった。しかし、黎明期には酪農経営と評価できる牧場はまだほんの一部にすぎず、大半の農家では有畜農業の性格が強く、飼養技術や生乳および加工品の流通も、試行錯誤の時代であったと言える。

今日に続く畜産統計で北海道の乳牛飼養戸数、頭数が公表されたのは黎明期から5年後の発展期に入った1960（昭和35）年である。

この年には北海道全体で20万頭の乳牛が飼養されたが、1戸当たりの飼養頭数にすると平均3頭にすぎず、全道的にはまだ有畜農業を振興している状況と思われる。**表7－1**に黎明期における酪農に関する行政、技術普及関連事項を示した。

①北海道開拓への対応

第1章2に「北海道開拓の流れ」を示した。行政業務としては士族や屯田兵、北海道移民などの受け入れ、生活、教育、道路交通網の整備、商品流通、集落形成、入植者の離農対応、繰り返される各種自然災害対策などで多忙を極め、担当官の苦労は大きなものであった。しかし、行政そのものが資金不足と不慣れ、官権上位の中で立案、執行されてきたことを考えると、いずれの行政対応も開拓者にとっては十分なものではなく、生活が安定するまでには多大な苦労が続いたものと思われる。

②招聘外国人による指導

北海道の開拓は明治政府が1869（明治2）年に開拓使を設置したことにより本格的にスタートしたが、その取り組みでは北海道の寒冷気象に対する認識が不足していたため、翌1870（明治3）年に開拓次官となった黒田清隆は北海道農業の規範をアメリカに求めて、マサチューセッツ州出身の国務長官ホーレス・ケプロンを開拓使顧問として招聘した。ケプロンは北海道の土地や気象状況から府県の慣行技術では開拓が困難と考え、1871（明治4）年に開拓10カ年計画を作成し、これに基づいて翌年から西洋種牛の輸入を開始するとともに、1873（明治6）年には畜産指導者としてエドウィン・ダンを招聘し、北海道酪農の本格的な始動を開始した。

このように黎明期当初においてはまだ酪農に関する情報がほとんどなく、基礎づくりの段階であったため、行政的には招聘外国人の提言を支援することに重点を置いたものであった。招聘外国人はいずれも使命感にあふれ、特にダンは七重官園、真駒内牧牛場、新冠牧場を指導官園として整備を進め、畜産技術を伝達していく。小山は2007（平成19）年にダンの業績を14項目に整理しているが、その中から酪農関連のものを列記すると、❶乳牛の輸入とその飼育方法の指導❷真駒内、新冠牧場の開設❸バター、チーズ等の乳製品製造指導❹獣医学、解剖学の講義と実習指導❺牧草種子の輸入、草地造成と牧草栽培管理の指導❻暗きょ排水による土地改良❼輪作と化学肥料の必要性を提唱❽馬用大型農機具の導入❾経営指導－などを挙げている。この幅広い技術の実践指導がダンを北海道酪農の父と言わしめるゆえんであろう。

③教育、試験研究の整備

一方、明治政府および道庁は教育体制や試験研究体制、関連法規の整備を進め、徐々に酪農産業の基礎づくりを図った。すなわち、教育体制としては1876（明治9）年に札幌農学校を開設し、1907（明治40）年に岩見沢農高、1922（大正11）年に十勝農高を開校し畜産学科を設置して酪農の基礎教育を開始した。また1918（大正7）年には札幌農学校を北海道帝国大学に改組して畜産学教育を強化するとともに、1946（昭和21）年には北海道道庁立農業講習所設立、1949（昭和24）年には帯広畜産大学を開設した。この間、民間においても畜産教育が始まり、1934（昭和9）年に酪農義塾が、1942（昭和17）年には野幌機農高が開校し、1936（昭和9）年には八紘学園設置が認可され酪農技術の基礎教育が広がった。これらの畜産学教育を支援することは行政の重要な役割でもあった。

同時期に試験研究機関の開設にも着手した。1876（明治9）年には開拓使牧牛場（後の新得畜試）を真駒内に開設し、1901（明治34）年には北海道農事試験場を設置した。また、

表７－１　黎明期における酪農に関する行政および技術普及関連事項：1868～1955年

黎明期	酪農に関する行政関連事項	酪農に関する技術普及関連事項	北海道酪農関連事項
1869	蝦夷地を北海道と改める		
1871	開拓使長官を札幌に置く	ホーレス・ケプロン招聘	
	北海道開拓10カ年計画策定		
1872	北海道土地売貸規則制定		
1873		エドウィン・ダン招聘	バター、粉乳七重試験場で試作
1874	屯田兵例則の制定		乳牛初輸入
1876	札幌農学校設立	ウィリアム・クラーク招聘	
	開拓使牧牛場を真駒内に設置	エドウィン・ダン真駒内牧牛場整備	エドウィン・ダン乳製品製造指導
1881	農商務省設置	技術交流のため大日本農会設立	
1882	開拓使の廃止・三県設置		
1885		農事巡回制度を設ける	
1886	三県廃止、北海道庁を置く		札幌に牛乳販売所開設
1889			アメリカからホルスタイン種導入
1891			宇都宮仙太郎市乳・バター販売
1901		北海道農事試験場を札幌に設置	
1909	第１期拓殖15カ年計画樹立		
1910	家畜市場法公布	北海道庁農事試作場根室・釧路に設置	
1911			釧路大楽毛で牛馬競り市
1914			北海道煉乳創立
1918		北海道帝国大学設立	
1923		ヨーロッパから農家招聘、モデル営農	
1924		モデル農家デンマーク農業を講演	
1925			北海道製酪販売組合設立
1926	獣医師法（旧法）公布		
1927	第２期拓殖計画	北海道農業試験場根室支場設置	
1933		北海道酪農義塾開塾認可	
1934	北海道牛酪検査所設置	八紘学園認可	
1940			牛乳および乳製品配給統制
1942	食糧管理法制定	野幌機農学校開校	
1945	緊急開拓計画開始		
1946	道内農地改革始まる	北海道庁立農業講習所発足	北海道ホルスタイン協会設立
1947	農業協同組合法制定	北海道立新得畜産試験場設置	北海道酪農協同設立
	食品衛生法公布		
1948	農業改良助長法施行		全国酪農業協同組合連合会発足
	道有雌牛貸付制度開始		
1949	家畜センサス実施	農業・生活改良普及員・専技の配置	第１回全道畜産共進会
	獣医師法（新法）公布	帯広畜産大学開設	雪印乳業設立
	家畜保健衛生所法制定	『農家の友』創刊	新冠種畜場で乳牛の育種改良開始
1950	家畜改良増殖法制定	酪農学園短期大学開校	乳牛2,000頭貸付要綱できる
	牧野法制定	北海道立農業試験場、支場設置	
	北海道開発庁設置	（酪農関連支場北見、根室、天北）	
1951	家畜伝染予防法公布	日本畜産学会北海道支部発足	第１回日本ホルスタイン共進会
	北海道家畜人工授精整備統合	『北海道試験研究成果』の発刊開始	
		北海道農業経済学会発足	
		『デーリィマン』創刊	
1952	第１期北海道総合開発計画		
	飼料の安全性の確保および品質の改善に関する法律制定		
1953			北海道飼料協会設立
1954	酪農振興法制定		北海道草地協会設立
1955	根釧パイロットファーム着工	北海道乳質改善協議会設立	北海道畜産会設立
		『デーリィジャパン』創刊	

1950（昭和25）年には道立農試として札幌に本場を、渡島、上川、十勝、北見、根室、天北に支場を、滝川に原原種農場を設置した。広大な北海道に寒地型農業を定着させるためには、この程度の地域分布が必要と考えられたためで、酪農関連場所では各種飼料作物の栽培特性の調査が開始された。

④酪農関連法の整備

明治政府は畜産振興のための関連法規を順次整備していく。1910（明治43）年には家畜取引を公正に行うために「家畜市場法」が、1926（昭和元）年には家畜診療業務を明確にした「獣医師法（旧法）」が公布された。また、第２次世界大戦敗戦直後の1946（昭和21）年には第１次農地改革を行い、「自作農創設特別措置法」を公布した。1947（昭和22）年には「農業協同組合法」が、1948（昭和23）年には「農業改良助長法」が公布され、翌年1949（昭和24）年には全国に改良普及員を配置して、食料の増産と、農業・農村の近代化を図る活動に取り組んだ。

このように黎明期は北海道開拓を進める一方で、第２次世界大戦の戦後処理や終戦後の食料増産を伴う時代でもあった。大きな変動時代に行政そのものも揺れ動いた時代であったが、北海道の将来を見据えてその基礎を切り開いた時代でもあった。1954（昭和24）年に公布した「酪農振興法」では集約酪農地域を指定し、草地改良、集乳施設および乳業施設の整備を図るとともに、生乳などの取引を規定して流通促進を図る取り組みを開始することとしている。

一方、1949（昭和24）年に施行した「道有雌牛貸付制度」は、無畜農家に４、５年間道有牛を無償貸与するもので、利用農家は最初の生産雌牛１頭を道に償還することで貸付牛の無償払い下げを受けた。初期投資の少ないこの制度を利用して多くの無畜農家に乳牛が導入された。この制度は1956（昭和31）年に打ち切られたが、返還雌牛の再貸付は1971（昭和46）年まで続けられ、乳牛、肉牛の増頭に大きく貢献した。

⑤根釧パイロットファームの造成

このような中で1952（昭和27）年に作成された第１期北海道総合開発計画は根釧原野の開発と酪農振興を掲げ、1955（昭和30）年には根釧パイロットファームを着工することになる。敗戦後の財源のない状況下であったため、世界銀行の援助を受けて取り組んだもので、従来の人力、畜力による苦難の開拓から、わが国初めての大型機械による牧場造成が開始された。

⑥公共牧場の開設

乳牛飼養農家にとって夏季の飼料生産時期は多忙を極めた。この時期の飼養管理労力と糞尿処理の軽減、自給飼料の節減などの目的で、夏季放牧を中心とした公共牧場が各地に造成された。公共牧場の入牧時には周辺農家の牛が集まるため、放牧疾病の防除や体重測定、個体識別などの共同作業が行われたが、自分の牛を他の牛と比較する絶好の機会となった。北海道公共牧場会の正会員の設立年を見ると、士幌農協直営牧場・日田牧場が1949（昭和23）年、美幌農協日並牧場が1950（昭和24）年に開設されており、黎明期から既に公共牧場の利用が認められている。

（２）黎明期における酪農に関する技術普及

①畜産基礎教育の開始

黎明期当初は招聘外国人であるダンらの指導を受けても、一部の関係者や生産者が技術情報を見聞することで精一杯であったと思われ、各農場が実践農場として動き出すに連れて、欧米の技術情報を習得し始めた時代と言える。また、前述したように1876（明治９）年札幌農学校設立を足掛かりとして徐々に教育の場が広がり、畜産の基礎情報を学ぶ体制が整い始めた時代でもあった。

1948（昭和23）年に制定した農業改良助長法は生産者が自主的に農業および農民生活の改善を側面から支援することを目的とし、そのために農業改良普及員を配置したもので、1949（昭和24）年には全国で6,500人の農業改良普及定員を定めた。北海道は広大な農業専業地域で食料増産の目玉地域にもかかわらず、改良普及員の当初配置は346人にすぎなかった。いずれも市町村駐在方式で配置されたが、専門分野にはまだ分かれておらず、農業、農村生活全般における“よろず相談員”的な存在であった。以後、農業改良普及員は生産者および関係者に農業技術情報の普及を主たる目的として活動することになる。

②招聘モデル農家によるデンマーク農業の紹介

1923（大正12）年に西ヨーロッパから５年契約で招聘したモデル農家は、札幌市琴似村の北海道農事試験場内に入ったエミール・フィンガーと、真駒内農事試験場内に入ったモーテン・ラーセンの２家族であった。２人とも30代の若い経営者で、翌1924（大正13）年には畑酪複合経営の実証展示農場を開設した。２人はこの年に開催された北海道畜牛研究会主催の「デンマーク農業講演会」に招かれ、デンマーク農業の現状を紹介している。これまで机上の学問的要素の高い酪農情報がようやく現実の生産現場とつながった感が強い。２人の幅広い関連技術が現実の経営で実践されている姿は説得力があり、酪農を志向する多くの人々に大きな影響を与えたと思われる。1924（大正13）年には北海道畜牛研究会から『丁抹（デンマーク）の農業』の冊子が発刊されている。

２人は家族の他にペダー・ショナゴーという助手を同伴して来道したが、ショナゴーは仕事に熱心で後年帰国して開いた牧場に、太田正治・真樹夫、三沢正男、黒澤酉蔵、野喜一郎など北海道酪農を担ったそうそうたる人物を受け入れて技術情報を伝達している。

③試験研究の成果

一方、整備されてきた道内試験研究機関は1951（昭和26）年から『北海道試験研究成果』の印刷公表を開始した。各試験場内で検討して得られた試験成果を札幌に持ち寄り、北海道試験成績会議でさらに検討を深めて成果の取り扱いを決めるもので、各場から提出された試験成績は修正された後、下記に５区分された。「普及奨励事項」は改善効果の著しい新たな技術・品種として普及奨励すべき成績であり、「普及推進事項」は新たな技術・品種を推進すべき成績、「指導参考事項」は新たな知見・技術として指導上の参考となる成績、「研究参考事項」は研究・開発に関する完成度の高い新しい試験研究成果であって、技術の研究・開発に有効な成績、「行政参考事項」は農業行政の企画・遂行に有効で、特に参考となる成績のことである。このうち農業改良普及員を通じて技術普及が図られたのは「普及奨励事項」「普及推進事項」「普及参考事項」で、まとめて製本された。なお、この冊子は形式や区分を変更しながら今日に至り、除草剤・調節剤、殺虫剤・殺菌剤、その他資材、性能試験などの成績を加えて、農業全般にわたる科学的な情報源の１つとして配布されている。

これらの試験成績は新技術伝達研修において各担当専門技術員から農業改良普及員、関係職員に伝達され、さらに農業改良普及員から生産者や関係職員に伝達、普及することを原則としている。農業改良普及員にとって新しい試験成果は信頼性の高い技術情報となるが、成果の活用に当たっては生産条件などの注意事項を併記して新技術実践に対するリスク軽減を図っている。

酪農に関する普及事項の課題数を筆者の独断で❶粗飼料育種・栽培❷土壌・肥料❸家畜飼養・育種❹牛舎施設・機械❺環境対策・糞

表７－２　普及奨励、普及推進、指導参考事項の分野別課題数

	粗飼料 育種栽培	粗飼料 土壌肥料	乳牛飼養 育種	牛舎施設 ・機械	環境対策 糞尿関係	乳質関連	経営・ 組織関連	計
黎明期 1951～1954	0	11	2	0	0	0	0	13
発展前期 1955～1974	13	164	44	23	0	0	13	257
発展後期 1975～1999	134	150	92	48	16	8	39	487
転換期 2000～2018	100	70	89	36	52	10	23	380
計	247	395	227	107	68	18	75	1,137

尿関係❻乳質関係❼経営・組織関連－に区分して**表７－２**に示した。前段で触れたように、酪農は広範囲な技術の組み立てで成り立っているので、それぞれの分野から課題解決を図りながら進展してきた歴史がある。

黎明期における酪農に関する試験成績は1951（昭和26）年からなので５年間にすぎない。そのため試験成果は少なかったが、緊急度の高い寒冷地に飼料作物をどう定着、確保していくかという課題への対応策の提示を図っている。また、家畜飼養関連では副産物利用や放牧疾病対策の成績が示され、現場課題の解決を図ろうとしている姿勢がうかがわれる。しかし、この時期の乳牛飼養は試験場においても酪農家においてもまだ十分な施設や飼料基盤がなく、技術情報も少なかったため、生産者による試行錯誤のウエイトが高かったものと思われる。

④北海道畜産学会の発足と畜産情報誌の発刊

日本畜産学会北海道支部は1951（昭和26）年に発足した。発足当時の正会員は151人で春秋２回の講演会が開催された。大学、試験場、種畜場などの研究員を中心に構成され、これに農業改良普及員や畜産関係者が一部参画した。支部会報が発刊されたのは1958（昭和33）年で黎明期には学会報はまだ出されていない。しかし、その後の学会報告を見るとかなり幅広い分野で、研究員、関係者双方の情報交換や研究員個々の視野を広げる良い機会になったものと推察される。

一方この時期は畜産情報誌が発刊した時期でもあった。酪農関係では「デーリィマン」が1951（昭和26）年に、「デーリィジャパン」が1955（昭和30）年に創刊した。農業総合雑誌の「農家の友」は1949（昭和24）年に北海道改良普及協会から発刊されている。これらの月刊雑誌は技術情報に時評やトピックスを混ぜて構成されていて、技術情報の少ない酪農家にとって貴重な情報源の１つになったものと思われる。

４．発展前期

（１）発展前期における酪農に関する行政

畜産統計によると発展前期終わりの1974（昭和49）年には2万9,000戸の農家で57万7,000頭の乳牛が飼養されている。１戸当たりにすると約20頭の飼養規模になるので、発展前期は酪農経営の生産基盤が整ってきた時代と言えよう。**表７－３**に発展前期の酪農行政および情報普及関連事項を示した。

①酪農に関する法整備と振興計画

1962（昭和37）年に作成された第２期北海道総合開発計画では農業振興において❶土地改良❷農地および草地の開発❸資本装備の充

表７－３　発展前期における酪農に関する行政と技術普及関連事項：1955～1974年

発展前期	酪農に関する行政関連事項	酪農に関する技術普及関連事項	北海道酪農関連事項
1956	根釧パイロットファーム入植開始		札幌畜産公社設立
	家畜取引法公布		紙容器テトラパック牛乳新発売
	農業改良資金助成法交付		
1958	酪農振興基金法制定	北海道立新得種畜場訓子府支場設置	学校給食に牛乳使用開始
	高度集約牧野造成改良事業	日本畜産学会北海道支部会報発刊	乳用牛産乳能力検定事業開
1960			道営放牧利用模範施設設置
1961	北海道酪農開発事業団設立		大規模草地改良事業実施
1962	第２期北海道総合開発計画	北海道畜産試験場条例制定	
	農業協同組合法改正		
1964	国営根釧パイロット事業開始	道立根釧農業試験場設置	
	不足払い法公布		
1965	家畜改良事業団設立	北海道家畜管理研究会発足	乳牛30万頭、牛乳300万石突破記念大会
1966	第１次酪農・肉用牛生産近代化計画策定		加工原料乳不足払制度実施
	道は指定生乳生産者団体にホクレンを指定		農事組合法人卯原内酪農生産法人設立
1967		北海道草地研究会発足	
1970	北海道農業開発公社設立	農業改良普及センター広域化活動	北海道協同乳業設立
	北海道畜産振興公社設立		
1971	第２次酪農・肉用牛生産近代化計画策定	北海道指導農業士制度創設	
1972			北海道酪農リース協会設立
1973	根室新酪農村建設着工		バルククーラ導入本格化
1974	農用地開発公団設立	北海道乳牛検定協会設立	鶴居CS生乳道外移出開始
		北海道立農業大学校に改組	乳用牛群改良推進事業開始

実❹農畜産物流通の合理化と農村環境の整備❺農業技術の刷新－を掲げた。この農地および草地面積では基準年の1960（昭和35）年から10年間で35％増の130万ha、乳用牛は三倍の61万頭、牛乳生産は3.7倍の150万tを目指すものであった。このように基本計画は中央省庁でつくられて閣議決定をしたもので、地域の実情を基礎に算出して積み上げるのではなく、達成目標を上部機関が示す方式であった。以後、行政が示す諸計画の策定は同様の手法を踏襲し、この達成目標をいかに無理なく消化して地域版を作成するかが都道府県、市町村担当者の計画作成の枠組みとなった。このため、調整ができなくて実現不可能な目標数値も見られ、目標のための目標といった側面があったり、計画未達成もやむを得ないとの暗黙の了解が内存した。しかし、この作業にかかる人的エネルギーは非常に大きいので、正確な実態把握に基づく実現可能な計画案とそれに必要な施策がセットになった振興計画の作成に正すべきと考えられる。また、計画終了年には計画達成状況と未達成理由の考察を公表することが重要と考えられる。

②根釧パイロットファームへの入植

根釧パイロットファームへの入植は1956（昭和31）年から開始して187戸が入植したが、小学校ができたのが1958（昭和33）年、中学校ができたのが1959（昭和34）年で、水道が引かれたのは1970（昭和45）年と遅く、建て売り牧場で「殿様酪農」と揶揄された世評とは異なり、入植者にとっては苦労の多いものであった。当面の生活資金として25万円の自己資金を入植条件としたが、この準備が困難な者も多く、その後に自己資金調達条件は緩和された。牧場開設に向けて各戸に61万1,000円の補助金が支給されたが、入植時に受けた融資額250万円は高額で、14.4ha／戸の牧場で10頭程度の飼養牛ではその返済が困難であることが当初から指摘されていた。しかし、入植者の負債額をこれ以上上げることはできないと判断したことから、小規模の酪農場に抑えた経緯があった。予想通りこの経営規模では酪農専業経営の成立は困難であったし、導入品種が乳量の低いジャージー種を選定したことや、ブルセラ病が多発したことが経営安定の大きな障害となった。

金川は1969（昭和44）年にこの地域の問題点を整理しているが、❶牧草収量が他地域より劣る❷牧草刈り取り時期が遅く、飼料養分が低い❸二番草の利用が17％程度と低い❹道路整備が遅れ、農作業や集乳の合理化を阻んでいる❺資金不足で機械利用があまり進んでいない❻借入金が多く、当年償還は農家所得の30％余を占めた❼夏季労力が不足し、長時間労働でしのいでいる❽畜舎の増新築は進んでいるが、住宅は入植時の寒い所に耐えている❾学校、商店までの距離が遠く、通学、買い物が不便－と、悲惨な入植者の実態を報告している。

予想通り償還ができないために離農が相次ぎ、入植187戸のうち25年後に残った酪農家は82戸（43％）にすぎなかった。存続農家82戸の1983（昭和58）年の１戸あたり耕地面積は44.1ha、乳牛飼養頭数は82.1頭と増大して今日の基盤をつくったが、この間、入植者の６割に近い離農者の犠牲をやむを得ない経過と見ることについては多くの論議のあるところである。しかし、それぞれの入植者とその家族の人生を考えると、大幅な離農者が想定されるような振興計画はやはり間違いと考えるべきで、実情と施策にズレがあったことを総括すべきであろう。

③新酪農村の建設

根釧パイロットファームの経緯を踏まえ、1973（昭和48）年に国営根室中部地区が、翌1974（昭和49）年国営中標津地区が着工した。モデル農家の経営規模は農地面積50ha、乳牛70頭で、同年創設された農用地開発公団が事業を継承して農地造成約１万5,000ha、農業用水905km、道路91条373km、交換分合、農業用施設・機械導入、共同利用施設（食肉加工、共同機械用）を含めて1983（昭和58）年に事業が完了し、日本一の酪農専業地帯である新酪農村が誕生した。根釧パイロットファーム入植残存者もこの事業に参画した。

その後、多くの試練を乗り越えてわが国を代表する酪農郷を築いていくことになるが、希望に燃えて入植し、全身全力で闘ったにも関わらず打ち破れ、精も根も尽き果てて去っていった多くの離農者の、無念の思いの上に成り立っていることを忘れてはならない。

④牛乳の不足払い制度

農水省は1965（昭和40）年に加工原料乳生産者補給金等暫定措置法（不足払い法）を公布した。これは価格の高い飲用乳原料を出荷している都府県酪農家に比べて、安価な加工原料乳出荷を主体としている北海道酪農家の所得確保を目的としたが、逆から見れば、北海道の安価な牛乳から都府県の乳価を守るためのものでもあった。この乳価制度は北海道酪農の所得確保に大きな役割を果たしたが、一方で乳価闘争が毎年繰り返され、長期的には酪農家の経営改善意欲を低下させる要因の１つになったとも言われている。自由経済下での価格支持政策は功罪併せ持つとされ、長期的視点からは制限のない、自由で平等な経済競争が経営体質を強くすると言われている。特に乳質向上などの経営努力を価格に反映して競争力を高めていくことが望まれるが、多くの酪農家がこの不足払い制度で生き延びたことも認めなければならない。

⑤**農業生産法人の設立**

道内各地に農業生産法人が設立された。農業生産法人には農事組合法人と会社法人がある。農事組合法人は1962（昭和37）年の農業協同組合法改正によって設けられた、家族酪農における休日確保や早朝から夜間までの労働環境を改善したり、規模拡大による農業機械の効率的利用、技術水準の高い構成員の能力活用と平準化、担い手の確保、税制上や融資の優遇措置などを狙いに進められたものである。家族経営と異なり定款に定めた労働、給与体制に移行するとともに、複式簿記が義務付けられ、丼勘定から経営管理に移行することで経営と家計が分離された。

農事組合法人卯原内酪農生産組合は、1966（昭和41）年に４戸の共同経営から設立した。運営に当たっては徹底的な話し合いを継続して意志の疎通を図り、経営の安定と加重労働を解消した。1971（昭和46）年には給料制を導入したり、定年制を敷いてその後継者は構成員の子弟に限らず、適性の高い研修者からも任用するなど、先駆的な法人経営を展開して今日に至っている。

（２）発展前期における酪農に関する技術普及

①**試験研究成果の技術普及**

発展前期は試験成績の集積とこれらを活用した普及が進められた時期でもあった。表７－２によれば粗飼料品種の育種栽培成績が13課題、粗飼料の栽培管理や調製・貯蔵に関する課題が164課題、ようやく取り組まれた乳牛飼養管理に関する課題が44課題と急増した。粗飼料の肥培管理や調製・貯蔵の成績が多いのは、広大な北海道で多種の飼料作物品種を栽培管理、調製・貯蔵するためには、土壌や気象の差異に応じた技術が必要なためである。また、乳牛舎、施設機械に関して23課題、経営に関して13課題が認められ、試験研究の機能が広範囲に発揮されてきたことを示している。これらの成績は道内で実際に取り組まれた成績であり、その信頼度は高い。数少ない情報と、試行錯誤で実践されていた酪農経営はこれらの研究情報などを受けて徐々に科学的な飼養に推移していくことになるが、生産現場の課題が直接取り上げられて調査研究され、課題解決した成績が生産現場に迅速に還元される一体的な体制にはまだ至っていない。

また、1958（昭和33）年に農業改良普及員は専門分野に分かれ、中地区体制でこれらの成績の普及に当たる。農業改良普及所は241カ所を215カ所に整理する一方、改良普及員定数を852人と2.5倍に増員して活動体制を整備した（後述、表７－８）。普及体制はその後1965（昭和40）年に180カ所に統合され、1970（昭和45）年には広域体制に移行し、本所60カ所、駐在所108カ所の体制で普及員定数は983人と増大し、普及活動の重要性が認識されたものと考えられる。

②**学会などの動き**

一方、1951（昭和26）年に設立した日本畜産学会北海道支部は、1958（昭和33）年に第１号の日本学会北海道支部会報を発行する。38課題の一般発表があり、北海道大学、帯広畜産大学などの大学主体の発表者構成であったが、北海道農試、新得種畜場、滝川種畜場に加えて、道改良課や農業改良普及員と専門技術員・大学の連名での発表が見られ、関係者が一体となって取り組んだ課題が見られた。また、「北海道におけるサイレージ調製の実態」の課題では、「原料について」と「失敗率とその原因」の２報告があり、生産現地の実態紹介と課題提供の発表が認められた。

その後1965（昭和40）年に北海道家畜管理研究会が、1967（昭和42）年に北海道草地学会が設立し、各分野に特化した試験研究が取り組まれ、多くの成果が発表されるようになった。各部会ではさらに専門特化が進み、詳細な調査研究が増加したが、生産現場に密着して課題解決を図ろうとした課題が見られる一方で、学会発表のため研究課題も散見された。

5．発展後期

（1）発展後期における酪農に関する行政

発展後期が始まる1975（昭和50）年は乳牛飼養農家戸数が2万7,000に減少する一方で、総飼養頭数は61万頭を示し、1戸当たり22.5頭の乳牛飼養頭数であったが、発展後期を終える1999（平成11）年には酪農家戸数がほぼ1万戸と1/3に急減する。しかし総飼養頭数は約88万頭へと増加し、1戸当たり飼養頭数は85.3頭と大幅な規模拡大が進んだ時期である。**表7－4**に発展後期の酪農に関する行政と技術普及関連事項を示した。

①酪農支援組織の進展

広範囲な技術組み立てを必要とする酪農経営にあっては、乳牛能力の向上や大幅な規模拡大に伴なって、経営内自己完結が困難になってきた。これを補うように酪農ヘルパー、コントラクター、哺育・育成センターなどの支援組織が各地に成立、発展している。行政もこれらの機能が酪農の発展には欠かせないとして、発足当初から支援を継続している。

次に、北海道酪農の発展に大きく寄与した支援組織について、簡単に触れる。

表7－4　発展後期における酪農に関する行政および技術普及事項：1975～1999年

発展後期	酪農に関する行政関連事項	酪農に関する技術普及関連事項	北海道酪農関連事項
1975	家畜改良増殖目標公表		乳牛60万頭突破
1976	第3次酪農・肉用牛生産近代化計画策定	十勝農協連職員海外研修開始	生乳の生菌数規制本格化 ローファット牛乳販売開始
1979			生乳の計画生産実施 道東でFRPサイロの倒壊発生
1980		北海道生乳検査協会設立	乳代精算を成分精算に移行
1981	第4次酪農・肉用牛生産近代化計画策定 食糧管理法改正	浜中町酪農技術研修センター開設 農業試験場新技術発表会開始	酪農負債整理開始
1983	北海道農業の発展方策策定		輸入精液使用自由化
1985			約8万tの余剰乳発生
1986	牛乳の減産方計画生産	『酪農ジャーナル』発刊	
1988		根釧農試移動農試を開始	
1989		NRC乳牛飼養標準改正版6版	『ホーズデーリィマン』出版
1990		北海道地域農業研究所設立	
1991	牛肉の輸入自由化スタート	浜中町研修牧場開設	酪農ヘルパー事業運営協会設立
1993			各地にコントラクター設立始まる ホクレン丸就航
1994	北海道農業・農村の目指す姿 新食料法制定	天北支場『ペレニアル』発刊 民間コンサル　総合牛群管理サービス設立	生菌数・体細胞数を乳代精算に導入
1995		日本農業改良普及学会道支部設立	
1996		別海町研修牧場開設 北海道農業生産法人協会設立	足寄町放牧酪農研究会発足 新得町レディースファームスクール開校
1997	北海道農業・農村振興条例		第2ホクレン丸就航
1998	HACCP支援法公布	北海道酪農検定検査協会設立	北海道酪農畜産協会設立
1999	家畜排せつ物法等環境3法制定 食料・農業・農村基本法制定 新たな酪農乳業対策大綱策定		

1）酪農ヘルパー

北海道酪農ヘルパー事業推進協議会構成メンバーのうち、最も設立が早いのは浜中町酪農ヘルパー組合と富良野酪農ヘルパー利用組合の1988（昭和63）年で、以後各地にヘルパー利用組合が立ち上がり酪農家の休日確保や家族の疾病時支援などに貢献している。道農政部による「北海道の酪農・畜産をめぐる情勢」2021（令和３）年によると、現在道内には86の酪農ヘルパー利用組合があり、利用可能農家戸数は4,149戸と乳用牛飼養農家戸数の71％を占めている。酪農ヘルパーは将来も不可欠な組織であり、酪農後継者や新規就農者の研修場所としても有効であるが、全体的に人材不足が深刻になってきており、一部に海外労働者の雇用も見られている。特に酪農専業地帯では通年的な需要が将来とも見込まれているので、長期的な対応を構築していかなければならない。

2）コントラクター

農作業の請負組織で、自給粗飼料の栽培管理・調製・運搬・貯蔵や家畜糞尿の運搬・散布など各種のコントラクター組織がある。これは酪農家の過重労働の軽減と家畜管理への集中、機械装備負担の軽減、粗飼料品質の向上などの狙いがあり、1990（平成２）年ごろから急速に増加した。道農政部の前資料によるとコントラクター組織（飼料関係）は2018（平成30）年現在で全道に154組織があり、それぞれの地域の酪農家事情に応じて支援内容が異なっている。

イネ科牧草の刈り取り・貯蔵作業では、適期刈り取りと調製時間、調製方法が大きく栄養価に影響するが、コントラクター利用によって作業速度を上げて、熟練者による鎮圧、密閉作業を行うことで栄養価や嗜好性が向上した事例は多い。また、これらの作業を委託して家畜飼養に専念することで飼養成績が向上した事例も数多く見られている。

3）哺育・育成センター

酪農家における哺育・育成管理は家庭内で最も多忙な主婦が担当している場合が多い。しかし、哺育管理は乳牛の能力発現を決める重要な時期であるばかりでなく、疾病に罹りやすくその進行も早いため、管理に当たっては細心の注意と観察、気配りが必要である。特に肺炎による死廃率は25％近くもあり子牛の損耗防止は重要な課題であった。しかし、哺育・育成牛が牧場の未来を託す乳牛群であるにもかかわらず、多忙を理由に手が行き届かない事例も多い。これを回避して良い後継牛を作るために、各地に哺育・育成センターが現れ、酪農家に代わって専門的に管理し、受胎後に初妊牛として酪農家に戻す方式が定着してきた。これらの施設ではいち早くカーフハッチを導入し、換気を重視した管理で肺炎による死廃発生を低減させた。この結果、利用酪農家の多くが、預託費用はかかるものの専門的な管理によって発育が優れ、初回受胎も早い傾向にあることを認めている。道農政部の前資料によれば現在は道内に82戸の哺育専門農家がおり、哺育を外部委託している農家は949戸になる。

4）公共牧場の再編整備

1975（昭和50）年に400あった公共牧場はその後に再編整備が進み、2007（平成19）年には266牧場に減少している。道農政部による「北海道の酪農・畜産をめぐる情勢」2019（令和元）年によると、道内の公共牧場はその後さらに230に減少したが、利用農家戸数は3,297戸と多く、その必要性は継続している。

このように公共牧場は再編整備を進めたが、その中で管理環境や管理技術が向上して育成牛の発育を高める牧場が増加した。このことは酪農家にとっては、粗飼料を十分に食い込ませて第一胃を発達させ、清浄な空気を吸ってよく運動し、群飼にもなじんだ育成牛を意味し、夏季の管理や糞尿処理労力の節減目的に加えて、生涯能力の向上が期待できる状況に変化してきた。また受託牛も哺育牛から搾乳牛までの周年受託牧場が現れ、飼養牛調整のクッション的な役割が増大している。このように公共牧場の多面的機能は増大しており、その存在は今後とも貴重である。しかし、その一方で預託頭数が減少して市町村、農協の維持管理が厳しい牧場も認められる。収入減少を理由に管理を粗放にして草地が野草化することがないように注意しなければならない。また、牧場によっては都府県預託牛との調整が必要なところもある。

なお、多様な牛を受け入れる公共牧場には、伝染性疾病が伝播する危険性を常に有しているので、導入時検査の徹底と、日常観察と定期検査が極めて重要であることは言うまでもない。

②生乳の生産調整

前述したように発展後期は多数の離農者が出たにもかかわらず総飼養頭数が増加しており、残存農家が離農農家の乳牛を受け入れ、規模拡大に供した結果である。この総飼養頭数は第２期北海道総合開発計画を５年遅れで達成したことになる。

しかし一方、牛乳・乳製品の消費量は予想を下回って伸び悩み、1985（昭和60）年には、供給過多となった生乳は約８万tの余剰となり、当年から生乳の減産計画が実施されることになった。一部の地域では余剰乳発生に抗議して生乳の廃棄行動が見られ、出荷枠の調整が困難を極めた。これらの情勢下で道は第３次、第４次北海道酪農近代化計画を作成するとともに、1993（平成５）年に北海道農業・農村の目指す姿を策定する。これは21世紀に向けたもので、目標として、❶環境に優しく、高収益な農業❷ゆとりある農業経営❸活力とうるおいのある農村－の３本柱で構成されている。いずれも魅力のあるキャッチフレーズであるが簡単に実現するものではない。目標年は2003（平成15）年であるがこれらの目標はいまだに達成できていない。

その後、乳牛頭数の減少、生産乳量の低下、道外移出乳の増加推移が続き、生乳の生産調整は自然解消するが、これは行政施策が効果を上げたものではない。むしろ、営々と努力をして築いてきた生産基盤が離農の継続によって地盤沈下した結果と考えるべきである。離農はその後も依然として継続しており、本腰を入れて歯止め策を講じなければならない。

③畜産環境整備

1996（平成８）年には家畜排せつ物法など環境３法が制定された。これは「家畜排泄物の管理の適正化及び利用の促進に関する法律」「持続性の高い農業生産方式の導入の促進に関する法律」と「肥料取締法の一部を改正する法律」のことである。農業環境に関してはあまり規制がなく酪農畜産糞尿が環境悪化の主原因とされていたので、わが国でもようやく規制を強め、環境に優しい農業の推進を図ることになった。特に「家畜排泄物の管理の適正化及び利用の促進に関する法律」では、点検、修繕、維持管理、記録の実施年限を1999（平成11）年に設定したので、生産現場ではこの対応に追われた。

④不足払い制度の見直し

農業基本法を見直し、食料・農業・農村基本法が1999（平成11）年に制定される中で、保証価格を設定して酪農家の所得を守ってきた不足払い法が廃止され、安価な加工原料乳価は補給金と、積立金（国３：生産者１）を加味した固定支払い方式に移行した。農水省の説明では、硬直化している乳製品や加工原料乳価から合理的な価格形成を促進するためということであったが、その後に所得が低下したため酪農家の離農原因の１つと考えられている。現在は流通実態に合わせた総合乳価を用いているが、穀物飼料の高値安定に対応するため北海道の総合乳価も高い水準にある。しかし、このように乳価政策が紆余曲折をしてきた背景には、輸入穀物飼料に依存する濃厚飼料多給型酪農偏重にもその根源があると思われる。今後の酪農経営においては、安価な穀物飼料を希望通り輸入することがより一層困難になることを念頭に置いて対応していかなければならない。

（2）発展期後期における酪農に関する技術普及

①北海道乳牛検定協会の取り組み

技術普及を効果的に進めるためには、可能な限り正確な実態把握が望まれる。しかし酪農経営においては構成する技術が広範囲なため、これを全て経営内で調査、分析、把握するのは不可能である。1974（昭和49）年に設立された北海道乳牛検定協会は検定事業を本務として、徐々に乳牛の個体能力を把握する上で最も信頼性の高いシステムに成熟していく。そして、検定情報を生かし切れない酪農家が少なくなかったため、以後継続して「乳検データの見方と活用方法」についての研修を継続していて、北海道酪農の発展に大きく貢献してきた。もちろん普及組織や農協担当者、獣医師らも協力して、現地状況と経営改善のためのアドバイスを担ってきた。

一方、畜産統計によると検定協会設立当時の1975（昭和50）年には、2万7,000戸強の酪農家が61万5,000頭の乳牛を飼養している。内搾乳牛頭数は26万4,000頭であった。1戸当たりの平均飼養頭数は22.5頭とようやく酪農家の様相を呈してきているが、費用を払って飼養牛の能力判定をしていこうという酪農家はまだ少なく、乳検加入戸数は2,354戸にすぎなかった。当時の能力検定は、乳量、脂肪率、購入飼料比差引き乳代が能力判定の主要な項目であり、血統や繁殖成績などについては本格的にデータの蓄積を始めた段階であった。当時の年間1頭当たりの乳量は6,000kg台であった。協会設立直後の検査成績を**表7－5**に示した。

②北海道生乳検査協会の取り組み

乳検協会に遅れること7年後の1981（昭和56）年に北海道生乳検査協会が設立され、衛生的乳質と成分的乳質の両面から乳質の検査体制が確立して、北海道酪農の発展に欠かすことのできない「きれいで美味しい牛乳」の実現に向けて、迅速で正確な分析体制が整ってきた。**表7－6**に協会設立直近の合乳検査成績を示した。

1981（昭和56）年の検査対象乳量は10事業所総計200万t（アウトサイダー分635tを含む）で、年度計の試料数は7,640検体と少ない。合乳取引成分脂肪率3.67%、無脂固形分率8.45%、全固形分率12.15%を示している。当時は色沢および組織、風味、比重、アルコール検査、酸度について1等乳、2等乳の区分

表7－5　年間牛群成績1975（昭和50）年 全道

戸数	月平均搾乳頭数	換算1頭搾乳日数	上段は1戸当たり平均、下段は換算1頭当たり平均 乳量 kg	乳脂量 kg	乳脂率 %	濃厚飼料量 kg	飼料効果	乳代 (A) 円	濃厚飼料費 (B) 円	(A)－(B) 円	乳飼比 %
1,765	12.8	353	83,098	3,053	4	20,071	4	7,042,875	1,320,336	5,722,539	19
(立会検定)			6,467	238	4	1,562	4	548,126	102,758	445,368	19
589	11.9	353	72,506	2,633	4	15,104	5	6,113,981	1,008,619	5,105,362	16
(自己検定)			6,113	222	4	1,273	5	515,435	85,031	430,404	16
2,354	12.6	353	80,447	2,948	4	18,828	4	6,810,454	1,242,341	5,568,113	18
(平均)			6,384	234	4	1,494	4	540,427	98,583	441,844	18

資料：北海道酪農検定検査協会「昭和50年 年間牛群成績」

表7－6　1981（昭和56）年　合乳検査成績　（単位：％）

事業所	成分検査成績			細菌数検査成績				細胞数検査成績			備考
	脂肪率	無脂固計分率	全固形分率	100万以下	110万～200万	210万－400万	410万以上	50万以下	51万～100	110万以上	
札　幌	3.67	8.48	12.15	89.3	5.6	2.6	2.5	80.9	18.0	1.1	法規定で色沢・組織、風味検査、比重検査、アルコール検査、酸度検査も実施
道　南	3.69	8.42	12.11	82.4	14.2	3.2	0.2	93.7	6.0	0.3	
苫小牧	3.64	8.47	12.11	97.1	2.9	0.0	0.0	63.4	35.5	1.1	
旭　川	3.68	8.56	12.24	90.3	8.3	1.4	0.0	82.4	17.6	0.0	
紋　別	3.67	8.51	12.12	87.4	8.7	3.1	0.8	64.4	31.9	3.7	
稚　内	3.70	8.53	12.23	84.1	12.8	2.1	1.0	63.7	36.2	0.1	
北　見	3.89	8.67	12.56	89.0	7.5	2.7	0.8	76.0	23.7	0.3	
中標津	3.68	8.60	12.28	90.9	6.2	2.3	0.6	95.0	4.7	0.3	
釧　路	3.71	8.67	12.38	93.5	4.3	1.3	0.9	71.0	27.9	1.1	
帯　広	3.81	8.47	12.28	87.1	7.4	4.7	0.8	88.8	10.9	0.3	
平　均	3.75	8.56	12.31	88.7	7.7	2.8	0.8	80.8	18.4	0.8	

注）1981（昭和56）年合乳取引検査成績から筆者が作成

をしていた。衛生的乳質は細菌数、細胞数を測定しており細菌数は100万以下／mℓに、細胞数は50万以下／mℓが目標であった。いずれも現在では考えられない低い目標であるが、当時としては現実的な目標であったと思われる。1981（昭和56）年の検査成績は全道平均で細菌数100万以下／mℓが88.7％、細胞数50万以下／mℓが80.8％で、改善目標に向かって飼養環境や搾乳方法が順次改善されていく。

以後、生乳検査所は検査機器の改善やサンプリング手法の統一を図りながら検査精度を高めていく。そして、これらの蓄積データを基に、問題点の摘出と改善策の提示を行った。特に各地域の問題農家には搾乳現場に立会して生産者に問題点を認識させ、改善していく現場指導の技術普及を図った。このような関係機関の担当者をも巻き込んだ現場指導は着実に成果を上げ衛生的乳質は見事に向上していく。

1981（昭和56）年には浜中町農協が単協内に酪農技術センターを立ち上げて周囲を驚かせた。これは生乳の検査を中心に土壌、飼料を地元農協で分析するもので、迅速に結果を出すことと、相互の関連を検討することでより正確な実態把握を可能にした。以後、乳検データの集積や人工授精所の繁殖成績とも関連付け、生産現場に即した経営改善に取り組んでいく。これは実効を伴う技術普及のための事前準備と考えられ、生産者を第一に考えた勇気ある対応と高く評価される。また、生産現場に近いところで土壌や飼料分析を行うことは結果を翌年の営農に生かすばかりではなく、当年の対応にすぐ生かすことができる点で価値がある。興部町でも1992（平成4）年にオホーツク農業科学研究センターを開設して土壌、飼料の分析を開始した。

浜中町農協はその後、1991（平成3）年には浜中町就農者研修牧場を立ち上げ、酪農担い手の研修と確保を図るとともに、研修牧場の検討会を重ねることによって生産者の相談役でもある農業改良普及員、役場畜産担当者、獣医師、人工授精師らの地域酪農支援者間の意思の疎通と、関連技術の平準化を計っていく。就農者研修牧場は他地域にも波及し、1996（平成8）年には別海町に就農者研修牧場が誕生した。

1999（平成11）年、北海道乳牛検定協会と北海道生乳検査協会が合併して、北海道酪農検定検査協会が設立された。このことで乳牛の飼養成績と乳質情報が合体し、乳検情報は個々の酪農場の実態をさらに多面的に説明できるようになった。

③試験研究成果の技術普及

発展後期において試験研究機関は精力的に酪農関連の試験成績を発表している（表７－２）。粗飼料品種関連134課題、粗飼料栽培管理・調製関連150課題、乳牛飼養関連92課題、乳牛舎・施設・機械関連48課題、環境・糞尿関連16課題、乳質関連８課題、経営・組織関連39課題が提出された。1983（昭和58）年からこれらの成績のうち、特に時代の要請に応えたと思われる成績を農業新技術発表会で紹介することになった。発展後期において新技術発表会で紹介された酪農関連課題の一部を示すと、「粗飼料の燻炭化防止」「酪農経営の簡易診断改善情報システム」「放牧期分娩牛の飼養法改善と起立不能症の予防」「草地用作業機の開発改良による低コスト更新法」「チモシー基幹草地の早刈りによる植生変化とその対策」「乳牛のボディーコンディションの推移と繁殖性との関連」「草地に対する適正な糞尿還元量の設定」など、生産現場ですぐに役立つ成績が数多く提出されている。

④海外技術情報の伝達

発展後期は全酪連やJA中央会、ホクレンなどがアメリカ飼料穀物協会などを通じて、アメリカ、カナダの酪農技術情報が数多く紹介された時期でもあった。安価な穀物飼料が安定的に入手できる時期だったので、急速に規模拡大を進める多くの酪農家にとっては、穀物飼料を多給して個体乳量を高める飼養方法はうまく希望と合致した。これを背景にフリーストール、TMR、ミルキングパーラによる高泌乳牛の群管理技術が急速に普及した。わが国ではこれらに関する試験成績がまだ不十分であったので、先導的な酪農家の多くが先進国に視察に行ったり、アメリカからの講師による講習会、セミナーなどに参加して必要な情報を収集して実践することになった。穀物が国内過剰で売り先を求めていたアメリカにとっては、安定的に販売でき、しかも支払いに心配のない北海道の酪農経営はまたとない顧客であったし、穀物飼料を扱う系統機関や業者にとっても好都合であった。

わが国の試験研究がこれらの取り組みで遅れを取ったのは、生産現場の実態や、酪農家のニーズの把握が遅れたことと、研究予算の乏しいわが国では施設建設を伴う試験研究が困難であったことなどが大きいと思われる。しかし一方でバーンミーティングと称して座学で学んだ技術情報を、生産現場に赴き飼養環境や牛体、行動などと乳検情報から検証する技術普及方法は説得力があり参加者に多くの感銘を与えた。この技術普及方法は以後の普及活動に取り入れられ、多くの畜産担当者に良い刺激を与えた。

なお、アメリカを中心とした技術情報は放牧主体飼養方式を軽視したが、ニュージーランドの放牧酪農を視察した足寄町の酪農家が、1996（平成８）年には７戸の酪農家で足寄町放牧酪農研究会を立ち上げ、濃厚飼料多給による疾病多発や短い供用年数の回避を目指して短草型の放牧酪農を実践した結果、泌乳量は低下するものの生産費の節減で所得が向上することを実証した。放牧酪農は資本投下を押さえ、穀物飼料相場変動の影響も少なく、疾病の減少で乳牛の供用年数を延長し、管理者の精神的なストレスを減少させたばかりでなく、自由時間を確保できるなどの利点が認められ、わが国の循環型農業の１例として広がっていくが、畜舎周辺のまとまった放牧地の確保や牧草採食下の栄養管理、それぞれの地域における集約放牧方法などの確立には時間を要した。

⑤道外移出乳の乳質向上

熊野は2009（平成21）年に、指定団体であるホクレンが道外移出乳の衛生的乳質を改善するために実施した真剣な取り組み展開を報告している。すなわちホクレン丸就航で12時間ほど輸送時間は短縮したが、7℃以下でも発育する低温細菌増殖を問題視し、さらに原料乳をきれいにするため、1997（平成9）～1998（平成10）年の2カ年間全道の酪農家を対象に巡回指導に当たり、酪農家には搾乳機器の正しい洗浄、殺菌、バルク乳温管理、正しい搾乳手順の徹底を、生乳集荷担当者にはバルク乳温の検査、乳質の検査、タンクローリの洗浄・殺菌に徹底的に取り組んだ結果、2000（平成12）年度には生菌数1万／mℓ以下を90.8%まで高めた。この取り組みはその後も継続され2008（平成20）年度に生菌数1万以下／mℓは98.9%にまで改善されている。

6．転換期

（1）転換期における酪農に関する行政

21世紀に入り、生乳の出荷調整は緩和したものの北海道の酪農家は毎年200戸程度の減少を示した。乳牛の飼養頭数も減少に転じたが、1戸当たりの飼養頭数は増加を続け、2017（平成29）年には123頭になった。家族労働のみで経営内完結をすることはより一層困難となったが、前述したこれを支援する組織が各地で設立、発展して酪農家を支えた。**表7－7**に転換期における酪農行政および技術普及関連事項を示した。

①飼養環境、防疫の見直し

転換期の2000（昭和12）年に入って、口蹄疫、BSEの発生、雪印乳業脱脂乳による食中毒発生と、時代の変化を問いただすように不祥事が続き、改めて乳牛の飼養環境や防疫体

表7－7　転換期における酪農に関する行政および技術普及関連事項：2000年～現在

転換期	酪農に関する行政関連事項	酪農に関する技術普及関連事項	北海道酪農関連事項
2000	北海道家畜排せつ物利用促進計画策定	道立畜産試験場発足	口蹄疫発生（宮崎県） 本別町疑似患畜705頭殺処分 雪印乳業脱脂粉乳で食中毒発生
2001	家畜個体識別システム緊急整備		BSE発生（千葉県・道産乳牛）
2002			生乳自主販売会社MMJ設立
2003	食品安全基本法制定	NRC乳牛飼養標準第7版	TMRセンターが設立され始める
2004	農業改良助長法改正 北海道農業農村ビジョン21		生乳道外移出50万t突破 足寄町放牧酪農推進を宣言
2005		専門技術員の廃止	
2006		新体制で農業改良普及センターがスタート	
2007		乳牛日本飼養標準	
2009			道女性農業者ネットワーク設立
2010		試験場が独立行政法人道総研に 新技術発表会に現地事例も加える	北海道が生乳生産量全国の5割超
2013		新技術発表会に研究ニーズ掲載	
2015	農協法等改正	農業革新支援専門員配置	日本TPP参加 規制改革会議WGが指定生
2016	新経営所得安定対策 農林水産業輸出戦略		乳生産者団体制度廃止提言
2017	アメリカ離脱後のTPP11署名	乳牛日本飼養標準改訂	
2018	日欧EPA署名	根釧農試を酪農試験場に改称 上川農試天北支場を酪農試験場天北支場に改称	

制、生乳処理方法が見直される時代に入った。また、道は北海道家畜排せつ物利用促進計画を策定して、家畜糞尿の積極的な利活用を促進するとともに、家畜糞尿の野積み、れき汁の流失、地下浸透の禁止などを定め、それに必要な堆肥舎などの建設に伴う補助事業に取り組んだ。

この管理施設の適正化実施年限を2004（平成16）年に定めたことで、全道に各種の糞尿貯蔵・処理施設が建設された。乳牛の糞尿は排せつ量が多く、敷料の充足度によって糞尿水分が異なり、形状、処理方法も異なった。その水分程度によって堆肥、スラリー、セミソリッドに分かれるが、野積み、れき汁の地下浸透をしない貯蔵施設の建設を計画年限内に仕上げるため、生産現場ではその対応に追われた。各種の関連事業が国および都道府県から出され生産者負担を軽減したが、実施要領が画一的、硬直的で柔軟性に欠けるといった不満や、高率補助事業を用いた必要以上の施設建設も見られ、税金の無駄遣いだと指摘される一面もあった。

②きれいな牛乳づくり

北海道酪農検定検査協会を中心に「北海道の牛乳はきれいで美味しい」のスローガンの下に、乳質改善の取り組みは地道に継続されている。これは品質不良乳が異常風味の原因となったり、乳製品歩留まりを下げることが明らかになり、個々の出荷乳の品質を高めること、輸送中の品質低下を抑えることが絶対条件であることが再認識されたことによる。2002（平成14）年にはアメリカで開発された迅速抗生物質検査法を農協の自主検査として全道に整備し、不良乳を工場に搬入しない体制（農家負担の軽減）が強化された。2003、2004（平成15、16）年には「体細胞数削減対策」の展開に取り組み、体細胞数30万／mℓ以下比率を94％にまで高めている。このきれいな牛乳を恒常的に生産するため、2006（平成18）年にはバルク乳温の自記記録システムを開発して以後の２年間で全酪農家にシステム導入を図るとともに、生乳出荷業務にハンディターミナルを活用させてバルク乳温、出荷乳量、庭先検査データを工場および協会にデータ送信するPDAシステムを稼働させている。今後このシステムは牛乳のトレサビリティーにつながっていくものと期待される。

③酪農支援組織の発展

酪農支援組織については発展後期で触れたが、その存在価値を高めて規模を拡大しているところが多い。このうちコントラクターは進化して、TMR飼料を調製して、給餌作業まで請け負うシステムが現れている。

自給粗飼料受託生産がさらに進んだTMR（混合飼料）の受注組織が2003（平成15）年以降出てきた。大型、高性能機械を導入して大規模な作業体系を組み入れ、個人圃場を共同管理して作業効率を高め、受託面積を拡大して飼料コストを下げる方式や、都市近郊で副産物を有効に活用したTMRセンターなど、地域事情に即した形態が見られている。TMRはフリーストール牛舎を中心に対応するシステムで、担当技術員によって詳細に計算されバランスの取れた飼料を入手できる利点がある半面、作成飼料メニューが限られてくるので、うまく使いこなす技術が必要である。道農政部による「北海道の酪農・畜産をめぐる情勢」2018（平成30）年によるとTMRセンターは全道に80組織があり、構成員728戸、給与頭数は10万6,800頭に達している。

なお、コントラクター、TMRセンターは一度このシステムに加入すると後戻りができないリスクが伴うので、事前に各場面のシミュレーションを行い、参加後にトラブルが発生しないようにしておかなければならない。

④メガファーム、ギガファームの出現

北海道にも農業生産法人を主体に、超大型

規模の酪農場が出現してきた。一般的に用いられている定義では年間1,000t出荷牧場をメガファーム、1万t出荷牧場をギガファームと称している。ホクレン調べによるとメガ・ギガファームは増加を続け、2003（平成15）年には434牧場で68万tの生乳出荷をしていたが、2019（令和元）年には960牧場で200万tの生乳が出荷されている。これはホクレン受託乳量の53%を占め、今や18%の大規模酪農家によって5割強の生乳生産が行われている状況にある。これらのメガファームでは最新の情報を取り入れ、科学的な飼養管理、経営管理を心掛けているようであるが、穀物飼料価格の高騰によってスケールメリットが低下すること、糞尿の圃場還元に必要な粗飼料面積が不足しがちなこと、高度な管理を可能にする人材の確保が困難なことなどへの日常的な対応が不可欠である。

また、2019（令和元）年6月の酪農スピードニュースによれば、北海道のギガファームは9牧場に増加したとされており、前述した課題についてはより真剣に取り組む必要がある。

⑤自主流通牛乳の台頭

従来、牛乳は都道府県の指定団体を通じて流通してきたが、クーラーステーションを経由しないで牧場から乳業メーカーへ直送することで、鮮度を上げコストを下げる流通方式が群馬県で始まり、2002（平成14）年にMMJ（Milk Market Japan）が設立する。MMJはその後、群馬、岩手県の酪農家と契約を結んで利用農家を拡大し、2008（平成20）年にはネットオークションを開設するなど、新しい生乳の流通を進めた。2014（平成26）年には北海道からも幕別町の酪農家が参画し、以後、帯広市、別海町、富良野市、八雲町の酪農家が参画している。荒木らは2015（平成27）年の北海道農業経済学会報告で、飼料価格高騰によって経営が悪化した大規模酪農経営が乳価の高いMMJに出荷先を転換したのではないかと報告している。内閣府規制改革会議農業ワーキンググループは2016（平成28）年に指定団体制度廃止の提言を行っており、これを受けて道内関係機関も制度の機能、役割などの検討を深めている。その後MMJによる生乳の受け入れ拒否事例が生じ、これをめぐって契約農家との法廷闘争が起きている。いずれにしても主役は個々の酪農家と消費者なので、酪農家の経営安定と消費者ニーズに答える方向に進んで欲しいと願っている。

（2）転換期における酪農に関する技術普及

①乳検情報の迅速、精密化

新生した北海道酪農検定検査協会は北海道酪農の経営改善に向けて、精力的に乳牛飼養の実態把握を展開している。かつて乳量、乳成分、乳質の把握からスタートした検定、検査成績（表7－5：全道牛群検定成績、表7－6：合乳検査成績）は、より詳細な実態把握を目指して検定項目を大幅に増やすとともに、調査・分析手法の近代化を図り、使用目的ごとに多様な情報を発信している。すなわち現在の乳検成績は牛群検定成績表、検定日成績速報、個体検定日成績、年間検定成績、個体累計成績、牛群改良情報と、利用目的に沿って見ることができるようになり、迅速で信頼性の高い検定成績にシステム化されている。また、検査、調査項目には乳代、分娩頭数、体細胞数の指数化値、乳中アンモニア濃度、除籍理由、搾乳管理、受精管理、種雄牛区分、分娩間隔、受精時期、牛群構成、分娩予定月別頭数などが加わり、これらを経時的、牛群別に示すことによって、飼養管理の実態や問題点がより正確に摘出されるように工夫された。

全ての技術普及は実態をいかに迅速・正確に把握するかにかかっており、酪農経営においてはその基礎データを乳検成績が提供し続けている。これは酪農産業にとって極めて貴重で有効な戦力である。また近年はデータ提

表７－８　普及体制の変遷

年代	組織体制	普及所・センター		改良普及員・普及指導員				専門技術員		合計	活動方式
		普及所数	駐在数（分室）	配置定数	道	農試	農大（農技講）	道	農試		
1949	小地区制	241	0	346	0	0	(9)	6	0	352	市町村駐在方式
1958	中地区制	215	0	852	0	0	(7)	24	7	883	セット活動方式
1965	大地区制	180	0	852	0	0	(10)	26	11	889	専門分野ごと指導
1970	〃	60	108	983	0	0	(13)	16	29	1,028	機能分担方式
1977	〃	60	78	983	0	0	13	11	42	1,049	地域分担方式
1992	〃	60	51	946	0	0	21	6	41	1,014	専門主体＋地域
1999	〃	57	20	928	0	0	30	6	44	1,008	本所－支所体制
2006	〃	48	(5)	777	5	26	30	0	0	838	地域支援体制整備
2010	〃	48	(4)	674	5	26	30	0	0	735	
2012	〃	48	(4)	660	5	25	30	0	0	720	
2019	〃	44	0	616	5	23	26	0	0	670	

資料：「北海道農業改良普及事業の概要 2019（平成31）年」道農政部技術普及課資料を一部改変

供に終わらず、分娩時子牛事故の低減、母牛の周産期病の低減、良好な繁殖成績の実現などの改善策を具体化してその技術普及に勢力を注いでいる。

②農業改良普及制度の機構改革

2004（平成16）年に農業改良助長法が改定された。その内容は専門技術員と改良普及員を普及指導員として統一したこと、改良普及センター必置規制の廃止である。前者は専技、普及員の二段階制が効率的な普及活動の弊害を解消すること、後者は都道府県が地域実態に応じた普及指導体制を柔軟に構築し、指導拠点を設定できるようにし、普及事業に交付していた国庫補助を都道府県へ税源移譲するものであった。筆者は長年、専門技術員を歴任した１人であるが、北海道の普及事業に限って言うならば、二段階制の弊害は少ないと思われるし、必置規制の廃止も府県事情を重視したもので、全国一律の硬直的な行政対応と考えられる。この改革では高学歴化している生産者対応を容易にするために、普及指導員資格試験には実務期間が必要とされ、大学院卒では２年以上、大学卒では４年以上の実務体験が設定された。予想通り任用該当者は少なく、欠員が急増経緯をたどることになる。2009（平成21）年の北海道における普及指導員定数は777人であったが、年度当初の現員は687人にすぎず、90人の欠員を抱える異常事態が発生した。

表７－８に普及体制の推移を示した。これを見る限り、1970～1977（昭和45～52）年をピークに農業改良普及員は減少し続け、普及所は統合し、駐在所は廃止され、生産現場から遠のいてその存在感を弱めている感が強い。

７．将来展望

（１）酪農に関するこれからの行政に望む

①農業を大切にした行政を進める

時代の流れは速く、グローバル化の波も避け切れない。しかし、そうであるなら世界の食糧事情も一方で見据えておかなければならない。世界の人口時計を見てみると、2020（令和２）年２月18日現在で世界人口は78億148万人を越え、毎分156人、毎日22万人、毎年8,000万人と急激な人口増加が続いている。驚く早さで世界の人口時計は確実に進んでいるのである。これは世界中で年間１億4,000万人が生まれ、6,000万人が死んでいる結果であるが、少子化、人口減のわが国では想像できない現実が地球上で生じている。この人口増加に追い打ちを掛けるように、地球温暖化による異常気象が世界中で発生して農産物に被害を与えているし、酸性雨や砂漠化の進行も深刻な問題である。一部の地域では紛争が繰り返され農地が放棄されている。これらの結果、食料不足によって栄養不足になっている人間が8億2,000万人もいて、その数は増加傾向にある（国連食料農業機関、2019)。人類の食料確保は着実に困難な方向に推移している。しかしながらわが国では食料自給に向けた施策は軽視され、離農が進み、血と汗と涙で開墾した土地が放棄されて原野に戻りつつある。残念ながら北海道も例外ではない。

自国の農業を大切にしなくても、自動車や電化製品などを売った金で農産物を買えばよいという図式は、近い将来に禍根を残すであろう。ましてや酪農は、まとまった土地と幅広い技術の組み立てが不可欠な作目であり、各種の支援組織によって成り立っている産業である。これまでの歩みを無駄にすることなく、ようやく欧米レベルに成長した酪農産業をこれからも守り育てていかなければならない。

北海道150年の節目を食料自給率向上へのスタート元年としたいものである。それこそがわが国の食料基地を自認する北海道の責務ではないだろうか。

②酪農経営の評価方法を改める

従来、酪農経営を評価する物差しは農業所得であった。どんなやり方をしても所得さえ確保できて経営が成立すれば良しとした。しかし、いまだに止まらない酪農家の離農や、後継者不足を考えると、所得だけでは満たされない思いが強く存在している。干場は2001（平成13）年に酪農経営の評価を経済性や生産性だけに限らない複合的総合評価指標を提案し、以後、修正を加えて人間の満足度、耕地への窒素負荷、疾病発生率などを加味した総合的な評価を提唱している。そしてこれらを充足することが循環型農業を成立させる手順であると説明したのである。すなわち、これからの酪農経営の在り方を考える際には、総合評価を構成する各項目（生産性、経済性、エネルギー、環境負荷、家畜福祉、人間の満足度）をバランス良く高めていく方策を具体化することが、北海道酪農を守っていくために必要な施策になると考えたのである。いずれの項目ともその内容を高めていくことは容易なことではないが、並行して他の項目とのバランスを考えながら作業を進めることが重要なのである。

また、これからの酪農経営を検討するに当たっては、パートナーである主婦や女性構成員の意向をもっと重視すべきである。2009（平成21）年に設立された北海道女性農業者ネットワークの活動を見ると、生活を大事にするばかりでなく意欲的で活発な行動力に満ちていて、これからの北海道酪農の重要な担い手であることが再認識されるばかりでなく、彼女たちの主張の多くが総合評価と同一視点にあることが分かる。従って彼女たちの活動を支援し、意向をより強く施策に反映させることが、これからの北海道酪農にとって重要な取り組みと考えられる。

③多様な酪農経営の存続を目指して

酪農経営が幅広い技術の組み立てを必要とし、その脆弱部分を常に補強していかないとそこから崩壊する危険性があることを繰り返し述べてきた。そのために酪農経営を総合評価から検討すべきことも前述した。いずれも北海道酪農が将来とも無理なく循環し続けることを念願しての考え方である。

加藤ら 2005（平成17）は前述した総合評価方法を用いて道東の酪農専業地帯を根気よく精査し、主流になっている穀物飼料多給の飼養方式は、乳量が増大するものの購入飼料費の増大と疾病増加によるロスで所得は必ずしも増加しないこと、環境負荷や管理ストレスの増大によって、むしろ人間の満足度は低下傾向にあることを報告した。濃厚飼料多給飼養方式にはこの他に穀物飼料価格の先行き不安が拭い切れない。これに急激な規模拡大が伴うと、余剰窒素の増大で糞尿の利活用に無理が生じやすいし、システム全体を高度に管理できる人材の確保が難しいなど、管理上の懸念も加わる。濃厚飼料多給型飼養にはこれらへのきめ細かい対応策が恒常的に必要と考えられる。メガファームやギガファームの生乳生産比率が高まる中で、これらの大規模経営では前記課題に対するより一層の周到な対応策を確立していかなければならない。また、多様な省力化技術の導入も欠くことができないので、これらに対する支援策も重要な施策になると考えられる。

他方、夏季の放牧飼養を柱に据えて、集約放牧、簡易施設、中泌乳、中規模の家族酪農が今後とも存続すると想定されるが、この方式は海外穀物飼料市況の影響が少なく、国内の生産環境を整えることで、循環型農業を進め得るものと期待される。しかし同時にこの方式は、今まで以上に支援組織の活動や自給飼料の効率的利用が重要となるので、これらへの手厚い行政支援が必要であろう。

また、広範囲な技術の組み立てが必要な酪農経営は、その分、多様な経営体が共存できる可能性を示している。小規模高泌乳飼養経営や小－中規模放牧利用、体験牧場、生産者団体や企業の直営牧場、牛乳乳製品の加工・販売経営などの多様な経営が存続できる環境づくりが必要と考えられる。このため行政施策においても、上から目線の画一的なものから個々の経営体の意向を汲み上げる方式へ一部転換することが必要と考えられる。例えば課題解決に向けた経営計画に対する助成措置などは、内容が多様化してしまうが実効性の高いものになる。生産者目線での施策遂行によって、１戸でも多くの酪農家を残したり、新規入植を可能なものにすることが、これからの行政に強く求められているのである。

④生産者支払い乳価向上と危機管理体制の確立

止まらない酪農家戸数減少の第一理由は後継者確保が困難なことにもあるが、その背景に将来への不安を挙げる生産者が多い。2018（平成30）年12月に発効した環太平洋連携協定（TPP11）の合意概要では、脱脂粉乳とバターには枠を設けて枠内税率を段階的に削減することになっているし、チーズは種類ごとに対応を決めるが徐々に関税撤廃の合意内容である。2019（平成31）年２月に発効した欧州連合（EU）との経済連携協定（EPA）も輸入枠の増大、関税の削減方向である。アメリカとの２国間協定も不安材料である。このように安価な乳製品の輸入は避け難く、乳価の低下から免れ難い状況にある。

2018（平成30）年７月28日のテレビは「牛乳のピンチ⁉　～酪農の危機！　揺らぐ安定供給～」を放映した。酪農家の離農が相次ぎ、牛乳生産量が減少して需要に応じることが難しくなってきているという内容で、酪農家が非常に努力しているのに、この10年間は牛乳の小売価格が低下を続けていて、このままでは経営を継続することが困難であるという中央酪農会議企画の番組であった。

このような中で北海道は2018（平成30）年９月６日の胆振東部地震で多くの被害を受けたが、全道停電によって大量の牛乳廃棄が生じた。酪農家が頑張って手絞りしても、生乳を冷却貯蔵ができないし、自家発電を活用して何とか出荷までこぎ着けたとしても、よつ葉乳業などの一部の工場以外は受け入れできなかったのである。食料基地を自認しているにしてはあまりにもお粗末な危機管理体制にあることが露呈した。この結果、スーパー、コンビニでは停電解消後もしばらく牛乳、ヨーグルトが姿を消し、1週間程度陳列棚はずっと空であった。主婦、高齢者の間ではこれらの入荷情報が飛び交い、改めて牛乳、ヨーグルトなどが生活必需品になっていることを実感した。この時は多くの消費者が多少高くてもこれらを手に入れたいと本気で思ったのである。

生産者と関係機関の努力で世界のトップレベルまで乳質を高めた安全でおいしい牛乳を、これからも安定的に消費者が入手し続けるために、再生産が可能な生産者支払い乳価の再検討と、危機管理体制の整備が急がれている。

（2）酪農に関する技術普及に願う

①課題解決のためのコーディネーター機能の強化

これからの酪農家に対する技術普及を考えると、やはり農業改良普及センターと酪農検定検査協会がその中核に位置し、地域や酪農家の課題解決のコーディネーターを担うべきと考えられる。酪農家の周辺にはJA職員、獣医師、人工授精師、乳検職員、農業改良普及員、役場担当者、各メーカーの職員など多くの関係者が存在するし、状況に応じて大学や試験場から教員や研究員も加わる。酪農支援組織の職員もいる。しかし、関係職員の多くがそれぞれの担当分野からの視点であり、活動であるのに対して、農業改良普及員は課題解決に向けた支援活動を本務としていて、経営全体を見渡せる上に、利害関係のない公平な立場にいる。さらに他の多くの酪農家の実情を見聞していて、その比較検討が可能であり、その背後には北海道立総合研究機構の研究員と集積された成果が控えている。このように考えると、農業改良普及センターの機能をしっかり発揮させる体制づくりは、北海道酪農の将来にとっても極めて重要と思われるのである。

しかし残念ながら専門技術員を廃止し、定数を減少し続けてきた農業改良普及センターの活動は、多種多様な変革を重ねてはきたが徐々に生産現場から離れつつあり、存在価値が低下しているように見受けられる。これを少しでも解消するために農水省は2012（平成24）年に農業革新支援専門員を配置し、全道には2020（令和2）年で58人の農業革新支援専門員を任命したが、同じ普及員間の職務分担には限度があり、残念ながら酪農家の信頼度や活動成果を高めるには至っていないように思われる。また、前述したように酪農家には多種の関係者が取り巻いている中で、課題解決に向けたコーディネーター機能を発揮するためには、うまく人間関係を構築できる人柄と強い改善意欲、頑丈な体力や精神力が必要と思われ、採用条件に高学歴化、経験年数を加味しても解決する問題とは思えない。2004（平成16）年の農業改良助長法の改定は、社会情勢の変化を理由に普及事業を縮小して人件費削減を図るためのものと推察され、今後も徐々に普及組織の弱体化を図り、生産現場からの縮小反対の声を小さくした後に、組織統廃合の下に廃止を望んでいると思うのは考えすぎだろうか。

このような状況を乗り越えるためには、従来以上に各関係機関が一体となった活動が求められる。特に北海道農業試験研究機構との密接した活動は、双方の組織にとって重要な生き残り策と考えられる。すなわち研究予算が漸減し、試験期間が短期化している研究組織にとって、生産現場に研究基盤の片足を置いた現地試験の推進は、その成果が説得力や即効性を増し存在価値を際立たせるとともに、この成果を活用した普及活動もまた信頼度を向上させる方向にあると思うのである。なお、この成否は緊急かつ重要な現地課題をいかに試験研究に取り込むかにかかっているが、これこそ普及組織の得意とする分野だと思うのである。

また、この状況を打開して普及活動を活性化する方策の1つとして、酪農においては畜産系大学に普及担当教員を配置することが有効と考えられる。アメリカの普及制度はこの方式を取り入れているが、生産現場における普及活動を重視するこのシステムは、深い専門知識と多くの情報源を有する教育者を課題解決に活用することで、学生を加えた調査は詳細で多様、迅速化が期待され、より正確な実態把握と問題摘出を可能にして課題解決を早めるとともに、学生に対する生産現場と密接した教育を可能にする。しかも、この活動を継続することで鍛えられた生産現場を熟知した教員の存在は、各大学における実学教育を充実させ、即戦力を有する卒業生を数多く輩出することにつながると思われる。さらにこのような普及担当教員の活動は今まで以上に現場課題やその改善策が卒論、学会、研究会などで論議されることになり、研究活動全体の活性化が期待される。

一方、北海道酪農検定検査協会においては、乳牛の能力向上と乳質の改善が本務で、酪農家や乳牛頭数を守り育てていかなければ生活基盤を失う立場にある。しかも、多くの酪農現場を熟知し、公平な立場にあることも農業改良普及センターと類似している。さらに、個々の酪農家から検定費用を徴収している責務が加わることによって、課題解決に対する真剣度が高い組織でもある。今後とも酪農における技術普及の中核を担うべきであるが、各関係機関との一体活動、特に農業改良普及センターとの連携強化で活動成果がさらに向上することを再認識しておく必要がある。

②コンサルタント活動の強化

多くの技術情報は専門特化して多様化、深化している。このため各部分技術を経営全体の技術に総合化して検討することがより一層重要となってきている。新技術の導入においても経営規模が大きくなるほどそのリスクも効果も大きいので、経営全体を通して慎重に検討しなければならない。さらに今後とも急激な社会環境の変化が継続すると推察され、この影響を受けて各技術の評価、位置付けも変化するので、この対応も容易ではない。そのため、経営の一部を他機関に委任したり、総合的に検討できる体制づくりが今まで以上に必要となっている。

また、酪農経営は広範囲な技術の組み立てが必要な上に、酪農経営個々の状況（技術力、資金力、牛の能力、施設・機械の状況、土壌や気象、立地条件など）が異なるので、共通的な課題であってもその改善策は多種多様になる。これは他作物にはない酪農の持つ特殊性で、従来型の集団指導では解決できない部分が多く、個々の経営体の実情に沿った対応策を検討する必要がある。特に大型経営では詳細な実態把握と総合的な改善策が求められるので、きめ細かな個別指導が基本になり、技術普及の手法はコンサルタント活動の様相を強く呈していくと思われる。

道内には2000（平成12）年以前から民間のコンサルタント活動が散見されていたが、その多くは個人対応であった。しかし、経営規模が増大するに従って、会社組織によるコンサルタント活動が見られるようになった。別海町上春別のトータルハードマネジメントサービスは1995（平成７）年に設立したコンサルタント会社で、獣医師を中心としたスタッフで構成され、乳質改善、繁殖管理を中心に活動してきたが、その精力的な活動が評価されて依頼牧場が増大し、会社は徐々に大きく育っている。このようなコンサルタント会社が道内各地に点在していて、先進的な情報普及の一部を担っている。今後、前述した関係機関との合同による活動の一部も、個別経営を対象としたコンサルタント活動に移行すると思われるので、相互に補完・競合しながら進化することが望まれる。

また、これからはICT（情報通信技術）を通じて、現在以上に大量の技術情報の入手が可能になると思われるが、信頼できる生きた情報なのかどうか、自分の経営改善に合致する情報なのかどうかといった判断が極めて重要になる。これらの対応もコンサルタント活動の本務で、幅広い、冷静な判断力が求められている。

8．参考文献

井上龍子（2018）『食料農業の法と制度』金融財政事情研究会

関秀志・桑原真人・大庭幸生・高橋昭夫（2006）『北海道の歴史 下 近代・現代編』北海道新聞社

小山政弘（2007）『北国に光を掲げた人々 北海道酪農のくさわけ』公益財団法人北海道科学文化協会

北海道農政部（2018）「北海道の酪農・畜産をめぐる情勢」

北海道農政部（2018）「北海道農業・農村の現状と課題」

公益財団法人農林水産長期金融協会（2017）平成17年度自主調査研究報告「北海道における酪農メガファームの展望に関する調査報告書」

農林水産省（2017）「コントラクターを巡る情勢」『コントラクター調査結果』

農林水産省（2017）「TMRセンターをめぐる情勢」『TMRセンター調査結果』

農林水産省（2017）「飼料をめぐる情勢」

農林水産省（2018）「畜産・酪農をめぐる情勢」

農林水産省（2017）「平成29年度補正予算、平成30年度当初予算概要」

ホクレン（2016）「指定生乳生産者団体制度について」

国土交通省（2017）「各期の北海道総合開発計画」

石田哲也（2000）「農業環境関連３法の制定と改正」『開発土木研究所月報 No.565』pp.27-30,国立研究開発法人土木研究所寒地土木研究所

北海道農政部（2015）「北海道農業の歴史」

帯広百年記念館（2007）「グラフで見る十勝農業の歴史」『帯広百年記念館紀要 25』

乳用牛群検定全国協議会（2017）「牛群検定40年誌 乳用牛のベストパフォーマンス実現のために」

熊野康隆（2009）「北海道における乳質改善の歩み 安全でおいしい牛乳・乳製品を消費者に」『第17回乳房炎防除対策研究会 基調講演要旨』pp.1-16

北海道酪農検定検査協会（2018）「検定成績」

北海道乳牛検定協会（1975）「昭和50年度検定成績」

北海道生乳検査協会（1981）「昭和56年度合乳検査成績」

北海道酪農検定検査協会（2016）「乳用牛ベストパフォーマンスの実現に向けて　乳用後継牛の安定確保のために」

川嶋良一（1986）『農業技術の展望』農業技術協会，pp.258-267

内田多喜生（2008）「農業改良普及事業の最近の動向」『農業と情報』vol.6　pp.4-9，農林中金総合研究所

国際協力事業団（1983）『農業改良普及事業ハンドブック』青年海外協力隊事務局

阿部亮（2017）「北海道根室地域の酪農における試験研究と技術普及の現状と方向」『畜産の情報 ２月号』独立行政法人農畜産業振興機構

北海道農政部（2015）「北海道の普及事業」

橋立賢二朗（1999）「現場に根ざした酪農技術の普及」『北海道畜産学会報 第41巻』pp.30-35，北海道畜産草地協会

石橋榮紀（2010）「今後の酪農情勢を見据えたJA浜中町の取り組み 安全安心と地域循環を目指して」『北海道畜産学会報 第52巻』pp.7-9）北海道畜産草地協会

干場信司（2007）「酪農システム全体から牛乳生産調整問題を考える」『北海道畜産学会

報 第49巻』pp.11-13，北海道畜産草地協会
田村千秋（2003）「はばたく北海道畜産、その現状と未来」『北海道家畜管理研究会報 第38号』pp.35-40，北海道畜産草地協会
寺田浩哉（2006）「牛舎施設と乳牛の行動について」『北海道畜産学会報 第48巻』pp.89-92，北海道畜産草地協会
独立行政法人北海道立総合研究機構（2018）「試験研究成果一覧」『農業技術情報広場』
北海道農政部（2017）「北海道の普及事業の概要」『農業改良普及センターの広場』
北海道畜産草地学会（2018）「沿革」北海道畜産草地学会
日本畜産学会北海道支部大会講演題目，日本畜産学会北海道支部
金川直人（1979）「新酪農村建設の背景と現況」『北海道家畜管理研究会報 第13号』pp.22-32，北海道畜産草地協会
藤倉良（2012）「根釧および北上パイロットファーム」『国際セミナー 講演資料』pp.14-21
北海道根室振興局（2014）「ねむろ農業のあゆみ」
北海道開発局「みどり煌めく日本一の酪農郷 自然への挑戦と調和～釧路・根室、農業開発の歴史」
崎浦誠治・鈴木省三監修（1990）『酪農大百科』デーリィマン社
JA北海道中央会・ホクレン（2016）「指定生乳生産者団体制度について」
荒木和秋・志賀永一（2018）「岐路に立つ地域農業 ～生乳流通の新展開を手がかりに～」『フロンティア農業経済研究』VOL.20～22，北海道農業経済学会
干場信司（2001）「酪農生産システムの複合的評価指数の提案」『農業施設』32巻3号，農業施設学会
加藤博美・干場信司・森田茂（2005）「濃厚飼料給与量が経済性・環境負荷・家畜の健康状態および人間の満足感に及ぼす影響」『Animal Behaviour and Management』vol.41（1）pp.82-83，日本家畜管理学会

新名（にいな） 正勝（まさかつ）

1943（昭和18）年神戸市生まれ。酪農学園大学酪農学科卒業。石狩支庁石狩北部農業改良普及所農業改良普及員、北海道立新得畜産試験場研究職員、同道南・根釧・北見等農業試験場専門技術員、北海道農政部農業改良課総括専門技術員、北海道立畜産試験場技術普及部長を経て、2004～2011（平成16～23）年酪農学園大学教授。2013～2014（平成25～26）年、中国で肉牛飼養改善支援に携わる。

第3章
百人百酪（私が考える酪農）

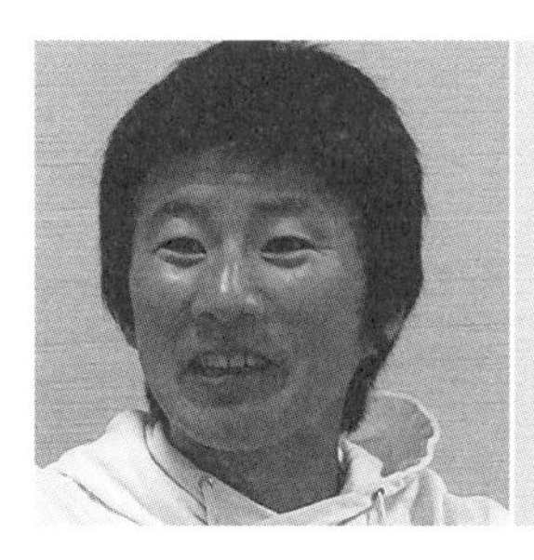

北海道酪農草創期から今につなげるべきもの

「北海道酪農の歩みと将来展望」 第1回シンポジウム

2018（平成30）年３月23日　酪農学園大学
主催：北海道酪農の歩みと将来展望を考える会

パネリスト

宇都宮　治さん
（有）宇都宮牧場代表取締役
（夕張郡長沼町）

黒澤　耕一さん（代理報告／干場）
（株）由仁黒澤牧場代表取締役
（夕張郡由仁町）

町村　　均さん
（株）町村農場代表取締役
（江別市）

西本　幸雄
デーリィマン社顧問（当時）

司会　**干場　信司**

シンポジウム出席者。左から、町村均さん、宇都宮治さん、デーリィマン社西本幸雄顧問、干場信司（司会）

司会：北海道酪農の歩みと将来展望を考える上で、草創期に重要な役割を果たした牧場はたくさんあります。中でも皆さんがよく耳にするいわゆる御三家、宇都宮さん、町村さん、黒澤さんからお話を伺いたく、このシンポジウムを企画いたしました。黒澤さんは都合があり、本日参加されておりませんが、私が牧場にお伺いしてお話を聞いておりますので、その内容を紹介させていただきます。

自分が考える「酪農三徳」
宇都宮　治さん

干場先生からシンポジウムのお話をいただきまして、正直なところ、普段は自分の先祖のことはあまり考えないし、親や祖父からも草創期の話はほとんど聞いていませんでした。今回が改めて考える機会になろうかと思っています。

また、このシンポジウムは町村農場の100周年記念でもあるとのことで、お祝い申し上げます。町村一族と宇都宮一族は４代、100年以上にわたるお付き合いで、節目節目で大変お世話になっております。初代の宇都宮仙太郎が、町村金弥さんの指導を受けたことがわれわれのスタートであり、町村さんなくしてわれわれもなし、そういう思いで、常に町村さんの背中を見ながら精進しています。

本日は自分の生い立ちや、学校卒業後に牧場で働いて約30年の経過、そしてこれから自分がどう取り組んでいくか、どういうことに興味あるかなどをお話しさせていただきたいと思います。

初代・祖父・父の経営と、自分のやり方の確立

私は1963（昭和38）年に生まれ札幌、厚別の牧場で育ったのですが、かなり昔ですし、明治生まれの祖父や昭和一桁の父は独特の価値観とか生きざまを持っていました。買い物に行くこともほとんどないし、遊びに行くこともない。牧場の中で生活の大体のことを賄っていく。そういうふうに子ども心に思うような家庭でした。札幌市といえどもある種、昭和前半をずっと引きずっているような。私より先輩の方々は心当たりがあるかと思うんですけども、とにかく自給自足に近いっていうか、昔の生活を引きずっている、そういう幼少期を過ごしています。

当然私も、牧場の中が遊び場になる。で、要するにクソガキというやつでね。牛舎へ行って、種牛がいたら石ころぶつけてみたり、手搾りしているところでも横から手を出してちょちょっと搾ってみたり、牛が草を食べてるのを面白いなと思いながら見ていたり。もっとひどいことになると、タバコなんて家で誰も吸わなかったですが、牧場に出入りする人たちがタバコ吸っている姿にすごく興味があって、残った吸殻でちょっと吸ったフリして「面白い、これが大人だ」とか、ついでに乾草に火をつけてみて、燃えた燃えたとか、あまりいい子ではなかったですね。

中学校１年生の時に祖父が、東京を１度は見せようと思ったんでしょうね。連れて行ってくれました。祖父と祖母、姉と私の４人で１週間ほどでしたか。ところが行ってみて、それが自分にとっては全く面白く感じられなかった。帰ってきて、いやあ、やっぱりここがいいな、と思ったことが、むしろ大きな経験になりました。生き物や牛が好きだったので、子ども心にも何となく、将来も酪農に就いていくんだろな、と考えていました。大学も酪農学園大学にお世話になりました。勉強は全然できなかったのですが、1986（昭和61）年に卒業しています。

学生生活全体を通して、勉強もスポーツも特別できたわけでもない、全てにおいて大体平均か平均よりちょい上ぐらい、そういう学生でした。十勝の酪農家の下で約20日の夏季実習。それから海外、アメリカで約１年ちょっと実習しました。アメリカでお世話になった酪農家の方から、とにかく人間はハッピーに生きることが大事なんだと教わりました。楽しい中には、仕事をやっている中での達成感だとか、充実感だとか、いろいろなことがある。自分もこういう生きざまができたらいいなと思いながら帰ってきました。帰る途中、ウィスコンシン州立大のショートコースにひと冬だけ行きました。これは昔の酪農短大Ⅱコースのモデルとなったところです。

ここで先祖たちのことを改めて考えてみま

す。初代の仙太郎、この方はたぶん自分が想像するに、酪農というビジネスが日本で本当に始まったばかりで、ベンチャービジネスみたいな、そんなところで一所懸命やった人ではないかと思います。祖父の勤は、昭和前半に上白石で牧場を開き、種牛生産を経営の柱にしました。終戦時ですので、日本中が“わちゃわちゃ”になっていますから、国や農水省は食料増産や農地解放とかで忙しく、牛の登録制度などをやっている余裕がなかったと思います。ホルスタイン登録や検定など、国がやるのを待っているわけにはいかないので、祖父は仲間とともにホルスタイン農協を起こして、それらの事業を確立していったと聞いています。勤の長男の潤、私の父は、種牛や雌子牛の販売も結構やっていて、乳代より個体販売の方が収入は大きかったと思います。その頃、やはり酪農家が主体となって共進会が始まっています。聞いた話ですが当時は2、3人の審査員が寄ってたかって協議して2日も3日もかかってジャッジしていて、一般参加者は時間の制約を受けて、なかなか審査に参加するのができなかったと聞いています。

状況変化で「原点回帰」

そんな先祖たちを見ていて、じゃあ私は何をするのだと。学校卒業して、実習から帰ってきたのが25歳くらい、それから28歳くらいまでは、そんなことを考えながら、一所懸命やっていた時代でしたね。祖父や父は根が真面目なので、一所懸命やるがバランスを欠く、いわゆる職人肌でした。ホルスタインの改良に関しては妥協を一切許さないんで、立派な成績を残しています。一方、私は既にお話したように、一番になれない常に中の上くらいをウロウロしていた人間なので、根詰めて1つに取り組むのが不得手だったんです。そのかわり、ちょっとバランスが良いというか、良い加減で物事をやれたと思います。

ちょうど私が33歳の時、父が体調を崩しまして。それまで「俺が先頭になってやる」勢いだった父が、いきなり「明日からもういないから」となって。おいおい、それは困ったことになったなと。そこから、自分のやり方を何とか確立していかなきゃいけないと本当に思いました。当時は、牛の個体販売価格がどんどん下がってきていた時代。一番悪い時で、初妊牛の価格が今の半分、雄子牛でも1万円か2万円弱、廃用でも5、6万円。今の約半分からもうちょっと低いっていう時代です。父が体調を崩してから、自分のやり方ができ上るまで大体10年ぐらいかかりました。

当時、とにかくどんどん餌やってどんどん搾ればいい、という人が結構いました。極端な例では、牛を治療するぐらいだったら取り替えた方がいい、共済の保険は儲かるからいい、などという人もいました。いろいろな人たちの意見を耳にしたのですが、私はどうもそれは違うんじゃないか、やっぱり牛を大事に飼っていけばお金はそこそこ後ろから付いてくるのではないか、そう考えながらずっと仕事をしていました。

また2、3年で取り巻く状況が変わってきました。人手が足りなくて、できないものはできない、やれるものはやる、さてどうするかと考えた結果、トウモロコシとTMRをやめました。トウモロコシは、もう物心付いた時からずっと作付けしてたし、TMRもフリーストールにして25～30年弱、ずっと続けてきたんですけど。結果、トウモロコシをやめたことによって、牧草地により手をかけられるようになりました。そして良い草、食い付きの良い草ができてきた。草の良しあしが牛にまともに現れますから、そうなるとまた面白いんですね。酪農の原点と言うと格好良いのですが、実に面白い。子どもの頃に見ていて、面白いなあと感じていた感覚に近くて、うまく説明できないんですけど、本当に「原点回帰」というのでしょうか、草主体のやり方。町村さんのスローガン「土づくり、草づくり、牛づくり」を、私は逆の順番で追ってきました。「牛のために草をつくる」そして草をつくるためには「やっぱり土」かなと。

最近は、日々、長沼の山の中でいろいろなことを面白いと思ってやってます。銭勘定も大事ですけど、まずは面白い、面白くないということが大事ではないかと考えています。アメリカでの実習先の親方が言ってた通り、ハッピーであるかどうかが大事。この30年を振り返って「ハッピーだったか」と考えたときに、やっぱり父から経営を引き継いで、自分のスタイルを確立するまで一所懸命やった、それが少し形になってきて、最近は面白くなってきた、これでいいのではないのかなと。自画自賛ですけども。

基本は「牛を大事に飼う」こと

仙太郎本人が最初に言ったのか、周りの人が後からまとめられたのか、正確には分かりませんが、「酪農三徳」という言葉、「健康に良い」「嘘をつかなくていい」「役人に頭を下げなくてもいい」という言葉、それを自分なりに解釈します。

「健康に良い」、確かに人に使われていないし、転勤もない、社会的なストレスは少ないのではないか。自分自身、今の生活をしていると体調が良いと感じます。

「嘘をつかなくてよい」、確かに牛相手ですから嘘つく必要もないんですけども、やっぱり酪農に限らず商売をしていく上で、人間性がすごく大事なのかなと考えています。顧客を騙して問題となった会社をニュースで見るたび、経営が悪化したためにやむなくそういう商売になった場合も中にはあるでしょうけど、元々経営者の人間性に問題があったのではないか、と私は判断しています。

「役人に頭下げなくていい」、その前提は、何をするにも自己責任でやっていくことです。決断する責任は全て自分に降りかかって、人のせいにはできません。私も父が急に入院した当初、なぜ自分がひどい目にあうのかと不満を感じた時期もありましたが、それは要するに自分に対する甘えの裏返しであると、そういう考え方に変わりました。

また、補助事業にあまり大きく依存しないことです。国からお金をもらうと、いろいろ口も出されます。ただし、補助事業を利用して大きく経営を展開するのも、1つのやり方ではあるので、補助事業が良くないとか、そういうことを言ってるわけではありません。それも自己責任においてやっていくべきであると。設備投資やコントラクターなど外部への作業委託、人の働き手の数を考えると、1人当たりの仕事は、家族経営も大規模経営もそんなに大きく変わらないのではないか、と私は見ています。

先祖の言葉を改めて考えると、こんな感じです。ひいおじいさん（仙太郎）が言った「三徳」と聞かれても普段は「はい？」ってなもんで（笑）、ほとんど考えてこなかったのが現実です。ひいおじいさんから約百年ちょっと、代々この仕事を続けてこれたのは、基本的な部分は「牛を大事に飼う」、これが根本にあると思います。そして時代時代に対応してきたこと。自分の長所とか才能とか、社会的な条件を理解して、種牛を売ったり、雌牛を売ったり、牛乳を搾ったり、バターを売ったりと、自分の経営環境を見て周りにあるものを最大限に利用してきたという一言でくくってしまってもいいんじゃないかと考えています。

ちょっと具体的な話になりますが、今年の春に1人、従業員が決まりまして。その方は、千歳の牧場で5、6年働いてる人の婚約者なんです。ズブの素人だった婚約者の研修する場所をずっと探してたらしい。この辺でいろいろ探していたそうですが、なかなか見つからなかった。それが、たまたま機会があって、その千歳の従業員さんがうちの牧場に来て、2時間ぐらいいたかな。その4、5日後に電話がきて、「私の婚約者をお願いしたい」と。

伺ってビビっと来た、そういう言い方で。おそらく先代から受け継ぎ、牛舎の中に脈々と流れているものがあるのでしょう。それを文字や数字で表せと言われても、私にはできませんが。例えば、古民家や古い神社仏閣にはたたずまいというものがあるのですけど、それをうまく表現することは、なかなかできないと思います。それをうちで感じたんだと思っています。

たわいもない話をしましたが、以上です。こういう機会を頂きましたことを大変光栄に思っております。このシンポジウムの成功と、ご来場の皆さんの健康をお祈りしまして話を終わりたいと思います。ありがとうございました。

酪農という生業(なりわい)にどう向き合うか
町村　均さん

当シンポジウムは町村農場100周年とも銘打たれております。最初、干場先生から私に北海道農業150年の節目に当たるが、その中でも酪農に関しての150年を振り返ることが欠けているように感じている。だからそれをテーマにしてみたいといった話をいただきまして、それならば、うちもちょうど100年だし、150と100で数字は違いますが、区切りもいいところで、何かの形で参加しよう、ということになりました。こんな大層に銘打たせていただいておりますが、実際には、ほとんど干場先生や酪農学園大学の他の先生方を中心にまとめられている企画で、私も今日、そこにお招きいただいている形です。

それでは今の町村農場について、歴史も含めて、ちょっと振り返っていきたいなと思っております。タイトルに「酪農という生業にどう向き合うか」とありますが、私は農場の歴史であるとか、あるいは私の代になってからはどんなことで苦労してるかという話をできればいいのかなと思ってます。

曽祖父、祖父、父と町村農場の変遷

ちょっと自分のことをお話しいたします。私は先に講演された宇都宮治さんと、年齢は違いますが、学年は同じです。私は大学を卒業した後、いったんサラリーマンになっています。20歳代を東京で、会社生活を送っていて、30歳になった時に農場に戻っています。ちょうど農場が移転した直後で、当時の農場は私の父と兄が営んでおりました。多くのスタッフと共に酪農と、牛乳・乳製品の製造販売を事業の中心にしていました。私が戻る数年前から江別市の中でですが、町村農場が周囲を住宅に囲まれてしまったこともあり、行政の方から都市計画法上の、いわゆる市街化区域指定にしますと言われ、実質、酪農が続けられる環境ではなくなった。そこで、江別市内で新天地を求め、移転をしたタイミングだったんです。

私は当時サラリーマンだったので、実は戻ることは全く想像していませんでした。移転の事業はほぼ、兄が中心になってまとめ上げたのですが、その兄が移転直後に急死してしまい私が急きょ継ぐことになりました。4人兄弟の3番目、一番気楽な立場でもあり、独身でしたし、自分でも会社生活を送る中いろいろ考えることもありまして。町村農場をなんとか続けなければならないだろう、それならば戻るのは自分しかいないと、そんなに迷いもありませんでした。戻った所は、自分の生まれ育った風景とは全く違った様子で、新しい牧場になっていました。

以前は牛がつなぎ飼いされており、搾乳も人が牛の間に入ってしゃがんで、それを繰り返すという、それが見慣れた風景だったのですが、戻ってきた牧場では人が立ちながら搾乳をしていた。ミルキングパーラ、フリーストール方式に変更したんですね。施設も全く新しくしたので、昔の牧場の面影は全くない、新しい酪農のスタイルに変わっていました。

私自身は、これがイノベーションと言うの

かなと思いました。イノベーションと言うとなんとなく、お金をだいぶかけて、新たな設備を導入したりして実現するもの、そういうイメージがありますが、これは要は立って人が作業できるというだけの、牛の立っているステージと、人が立っている所と、段差を設けたということです。後はミルキングパーラに牛を集めて搾乳するので、牛床で搾らない。このことを26年前に素直に感動したということです。これで随分と人も楽になっただろうし、牛にしても、少なくとも牛舎に繋がれなくて済むので、牛舎内でのストレス軽減になっているのだろうと思いました。

個体販売から牛乳・乳製品へとシフト

ここからは歴史の話になります。町村農場は私で３代目になります。私の祖父が起こした牧場になります。しかし、北海道に渡ってきてからという意味では４代目になります。

初代、私の曽祖父、町村金弥は、ご存知の方も多いと思いますが、北海道に渡ってきたのは、札幌農学校に入学するためです。２期生です。元々は福井県の生まれで、今でいう小学生くらいの年に奉公に出され、奉公先で商売を手伝いながら、学校に通わせてもらっていたのですが、上の学校に進みたいという意思が強く、奉公先の理解も得て、お金はなかったので試験を受けて、国のお金、官費で勉強ができる札幌農学校に進むことになったのです。そうして初めて北海道に渡ってきました。同期は新渡戸稲造さんや、内村鑑三さんなどです。

金弥は、町村農場を開設した私の祖父の父親ですが、農学校を卒業後に真駒内の牧場に勤務しました。当時の牧場長がエドウィン・ダンという人で、明治政府の御雇外国人の１人です。農学校は英語の授業が多かったこともあり、通訳としても役に立つだろう、と真駒内の官営牧場に就職できたということです。

ところが、そこから職場を転々としているのですね。いろいろな事情がありまして、本人にとって本意不本意あったと思うのですが、最終的には1910（明治43）年に陸軍の仕事をするようになり、東京に転勤しまして、最後は東京の今でいう新宿にある大久保、大久保町の町長を務め、戦時中に疎開先の故郷、福井の武生で亡くなっているとのことです。

金弥が真駒内の牧場に勤務している時、宇都宮仙太郎さんが牧場にいらっしゃって。仙太郎さんが酪農を始めることに際して、金弥がアメリカ行きを勧めたとのことです。直接聞いてはおりません、ものの本で読みました（笑）。金弥は酪農業を自ら手掛けたのではありません。農場はやっていますが、今のような酪農専業はやっていない。でも仙太郎さんには勧めたんだろうな、と思います。仙太郎さんはその後アメリカに渡り、戻られて、私が思うに日本での近代的な酪農家第１号になりました。

その仙太郎さんの札幌の牧場に、子どもの頃によく遊びに行っていたのが私の祖父、敬貴だと聞いています。祖父は仙太郎さんの牛の世話を手伝ったりして牛が大好きになり、自分も酪農家になることを早くに決めていたようです。祖父も札幌農学校を卒業しましたが、仙太郎さんのアドバイスを受け、卒業後にアメリカのウィスコンシン州に渡っています。渡米の段取りは仙太郎さんが随分と手を尽くしてくれた、と聞いております。ですので祖父は、仙太郎さんに一生の恩があると思っていました。

目的地まですんなりと着けたわけじゃなく、随分と波乱の道のりがあったようですが、何とか仙太郎さんに紹介していただいた牧場に着き、そこで10年間の酪農実習と、あと大学にもちょっと通っていたようです。私が思うには、当時、祖父は日本に戻る気はなかったんじゃないのかな、という気がします。戻ってきてくれたから自分がいるんで、よく戻ってきてくれたなと思いますけども。20歳過ぎから渡米しているので、戻ってくるときはもう30歳過ぎているんですよね。祖父は長男でしたから、さすがに戻ってこないとヤバイだろうと、途中一度戻っているんですね。6年目か7年目ぐらいに戻ってきて結婚している。それが私の祖母です。ただ、祖父は結婚した後にまたアメリカに1人で戻っちゃいました。

10年経ってまた日本に帰ってきて、いよいよ腰を落ち着けていうことで、生まれ育った北海道、でも札幌ではなくて石狩に牧場を開きました。本当は札幌に開きたかったようですけど、お金もなかったようで、たまたま石狩に原野があったということです。入植して牧場を開いたのが1917（大正6）年。ですから町村農場100周年というのは、石狩にあった町村農場の創業から100年ということです。10年間石狩でやっていて、1928（昭和3）年に当時の江別町、江別市に移転しました。その間に、先ほど宇都宮治さんの話にもありましたけど、当時私の祖父も、どちらかというと牛の個体販売、繁殖および個体販売ですね、また人工授精事業などもやって、こちらがどちらかと言うと生業（なりわい）の中心だったということです。もちろん牛乳も搾っていましたが、祖父の関心は牛乳を搾ることより、牛づくりだったと聞いています。そのため、牛を売らなければ商売にならないのに、いざというとき、良い牛は売りたくなかったようです。当時は実習生もたくさんいたようで、それでは農場経営が成り立たないので、祖母がですね、祖父がいないうちに牛を売っていたと（笑）。昔の実習生が私によく言っていました。「町村農場があるのはおばあちゃんのおかげだぞ、じいちゃんは牛をつくる能力は長けていたけれども、経営を回していたのはおばあちゃんだ」と。何度か潰れそうな時期もありましたが、非常に厳しい時も、牛の個体販売中心にやっていました。ところがまた、時代が変わってきまして、治さんの話にもありましたが、個体販売の価格も下がってきて、経営の環境も変わってきました。

父の代の時に、個体販売事業を一農家が手掛けるのはちょっと難しい時代が来そうだという予感があって、新しい事業として1966年に飲用の瓶牛乳の販売をスタートさせたということです。今の町村農場は酪農業を営みながら、牛乳・乳製品を製造・販売して皆さんに提供させていただいてるという、これが中心になっていまして、今は売り上げの約9割は牛乳・乳製品の販売事業になっています。牛の販売は今も若干は行っていますが、自家産の牛のほとんどは牛乳生産の中に取り込んで、搾っているという状況です。

町村製品の味の原点はバター

経営の主体が牛乳・乳製品の販売に移りつつある中、先にお話ししましたが、今から26年前に農場を移転することになりました。いよいよここから、兄の判断で町村農場は牛乳・乳製品の製造・販売事業で経営を成り立たせていくことを決めています。兄は移転後、すぐに亡くなってしまいましたが、兄がやりたかったことは牧場の様子、一緒に建てられた牛乳工場を見ると大体分かるので、自分が継いだ当時はいわゆるパックの普通牛乳と瓶牛乳、そしてバター1種類だけしか製品はありませんでしたが、その後工場も新築し、新しい商品を開発・販売して、今に至っています。

1968（昭和43）年の特選牛乳は宅配牛乳でスタートしました。その後、江別市内のお店や札幌のデパートで販売。あと昔、地下街ポールタウンにあった土産屋さんで、この牛乳の立ち飲みができたんですよね。ちょっとデザインが違うんですけれども、ちょうど札幌の街が大きくなるタイミングに合い、良かったなと思っています。

実はバターは農場創業の翌年からずっとつくり続けていました。このバターはあまりたくさんつくることができなかったので、売り先もあまりなかったのですが、乳製品の製造・

販売の経験は多少はあったので、その延長で牛乳の製造・販売を決めたのだと思います。そういう意味で、町村農場製品の味の原点はバターにあるのかな、と思います。

アイスクリームも、実は創業時に祖父がアメリカからレシピを持ち帰っていて、自賄い用、あるいはお客さんへのサービス用として商売とは別につくっていたものです。申しわけないなと思いつつも、私の代で製品化して商売にさせてもらってます。他には低脂肪牛乳や無脂肪牛乳、脱脂加糖牛乳など、脂肪を抜いているタイプの商品がありますが、バターの製造量が増えるにつれて脱脂乳の余剰が出まして、苦肉の策ですが逆に商品開発を広げることになりました。

町村農場の製品は、値段が高いとよく言われました。なかなか普通にお店に並べて置いても買ってもらえない状況がありました。そういう中で、じゃあ直接売る努力もしていこうと、これは私の代になってからですけれども、現在の江別イオン、当時のサティが新しくできた時に初めて直営店を出店しました。今もそのお店はありますが、現在は外部にお任せしています。

直営店は、今も東京や横浜に出しています。一方で、札幌市東区の商業施設に開いたお店は閉めています。大阪にあったお店、こちらは正確には直営ではなかったのですが、運営会社も倒産して今はありません。直接売る仕事はリスクも大きく、覚悟を求められるということを、大阪のお店の行く末を見て感じました。

いち早くバイオガスプラント設置し臭気対策

また今から18年前の2000（平成12）年にバイオガスプラントを設置して稼働させています。バイオガスプラントを始めた最大の理由は悪臭対策なんです。牧場を移転した直後に、悪臭の問題が起こりました。それまで堆肥化していた牛の糞尿を、スラリー処理をし、ドロドロの状態でタンクに格納し、それを畑に肥料としてまいてたんですが、これが堆肥と全く違う臭いで、すごく臭かったんですね。こんな臭いになるとは兄も想像してなかったと思うのですが、周りの家から大クレームが来まして、これを何とかしなきゃいけないと悩みながら約８年後、たどり着いた結論がバイオガスプラントの設置でした。恐らく、自慢じゃないんですけど、苦し紛れにやったような事業でしたが、結果的には実験施設ではない実践型の施設として、日本で２番目ぐらいにできたバイオガスプラントになったと思います。

最近では、農場のすぐ隣に野菜の直売所ができています。「野菜の駅ふれあいファームしのつ」と言いまして、地域の農家48戸が出資して立ち上げたお店ですが、町村農場もその中の１戸として協力させていただいています。また、江別市の中に食に関わっている企業がたくさんあり、江別の食をどんどん広げる活動を行っていますが、そこにも協力しています。農場の事業ではないのですが、こういうことをやっていくことで、地元江別の中で町村農場を皆さんの記憶にとどめていただき、何かあったときにはぜひ助けていただこうという、調子のいいことも考えているわけですけれども（笑）。

経営の姿、スタイルが酪農専業から酪農乳業の一貫経営という形に変わり、事務所の様子なんかも随分変わってきました。われわれの酪農経営というのは、治さんの話にもありましたが、時代時代に合わせていきながら、しかし、いかにして変わらないところを残していくか。これが今後につなげていくための重要なポイントなのかなと思っています。

牛や自然と人間が共生できる酪農を目指して

黒澤耕一さん(代理報告／干場)

牛と人間が共生できる「本物の」酪農

皆さんご存じの黒澤酉蔵さんには息子が2人いまして、その次男のサツラク農協組合長をされていた信次郎さんの長男が耕一さんです。信次郎さんには3人の息子がおり、それぞれ皆さん酪農をやっておりますが、今回は耕一さんにお話を聞かせていただきました。

耕一さんは1948（昭和23）年に札幌市の月寒で誕生、3歳の時に信次郎さんと一緒に千葉市に移住しています。酪農学園大学に入学しましたが、信次郎さんが千葉に牧場を建設して、そこで酪農を始めることになり、牧場を手伝うために酪農学園大学を中退して千葉に戻られたということです。1985（昭和60）年に牧場が北海道の由仁町に移転をしまして、そこでは主に耕一さんが中心になって酪農を行っています。現在は170頭の乳牛を飼っていて、うち50頭がブラウンスイスです。土地面積は100ha、フリーストール方式の牛舎を使っています。飼養方式は放牧を主体としています。

耕一さんの酪農経営に関する考え方をお聞きしました。耕一さんの酪農哲学と言えるかなと思います。まず最初に「野性的な畜産、粗放的な畜産をやってみたい」。この言葉は、いい加減なという意味ではなくて、集約放牧ですが、過度に何でもコントロールするというやり方ではなく、自然に任せるような感じ、という意味だと思います。次に「自給ができる酪農が大事である」。そして、「牛しか飼えない所で、その牛に食べさせてもらうというのが、酪農の本来の姿ではないか」ということです。人間が利用できないものを利用して、生産をしてくれる。これが、家畜の非常に重要なところではないかとお考えでした。家畜とともに生きることで人類は生存できたのではないか、これまでの歴史を考えてみても家畜がいなくては生きてこれなかったんじゃないか、ということです。

牛はすごい能力を持っている。その能力とは、繊維分を食べて、牛乳や肉を生産してくれる。こういう人間にはできないこと、そういう能力を牛は持っている。それから、自然農法に非常に興味を持っていて、その方向でやりたいと考えているとのことでした。土・草・牛、人も含めた流れの中で酪農をやっていくことが大事だとも。それぞれの土地に合った生き方があって良いのではないか。ややもすると、餌を買ってきてどこでも飼えるぞというやり方もあるかもしれないが、それぞれの土地に合った飼い方、生活も含めた生き方があっていいのではないかというお話でした。総じて、タイトルにもあるように、自然と人間とが共存できる共生できる酪農、ということになると感じました。

次に、この哲学、酪農哲学の背景にどんなことがあるかというお話を、耕一さんは非常に熱心に話してくださいました。今の酪農や農業が抱えている問題を非常に強く感じている。今のやり方というのはどうしても利益追求に走っていて、農業がその利益追求に飲み込まれているのではないか。行き過ぎた経済優先の中で、消費者も生産者も人間の生きる価値を見失ってきているように思うと。誰のために生産をしているのか、ひょっとしたら一部のその利益を集中させようとしている人のためになってはいないだろうか、というように危惧している。穀物を食べたいだけ食わして生産する、つまり「人間が食べることのできる物を食わせて生産をする酪農」が、果たして長続きするのだろうか。世界には食べることすらできない人々もたくさんいる中で、そのようなやり方は果たしてどうなんだろうか、という疑問を感じ、その裏返しとして先ほど挙げた耕一さんの哲学が形づくられているように思われました。
　耕一さんは西蔵の孫に当たりますが、耕一さんは西蔵に関する書物などはほとんど読んだことがないそうですね。ただ高校生のとき、既に酪農経営を志すつもりでいたそうで、そういうことは、耕一さんは西蔵をじいさんと呼んでいたんですが、じいさんは耕一さんがそう考えていることを分かっていて、北海道の牧場を見学に連れていってくれて、そのときに車の中でいろいろ話をしたそうです。数多くの道内の一流の酪農家を見せてもらったが、どうも耕一さんとしては納得できず、次のような質問をしたということでした。「若い人が農業をする意欲がプライドだったり、共進会で１等賞を取るということだったり、綺麗な牛を並べて自慢する、牛自慢をするということに基づいているというのは、本物ではないのではないか」。違う言い方をすると「牛しか利用できない所に牛を入れて、土地を良くしてそこから収入を得て人間が食べさせてもらう、日々それを感じながらやれないと、それは本物とは言えないのではないか」と。するとじいさん、西蔵ですが、お前の言う通りだと言ってくれたそうです。この西蔵との会話が、耕一さんの中に非常に印象深く残っていると感じました。

司会：西本さんは長らくデーリィマン誌の編集に携わり、今までいろいろな酪農家を見てこられました。それを踏まえた上での、本日の総括をお願いしたいと思います。

明治人の気骨を感じる“ビッグスリー”

西本幸雄

北海道酪農の草創期を支えた「明治人の気骨」

西本：今年、2018（平成30）年は北海道と命名されて150年ですが、北海道酪農にとっても節目となる年となりました。４月に入り年度が変わりますと、今まで酪農の政策的な安定を支えてきた、不足払い法（加工原料乳生産者補給金等暫定措置法）がなくなります。今、大変大きな転換期を迎えている中、今回のシンポジウムは大変意味のある企画だと思っています。
　まず感じたことは、北海道酪農の草創期、その基礎を築いたこの３牧場が今も続いている、ということは驚くべきことではないか、ということです。十勝や道央もそうですが、数多くの有名牧場がどんどんなくなっている中で、継続しているということ自体が驚異ではないかと思います。
　シンポジウムのテーマ、「酪農哲学」でありますが、哲学と言っても学問的な哲学ではなく、経験の中から築き上げた人生観、世界観、全体を貫く基本的な考え方、思想にあるのではないかと思います。それは町村敬貴さんの「土づくり、草づくり、牛づくり」あるいは宇都宮仙太郎さんの「酪農三徳」、それから黒澤西蔵さんの「三愛主義、健土健民」とそれを具体的に示した循環農法、それらが酪農哲学の中身ではないかと思います。
　北海道酪農、と言うよりも日本酪農の草創期、最初のころを見ると、例えば1875（明治８）年の北海道の人口は18万人。牛乳を飲むというところからスタートして、町村均さんが話されたような牛乳搾乳、そういう業態が東京、横浜で発生してきた。しかし、日本全体を見て飲用牛乳が余った場合、さあどうするか。余乳をどうするかが大きな課題だったのではないかと思います。政府の方針として、練乳という方向に進んだんですね、ここが欧米の酪農と違うところ。欧米型の酪農は、バターやチーズの生産に向かっていった。先ほどから話に出てきたエドウィン・ダンが来日してから50数年後にバターがつくられた。それが北海道酪連が創立された1926（大正15）年ですか、昭和に入ろうという時代、それまで待たねばならなかった、と思っています。

今、北海道の酪農は、生乳生産で全国の53%を超えるまでになっています。その礎として、明治維新の数年後、明治政府による欧米産業導入政策が原点にあります。そしてその先兵と言いますか、酪農を主体とした北海道開拓事業があり、そのために招かれたのがエドウィン・ダン、いわゆる御雇外国人ということなります。北海道酪農の草創期を見ると、最初がその北海道開拓使による指導で、ダンらにより酪農が定着する。その次に、ダンによる粗放的なアメリカ式酪農が行き詰まり、土づくりを基本とするデンマーク酪農への転換があった。

それから、ダンの後継者、町村金弥さん。ダンの指導は失敗に終わったが、それでもダンは北海道酪農の父と呼ばれる。なぜかと言うと、金弥さんの存在と、そこに牧夫として働いた宇都宮仙太郎さんの存在、こうした人との出会い、人とのつながりに大きな理由があったのではないかと思います。それから、人とのつながりということになりますと、デンマーク酪農への転換、これも仙太郎さんがウィスコンシン大学でヘンリー農学部長の最終講義があった。その中で、アメリカの酪農も行き詰まったと、デンマーク酪農が紹介された。牛の糞尿を農地に還元し、土、草に立脚した農業、そこに家畜を入れること。そして、デンマーク酪農を日本で推進したのが、北海道畜乳研究会。つくったのが黒澤酉蔵さんです。酉蔵さんは農業の方向も然りですけど、農業教育の必要性も強く感じていました。フォルケホイスコーレ、国民高等学校と訳されていますけど、これを元につくられたのが酪農学園大学です。

ビッグスリー、宇都宮・町村・黒澤の御三家を見ると、明治人の気骨と言いますか、当時英語を学び、単独で渡米する、そしてアメリカで働いて指導を受ける勤勉さ、バイタリティー、実行力を本当に感じるところです。

また当時、開拓使が乳牛にエアシャーを奨励していたそうです。エアシャーは聞くところによると扱いやすい丈夫な牛らしいのですが、だんだん牛乳の消費が増え、需要が高まってくると、より乳の出る牛、ということでホルスタインが着目されました。それを実行したのが仙太郎さんと町村敬貴さん。1906（明治39）年ですか、50頭ばかりホルスタインを仙太郎さんが買い付けてくるんですけど、それが種牛として最も優れた品種だった、という世間の評価が定着して、ホルスタインが日本に根付いた。これもまた明治人と言いますか、民間が主導して導入したことに素晴らしさを感じます。今は日本の乳牛の99%をホルスタインが占めています。

そして町村さんもそうですけど、創業当初から練乳ではなく、バターをつくっていた、ということがあります。最近は6次産業化ということで、牛乳・乳製品まで取り込もうという酪農形態が出てきました。搾乳農家と加工業者、長らく分業が続いた日本ですけど、その中にあって町村さんの農場は早くから牛乳・乳製品を手掛けていた。

これから北海道の酪農、日本の酪農がそういったことを踏まえて、どの方向に行くのか、私は非常に興味を持っているところです。以上かいつまんで、私の感想なりを申し上げました。

司会：御三家は循環型酪農を当然のこととしてスタートし、今もその方針を守り続けています。しかし、新しく酪農を始めた方々にはそこが浸透していないのを感じています。御三家にそれぞれ異なる点はあるものの、循環させながら生産していく経営は共通です。そしてこの考え方こそが、伝えられていくべき酪農哲学の基本であると思っています。みなさん、本日はどうもありがとうございました。

講演後、会場からの質問に答える町村均さん、宇都宮治さん。国が推進する酪農経営の大規模化政策に対する考えを問われ、「過剰投資にならない、より適正なやり方」として、循環型のメリットを強調した

黒澤　耕一さん

対談「北海道酪農・畜産の在り方 ―大型経営と農協に期待されること」

石橋　榮紀さん
浜中町農業協同組合代表理事会長（当時）

延與雄一郎さん
株式会社ノベルズ代表取締役社長

司会　干場　信司

※2018（平成30）年10月9日収録
※対談本文の数値や事業状況は収録当時のものです

災害時に備える地域電力の必要性

司会　本日はお忙しい中、特に台風に始まって地震・停電と続いた災害があったその直後にもかかわらず、時間をつくって集まっていただきありがとうございます。

石橋会長と延與社長は、農協と民間という違いはありますが、地域の中で新しいやり方にチャレンジしてこられたお二人。本日はこれまでやってこられたことや今後の方針などについてお話いただければと思っています。

まずは今回の災害について、どんな影響があってどんな対応をされてきたか、若干お話しいただければと思います。

延與　弊社では昨年からBCP（事業継続計画）、危機管理についてずっと話し合ってきました。大規模な地震、台風・竜巻など、何が想定できるのか。また、そこに人命の保全だったり、また事業継続的なことで、何が重要なのか、ずっと検討してきました。しかし、今回のブラックアウトでは大失敗でした（苦笑）。というのは、電源が全て喪失する事態を想定していなかったんですね。あと、バックアップは発電機を２つ設置していましたが、実際に回してみたところ機能しませんでした。

たまたま弊社が幸運だったのは、今、浦幌に牧場を建設していて（編注：現在は稼働済み）、いろいろな建設業者さまがいたことです。そこで、発電機を貸していただきたいとお願いしたところ、快く、仕事を止めてまでも貸してくださったのです。弊社ではグループで最低限25機の発電機が必要だったのですが、本当に幸運でした。また社員が一致団結して頑張ってくれました。

しかしこれを経験したので、今改めて危機管理をやり直しているところです。発電機も８割は確保しておかなければならないと考えています。また今回はたまたま冬ではなかったのも幸いでした。もし真冬だったら屋外で作業ができたのかどうか、また最低限でも社員の半分が住んでいる所（自社が建てたマンションや寮）には発電機を設置しなければならないか、といったことについて検討を進めている最中です。

石橋　浜中町農協には173戸の酪農家組合員がいるわけですけど、この方々はまともに３日間ブラックアウトの影響を受けました。173戸で40台の発電機を所有していたので、それ

石橋(いしばし)　榮紀(しげのり)さん

1940（昭和15）年生まれ、北海道浜中町出身。1964（昭和39）年千葉工業大学卒業後、実家で就農。1972（昭和47）年浜中町農業協同組合理事、1990（平成２）年代表理事組合長、2017（平成29）年代表理事会長、2020（令和２）年会長理事。独自の経営分析機能を持つ酪農技術センター開設（1981〈昭和56〉年）、全国初となる就農者研修センター開設（1990〈平成２〉年）、地元企業との共同出資による全国初の農協出資型酪農生産法人「酪農王国」設立（2009〈平成21〉年）など、理事就任以来、数々の画期的取り組みを仕掛ける。中小企業家同友会釧路支部支部長

をお互いに融通し合いながら、搾乳していました。それでも３日間、１回も搾乳できなかったという組合員が30戸くらいはありました。

浜中の場合、地震はほとんど感じなかったんです。私は地震があったことも気が付かず朝まで寝ていました。地震が深夜３時過ぎに起こって、すぐに停電になってしまったので、もう完全に情報遮断なんです。朝起きてきて家族に「なんでテレビつけないの？」って聞いたくらいで（笑）、どういう状況になっていたのか全く、つかめなかった。ただ息子がスマホで一所懸命、いろいろ情報集めていたので、地震があって停電になった、ということは聞きました。いつものように「そのうち、つくだろう」とタカをくくっていましたが、どうやらこれは北海道全体が停電になっているみたい。いつ回復するのかな、と思っていました。そのうち経済産業大臣がコメントを出したりして、「それならば、まあ明日になれば電気がくるかな」と思ったり、二転三転でした。結局、タカナシ乳業の工場がストップしてしまい、搾った牛乳が受け入れできなくなってしまいました。

農協も朝のうちは電話がつながっていたのですが、段々通じなくなって、農協職員総出でいろいろ回って対応しました。結果的には集荷できず、夕方、今ある牛乳は全て廃棄せよとなり、自前の牧場のスラリーに入れて、廃棄できない分は吸い取りに行って研修牧場や育成牧場のスラリーに入れるという対処をしました。結果３日間で組合員全体で廃棄した牛乳は約1,200ｔありましたね。最終的に全戸回復したのが８日午後９時。牛はかなりつらい思いをしていたでしょう。

１週間くらいは解決しないかも知れないと聞いた時、私はまず、牛に配合飼料をやるのをやめろ、放牧しているところは放牧に出せ、牛のストレスを和らげよ、と営農担当に伝えてもらいました。ただ、放牧に出しても皆、すぐに帰ってくるんですよ、痛いから。でも、TMRを前日につくっていたところは、もう朝に食べさせてしまったから、乳房炎が多発してしまった。一方、うちもそうですが、アジテータが停電で動かず配合飼料を食わせられないから、逆に良かった。一輪車で運んで手でトッピングするところは、やっぱり与えてしまっていた。昼以降はやめさせましたが。乳房炎の発生率自体はかなり少なかったと思います。ただ、若干後遺症は出ました。

今回のブラックアウトは、予想外と言えば予想外なのですが、起きることなんだなあ、と感じています。ただ、震源地から遠かったので、幸い水の確保は問題なかった。これは救いでしたね。これが釧路直下型の地震でも来れば、水道がダメになる。緊急用電源をしっかりと措置すると同時に、古い井戸も再度掘り返して使えるようにしておけと、そういう話もしました。全戸はやらなくてもある程度は、特に大型経営のところはやっておかなければならないことかなと思っています。

司会　ノベルズさんは搾るには問題なかったのですか。また出荷先はどうでしたか。

延與　深夜3時に停電になったのですが、清水の酪農牧場は全てのロータリーパーラが昼には動かせたので、半日経たないうちに搾乳作業を再開しています。それでも1日半で120t廃棄しました。最初は何台か持って行っていただいたのですが、止められてしまいましたので、やむを得ず堆肥化処理を行いました。

司会　バイオガスの電気を使うことはできましたか。

延與　電力会社さまの電気を買う形になっていますので、自家賄いはできないんですね。こちらで発電した電気を売っている一方通行。弊社のバイオガスプラントも牧場併設でやりたかったのですがダメになり、電気を売りやすい所ということで、牧場から13～14kmくらい離れた変電所の近くに設置しています。近隣の畑作農家さまに消化液を買っていただくという目的もありました。発電しても電気が牧場まで直接来るようにはなっていません。

石橋　できれば地域電力として使いたいですよね。延與さんのところもバイオガス発電の電気を供給して、地域電力として使う、というようになればいいですね。われわれはバイオガスではなく、ソーラーですが4,800kW、これは町内の需要量を賄える量なんですけど、完全に死んでしまったということが残念でした。北海道電力と設置業者に話をして、これが使えるシステムに全部変えるには、何をどうすればいいのか、検討しようと思っています。

農家のための"御用聞き"と"通信簿"

司会　それでは会社あるいは農協の今までの歩みについてお聞きします。

石橋　釧路根室という地域は、北海道開拓の中で言えば、当初は見捨てられた土地。こんな所で農業ができるはずがないと言われていました。そういう地区なので、北海道の中でも一番遅く開拓が始まりました。もちろん耕種型農業をやっても、作物が採れない。そうこうするうちに牛を飼えば何とかなるんじゃないかという話が出てきて、初代の組合長の二瓶栄吾さんが推進するということで始まりました。まあ結果的に、農協は1948（昭和23）年につくられていますが、その時は浜中村種畜農業協同組合で「種畜」という名前をあえて付けたところに、かなり思い入れがあったのだと思います。

ですから浜中は農協設立当時から「われわれは牛で、酪農でメシを食おう」としたのです。浜中は1万5,000haの畑がありますが、100%草地です。他の作物は何もない。根釧の海岸地帯の農協はみなそうです。根室市（今は道東あさひになっていますが）、浜中町、厚岸町などはおおむねそうです。そういうことで草地型酪農が推進されてきて今の姿になったということです。

いずれにしても、夏冷涼で海の霧が入って

延與（えんよ）　雄一郎（ゆういちろう）さん

1978（昭和53）年生まれ、北海道上士幌町出身。北海道帯広農業高等学校を卒業後、アメリカの社団法人IFAA（International Farmers Aid Association）のプログラムによるネブラスカ州の肉牛牧場での研修を経て、1997（平成9）年に生家（現・株式会社延與牧場）にて就農。2006（平成18）年、株式会社ノベルズを創業。同社を中核とするノベルズグループのリーダーとして、牧場経営・食品事業を展開、併せて地域畑作農家への消化液提供・トウモロコシ生産の代行などクラスター事業にも取り組む

ノベルズグループ（2020〈令和２〉年10月現在）

株式会社ノベルズを中心に、ノベルズグループを構成。現在、北海道十勝管内を拠点に肉用牛肥育・育成、および酪農を行う計10牧場を経営、約３万2,000頭の肉用牛・乳用牛を飼養する、国内最大級の“ギガファーム”。肉用牛事業では、交雑種１産取り肥育による（黒毛和種受精卵移植を１産のみ行った交雑種雌牛を長期肥育する）肥育牛、および素牛（もとうし）を出荷。酪農事業では現在、山形県酒田市に新牧場を開設準備中。
グループの食品事業を担うノベルズ食品は、肥育牛を加工した「十勝ハーブ牛」を販売する。また地域の畑作農家と連携、地域共生の新しい循環を目的に、2017（平成29）年からバイオガス発電を開始。生じた消化液を畑作農家に提供、飼料用のトウモロコシ生産を委託する。2018（平成30）年から消化液散布やトウモロコシ播種・収穫の代行業を実施している。2019（令和元）年９月には東京都内にホルモン焼肉店「十勝ハーブ牛 MONMOM」を開業。
グループ主要12社の役員・従業員総在籍規模約510人、グループ総売上（2019〈令和元〉年12月期）約212億円。
※上士幌本社空撮。写真上方左側が「ノベルズ上士幌牧場」、および国道を挟んで手前がグループ牧場の「延与牧場」

きて、朝10時まで太陽が出なくて、夕方３時にはもう太陽が隠れるので、乾草はつくれずサイレージ主体の飼い方。昭和30年代後半くらいからずっと続いています。酪農でしかメシを食えない地域なので今の形になったということです。

約１万5,000haの草地に、約２万2,000頭の乳牛が飼われていて10万ｔ生乳が生産されています。純然たる酪農100%の農協、専門農協みたいなところがありますが、総合農協なので何でもやってはいます。

昭和50年代に入って計画生産が始まってから、離農が進むようになり、そこに新規就農を入れてきました。現在、173戸のうち３割は新規就農者が占めています。そういう酪農地帯です。

延與　私の所では、元々は40年前、父が脱サラして牧場を始めて、当時は家畜商でした。私が生まれた年に開業しています。私が高校を卒業するころにはホルスタインの雄の育成をやっていました。当時は300～400頭くらいのホルスタイン雄の育成牧場。大手には圧倒的に負けており、大きいところなら3,000～4,000頭飼っていたので、その中では本当に弱小な牧場でした。私はアメリカに１年間研修に行って、帰ってきてから両親の事業に参加したのですが、まず育成で経営を成り立たせなければいけないと思いました。たまたま乳牛に和牛を受精するブームが来たころでしたので、一気にF_1に切り替えてしまおうと、４、５年で4,000頭までにしました。育成事業としては成り立ったなと思いました。ただ、交雑種の肥育では後発であり、非常に厳しいものがあるのと、自社のお客さまがたくさんいたので、違う分野が必要だなと感じました。迷ったのは、今やっている受精卵を使った交雑種の１産取り肥育か、酪農で今やっている受精卵を使った乳肉複合生産なのか、どっちから行くかということでした。当時、数年前まで生乳を捨てていた時代なので参入するにはまだ早いのではないかと思い、まずは１産取り肥育から始めました。もともと哺育は専門でしたが、受精卵の生産から繁殖までは、自分で免許を取って社員に教えていく形でやり始めました。４年後、2011（平成23）年、そろそろ酪農に入れるかなと思っていたところ、たまたま十勝清水町農協さまからぜひ来てくれという話がありました。招かれて行くのは素晴らしいことだなと思いました。清水町は規模こそ小さいのですが優秀な農家さまが多く、後継者の入る余地がなかったんです。皆さん同じメンバーでそのまま続けていって、さて次は誰が後継するのかという話になっていたので、そういう担い手として入らせていただけたというのが、今の酪農事業につながっています。今は交雑種と和牛の育成、交雑種の１産取り肥育、そして乳牛。交雑種の１産取り肥育を事業化するに当たっては、もともとマーケットはなく、問屋さまにすればただ叩き売りされてしまうので、そこで自社のブランドを立ち上げる必要性を感じ、すぐにノベルズ食品という会社をつくりました。ブランド力を高めるため、問屋さまと協力して、いろいろなスーパーへ営業に行ったり、フェアをやったりして、やっとしっかりとした価格で買っていただけるようになりました。

また今、酪農をやる上では耕畜連携であるとか、十勝は畑作農家さまが多数おり、農家さまもいろいろな選択ができる方がいいのではないかと考えています。農家さまもいろいろな問題があってイネ科作物はつくりたくないとか、輪作も全ての作業を自分たちだけでは出来ないのでサポートをお願いしたいとか、そのように考えている農家さまに、消化液を安く買っていただいて、トウモロコシや輪作体系をしっかりつくり安定した収益を得られることが提案できると考えました。それで2018（平成30）年１月にグループ会社を立ち上げて、実働部隊としてしっかり受け持っています。

司会　ここからは今後の展開方向についてお話しいただきたいと思います。今のお話の後半部分で、バイオガスをつくり、出てくる消化液を地域で使ってもらうという試みは、農協や自治体がやっていますが、ノベルズさんのような民間会社がやるという例は今までなかったと思います。

延與　農協さまからご紹介いただくケースや、直接お話をいただく方々もいらっしゃいます。農家さまによって条件は異なりますが、弊社は柔軟に、いろいろな要望に応えられるようにしています。その意味でしっかり御用聞きとして、畑作農家さまがどういう思いを持ち、どういうことでお困りかをお聞きして、逆にこちらからも提案したいと思っています。その方がしっかりと連携できると思います。こちらが想像して提案しながら、いろいろな相談を受けるというやり方です。これは農協だけではカバーしきれない業務もあると思い、弊社が地域に対し果たす役割でもあると考えました。

石橋　例えばトウモロコシの委託栽培をしてもらって、そこに消化液を提供する、ということもされているのですか。

延與　もちろんです。実際に、われわれの餌をつくっていただいていない畑作農家さまもです。いろいろな農業の形があるので、それは柔軟に対応しています。

石橋　農協は会議ばっかりやってますからね。だめなんです（笑）。米は「百姓」と言いますが、今は酪農だって同じ。百般（百種類の仕事）をやらなければならないという状況になってきていますから。

司会　今の話で、「御用聞き」という言葉があったんですけど、すごく大事な姿勢だと思います。浜中は例外でしょうが、いわゆる農協も民間の中でも「御用聞き」という姿勢がなくて、逆に「俺らがやってやるんだ、お前ら言うこと聞け」という姿勢が一般的には多い中で、農家さんが言ってることを聞けるというのがすごく大きなことだと思います。その意味で「御用聞き」という言葉が出てきて、正直、驚きました。

石橋　大事なことですよ。組合員からすれば、農協は往々にして大いに勘違いなことをやっていると思うことがいっぱいあるんですよね。余計なお世話だとか。そこのところをどうきちっと噛み合うようにするか。それが、まさに御用聞きなんです。

農業の問題は常に気候変動と対峙しなければならない作業ですから、そのへんのところをきちんとやりながら、機敏に対応できることが、私は大事だと思いますよ。

司会　浜中町農協では、家族経営が成り立つよう工夫されていると思います。

石橋　いいモデルがあります。要するに乳肉複合経営ですが、昔言われた乳肉複合とは違います。例えば、100頭のファミリー経営がずっと継続していくとき、自分の牧場の後継牛はまあ30～35頭いればいいわけです。では残りの牛はどうするか。それはまさに受精卵移植でいわゆる肥育素牛です。ホルスタインの雄よりはずっと市場性のある肥育素牛をつくって、肉の方でもきちっと収益を上げる、そういう経営に変わっていくと私は思っています。現にそうなりつつある。だから浜中の場合はずっとF_1でやってきましたが、もうF_1そのものよりは、どうせやるなら和牛の受精卵を移植する。F_1で30万円取るより受精卵でもって50～60万円取る方がいいじゃないかと、そういうところもあります。それは将来どうなるかは分かりませんよ。でも現実に今の市場相場からすると、そういう選択ができる時代に入った。100頭経営のファミリー経営が150～200頭でやるということはなかなか難しい。それは人を使う能力がなければできない話です。人を使う能力がない者はそんな選択をするより、今のボリュームの中でより収益性を上げて、言ってみれば「楽な経営」を目指す。労働力強化にならないと言えばウソになりますけど、労働力と生活のバランスが取れた酪農経営を続けてもらう、その方が大事だろうと私は思っています。そういう方向性を今組合員と話しているところです。

もう１つあります。今の農協の問題で言えば、私は15年前から「農協の通信簿」、農協の評価というものをやっています。これはまさしく農協改革。改革の神髄みたいなものです。組合員が農協を評価するのですから。例えば営農担当者は俺の所に１回も来なかった、とかちゃんとチェックされるわけです。あるいは授精師の業務でこういうことがダメだったとか、各セクションで大体10～15項目チェックされます。それでＡ～Ｄランクを付けられ、それを１年に１回分析して全部出すわけです。そうするとどこの部門は全く評判が悪いとか、どこの部分はしっかりやっているぞとかよく分かるんです。職員がそれを見て、俺たちのセクション、これはまずかったから今度はこうしようとか、そういう話ができるようになる。

司会　農協の通信簿はたぶん、浜中が初めてですね。職員は、文句言われるに決まっているから、絶対聞きたくないですよね（笑）。

石橋　文句言われるのはいいこと。あれが、ここがちょっと足りなかったかな、あるいは俺たちの思い過ごしだったのかなとか、そういうことが分かります。だからきちんと組合員の目線に合わせて事業をやっていける。

延與　いろいろな仕事があって、初めて共生することができる。ウィン・ウィンになれる形を模索して、また畑作農家さまがいろいろな選択ができるように、いろいろな形をつくれればいいなと思っています。人が足りない、機械がないとか、農家さまの選択もまちまちで、この規模ならこちらに任せて、この作業に専念したいとか、いろいろなことを想像してこちらからも聞いてみて、枠組みや仕組みを提案するのは非常に楽しい（笑）。

石橋　今はAI（人工知能）というツールが使われ始めていますが、農業の分野では新参者の株式会社が入っても、できないのが実態でしょう。延與社長は元々農業者であったから、農業者がどう考えているか分かっている。今は畜産の大手企業になったけど、もともとの根っこのところの考え方は変わらない。そこがね、私は大元だと思います。

司会　農協ではできないことを、民間の方ができるという強みがあるのかもしれない。

延與　農協は昔から、よくできた組織だとは思います。ただ農業協「同」組合という名の、「同」が強調されすぎている。「公平」であれば十分なのに、「平等」という意識が強すぎる面があると思います。

石橋　協同組合組織という、組織そのものの理念というものを、もう１回見直す必要があると思います。職員でも組合員でも、「うちの理念はこうだと。それに照らし合わせるとこれでいいか」とか言えるようにしていくのが本筋だと思います。

これからの農業・酪農、そして農協の在り方

司会　それでは次のテーマに進みます。ここでちょっと広げて、北海道の農業・酪農はどうあるべきか、ということをお話いただきたいと思います。いわゆる大規模化とかの規模の問題、それから機械や施設の問題です。補助金がそこに付くということもあって、みんなその方向に動いている。

石橋　私は、少し先の将来、北海道という「島」でなければ畜産・酪農といった経営はかなり難しくなるだろうと個人的に思っています。ただ、本州といえど人口減少はどんどん進んでいるわけですから、今まで人が住んでいたからできなかったこと、大型畜産が成立する可能性はあるとは思う。しかし基本的にはさきほど延與社長がおっしゃられていましたけど、地域の畑作との連携でいろいろなことができるのは、やはり北海道でなければ難しい。現実問題として、本州の小さな面積の畑を大きくしようとしても限界があります。大型機械を入れるのは無理。それならば北海道でしかできないと思うのですよ。そういう点から言うと、北海道という島が今の生産量では、全国の消費者の皆さんへフレッシュミルクを供給するには足りない。本州はこれからどんどん減っていきますが、それを補うには、北海道はまだまだ力不足だと思います。

ただ、農協という立場から言うと、これは地域社会をきちんと維持すること、それが農村地帯の農協の1つの役割だと思っています。地域コミュニティーを守るという点で言えば、例えばうちのような農協でも、ノベルズさんのような会社が2つあれば生産量10万ｔはちゃんとできるはず。それで地域が成り立つかというと、それは別な話。農協の立場で言えばファミリー経営をしっかり守りながら、地域コミュニティーを守って、ようは北海道の地方の街がちゃんと「人が住める街」として機能するよう農協はやっていかなければならない。その中で、大型経営がダメとかいうのではなくて、大型経営をやれるところはやっていけばいい。それだけの話です。だからノベルズさんの場合は北海道全域に分譲みたいな形でつくられていますけど、そこはそこで大きく根を張っていくんだろうと思います。地域でみれば、地域の中の駒として機能していただければそれでいいと思います。

ただ問題なのは、これから地球環境を考えていったときに、どうしても環境対策の問題をないがしろにした農業・酪農畜産はできなくなる、ということを頭に置いていろいろな展開を進めていく必要があるだろうと、思っています。

司会　最後のところは次の循環のところに関わってくると思います。

浜中しかやっていない、例えば「地域を守る」ために、農家のお年寄りを集めて、デイサロンをやったりとか、いわゆる農協の商売だけじゃないところに非常に深く関わっておられる。環境問題にしても湿原センターとの関わりなど、普通の農協とは違う動きをしています。

石橋　デイサロンをやったきっかけは、女性部の意見を聞いていたら、「うちに帰っておばあちゃんのグチ聞くのイヤだから、あれ何とかしてよ」という話からです。どうしても農家は先にお父さんが亡くなって、おばあさんだけが残るわけですよ。そうするとうちに1人ポツンと残るおばあちゃんは、息子夫婦が牛舎から戻るとこの時とばかりに、テレビで観たこととかをガンガンしゃべる。これではお嫁さんがやっていけないから、何とかしてよ、となる。1週間に1回集めて、おばちゃんたちに好きなだけおしゃべりさせると、1週間おとなしくなってる（笑）。単純に言えば

そういうことなんです。

あるいは地方には学習塾とかないですから、子どもたちの学力を少しでも上げるため農協が学習塾、英語塾やったりとか。ある意味では人材育成、それも地域のというより日本の人材育成です。

それともう１つは、北海道全体として言えば、ファミリー経営は残っていくのだろうと思います。しかし、ファミリー経営であっても、経営者を育てていかなければならない。経営者を育てる教育をもっとやっていかなければならない時代に入ったと思います。今、農業大学校は各都道府県に１つしかないんです。これは私はずっと国会議員のみなさんにも言ってるのですけど、北海道には農業大学校が少なくとも５校いるよって。ジャンル別にちゃんと置けと。北海道は東北６県プラス新潟県より、九州・四国より広いのだから、本別町に１つだけでは不十分。

農業版MBA（経営管理修士）という考え方で、経営者を育てることに国はもっと力を入れてほしいです。そうしないと北海道といえど農業基盤がどんどん弱体化すると思います。

ノベルズさんのように能力のある人がいれば、まあ30社もあれば北海道の農業はやれるかもしれないけど、なかなかそうはいかない。農業政策として教育問題をちゃんと考えてほしい。

牛の飼養頭数はようやく下げ止まりました。2017（平成29）年に132万3,000頭になってこれどうなるかと思ってたら、ようやく5,000頭増えましたからね。2005（平成17）年に165万5,000頭になった時ね、警告を発したんだけど、その時に農水省の人たちが笑って「石橋さん、そんなことない。精液がこれから使われたら、日本の乳牛価格は大暴落する」って言われたんだから。それが今は100万円超も。話が全然違う。先の見通しを今の農政が立てられない、そこに最大の問題点があるかも知れない。

延與　石橋会長が言われたことはまさにその通りで、これからの農業には人材育成、経営者教育、質の良い情報が必要と思います。農作業に没頭し、体を動かしていると働いている気になって、経営がおろそかになる。確かに体を動かすと働いた達成感はあるのですが、経営に頭を使うのにも体力がいる。体力に余裕がないと頭の方もよく動かなくなります。それはまあ置いておいて、農家さまも農協に頼りすぎると、経営感覚が失われる。経営感覚は必要で、北海道にはクミカンという良いシステムがありますが、数字を見れるのは年に１度ですよね。畜産経営では、四半期や月次で見られたほうが良いと思います。弊社では月次の予算管理で業績を伸ばしてきました。自分たちの仕事はどうやって成り立っているのか、よく勉強することの大切さを感じています。

石橋　農協がお節介焼き過ぎる（笑）。

延與　個人、個々の計画が作りづらいので、四半期や月次で経営状況が見れるシステムもあれば良いですね。

司会　では「経営規模」についてはいかがでしょう。

延與　個々の農家さまは規模拡大しなくても、たぶん問題なくやっていけますよね。

一方、弊社にも目指す志があります。規模拡大の他にも、今ほとんど農業の器具機材というのは、海外から買ってきている。日本には技術も学術もあるのに、なぜ海外から買ってこなければならないのか。ICTやIoTは、弊社の規模から考えて、開発できる可能性は出てきているのではないかと考えています。大型機械は別にして、システムというのは北海道、日本から逆に海外の皆さんにも使えるようなものを製品化できるのかな、と思っていますので。そのくらいの技術とビッグデータがあれば。もちろん自社で必要なものですが。

石橋　やはりこのくらいの規模になると、いろいろなところに目が向けられるようになり、技術や知識の集積が行われると思います。

そこのところは農協と、ノベルズさんのような会社との最大の違いです。農協は知識が集積されても、それを生かすすべがない（笑）。かつて技術センターをつくったころはできたんです。あのころはどこにもソフトウエアがなかったので、全部自分たちで開発していました。そういうことができる時代はあったのですが、今はちょっと農協のレベルでは関与するのは不可能になってきています。

大型酪農経営が目指すもの、果たす役割

司会　農協・農政の問題は確かにありますが、農家さんが自立していない、ということがあると、これは農家さんだけでなく国民が、と言っても同じなのですが、そこが問題かと。

石橋　しかし、農協がそんな傾向を助長しているわけではありません（笑）。

司会　先ほどの話で、通信簿で農家さんの意見を聞くということが、逆に農家さんに「自分で考えてもらう」という１つの作業、ということになるのですね。それができないと、組織があってもなかなかうまくいかない。

そういった点で、会社という立場なら農家さんと組んで、農家さんにも自分で考えてもらって、利用してもらう、ということもできるわけですが。

石橋　人を育てる、ということについては、農協は職員を育てることはやるけど、組合員を育てることについては、からきしダメな組織なんです。しかしやろうと思えばできないことではない。例えばうちでは、研修牧場に入ってくる全くの素人の人たちを一人前の酪農家に育てるときには当然、経営者としての感覚を持ってもらわないとなりません。いつまでもおんぶにだっこで農協に頼られても困る。自立した経営者となるために一番大事なことは何かとか、例えば財務諸表・財務三表が読め、改善が必要な点が発見できるとか、そうなってもらわなければならない。そういうことを農協としてあえてやっていくことが必要な時代に入っていると思います。ただ、農協にそれができないとすると、教育界の問題、農業教育の問題としてもう１回議論していただかなければならないと思っています。

私が延與社長にお聞きしたいのが、分譲して牧場長やマネージャーを置いていると思いますが、彼らの教育はどのようにしているのでしょうか。

延與　私たちは全ての面でデータ管理をしています。重要な指標の数値を当て、細分化して全てデータで見られるようになっていますので、言い訳はできない。日々のデータは毎日、みんなが共有している。指標の数値に課題が見つかったときは、指摘される前に自分から前倒しして報告しに来るようになります。数値化と見える化は重要な数値目標の取り方です。経営に関係する数字はどれかを見て、そこに目標値を設定する。大体あとちょっとで届かない程度に設定しますね（笑）。

石橋　見える化されたデータが自分たちのものとして動いている、ということですね。それが大事なことだと思います。見えてる数字が到達できる数字として、何をすればいいのか、自分で考えて行動できるようになれば、マネージャーとしてまあまあ合格点、ということになると思います。

司会　ノベルズさんは先ほど狙いがあると話されましたが、その夢と言いますか、会社もかなり広範囲な分野でつくっていらっしゃる。最終的にどんな役割、どんなことをやろうとしておられるのでしょうか。

延與　もう既に数百人くらいの社員に働いていただいていますが、関わっている取引先も含めると、倒産するわけにはいかない規模になっています。生乳はしっかりホクレンさまに売っていただいてますので、酪農は石橋会長が言われた通り、和牛と生乳を同時につくることが酪農に最大の付加価値を与えることになるので、和牛の販売方法をしっかり確立しようと考えています。一気通貫で、例え

ば牛１頭売るというのは実は大変なことなんです。部位がいろいろあるので、１つの業態で売れると思ったら大間違い。高級店から廉価な業者までいろいろな業態をやらないと牛１頭を同時に販売することができないということです。今後は販売機能を強くするためにも外食などもしっかりと考えていくと楽しいんだろうな、というか先があるのだろうなと考えています。よりシナジー（各部門の相乗効果）をしっかり生み出す、育成から酪農、肉牛、乳牛があって、流通、卸と小売り、そして外食とですね、そういった一貫した形にすると、いいシナジーになる。いいシナジーを構成していけば、付加価値をより高められるものになると思っています。

司会　農業の範囲は非常に広い、それをきちっと生かすやり方だと思います。ちょっと言い方が難しいですが、ノベルズさんだけが利益を上げることだけを狙っているのではないように聞こえます。

延與　そうですね。今、おかげさまで一応リーディングカンパニーとして業界を引っ張っていく１社になっているのではないかと自負しています。弊社を見て追随してくれる方が出るよう、成功事例として見ていただけるように努めてまいります。また、耕畜連携を含めて、地域の皆さまのお役に立てることがいろいろできればなと思っています。

石橋　今の安倍政権が目玉にしている農業の６次産業化ですが、これは農家が単に１軒でやるもの、自分の生産物を販売するという類のものではないですよね。ノベルズさんは２万頭を超える乳牛を抱えて、ミルクも含めて付加価値を付けて売っておられる。そういうことをやる経営は、日本でもこれから増えていくと思うんです。ノベルズさんをトップランナーにした畜産のような仕組みは、例えば野菜は野菜で動いているグループがある。千葉の農事組合法人和郷園さんなど。果物の世界でも生まれる可能性は否定できないと思います。自分だけでなく地域を巻き込んでいく、地域の農家をみんな引っ張り込んでいく、みんなでこれ売ろうよという話をしている、これはこれからの農業の１つのやり方ではないかと思います。そうすれば地域社会に対する責任も自ずと出てくる。延與社長も感じていることだと思います（笑）。

延與　地域の農協だけではなく、有志連合の農協が出てくれば、たぶんいろいろな商売、仕事はしやすい部分もあるのではないかと思います。また、地域をまたがない方ができることがいっぱいある。例えば機械の利用など。多くの方がいるとまとめるのが大変だろうなと思いますが。

石橋　これもね、株式会社と農協の大きな違いの１つ。農協はゾーニングされていて、例えば浜中町農協は農協の中でしか動いちゃだめなんです。これが株式会社だと日本中どこでも、いや世界中どこでも足を伸ばすことができる、その差だと思うんです。だから農協の中にいた人間は、意外と目を開いて、複眼的に発想することがなかなかできないんです。残念だけどそういうものなんです。

司会　その、農協があまりできてないことをノベルズさんは、実際やっている。そのことが農協にも刺激を与えている。農協が、今までのようではダメだと、思うようになってくる。そのことは、全体的に見るといい傾向であると思います。

延與　これから農協さまと新たなサービス開発をいろいろとご一緒させていただきたいし、いろいろなことを提案できるのではないかと思っています。よりサービスの範囲を広げて、皆さまの営農環境を良くしていきたいです。

石橋　農協の一番の問題はゾーニングです。ゾーニングをなくすことが必要。要するに北海道という島に住んでいる農業者は、どこの農協の組合員になるか、自分で選択できるようになれば、一番面白い。今は浜中町農協には、そこに住んでいない農業者は入れない…だから中央会が進めた農協合併（広域合併）のような、くだらないエネルギーを使った合併の仕方はまずいんです。本来はゾーニングを外して、農業者が私はこの農協に入りたい、ここの組合員になってここのものをいろいろ利用して、オレはオレでしっかりやっていきたい、と思うようになれば、サービスのない農協はつぶれますよね。組合員いなくなっちゃうから。まあ、そうあるべきと私が言うから、農協マンからさんざん文句言われるわけですけど（大笑）。

延與　石橋会長がそういう農協をつくったら、すぐに組合員になります（笑）。それこそ広域農協ですね。

石橋　そう。そういう広域農協でいいんです。その中で、地域で特化できるものは特化すればいい。

農業は循環型・持続型でやっていくもの

司会　それでは次の話題ですが、「酪農哲学」についてお話しいただきたいと思います。私なりには、「循環型の酪農を実現して、持続的な経営を行うこと」だと思っています。

まずは延與社長の方から、ご自身が考える「酪農哲学」お願いします。

延與　哲学といいますか、循環型農業というのは当たり前のことで、酪農をやる上では農地が必要で、糞尿も出てくるし、それを農地に還元して餌を取る。またいろいろな食料残さ、エコフィードとかも使っていろいろな餌をつくり、これらを使いこなすと、循環というのはもちろん効率的にも良いわけです。効率を度外視して循環型酪農をやるのではなく、コスト意識もしっかり持った中で、持続性を持ってやっていくことだと思います。弊社は、循環型と耕畜連携をもって地域共生を進めています。今、そしてこれからは、酪農家さまだけでなく畑作農家さまと組むことで共生・共闘がどんどんつくれたらいいなと考えています。

司会　確かに、循環型をことさらに改めて言うことではない、というのが本来だと思います。しかしなぜ声高に言おうとしているかというと、どうしても機械化だロボットだ、バイオガスだという話ばかりが先行して、そこにまた補助金が付いて、そっちの方に飛びつくのが先になっている。土地がどうなっているかなど、そういったところを見過ごしている、それが最近非常に多く、またわれわれの大学の卒業生からも相談を多く受けていて、危惧しています。だから、あえて言わせていただいているのです。

延與　循環型で一番重要なのは、やはりバイオガスプラントです。北海道においても環境はどんどん厳しくなってきているのをひしひしと感じています。メタンは燃やすか、何か対策しないと臭いの問題が絶対クリアできません。そういった意味では、しっかりとした良質な糞尿があって、消化液、液肥があって、売電があるのは必須なのだろうなと考えています。それと畑作農家さまと組んで、循環をさせていく。せっかく牛から良質な肥料が出るわけですから。

司会　いわゆる「酪農の発展期」には、どんどん増やせ増やせで、糞尿垂れ流しの時期があって、その反省から「家畜排せつ物法」ができた。最近また「機械だ、施設だ、ロボットだ」と補助金が付き出すと、忘れてしまう可能性がある。それは非常に怖いと思う。

石橋　結果的に、農業というのはすべからく持続型でやっていくものだと思う。だから「どうもこの商売はだめだからやめた」とは簡単に言えるものではない。多額な投資をしてね、いろいろなものをつくって、やっていく。それを持続して続けていくのは、循環してやっていくのが一番良いと、当たり前なんですよ、本来は。だからあえて循環型、持続型と言わずとも、自分の経営をちゃんと回していく、そうするためには循環型になっていかざるを得ないんです。それが本来の姿だと思います。ヨーロッパを見たってそういう形でやっていますから。その点からすると、いまだに素掘りの池で、糞尿垂れ流しているオーストラリアはいかがなものかと思います。

司会　アメリカも近いところあります。

石橋　でも日本は、やはりきちんとした循環型でなければ、持続していかないと思います。農業はすべからくそういうものでしょう。延與社長はそういう中で地域の畑作と手を組みながら、きちんと循環型をつくっていければいいとお考えでしょうか。そうするうちに、地域の畑作物もみんなノベルズが加工して売るようになるかもしれませんよ。

司会　ヨーロッパはご存知の通り、頭数制限とか、法律で定められていて、いくら効率良くたくさん搾れても、そこには制約がある。それが一般的になっているが、日本はあいかわらずほんの一部。例えば別海町の面積当たり頭数の条例、あれは大変画期的なことだと思ったのですが、本当に一部でしか行われていない。将来的にはそういう制約が来るだろうと思うのです。

石橋　本来はね、法律ができたからそれを守らなければならない、という問題ではないんです。川下から、そうしないと文句を言われるぞ、だったら俺たちできちっとやっていこうよと。自主規制でやって法律をつくらせない、そちらの方が大切です。法律をつくられてしまっては、もうどうにもならない。本来、法律をつくらせないことがわれわれの目指すべき姿だと思ってます。

それが地域の循環の中で、そうだよね、と思ってもらえる仕組みになっていかないと。別海は川下の方、漁業関係者から強く突かれたから条例がつくられただけの話です。本来、自分たちのやるべきことはちゃんとやっておればよかったのです。だから、あのようなことは北海道の他のところに飛び火するようなことに、なってほしくない。うちの農協はある意味、他の農協とは違うところがある。物を売るという点では、ホクレンに出荷すればお金は入ってくるんだけど、うちは地元にタカナシ乳業があって、1999（平成11）年から全量タカナシに入るようになった。結果としてタカナシ乳業と浜中町農協あるいは浜中の生産者が、運命共同体になった。生産者とタカナシ乳業とがいろいろな面で連携を深めながら、より発展する。タカナシ乳業さんにはよりよい商品を開発いただき、全国に提供していただく、そういう連携という形は他の農協、他の乳業メーカーとはちょっと違う関係にあると思うんです。その中にはハーゲンダッツの原料になっているミルクがあって、あるいはプレミアム牛乳の原料があって、北海道4.0牛乳の原料があるといった、特殊な関係がある。タカナシのホームページの会社紹介では「浜中」を売りにしている。他のメーカーではやらないことです。実は浜中の供給量は10万ｔしかない、タカナシが実際に集めているのは27万ｔです。他の町村、他の農協からもいっぱい入ってきている。しかしあえて「浜中」を売り込んでいる。それはタカナシがブランドとしてアピールしている側面もある。実はタカナシの商品の中で原産地が浜中と表示されているものは１つしかない。4.0牛乳だけ。生乳生産者浜中農協とパッケージに表示してある。あれだけなんです。他は全くない。というのは、指定団体というのは農協と乳業団体が密接に関係することを以前は嫌っていたから。ある意味、生産者と分断する役割が指定団体だった。4.0牛乳に表示されたのはようやく、2017（平成29）年の12月。34年間、ホクレンは「ノー」と言っていた。指定団体という性格上やむを得ないこと。うちの例が全部に通じるとは、私は思っていないが、そのうちノベルズの名が付いた牛乳が全国に出回る、その可能性は否定できないと私は思う。

司会　今日はとても有意義なお話を聞かせていただき、ありがとうございました。

【インタビュー】女性経営者から見た酪農のこれから
「決定権がある場所」への女性参入を

中村　由美子さん
中村牧場

聞き手　干場　信司

中村(なかむら)　由美子(ゆみこ)さん

1979年に酪農学園大学酪農学科を卒業後、婿養子となったご主人と千歳市駒里の実家で就農。数年後から、経営状況は悪化、同時に千歳市開拓農業協同組合破綻の影響を受け一時は１億円もの負債を抱えることに。2003年に夫が難病を発症し経営主を引き継いだ後、改めて酪農に向き合うことを決意。負債は順調に返済し、現在はホルスタイン経産牛30頭、未経産牛20頭を飼養。女性農業者ネットワーク「きたひとネット」の事務局長、農業総合月刊誌「農家の友」の編集委員を務める。また、千歳市駒里地区の農業の再生と地域振興を目的に千歳市駒里農業協同組合を設立。「駒そば亭」を運営するなど、多方面にわたり活躍している

長い目で酪農を支えていく 今はそういう視点が欠けている

干場　北海道の最近の酪農を、どのように見ておられますか。

中村　クラスター制度を利用したり、法人化したりと、どんどん大きくする所が増えてきていますね。その中ですごくたくさん搾っている所では、自分では牛を育てず、全部買ってきて、次のお産は肉牛を付けて、２産もさせない。それで儲かっている。そういう話を聞くんですけど、後継牛を育てないでどうするのか、という疑問がありますね。

お金を儲けるという意味では素晴らしいのだろうけれど、牛を見て育て、何を付けて後継牛を育てるのか、それが酪農の醍醐味かなと思うんですよね。実際に経営者なりが自分の牛を観察して、いいところ、悪いところを見て、改良していくという、そういう原点というか、当たり前のことだと私たちは思うのですけど、そういう酪農を続けていかないと、後継牛が少ないことにつながってくるのかなと思います。北海道の生乳生産量が全国の50%以上になっている状況の中で、後継牛をつくるということを含めて、長い目で酪農を支えていくという視点が、今は欠けているのかなと思います。大きい所は特に。

酪農女性サミット（写真３－１）の中では、やっぱり牛の健康とか改良とか、どういうふうに育成したら、より早く乳を出して、長命連産の健康な牛ができるか、というようなことがよく話題に上って交流したりしているんですけど。命を育てて、命をつなぐ、その中で私たちの命もつなげられている、というところが大事なのかな、と思います。

干場　酪農女性サミットでは、男性が集まった話とはちょっと違ったものになるように思

写真3ー1　酪農女性サミット2018in中標津（2018年12月）

うんですが、どうでしょうか。

中村　私たちも男性の集まる場に行かないわけではないのですけど。それはたぶん新しい技術だとか、海外の経験だとかを勉強する場がいろいろなところで設定されていますが、それは体系的にではなくて部分、部分の切り売りだと思うのですね。私たちの考えは、こうやったら儲かるよというものではなくて、地域で酪農をする仲間がみんなで続いて、将来もここで暮らしていける、酪農が続けられるというのが大切であると。その中には、自分の息子とか娘に将来継いでもらいたいという気持ちもあるし、そういうふうに育てたい気持ちもある。そこを考えるのは女性の方が長けているのかなとは思います。

干場　クラスターという補助金が付いて、大規模になっているという話がありましたけれど、大規模化が全て悪いというわけではないのでしょうが、どう見ていらっしゃいますか。

中村　個人で大規模化するというより、後継者のいない所が、地域の中で数戸集まって法人化するのが多いと思うんです。それ自体は、延命措置ではないんですけど、地域の酪農を続けていくという意味では良いのかと思いますが、なかなか法人の役員の中に女性が入っていません。機械屋さん、建設屋さん、農協とかが入ると思うんですけれど、その中で計画がどんどん立てられ、実際にそれが完成して、いざそこで人が働くとなったときに、初めて問題が表れます。

酪農家の奥さんは、自分のうちでも哺育を実際にやっていた。でも「この新しく建てた哺育舎でやって」と言われても、そこが本当に働きやすいのか分からないわけですよね。搾乳牛舎は考えてつくられているけど、哺育舎や乾乳舎は付け足しのようにつくられているようにも思います。もっと哺育舎を大事にしないと、将来の牛が育たないし、動線も悪くて働きにくくなりますよね。ですから「どうして図面の段階で、女性の声を聞いてくれなかったのか」という発言が、先日も集まったときに出ていました。検定組合の全道中央研修というのが2月の末に札幌であったんですけど、そこに一般で参加した酪農の女性からも出ていましたね。

干場　それはやはり、哺育は女性が担当することが多いということですよね。

中村　多いですね。法人化する前には個々の農家で女性が担当していたのに、女性は法人化後に役員になれないので、企画にも入れない。やっぱり、方針を決定する場所というか、決定権のある場所に女性が参入する、ということが大事だと思うんです。搾ることだけが大事なのではなくて、育成と乾乳をどれだけきっちりやるかによって、その後の牛の繁殖とか病気とかに直結していくんですけど、そのことが目に入っていないのかな、と私たちからは見えました。

干場　大規模化、法人化して、休みを取りやすくなるとか、女性も休めるようになるとか、そういうこともあると思いますが。

中村　もちろんあります。ただ、与えられるのではなく、やっぱり計画の段階から女性が参加する、決定権を持つということが、その後の働きやすさとかも含めて、大切だと思います。

干場　それは組織をつくるときからですか。

中村　つくるときが大事だなと思います。

干場　まだ男性だけで決めているんですね。

中村　そうですね。5、6戸集まるとそこのお父さんやお兄さんが役員となり、理事会なり経営者会議が進められます。そこに女性も入れていただきたい。

「娘たちをディズニーランドに連れていける経営」が1つの目標

干場　中村さんは、数少ない女性経営者として頑張ってこられました。その立場からもう少しお聞かせください。

中村　例えば、千葉澄子さんという人が標茶町にいるのですが、標茶町農協の監事をやっています。私より5つくらい下だと思います。結婚した時は「こんなしばれた所に来てしまった」と思ったそうです。来たのは夏だったのですが、冬になってびっくりしたようで（笑）。そのときには分からなかったんですけど、実はいつ農協から肩叩きにあってもおかしくない経営状況だったそうなんです。

「何くそ」という感じで、彼女が数字を見て、経営を考えるようになったんです。どこにお金を投下すべきか考えて、立て直していったんですけど、そのときの1つの目標が、「娘たちをディズニーランドに連れて行ける経営」だった（笑）。酪農家の子どもはどこにも遊びに行けないのが当たり前のようになっている中で、その段階ではそれが目標でした。それが実現したときは「すごくうれしかった」って言ってました。当時はヘルパー制度もまだまだ未熟な中で、それを利用してディズニーランドに行ったんです。潰れそうだったのに、それだけの経済力を持つまでになりました。

今はすごく大きい規模でやっていて、娘さんが後継者として頑張っています。もちろん旦那さんも頑張っていて、従業員もいて。でも、ご主人が言うには、経営の会議の中で「これから仕事をどうするか」ということを話し合うとき「俺が口を開くと従業員に命令する口調になっちゃってダメ」なのですが、彼女が話すとみんなの力を引き出すんで「あんたが中心になってやったらいいよ」って。そうしてずっとそういうやり方で進めています。

彼女はコーチングの勉強もしていて、標茶女性カレッジとか酪農女性の勉強会を何十年もやってきているんですけど、若い人を育てています。それで農協の監事に抜てきされました。監事は１戸１戸の経営状況を把握していなければならないし、それは秘密事項だから「うちには家の金庫の他に、私の金庫、監事のための金庫があって、それは夫も絶対触れない。そういうふうにして、地域で苦しい所に早め早めに手当てして、やっているんだよ」ということを話していましたね。

必ずしもお婿さんをもらう必要はない 彼は彼、私は私でもいい人生が歩める

中村　その他にも、別海町に「モシリ」という牧場があるんです。小林晴香さんという女性がいて、2018（平成30）年12月の全国紙の１面を使った全農の広告に彼女が出たんです。彼女がこのオーバーオール（**写真３－２**）の発案者なんです。彼女は普通高校を出て、専門学校を出て江別市で介護士をしていたんですよ。でも、きょうだい（妹と弟）誰も後を継がないので「私がやる」と帰って継いで、周りが勧める人を婿さんにしたんですが、その人と自分の経営方針が合わなくて「この人に任せていてはうちが潰れると思って、追い出した」と言うんですね、本人は（笑）。それで１人でもできる酪農、「80歳までは搾りたい」って言って。

写真３－２　小林さん考案のオーバーオール。別海町酪農女子同盟（Stron♥gyu）と、道内の仕事用品店が共同で商品化

今、パートナーはいるんです。でも苗字は違うし。彼は削蹄師で会社をやっているので、「そのままやってください。うちの牛の削蹄もしてね」と。たまには手伝ってもらうけど、「自分のうちは自分でやります」と。クラスター使って新しい牛舎建てたんです。搾乳ロボットも入れて、動線が良くて、換気が良くて、飼養環境がすごくいいんです。建築屋さんにも「こうしてください、ああしてください」といろいろ言って。餌も楽にやれるし、自分がいなくても、ヘルパーさん１人でもできるようになっている。で、150頭。

コントラクターも使ってやってますけど、そういう経営って女性にすごく夢がありますよね。命令されてやるのではなく、自分の考えでちゃんとやりたいという。例えば他の農業では、ハウス栽培とかやっている人の中には「旦那さんは別の仕事をしているけれど、農業は私が」っていう人が結構多いんです。酪農ではなかなか珍しいんですけど、こういうふうにできるのであれば、こういう女性は増えるだろうなあ。必ずしもお婿さんに来てもらわなくても、彼は彼、私は私の方がいい人生が歩めるんじゃないかな（笑）。

干場　以前、ノルウェーに行ったときに知ったのですが、元々ノルウェーの牧場は規模が大きくなくて、例えば20頭くらいなんですね。ある場所では旦那さんが酪農やって、奥さんは全く別な仕事、例えば教師なんかやっているんです。また別な所では、逆に奥さんが牧場やって旦那さんが違う仕事していることも普通にある。そんなふうに聞きました。

中村　千歳では、今までも旦那さんが酪農やってて、奥さんがピアノの先生やってるとか、看護師さんをずっとやってるとか、そういうところは何戸もあります。うちの向かいも看護師さんだし（笑）。

干場　最近、経営規模が大きくなったりしてくると、酪農の基本というもの、それは「循環を基本にする」ということだと思っている

のですが、ずっと見てこられて、今の動きも含めてどう思われますか。

中村　バイオマスをやってる所、結構ありますよね。鹿追町だとか。あれが成功できているのかどうかはちょっと分からないんですけど、そうじゃなくてもやはり、北海道であれば広い農地を背景にしてやれていると思います。牧草つくっている自分の土地に、自分の所で発生した糞尿を還元することだろうと思います。トウモロコシなんかは特にそうなんですけど、化学肥料を導入してやっている所が多いですね。うちもどうしても使うんですけど、できればそうじゃなくても、やっていけるような体系は必要なのかなと思うんです。

私たちの所でも、畜産と畑作が連携してやっています。都府県では、糞尿が邪魔になってしまうような状況が多いようですが、それをもっと肥料化して、全国一律に渡るようにするとかできないのかな、と考えていますね。基本は自分の所で出たCO_2は自分の所で還元するのが基本だと思います。

干場　千歳の辺りは、自分の畑で使う所が多いですよね。十勝に行くと、畑作と一緒の所が多いと思うんですけど。そうじゃなくて、まず頭数を確保して、というところも結構ありますね。

中村　巨大になっていくと、結局買い餌になってしまい、自分の所で飼料をあまりつくらない、という経営も多いみたいで。それは、他人事だから言えるのかもしれませんが「堆肥の行き先を確保しないで、牛舎だけ大きくするのは何なんだろうな」とか思うんです。やっぱり堆肥が地域の中で回るとか、自分の所にやる餌をつくるとか、そういう形で回らないと、土地は痩せるし、たまるところは異常にたまってしまうし、それは計画の中に入れておかなければならないことなんだろうと思います。クラスターで計画を立てるにしても、そうだろうと思うんです。

干場　今日はありがとうございました。

【インタビュー】酪農の将来とチーズの役割
日本の風土を生かすことこそが生きる道

宮嶋　望さん
共働学舎新得農場代表

聞き手　干場　信司

宮嶋（みやじま）　望（のぞむ）さん

1951（昭和26）年、群馬県前橋市生まれ、東京育ち。「共働学舎新得農場」代表。自由学園を卒業後、アメリカ・ウィスコンシン州立大学で酪農学などを学び卒業後、新得町に入植。1978（昭和53）年、共働学舎新得農場を設立。2015（平成27）年のモンディアル・デュ・フロマージュ　チーズ国際コンクール（フランス）でゴールドメダルを獲得した「さくら」をはじめ、1998（平成10）年の第1回オールジャパン・ナチュラルチーズコンテスト最優秀賞の「ラクレットチーズ」などのハードタイプから、白カビ、フレッシュタイプなど、共働学舎新得農場が製造販売する多種のチーズは、国内外で高く評価されている。また、自ら生産するばかりでなく、後進への指導にも携わり、共働学舎新得農場で学んだチーズのつくり手による工房は全国に広がっている

うま味を与えた日本のチーズづくり

干場　日本の酪農の将来はどのようにあるべきと思われますか。

宮嶋　将来、大型酪農がなくなるとは思わない。だけど大型酪農でつくれる生乳とはどういうものか。外国の穀物もしくは餌で大量生産して、１日に３、４回搾ったり、ロボット搾乳したり、そうならざるを得ないですよね。そうして安い生乳をつくっていく。でもこれ、何になるの？　飲用乳に回せても、それを使っておいしいチーズにはならないんです。ただ、十勝に酪農家がいっぱいいるから大工場でチーズをつくらなければならない。ソフト系で、あまり高くないものを。乳製品やチーズの普及のための先遣隊として。

今、チーズがブームになって、いろいろなチーズがスナックに入ってきている。裾野を広げるためにはそれもいい。ただしこの動きに乗ってる中堅、小規模、そして個人のトップの、品質を保てる可能性のある人たちが同じことやったって経営は成り立たない。経営計画をもっと明確にすべきだと思うんですよ。例えば、うちみたいにトップを目指すのであれば、乳量を求めるのではなく、その土地で育てる草や穀物だけで牛を飼い、特徴を出す。そういったことをしないと世界で戦えません。そうすることでマーケットの区分がはっきりする。戦略が立てやすくなる。そのためには、まず乳の本来持っている性格をちゃんと理解していなくてはならないですよね。

フランスでは、大人は牛乳を飲むのではなくて、チーズを食べるべきだって言います。結局、乳から離れられない、離れるべきではないと思うんですよ。で、鉄文化の中で健康

を保つ。それは後で述べますけど。やっぱり牛乳として飲むというのは、本当に子どもの時期でいいと思うんです。そこからヨーグルトになり、ソフト系のチーズになり、ハード系のチーズになっていく。人間の成長と同じに、消費も成長していくべきだと思うんです。

よくフランスで言われるのが「シェーブル（ヤギ）に始まってシェーブルに終わる」。なぜかというと、離乳のときに一番いいのがシェーブルチーズなんです。乳成分を見ると、ヤギ乳が人乳に一番近いんです。そして、チーズというものを知ったとき、そこから牛乳性のチーズを食べるようになり、最後はウォッシュやブルーチーズの濃い味になっていく。ベースはハード系のチーズですよね。おやつとしても食べやすいですから。日本人はどっちが好きかというとハード系のチーズです。なぜかというと、うま味を感じる。うま味の概念というのは全て日本人が作ったスケールですから。

日本はフランスより環境中の微生物が数十倍、種類が多い。ということは、栄養素を切っていく、味をつくっていくハサミの種類が数十倍多いということなんです。その環境上の微生物をちゃんと生かした食材と生かした環境を使って料理をしていけば、うま味を出す料理は日本の方が断然つくりやすい。うま味という概念は、アメリカ・ヨーロッパが認めてからまだ18年しかたっていません。2002（平成14）年にフランスに行って、官能評価を勉強したとき、僕が日本人と知った上で、フランス人が誇らしげに「UMAMI」って書いたことがあります。「UMAMIってフランス語あったっけ」とかバカなこと僕らが言ってたら、激怒しちゃって、そりゃお前たちの言葉だって（笑）。フランス語にはうま味に代わる言葉がないんですよ。英語にもない。ということは一般の食の世界にその概念がなかったということ。食べてなかったということなんです。

そうして18年前にうま味という概念をやっと認めた。それから日本食がどーっと入っている。日本人がやる2ツ星レストランがぼちぼち出てきてきている。18年前だから食の変化としてはまだ最近の出来事で、授業で教えられるかと言えば、無理なんです。でも、現場でものづくりをしている僕らは、そういうことをキャッチしていないと、最先端を走れない。そういうことは学生に知らせるべきなんですよ。

干場 そうですよね。

宮嶋 この世界で何とか生活していこうという若い人たちは知っておくべきですよね。日本食が評判になっている、ということを一番知らないのは日本人なんです。何でこんなに評判になっているのかという理由を知らないのが日本人。

干場 日本人「らしい」ところですね（笑）。

宮嶋 それでまだヨーロッパのチーズの方がおいしいなんてバカ言ってる（笑）。だから僕らが金賞取ったりグランプリ取ったりするのは、向こうの人間にとっては苦々しい。チーズに苦味があってはいけないけど（笑）。それでも、向こうは公正に審査するのがすごいところ。日本人には、「日本で、フランスの資本がチーズをつくり始めているんですよ。札幌でもイタリア人がモッツァレラつくってます。この意味、分かっているんですか」と言いたい。フランスの会社は2、3社来て日本でチーズをつくって、国産、日本産として出すんです。

それをどこに売るかというと、中国、東南アジアです。そういう世界戦略に、日本人が一番気がついていない。飲用牛乳を高く買ってくれると、喜んで売ってしまう酪農家が多い。でも飼料の穀物はアメリカから買っている。

干場 だからまあ、100%とは言いませんけど、せめて餌の割合は最終的には80%以上は国内生産にするという方向で、目標値として掲げるべきだと思うんですよ。それ自体がとても大変なことなんですけど。だけどデンマークなんかはそうですけど、必ず20年後を目指して、こういうやり方をするぞ、っていう花火、と言うか、旗を上げて少しずつそこに近づいていく。そういうやり方をしますよね。

宮嶋　デンマークやオランダなどのヨーロッパの小国は、国がちゃんと「この方向で」と定めている。これがもし、方向がバラバラだと消滅してしまう。それをよく知っているんだよね。だからこそデンマークもオランダも結束力が強い。

微生物の多い日本でしかつくれない味がある

干場　似たような例として、日本のパンをつくる人たちが、日本で生産される小麦はパンに合っていない、という言い方をします。

宮嶋　逆に西洋人は日本産小麦のパンを、パサパサでなく、しっとりしていてうまい、って言うんですよ。これが、ヨーロッパに入ってきたら困ると。

干場　はあ、なるほど。

宮嶋　日本は狭いから、ヨーロッパに持っていくほどはつくれない。だからお客さんは来て食べてくれる、ということに結び付けたいわけですよ。

干場　なるほど。でも、日本でパンをつくっている人は逆で、欧米のパンに合った小麦をつくらなければダメだと言っちゃうわけですよ。

宮嶋　チーズもそうですよ。ヨーロッパの方がチーズ文化が長く、向こうの方がグレードが高い、という認識なんです。だけど、本当のチーズの意味を考えると、長いタンパクというチェーンをどのように切って味を醸し出し消化しやすくするかなんです。乳の持っている栄養素をできるだけたくさん吸収させることによって、食品としての価値が上がるのだから。そのためにはアミノ酸単体あるいは３つまでつながった短鎖のペプチドにしないと吸収できない。細かく切らないといけないということ。前述したように、日本の方が微生物の種類は多い。つまりハサミの種類が多いということなんです。有用な微生物が欧米のものよりも種類が多い。だから豊かな食文化、豊かな味になるはずなんです。それでマイルドな味になるんです。

干場　なるほど、微生物の多様性がそれを支えているということですね。

宮嶋　そして水です。軟水がおだやかな風味をつくって、それに日本人が慣れ親しんでいる。これをベースにしたら日本食になる。ブームに乗って日本食をヨーロッパに持って行っても、それが本当の日本食の味を出しているかと言えば、そうではない。こーんなもの、と思うんだけど、それが日本食としてブームになる。日本でしかつくれない味を前面に出していくべきです。

干場　黒パン、ライ麦パンはその地域で栽培する麦を使うから成り立つ。もしかしたら小麦のパンの方がある意味でおいしいかも知れないけど、日本でも向こうと同じ小麦でないといいパンができないなんて言わないで、自分のところで生産されたものでつくればいいと思うんです。

宮嶋　十勝の「ますやパン」は、十勝産の小麦にこだわったパンで人気ですからね。東京にも店を出しています。それを指導したのが、「シニフィアン・シニフィエ」（東京・世田谷区下馬）の志賀（勝栄）さんという最高のパン職人です。だから、そういう動きとタッグを組んだ方がいいと思うんです。彼らは日本の小麦も世界の小麦も知っている。高級パンはもちろん、どういうパンでもつくれる技術を持っている。そういう方たちと組んで理論をつくっていく。それによって日本の将来の農業はこうあるべきだ、と言えると思うんですよね。

「鉄」と「乳」が切り離せないわけ

干場　それでは、先ほど話題に出ていた「鉄と乳」の関係について詳しくお願いします。

宮嶋　日本では古くから刀の原料として鉄文化が発達しました。でも鉄文化を持っていた人たちは、乳文化を持っていないと継続できないんですよ。

それはラクトフェリンが乳の中だけに入っていて、これは子どもたちの健康維持のために必要なんです。それで鉄分の吸収をコントロールするわけです。ラクトフェリンは錠剤などとして出ているほどですから。無殺菌乳のチーズ、牛乳の中にラクトフェリンは入っています。でも牛乳も120℃で殺菌したらラクトフェリンは壊れちゃうんですよ。だから低温殺菌は必要です。そういったところをきちっと表に出せるかどうか。これは医者と組まなければダメでしょうね。

このことを描いているのがアニメ映画の「もののけ姫」です。宮崎駿監督はそのことを知っていたと思いますよ。

作品中で、包帯を巻いたハンセン病の人が出てきます。製鉄工場でタタラを踏んでいる女たち、これは娼婦ですよね。それからあのきれいなエボシさま。病気にならないですよ。そして牛飼いの男も出てくる。僕は、荷物を運ぶためだけにあんな餌を食う動物（牛）を山の中で飼わないから、牛からできた乳製品を食べていると読み取ったんです。機会があればぜひ宮崎監督に聞いてみたいですね。本当は知っていたんですかと。鉄という物質が入ってきて、あれは動物を腐らせるものの象徴として描かれていますが、その通りなんです。

われわれは鉄の文化の中から抜けられない。なぜか。日本に鉄が多いからです。そして鉄は何になったかというと、便利な道具になるとともに武器になったんです。今、戦争って地域紛争はあるけど、国対国の時代は終わった。これからは、勢力争いになるわけです。その中で、経済力が強かった日本はだんだん弱くなっています。

では、日本はどういう戦略を取ればよいかというと、ヨーロッパを見習うべきです。特徴を持ってお客さまを押さえておく。その戦略を取るためには、日本はすごく有利だと思っています。なぜかと言うと、食品をつくるときの水、土壌が日本は特有だから。他の大陸や韓国、中国とも違う。なぜかと言うと、土の違いから向こうの水は硬質、日本は火山国で鉄分が多い軟質の水です。軟質の水がこれだけ出る所は、そんなにないんです。日本人はその良さに気がついていないんです。火山国は地震が多くて困ったものだ、と言うだけで。

鉄の文化は弥生の人たちが日本に持ってきた。鉄は刀になったから、すごく鉄文化が発達しました。でも、もう１つ、対になっていたものがあるんです。彼らは遊牧民だったということです。京都の東本願寺の大谷さんから言われたんだけど、「私たちは渡来人です」と。隠さないんですよ。そして、「私たちは乳製品を欠かさない」と。だからわざわざうちまで見に来てチーズや無殺菌乳を買ってくれているんです。

日本は、こうしたことを背景にして産業が形づくられていることを知るべきだと思います。

干場　本日は大変興味深いお話をお聞きできました。どうもありがとうございました。

【インタビュー】草創期～発展期の牧場経営

オープンでインターナショナル、仲間同士の連携と協調

細田　治憲さん
細田牧場

聞き手　干場　信司

細田（ほそだ）　治憲（はるのり）さん

1940（昭和15）年、恵庭市生まれ。1960（昭和35）年に酪農学園短期大学を卒業し細田牧場（母親、兄の経営）に就農。1964（昭和39）年酪農学園大学を卒業後、1966（昭和41）年にアメリカにわたり酪農実習を始めるも、兄の急逝により翌1967（昭和42）年に帰国し、恵庭市の細田牧場を継承する。1989（平成元）年、乳牛150頭とともに由仁町へ移転。酪農は耕地面積に見合った規模が大切であるという信念のもと、カウコンフォートを重視した経営を実践。2004（平成16）年から娘が経営する自家産牛乳を原料にしたアイス販売部門を牧場敷地内に開設する。2014（平成26）年、第46回宇都宮賞（酪農経営の部）受賞

仲間とともに生きる強さ

干場　細田さんは、酪農学園大の１期生だと聞きました。ギャップイヤーも経験されていると。

細田　私はね、おそらくストレートで４年制の大学を卒業していたら、今日には至っていなかったと思うんですよ。やっぱり途中で２年間社会経験をしたことが、非常に良かったなっていう気がするんです。そのギャップイヤーっていうのは、イギリスで生まれた制度と言われてますけど、高校卒業して大学に入るまでの間に半年か１年くらい自由時間があって、例えばボランティアで奉仕活動をするだとか、あるいは語学留学をするだとか、学費をアルバイトで稼ぐだとか色々あるんでしょうけど、人によってさまざまだと思います。そういう社会経験をしてまた復学するということが、私にとっては意味がありましたね。ですから、大学で編入した学生さんたちには、二度とないチャンスが与えられたんだから、しっかり目的意識を持って努力しなさい、って言っているんです。

干場　短大を出てから２年間働かれて、それから大学に編入されたのですか？

細田　大学３年目に編入試験を受けて入ったんです。それで酪農大の１期生と同じ学年になったんです。教職や普及員の資格も取ったんですよ。そういうことができたのも、２年間働いていたからだと思っています。

干場　デンマークでは、いわゆる座学と実学をサンドイッチにする農業者教育というものが昔からあったと思うんですけど、それと似ているということでしょうか。

細田　そういう面も含めて、再び学生生活

に戻ることができたというのは意義が大きかったですね。

干場　細田さんから見て、北海道酪農の歴史の中で、大きなポイントとして挙げるとしたら、それは何でしょうか。

細田　酪農専業の場合ですと、今なら搾乳牛が60頭、80頭くらい、あるいは100頭くらいを家族経営で処理しなければ成り立たない時代になってきているんですよね。1967（昭和42）年頃だったらね、搾乳牛が10頭か12頭だったんだけれども、そのうちに酪農専業の家族経営で生計を立てるには、搾乳牛が40頭くらいいないなきゃダメというか、だんだん規模を拡大しなければ、専業として採算が合わないような時代になってきたでしょう。その中でね、どうやって自分の経営を守っていくかっていう、そういうことを真剣に考えなきゃならない時代になってきたんですね。

酪農産業の歴史を考えるとき、私の先輩である先覚者の方が「酪農産業っていうのは協力体制を構築しなきゃダメだ」っていうふうに教えてくれたんです。協力体制の構築っていうのはどういうことかというと、やっぱり仲間同士の連携と協調っていうこと。それにはどういうふうにすればよいかというと、私は「自分の利害を優先していたら、仲間同士の連携と協調なんかあり得ない」と思うんですよ。自分の利害を優先するのではなくて、仲間や友達のために汗を流すことのできる奉仕の精神っていうのがなければ、仲間同士の連携と協調っていうのはあり得ないのではないかと思うんです。

ところが、酪農家っていうのはお人好しじゃできませんからね。仲間とともに生きるという、そういう強さがなければならないのではないかと思うんです。ヘルパー事業なんかも協力体制の構築です。それからコントラクター事業とか、あるいは最近のTMRセンターなんかも、やっぱり協力体制の構築ではないかと思うんです。牧草の収穫作業などを共同作業で乗り切っていくっていう、そういういうことが、やっぱり生活の知恵ということでないかと思います。協力体制の構築のいい例がヘルパーであり、コントラクター事業であり、TMRセンターを中心に作業体制を組むような、そういう形になって現れてきているのではないかという気がします。それは生活の知恵でないかと思います。その中で「俺は！　俺は！」って言ってたら、そういう組織なんかできないんですよ。中心になる人が友だちや仲間のために汗を流せるような、そういう体制を、先人は考えたのでないかと思いますね。

生乳共販体制も生活の知恵

細田　それと、協力体制の構築っていう面では、「生乳の共販体制」というのがありますでしょ？　あれなんかも、最たるものでないかと思います。生乳（なまちち）ですからね、売れなかったら捨てるしかないですよ。今日生産された生乳は２～３日間、バルククーラに入れて保存はできたとしても、その後も毎日生産されますから。共販体制っていうのは、時代に則した生活の知恵だったのではないかと思いますね。昔は乳業メーカーが生産者を囲ってました。それで生乳の争奪戦なんかもあったんです。「一元集荷多元販売」という形になって、毎日確実に生産した生乳を出荷できる体制ができていったのではないか。それはやっぱり生活の知恵だったのではないかと思います。

干場　ということは、酪農家が自分たちの生乳の出荷をある程度コントロールできる共販体制ができたことが、大きなポイントでしょうか。

細田　酪農家にとって毎日生産された生乳を安心して、継続して出荷できる体制をつくってくれたっていうことが、酪農産業の発展には欠かすことができなかったと思います。生ものですからね。ただ最近は、MMJなどという組織で大口の生乳を買って、都府県に送るという組織もありますけども、基本的には共販体制っていうのは酪農産業を安定的に、発展的に方向付けるためには必要不可欠だったと思いますね。だから、それをつくった先人は非常に大きな働きをしてくれたと思います。酪連なんかもそうですけどね。戦後、敗戦の後、脱脂粉乳だとか粉ミルクだとかがアメリカから大量に、援助物資などで入ってきたでしょ。それで酪農家が生産した生乳がダブつくようになって、それを保存するためにバターにしよう、チーズにしようというような動きになっていったんでしょうけど、生乳の共販体制っていうのは酪農産業には非常に大きな働きをしたのではないかという気がしますね。

干場　その体制がずーっとつながってきていると思います。現在に至るまでに、それについての問題点というのは感じていらっしゃいますか。

細田　共販体制ということは、プール乳価ですからね。１年間の乳価っていうのは特に、北海道の場合なら今ですと52％くらいが市乳で、48％くらいが加工原料乳に回っているのではないでしょうか。それで、加工原料乳ということになれば、チーズ向けだ、あるいは粉ミルクだって金額が安いですから、60～70円くらいですからね。市乳向けだと、100円くらいの金額になってくるんですけども、それをみんなプールするから、値段はあまり高くないんです。

例えば、都市近郊に近い所の牛乳はほとんど市乳に回りますでしょ。ところが、都市近郊から遠い所はほとんどが加工に回るんですよね。それでプールになりますから、ちょっと乳価が安いのではないかって、問題が出てくると思います。

干場　最近は乳価がものすごく上がってきて、だいぶそれが緩和されましたね。

細田　プール乳価で大体キロ100円くらいになりましたからね。ところが市乳向けの牛乳っていうのはだいたい110円前後で取り引きされていますから、北海道でも大口の人たちがMMJと契約して、うちの生乳は全量MMJに出すよ、うちの牛乳の半分はMMJに出すよ、というような人もいるようです。大体110円前後くらいなら、1kgにつき10円近くの値段の開きがありますからね。だから願わくは、市乳に回ってほしいという気持ちはありますけど、まあプールだから、そういう不公平っていうような面はあったのでないかと思います。ただ、ホクレン丸に載せる都府県送りする生乳に対しては規制の枠が厳しいと思うので、その分、乳価の面で少し上乗せになっても、それは仕方がないなあと思っているんですけどもね。共販体制っていうことになるとプールですから、少し安くはなりますよ。

干場　繰り返しになりますが、北海道酪農の歴史にとって、仲間で連携をして、協調してやっていくということが、考え方として大事だったということですね。

細田　先人たちは、そういうことを言葉で言ってはいないけども、やっていることは、あの酪連にしたって組合方式でみんなが支え合っていくということですからね。共販体制だって同じだと思います。

干場　今お話を聞いていて、それこそデンマークの農家の人たちが協同組合をつくって、農家みんなが協力して体制をつくってきたというのとすごく近いものを感じたんですが、いかがでしょうか。

細田　そうじゃないでしょうか。酪農の先進国っていうことになると、デンマークなんかは見本になりますね。今ですとね、酪農家の経済まで指導していますから、デンマークはさらに進んでいるのではないでしょうか。

共進会は若い人のモチベーションに

干場　細田さんはお母さんの代から、牛づくりというものを確立してこられたと思うんですが、経営面も含めて教えてください。

細田　最近は体が動かなくなって、共進会に行っても牛の見せ場をつくることができなくなったから、自分にも限界が来たんだなっていうような気がしたんですけどもね。若い人たちに、夢と希望と目標を与えるっていう面では、共進会っていうのは非常に大きな意味があるものなんですよ。共進会でいい成績を取るっていうのは、自分だけが一所懸命頑張ってもダメなんです。牛の改良も、仲間と一緒に切磋琢磨（せっさたくま）しないと。自分１人でいい牛をつくろうと思ってもなかなか難しいですよ。

最近の共進会でもね、全共（全日本ホルスタイン共進会）でもそうなんですけども、地域が一丸となって努力しないと、大きい相手に立ち向かっていくときには難しいですよね。そういう面では、北海道でもそうですけども、主産地は主産地なりに若い人たちが横の連携を非常に密にして、協力し合ってますね。全共でも、北海道代表ってことになりますと、北海道チームをつくるんです。そして、そのチーム全体がそれぞれの牛に対して気を配ってる。「俺の牛は大事だから」「俺の技術は他の人には教えない」なんて、そういう閉鎖的な考えを持っていたら、酪農産業は成り立たないのではないかと思います。そういう面では、先人たちはやっぱり偉かったと思いますね。「私はこういうふうにして良い牛をつくったんだよ」ってみんなに話すんですよ。非常にオープンで、閉鎖的なものがないですね。酪農産業にはそういうものがあるのではないでしょうか。

干場　細田さんはそういうお話を、実際にどなたから聞かれましたか。

細田　宇都宮さんもそうですし、黒澤さんもそうですし、町村さんもそうでしたね。宇都宮勤さんにも非常に教えを頂きましたし、潤さんとも深い交流をさせて頂いてます。黒澤勉さんにしても、町村末吉さんにしても、私よりも10歳ぐらい時代は進んでいましたけどもね、深い交流をさせて頂いているっていうことは幸せですね。なんでそういうふうになれたかっていうと、やっぱり牛が仲間同士の連携と協調を取り持ってくれたんじゃないでしょうか。遠浅（勇払郡安平町）に行けば山田カズエさん、山田明人さんだとか、山田コウさんだとか、武田さんだとか、そうそうたるメンバーの方々と交流をすることができたっていうのは、非常に幸いだったと思いますね。

今の若い人たちも、共進会などで一所懸命努力して頑張っておられる人たちは、非常に仲間同士の交流が密ですね。そこで自分の持っているものをオープンにするんですよ。「私はこういうふうにしてこういう牛ができたんだよ」と。「あなた方もまねしなさい」とは言わないけども、自分の持っている技術を教えてくれるんですね。共進会に牛を出す人たちは、非常にオープンでインターナショナルです。酪農産業が発展していくためには、そうでなきゃならないなと思います。

このような関係は酪農以外の農業ではあまりないのかもしれません。例えばイチゴ農家では、栽培技術が共有されていないんです。「ここのイチゴはおいしい」「ここのイチゴはまあまあ」「ここのイチゴはあんまりおいしくない」とかって、ただただ農家同士が競争するんですよ。酪農ですと、まずそういうことはないですね。非常にオープンでインターナショナルです。

干場　その伝統というのは、先人たちがつくってきたということですね。

細田　そうですね。先人たちがどこに学んだかというと、アメリカに実習に行って、アメリカの酪農家たちが閉鎖的でなくて、オープンでインターナショナルだっていうことを学んできたのではないでしょうか。だから、酪農産業というものに大きな魅力を感じるんです。

干場　共進会についてお話がありましたが、現在では牛の個体販売価格が下がって、生乳販売で生計を立てることが主体になってきたと思います。そういう状況の中で共進会の在り方は、以前とかなり変わってきているように思うのですが。

細田　共進会で１等賞を取ったからって、その牛が特別高く売れるとか、そういうことはなくなりましたね。でも、やっぱり共進会に出すことによって、若い人たちの交流があります。横の連携がありますから、それがやっぱり酪農産業に非常にプラスに働くのではないでしょうか。１人じゃ頑張っても限りがありますよ。やっぱり仲間同士が切磋琢磨（せっさたくま）することによって、酪農産業が発展していくのではないかと思います。その最たるものが、共進会の中に出てるのではないでしょうか。

干場　共進会は酪農家のお祭りと言いますか、仲間同士が色んな形で交流する非常に大事な機会ではありますが、今、牛の飼い方自体が多様になってきていると思います。例えば、放牧で5,000～6,000kgしか搾らなくても、40～50頭で十分に生計を立てていけるという方たちもだんだん出てきた。いわゆる共進会で良い牛をつくるというのがメインの流れだったのが、だいぶ変わりつつあるようにも思います。

細田　最近、各地で共進会をやめようっていうような、そういう動きがあるんですよ。例えば、恵庭で70年間続いていた共進会も今年で終わりにすると。千歳も来年か再来年で共進会がなくなるのではないかっていうようなことを言っている方もおられますけどね。共進会に出す酪農家の数がだんだん少なくなってきたっていう、一面があるようですね。それでもやっぱり石狩、空知、胆振、十勝、釧路、根室っていう、地域の共進会はまだまだあります。そしてそれらの共進会に牛を出す若い人たちの横のつながりが深いので、なくなることはたぶんないと思いますけど、共進会が直接経営に、その共進会で良い成績を取ったから、牛が高く売れる、っていうような時代ではなくなりました。協力体制の構築っていう面では、大事な要素があるのではないかなっていう気がしますね。

干場　横のつながり、交流を深める点で重要な役割を果たしているということですね。

細田　それとやっぱり若い人たちのモチベーションっていうかな、動機付け。そういう面でも共進会っていうのは良い働きをしてきたのではないでしょうか。あるいはこれからも、共進会で１等賞を取らなきゃダメだっていうことでなく、酪農家同士のコミュニケーションを強くするっていう面では、やっぱり大きな役割を果たしているのではないでしょうか。私は、今は自分の体が動かなくなってきて、体型審査もやってませんが「自分だけで」っていうことでなくて「仲間と共に協力し合って生きる」っていう面では、そういう雰囲気、体制っていうのは必要だと思うんですよね。

労働時間の規制と、６次産業化の厳しい現状

干場　ここで改めて、これまで酪農を見てこられて、北海道酪農は将来どうあるべきだとお考えでしょうか。

細田　最近、特に労働に対する規制が厳しくなってきましたでしょ。酪農産業も、外国人の労働者を受け入れる形にもなってきましたよね。労働時間の規制っていうのはだんだん厳しくなって、酪農家だから仕方ないって言っていられないと思うんですよ。一般的には８時間労働でね、それ過ぎたら時間外勤務だと。それで１週間に１日だった休みが、さらに４週６休くらいになってきたでしょ。そういうことを酪農家もだんだん身近な問題として受け止めざるを得なくなってきたんですよ。肉牛農家ですと、餌だけやれば何とかなるけども、乳を搾る酪農家は365日朝晩、乳を搾って、餌をやらなきゃならない。ここに労働時間の規制が入ってくると、動きが取れな

くなってくるんですよ。私は、酪農家への労働時間の規制っていうのは、今が始まりだと思うんです。だんだん厳しくなってくると思いますね。それをどうやって乗り越えるのかっていうことになると、私は機械化しかないという気がします。そういう面では昔、牧草の収穫に、コンパクトロールベーラで締めた物を車に積んで納屋に収納するという重労働があったんですよ。でも、それがいつの間にかロールベーラに替わってビニールでラップする形になりました。これは、酪農の産業革命だと思います。もう100％間違いない、産業革命です。

さらにね、搾乳ロボットの普及を考えなければ、酪農家が朝晩の搾乳から解放されるなんていうのは夢物語ですよ。「お前は酪農家の子弟だから仕方がない」と言ってる時代ではなくなったんです。機械に頼るような形で労働時間から解放することを真剣に考えていかないと、酪農産業に後継者が育っていかないんじゃないかと思うんですよ。家族労働っていうことになりますと、もう本当に地獄ですよ。夫婦２人で搾乳牛100頭、育成含めて150頭以上の牛を飼っている酪農家、まだ北海道にたくさんおりますが、酪農専業の個人経営だったら、今おそらく搾乳牛60～80頭くらいになっていて、搾乳牛が80頭なら全部で150頭の牛を夫婦で飼わなきゃならない。

例えば、私の友人でコンビニの店長だった人がいるんです。24時間営業でしょ。そして20年間続いたんだけど、20年間１日も自分の自由時間がなかったって。家族と一緒に旅行することもできない、晩ご飯を食べることもできない。それが20年間続いたって言うんです。それと同じように、酪農産業も365日搾乳から解放されません。私は、搾乳ロボットにもう取り組まなきゃならんと思いますね。ロボットにはいろいろと問題はあるけど、フリーストールだって、ロボットだって、個体管理を徹底的にした上で、搾乳作業から解放されるような形にならないと、酪農産業の後継者が育っていかないと思います。

それが大変だって、５戸で共同経営をするような方がいますけど、そうすると１週間に１回、夫婦で休みが取れるっていうような形になったときに、他の人たちが補えます。共同経営だとか、ロボット体制みたいな形にでも進んでいかなければ、酪農産業は難しいなと思う。国は日本の酪農産業を守るために、また定着させるために、５割補助でなくて、２／３くらいの補助にしてでも、希望する人がいるのなら搾乳ロボットを普及させるべきだなっていう気がします。

干場　細田さんのところでは、生乳生産以外のこともやっていらっしゃいますよね。

細田　娘が「牛小屋のアイス」っていうアイスクリーム店をやってるんです。６次産業っていうのもね、なかなか大変ですよ。１番大変なのはやっぱり家族労働だけで収まらないっていう労働力の問題があります。それからつくれば売れるっていうものではないですね。お客さんに評価してもらうためには、かなり高いレベルの技術能力を持ってなきゃなりません。食べておいしくなければ、もう来てもらえないから。そういう面ではかなり高いレベルが要求されますし、食の安全・安心は確実、値段は安いっていうことでなきゃダメでしょ。それで、味はやっぱりプロでなきゃダメですからね。誰にでもできるっていうわけではないですよ。

干場　娘さんはすごく努力されて、工夫されているようですね。

細田　お客さんのニーズを先取りするためには、人知れず努力しなきゃダメです。なかなか誰でもできることではないですけど。お客さんは勝手ですからね。おいしくなければ来なくなるんだから。そういう面では、お店っていうのはリピーターでもっているっていう気がします。お客さんとのコミュニケーションがなければ難しいでしょう。

干場　自分の牧場で生乳を搾って、それを原料にアイスクリームをつくっているというのが、非常に大きな強みに思えますが。

細田　お店の立地条件もあるでしょう。交通の便を考えると、やっぱり大都市に近い方が良いですね。うちなんか、11月になったら５カ月冬休みにするんですよ。アイスクリームですからね、天気の悪い日、気候が暖かいことが関係するんです。寒かったら、お客さんの足、遠くなりますよ。それと、来る人は隣近所からではなくて、結構遠くから車で走ってきてくれます。だから冬は難しいですね。もう少し街に近いという条件ならいいと思いますが。おいしければお客さんは遠くからでも来てくれるんですけどね。

干場　５カ月間お休みっていうことは、その残りの７カ月で売り上げをある程度上げなければいけない、と。

細田　そうですよ。

干場　牧場でつくったものを街に持って行って売るというのではなくて、街の人に牧場まで来させるっていうのが、良いことですよね。

細田　ただ、それだと、街から遠く離れるのはダメだよ。夏はいいけどね。６次産業も、実際に自分がやるとなると大変です。以前に洞爺湖町のレークヒル・ファームの塩野谷さんが、アイスクリームのお店を始めるときに「お店っていうのはリピーターでもってるんだよ。だからお客さんを大事にしなさい」と言ってくれたんです。本当にお店ってリピーターでもっています。リピーターがお店の人たちを支えてくれる、励ましてくれる。ありがたいものです。

それとね、今日つくったものを今日出すっていう、そこが大事なんです。例えば、今日つくったものが売れ残ったからそれを明日出したら、お客さんはすぐ分かるって言うんですよ。「味が変わったね」って。私は味に敏感でないから、今日売れ残ったもの凍らしておいて１週間後に食べても「まあこんなもんか」と思って食べるんだけど、お客さんはプロみたいなもんだから味が分かる。そうなるとね、やっぱりお客さんの信頼を得るためには、今日つくったものを今日出さなくてはならなくなりますね。ですから、土日の連休だとか、特にお盆やゴールデンウィークだとか、連休が続くときには、２～３時間しか寝る時間がないんです。朝１時に製造を始めないと、10時のオープンに間に合わないんですよ。お店を夕方６時に閉めて、後片付けして帰ってくるのが夜９時頃になる。そしたら寝る時間ないんですよ。若いからやっていられるけど、こんなこといつまで続くのか。「方法を考えなさい」とは言うんですけどもね。だけど今日つくったものを今日お客さんに提供するっていうことになると、そうなってしまうらしいんですよ。

その１番大変な例が、コンビニの世界でないかと思いますよ。同じ街にローソンだ、セイコーマートだ、セブン－イレブンだ、ファミリーマートだっていっぱいひしめきあってる。セイコーマートだって１つの街に２つも３つも、あっちにもこっちにもある。売ってる物もほとんどみんな同じで、値段もほとんど同じでしょう。お客さんが何を基準に「あそこに行こう！」って決めるかといったら最終的には、お店の人とのコミュニケーションだと思います。まあ「場所がいいから」という人もいるでしょうけど、そんなの何回も続きませんよね。そういう面ではリピーターを大事にするっていうことは、お客さんとのコミュニケーションを大事にするっていうことです。よく「６次産業、６次産業」と言うけれども、非常に厳しいものがあるなあと思っているんですよ。寝る暇もないんだから。

干場　お話をうかがって、細田さんが周りの方を大事にされていることが分かりました。

細田　私は80歳になるけれど、もう10回も入院しています。九転び十起きって言ってるんだけどね。何かおっちょこちょいなところもあるのかもしれないけど、ケガはするし、病気はするし。そのたびに、皆さんに支えていただいて今日があるんです。だからそういう面では、仲間と協力し合って生きるっていうことは、生活の知恵かもしれないと思います。みんなに世話になったから。

恵庭の福屋さんの火事のときも、やっぱりみんなが集まりました。あれが酪農家の人たちの良いところだなっていう気がするんです。恵庭の牛屋さんが全員が支えてくれる。江別からも、千歳からも、あちこちの牛屋さんが集まってきて、手伝いをしてくれたんです。牛屋さんにはやっぱりそういう先輩の人たちがつくった協力体制が生きていると思ってね、私は先輩たちに感謝してますよ。

それはどこで学んだかっていうと、恐らくアメリカに酪農実習に行って、日本にはないものを勉強して帰ってきて「いやー、北海道にもブラックアンドホワイトショーをつくらなきゃならない」とか、あるいは「バーンミーティングをしよう」だとか。あるいは１つの問題に対して色んな意見を検討したり、いろいろな人の物の見方をまとめていこうだとかってね。まあ、アメリカの社会っていうのは比較的、キリスト教の人たちが多いですから、そういう面では「オープンでインターナショナル」っていうものを、アメリカに行って学んで帰ってきて、日本の中で広めたという気がしますね。町村敬貴さんにしても、宇都宮仙太郎さんにしても、アメリカに実習に行って、アメリカの大学で勉強してきましたし。日本にないものを広めてくれたんでしょうね。

干場　本日は、お忙しい中、貴重なお話をどうもありがとうございました。

【インタビュー】草創期～発展期の牧場経営

100年前から６次産業を続けるデンマークに学ぶべきこと

西川　求さん
酪農家

聞き手　干場　信司

西川　求さん（にしかわ　もとむ）

1939（昭和14）年、静岡県静岡市生まれ。山形県の基督教独立学園高校を卒業後、1958（昭和33）年に酪農学園短期大学酪農学科入学（第９期）。1962（昭和37）年、酪農学園大学酪農学科３年に編入学（第１期）。1964（昭和39）～1965（昭和40）年、デンマーク農場（静岡県）にてエミール・フェンガー氏のもとで働く。翌1966（昭和41）年から酪農学園機農高校勤務、1968（昭和43）年に瀬棚町に入植し酪農経営を始める。1995（平成７）年に経営を息子に譲り、とわの森三愛高校に2006（平成18）年まで勤務。現在、北海道三愛畜産センター理事長として、毎年三愛塾を開催し、実習生の受け入れを行っている。また、フィリピンのネグロス島、ミンダナオ島の子どもたちの支援を行ない、フィリピンでも三愛塾を開いている

フェンガーさんが指導するデンマークの有畜農業

干場　北海道の酪農は、いろいろな意味でデンマークの影響を受けていると思うのですが、西川さんはどのようにお考えでしょうか。

西川　1923（大正12）年に関東大震災があって、その直後にデンマークからエミール・フェンガーさんが来られたんです。横浜に着くはずの船が関東大震災があって、神戸に着くんですね。それで神戸から北上してきて、どういうルートをたどったかはちょっと分かりませんけど、おそらく鉄道か何かで、当時の琴似（札幌市）の農事試験場に到着したんです。フェンガーさんは、28歳の時にデンマークから来られて、多分５年くらい、いたのかな。同じくデンマークから真駒内（札幌市）に来ていたモーテン・ラーセンさんが乳製品と製酪をやられて、フェンガーさんは主に酪農をやられていたようです。

そして戦後、1951（昭和26）年に２度目の来日をされるんです。そのときに指導されたのが、今の山形県新庄にある農事試験場でした。さらに1963（昭和38）年の３度目の来日の時、私がお世話になったんです。静岡のデンマーク農場、今もあるんですけど、その農場を開くためにフェンガーさんが呼ばれ、68歳から70歳まで２年間そこで指導されたんですね。そのとき私、ちょうど大学を出たばかりだったんですが、中曽根徳二先生から「デンマーク農場をつくるんで、西川君行ってくれないか」と言われたんです。中曽根先生は、若いころ（1935〈昭和10〉年）にデンマークに派遣されて、フェンガーさんの農場で働い

てたんです。その時の写真も後日見せていただきました。中曽根先生は、帰ってこられてから軍隊に行って、それから酪農学園に勤めていたんですね。

そうして1年半、デンマーク農場で働いて、フェンガーさんにいろいろ教えていただきました。その当時はデンマークと言えば高嶺の花で、なかなか近付けないような存在でしたけど。フェンガーさんとの縁でいろいろとデンマークのお話を聞いたりしました。

干場 フェンガーさんが3度も来日されたとは知りませんでした。フェンガーさんの指導については、書かれている資料がいくつもあるんですけど、実際に指導を受けられてどうでしたか。

西川 あの方の指導っていうのは、われわれにも言葉のハンデがあるからですけども、何しろやってみせる、全てやってみせる。それから、その当時としては、1番いいものを持ってくる。だから、デンマークの赤牛、レッドデーニッシュっていうんですけど、この牛は門外不出だったんです。デンマークからは一切、外国には輸出しない、出さないという。ところが、恐らくフェンガーさんの交渉力なんだろうと思いますけど、15頭入ってきたんですよ。レッドデーニッシュが。この牛は乳肉兼用種で、大きさはホルスタインより一回り小さいかもしれません。いわゆるホルスタインのような鋭角性ではなくて、ちょっと丸みのあるような。最終的には肉牛として出すので、肉付きのいい牛でした。

この牛を入れてきて、牛の餌のやり方とか、つなぎ式の牛舎とか、そういうものを全部フェンガーさんが設計してつくっていました。乳の搾り方から運動に出すタイミング、分娩などは、それほど日本と違ったところはありませんでした。ただ、石原であろうと何であろうとトウモロコシをまいて、スプリングハローっていう馬で起こすハローがあるんですけど、それを使って川原のようなところを起こして、そこにトウモロコシ植えて普通に収穫するんですね。そういうものも含めて、草取りから何から、フェンガーさんが先頭切ってやるというスタイルでしたね。

畑は山手と沢に40haくらいあったと思うんですけど、そこを全部囲って、ヘレフォードという肉牛もオーストラリアから入れて放していました。やがては豚も入れてやるようになるんですけど。なんと言うか、酪農だけじゃなくて肉牛も豚も、鶏は入れなかったけど、家畜を総合的に飼うというスタイルがあの当時、まだデンマークの主流だったと思いますね。

干場 畑もやってたんですか。

西川 トウモロコシはやってました。トウモロコシと牧草と。そんなもんかな。あまり大々的にはやってなかったですね。トウモロコシは、面積的には2、3haくらい。石がごろごろした所なんだけど、平たんであれば、その石を取り除くのではなくて、そこへそのままトウモロコシをまいて、石灰を入れる。石灰がまたね、すごいんですよ。すごい量を入れてましたね。何しろ普通の入れ方の2倍、いや3倍近く入れたんじゃないかと思います。それも土壌をデンマークに送って検査して、酸度矯正するにはどれくらいの量が必要だというデータが届いて、その通りに農協から石灰を受け取って、それをわれわれが畑までかついで行ってまいた記憶があります。町村敬貴さんもアメリカから帰ってきて、対雁(江別市)の土壌改良するにはやっぱり石灰まいて、土壌改良しなきゃダメだということで、貨車ごと江別で石灰とったっていう話をよく聞きましたけど。フェンガーさんもそれと似たような形で石灰をたくさんまいていました。日本の土壌は酸性が強く、土壌改良をしないと良い牧草が育たないし、良い草がつくれないと牛も良くならない、ということでした。黒澤酉蔵先生も「循環農業」の中で言ってましたけど、そういったことを実践して見せて、乳も搾って、というやり方でした。乳もレッドデーニッシュの場合、脂肪率が大体4.3%から4.5%くらいかな。ブラウンスイスとやや似たような高い脂肪率でしたね。

干場 当時は「有畜農業」に徹していたということでしょうか。歴史的には、アメリカから来たホーレス・ケプロンが北海道の状況を見て、「北海道には有畜農業が適している」と提言し、エドウィン・ダンがそれを実行しようとしたわけですね。規模の違いはあったかもしれませんが、その考え方はデンマークも共通していた。宇都宮さんが「デンマークに学べ」という話をアメリカで聞いてきて、それを一所懸命北海道の仲間に説いて、その結果、ラーセンさんやフェンガーさんが来て、西蔵も感化された。そういう流れだったように思うんです。西蔵の「三愛の精神」とそれに基づく「健土健民」も、デンマークから学んだことなのでしょうね。

1番儲かるところを乳業メーカーに取られた

西川 僕の見解というか、個人の見解かもしれないけど、黒澤先生や宇都宮さんたちは酪農を定着させたというか広めたという点では素晴らしいと思っていますけど、デンマークに学ぶという点においては、やっぱりまだまだ足りなかったと思うんです。酪農という点、牛乳を搾るという点では。デンマークでは搾った上に加工しているんですよね。組合というか生産者そのものが。チーズにしろ、バターにしろ、ホエーにしろ。そういうものを循環させて全部利用して、販売している。それが全部農家に還元されているんです。ところが日本の場合は、黒澤先生は素晴らしいところを持ってきたにも関わらず、雪印乳業という工場として生産性を上げて。もちろん農家も株主になっていろいろ買ったとか、持っているっていう話もチラッとは聞きましたけど、最終的にはまた雪印が買い取っちゃうんですね。いわゆる加工の点がデンマークと違うんですが、加工が1番儲かるところなんですよ。だから、例えば新得町の共働学舎では、チーズもつくる、市乳もつくる、搾ったものをそのまま加工して販売するという、そのルートが出来上がっています。そこを日本の場合は明治、森永、雪印が牛耳っちゃったから、そっちはどんどん大企業として日本の乳業メーカーのトップに立って、農家は置き去りにされちゃったんじゃないかって気が僕はするんですよね。

それに競合して協同乳業だとか八ヶ岳乳業とか小さい会社が今いっぱいありますけど、そういう会社はそれなりに採算が合うような形で儲けが出るけども、農家はなかなか厳しかったですね。僕らが酪農学園で学んだのは、中曽根先生がよく言ってた「4、5頭いれば生活できるよ」ってことでした。僕は「4、5頭いれば大丈夫なら10頭いれば“絶対”大丈夫」と思って、初めから10頭入れたんですけど、食べていくのが精いっぱいで、儲けになるまでには、なかなかつながらなかったですね。

今になってようやくチーズができたりヨーグルトができたり、市販の牛乳ができたり、よく6次産業とか言うけども、生産から加工、販売までを農家の人たちがやり始めるようになって、やっと今農家の人たちもやりがいというか、生産者が消費者の顔が見える距離で農業をやれるようになったと思うんです。デンマークでは、それを100年近く前からやっていたんですね。日本では、その「加工して販売するところまで」を切り離しちゃったという感じです。確かに農家には農協という組合があったから支えられましたけど、やっぱり1番儲かるはずの加工のところが業者に持っていかれちゃったのが、僕は残念というか、デンマークとはちょっと違うところじゃないかって思います。

今ようやくそれが少しずつかみ合うように

なって、北海道でもチーズ工房が100カ所を超えているっていう話をよく聞きます。大農場でなくても、例えば宮嶋さん（共働学舎、新得町）は上手にやっていますね。私、宮嶋さんの所には何回か伺ってお話を聞いたりしましたけど。確か僕が行った頃はブラウンスイスの親牛が40頭でしたね。宮嶋さんが言うには、「それで搾乳して、牛乳を出荷してたら１軒の農家の家族、恐らく５人、あるいは多くて６、７人の家族を養えるだろう。だけど今うちは、スタッフから子どもたちから、大体100人くらいいるんだよ。その人たちを食べさせるだけの収入がないと、この共働学舎はやっていけない」って。それが「その牛乳を加工して販売すればよい。生乳1kgのプール乳価は、あの頃72円とか75円くらいだったけども、その生乳1kgが６倍にも10倍にもなる。そうしなければやっていけないんだ」と言うんです。

「チーズをつくることによって、あるいはヨーグルト、ソフトクリームをつくることによって、生乳は何倍にもなる」ということをお話くださったのですが、だからその１番儲けるところを工場に持っていかれてしまっては、農家としての儲けがなくなってしまうわけです。ここはもっともっといろいろな人たちが力を合わせてというか、研究して、デンマークから学んでこなきゃならないんだろうなあと思います。

瀬棚町に、「チーズの近藤（恭敬）さん」と呼ばれた人がいたんですけど、その近藤さんはデンマークで５年間、チーズの勉強をされていたんです。戻って来られてから、自分で搾った生乳を加工して、素晴らしいものをつくられました（1982〈昭和57〉年販売開始）。早く（2013〈平成25〉年）に亡くなったんで残念でしたけど、そういう先駆けを近藤さんがつくってくれたおかげで、十勝の半田ファームさんとかいろいろな人たちがやり始めて、まだ30年か40年くらいですけども、それから酪農に活気が出てきたんじゃないかなと僕は思うんです。

現在、私のところは息子が継いでいますが、息子がやってる「ワタミの有機酪農」の生乳でプリン、チーズ、バターをつくったりしています。酪農部門そのものでは45頭しか搾ってないですし、しかも１頭当たりの生産が5,000～5,500kgです。他の人たちは１万kgを超えて１万2,000kgとか、当たり前にミルキングパーラで搾っている人たちもいますが、5,000～5,500kgしか搾らなくても、チーズなどで１億円くらい売り上げを上げてるんですよ。そっちの方が儲かるんです。つまり、息子のところでは、だいぶ前から牛乳を1kg当たり150円で買い取ってもらっています。

その前は、町がアイスクリームなどの乳製品をつくっていた時期があるんですけど、町は120円で買い取ってくれたんですね。ホクレンが75円で買い取るのを町が120円で買い取ると言ったもので、有機農業の牛乳を搾ろうということでみんなに広めたんですけど、そのときは100kgくらいしか買い取ってくれなかったんです。残った400kgとか500kgは75円にしかならなかった。で、息子はだんだんだんだんジリ貧になっていって、経営が行き詰っちゃうんですね。

そんなときに、企業のワタミが入ってきて、ある程度資本投資をしてくれて、しかも150円で生乳を買うからと言ってくれたんです。おかげで経営が回るようになって、牛の管理にも力が入るし、全部１つの瀬棚農場の部門でやってますから、チーズ、ソフトクリームの原料やらプリンなんかは、１億円を超えるくらいの販売になっています。経営が非常に順調に進んでいるんです。今は企業が投資していますけど、本当は個人がそういう形でやれるようなスタイルができれば、農家はかなり安泰になると思います。

自分の生き方として農業を選ぶ

干場　今のお話を聞いていると、僕はデンマーク人と日本人の違いを感じます。デンマークでは農家さん１人１人が精神的に自立していると思います。自立している人たちが自分たちを守るために組合をつくっています。日本でも組合はつくっているんですけど、１人１人が自立していないから問題なのでしょう。日本社会全体にも言えることで、１人１人は烏合の衆になりがち。デンマークは１人１人がはっきり自分の意見を言い、その上で一緒に組んでやろうとする。ヨーロッパ、北欧全体に言えることなのかもしれません。自立しないで協同だけすると、誰のための協同組合か分からなくなってしまいますね。組合のために農家さんが働かされているという、全く逆の状況になりがちですね。

西川　ヨーロッパの置かれた社会の変化と、日本のいわゆる、幕府から無血開城して明治に入って、富国強兵があって、いろいろなことがあったけども、自分たちで勝ち取ったのではないんですよね。農家にとっては特にね、与えられてきたものを甘受してきたというか、非常に恵まれていた部分もあると思う。いわゆる苦労したという、宇都宮さんや黒澤先生や、いろいろな方々がみんな苦労されてきたのですが、しかし、農家個々が自分たちで組合を勝ち取った、というものじゃないんですよね。自分たちの理想があって、こういう形をつくって、協同組合はこうあるべきだって苦労されて、国とか道とかいろいろなところと折衝してきたのでしょうが、それが今の農家の人たちにとっては逆に縛り付けるだけで、あまり自分たちには恩恵がないと。自分たちで勝ち取ったものじゃないから、自分たちでこれを支えていこうっていう力が弱まっているような気がするんです。

デンマークはドイツと戦争したりなんかして、自分たちの持ち物が何もなくて、資源もなくて、山もなくて、そういう中で三愛精神とか、国民高等学校などができてきた。そういう位置付けの中で、自分たちで考えて自分たちの力でしっかり動かしていく、自分たちの食料をつくってきた、という歴史があります。今から150年、200年前のデンマークやイギリスもそうだったと思うんだけど、産業革命があった時代は、食うや食わずで、疫病もいっぱい発生したり、ものすごい苦労をして自分たちの生き方を決めてきた部分があるんですよね。日本はそういうところが欠けていたんじゃないか、そういう点では今やっと目が覚めてきたかな。自分たちの考え方を少しでも言えるような若い人たちが出てきてますね。昔は、農業やる者は学問なんかいらない、みたいな時代がずっとあった。それが今になってようやく目覚めて、酪農学園大学などで勉強して、という形になりつつある気がします。

ただ、あまり急激にアメリカナイズされて大規模化されていくことについては、僕はちょっと抵抗があります。やっぱり家族経営の良さというか、生活をまず第１にしていく、自分たちの幸せを第１に、そこで働く人たちや農村といわれる地域の人たちが幸せになることがまず第１であろうと思います。そのことを度外視して、農家自身が企業化しつつあるんじゃないかっていうのが心配ですね。だから、さっき言ったことに矛盾があるかもしれないけれど、雪印、明治や森永のような企業が勝ち取ったものを、今一般農家もマネして大規模化したり、儲け主義に走っていくと、どこかで行き詰まるし、そういう農村は自ら崩壊していくと思います。だからそうならないようにするためには、僕も以前冊子（「北海道の開拓を夢見た若者の記録」、2010年）に書きましたけど、大きい農家が１戸あるよりも、10戸あった方がいいし、10戸よりも100戸ある方がいいと思うんです。そういう農家の住んでいるコミュニティーを大事にしていくような、そこに住んでいる子どもたちも故郷を大事にしていくようなものを目指していかないと。最近よく「限界集落」という言葉が使われていますが、集落そのものが崩壊してしまいます。

干場　今、クラスターなどの補助金があるので、それに乗っかって「最小規模でも500頭」のような動きになりつつありますが、その辺についてはどのように思っていますか。

西川　今はもう現役から離れちゃったから、国が補助でどういうことをやっているかよく分からないけども、あまり早急に大型化が進みつつあるのは、僕は危険というか、「そういう方向に農業がこれから進んで行っていいのか」という疑問を感じますね。搾乳ロボットもそうですけども、国が半額補助したりね、そういうことをやっているうちは、まだ農家の姿が本物でないなっていう気がするんですよ。しかも半額補助があるために、それに乗って値段が安くならない。デンマーク、ノルウェーやオランダとかでは、日本で今2,500万円くらいの搾乳ロボットでも、向こうでは半額以下ですもんね。そういう値段で日本にもいい技術が入ってくれば、小さな農家でも、余裕を持って農業ができると思います。

だからといって、補助金がいらないっていうわけではないんだけれども。われわれもその補助金に踊らされてトラクタ買ったとか、サイロ建てたとか、いろいろなものをつくらせてもらったけれど、そのために儲かったのは建設業者と機械のディーラーだけじゃないかって思いますね。農家は、半額だからっていっても、何千万円という借金になるわけですよ。サイロ１本建てて2,000万円くらいのものが1,000万円は自己負担、借金になるわけで。そういう新しいものが次々と出きてきて、大型化していくんだけど、そのスピードをあまり早めるんじゃなくて、農家自身がよく考えながら、自分の経営規模と面積に合った、自給自足型の農業というのをもう少し考えていく必要があるんじゃないかなと思います。

餌はコントラクターでやって、育成は預託でって分業化していくと効率がいいとか、経済的にも大型化した方が小さい農家が何軒もあるより効率がいいよって言われるかもしれないけど、僕はそこがちょっと引っ掛かるんですね。個々の農家の人たちの生き方がもっと最優先されるべきだし、自分たちの経営の在り方が次の後継者、自分の子どもでなくても、若い人たちが喜んでやれるような、生き生きとした自分の生き方をしっかり持った人たちが後を継いでいくようになってほしいですね。そろばん勘定だけじゃなくて、本当にそれが循環型になっていくし、若い人たちも楽しく農業をやっていってほしい。自分は歯車の１つじゃなくて、自分の生き方として農業を選ぶということがこれから必要かなという気がしますけどね。

干場　今、北海道酪農のことを含めてお話しいただきましたが、改めて「西川さんの酪農の哲学は何か」と問われるとどのように答えられますか。

西川　自分がやってたときはやっぱり生活することで精いっぱいだったので、経済を度外視するなんてできない状況でした。経済第一主義みたいにやってきたきらいがあるんだけど、だけどそれが良かったかというと、今になって考えれば反省点ですね。自分としては最大限頑張ったつもりではあるけども、もっとこう自分の夢を追って、自分のやりたいことというか、酪農を通して地域の活性化を図りたかったですね。でもある意味では三愛塾だとか、現在は三愛センターっていうのがあるのですが、そういうものを中心にしてみんなで集まって議論し合いながら、生み出されてきたのがヘルパー制度だったと思います。僕らの地域では非常に早く定着したんです。

そういう中で、河村（正人）さんは瀬棚フォルケホイスコーレというデンマーク式の学校をつくったり、今は村上（健吾）さんという人がチーズ工房やパン工房を始めて、アイスクリームも始めています。今、瀬棚では、そういうのが何人かいて、つながりを持ちながら、助け合いながら始めています。やっぱり自分の農業に対するそのビジョンというか、夢というか、こういう形で生産から加工、販売までやっていくんだというね、そういうものを１つの目標として持っていたいですね。

僕の場合は、家族経営が基本になっているということが大事かなと思うんです。やっぱり自分たちの土地を大事にしながら、還元しながら、回転させながら、収入を上げていくというか、生活を成り立たせるための農業であって、家族のための農業だということが基本にあるんです。

干場　企業的に何か商売をやって儲ける、というところから始まるのではなくて、家族の生活というところから始まって、それがつながっていって地域が豊かになる。お金の面だけでなく、生活的にもコミュニケーション的にも豊かになるというのが１番好ましいし、望ましい、ということですね。それなのに大体は経済の話、商売の話が先で、全部壊されてしまっていると思います。そこに補助金が付いちゃって、かき回されますよね。全部ヒモ付きにされてしまう。自ら考えることをやめてしまう。いや、やめるよう仕向けられたのかな。そういう気が本当にするんです。ものを考えない農家を増やそうとしたのではないかと思ってしまいますね。

西川　そこはさっきの話に戻るけど、デンマークとの違いなんですよね。デンマークは自分で考えて自分で勝ち取っていく部分があって、それで勝ち取ったもので団結していくんだけど、日本人は何か与えられたものがあって、あるいは周りを見ながらそれをまねてるのですね。

水田は特にそういう点では、毎年決まった面積を、毎年同じようにやるわけですから、特別増えていくわけでもないし、反10俵のものが20俵も取れるっていうことはない。牛の場合は毎年子どもが産まれて増えていくわけだから、増やそうと思えば翌年は倍になる、そのまた翌年はそのまた倍になるという自然現象があるんですね。それをコントロールしながら、伸び縮みを自分で考えるという点で酪農の場合は面白さがありますね。

でも、農協も「毎年安定してこれだけの牛乳が出ればいいよ」みたいなところもあるし、政府も補助金出して、国の言う方向に仕向けていくというか、そういう部分が日本には多分にあって、農家の人たちが考えている部分があまりにも少なかったのでしょうね。今やっと気が付いて、さっきも言ったけれども、チーズやアイスクリームやいろんな加工品を農家自身が手掛けるようになってきつつある。まだまだ足りないと思いますけども、そういう部分が農家として育っていってほしいし、若い人たちが次の世代を継ぐときにそういう考え方、決してその大きくて儲かればいいんじゃなくて、自分が目指すものは何かっていうのをしっかり持って農業を始めてほしいなって思いますよね。

それと、最後にもう１つ、デンマークの経営継承の仕方についてですが、日本とは異なっていて、親から子に継承する場合でも有償で行われることになっています。わが国では、親から子に譲った場合にはお金の授受はないですし、制度資金も出ません。今後は、親子がお互いに独立した形で引き継ぎができるようにするべきだと思うので、デンマークの経営継承の方法についても大いに学んでほしいです。また、デンマークで農業者になるためには、座学と実学（実習）を約４年間行って資格を取らなくてはなりません。この農業者の教育制度も参考にしたいものですね。

干場　今日は、貴重なお話を聞かせていただき、ありがとうございました。

【インタビュー】酪農が持つ多様性と価値

“完全栄養食品” を生産するのが酪農
そして、過程を消費者に発信することが大切

広瀬　文彦さん
リバティヒル広瀬牧場代表

聞き手　干場　信司

広瀬　文彦さん（ひろせ　ふみひこ）

1952（昭和27）年、帯広市生まれ。リバティヒル広瀬牧場代表。酪農教育ファーム北海道推進委員会委員長。北海道の開拓から数えて4代目の酪農家。「後継ぎ」という葛藤から抜け出し、自身のスタイルを確立する。1991（平成3）年に酪農見学施設を、1999（平成11）年にジェラートなどの乳加工品を販売する「ウエモンズハート」を牧場内にオープン。酪農教育ファーム「十勝農楽校」も運営し、酪農体験学習学校を通じて生産者から消費者への情報発信に取り組んでいる

北海道の寒地に必須だった有畜農業

干場　今日は広瀬さんのやってこられた酪農と、その考え方について聞かせて頂きたいと思います。まず、これまで北海道の酪農は、明治以降に発展してきたと思うのですが、その発展を支えた考え方、「酪農哲学」とも言えるかもしれませんが、広瀬さんはどのようなものだったとお考えでしょうか。

広瀬　自分の中に哲学はないので（笑）、哲学という側面で考えるより、黒澤酉蔵さんの自伝などからも、なぜ北海道に酪農が根付いてきたか、という面から考えた方が良いと思います。これは開拓使の農業政策の問題ですよね。とにかく十勝にも水田がたくさんありましたけど、まずは「米、米、米」。米をどこでつくれるかにこだわって、結局、北海道の気候に合わない農業のテストばかり繰り返す、そういう時代が長く続いていましたよね。

そういう中で、黒澤酉蔵さんたちの「やっぱり寒い所では酪農が大事だろう」という考え方を、北海道も認めるようになったと本にも書いてあったし、なるほどそうだよなと。

俺の家も北海道に1918（大正7）年に来て、今年で100年目。恐らくこちらに来ることになった曲折は、どこにでもあったように、向こうで食い詰めたということなんだけど、その息子である俺のじいさんが最初に十勝に入ったんです。14、15歳くらいで入って、20歳になるかならないかで一人前にされて、21歳で結婚。中札内村で小作として十数年農業をやり、何とか自作農にまでなって、親や家族を呼び寄せて住宅も全部建てて、いっぱしの農家になった。けれど、それでもそこの農業に飽き足らなくて、結局今の所まで小作として入ってきた。その話はじいさんからよく聞い

ていたのですが、ともかく上札内、中札内村と、今の帯広の気象条件を比べたら春は半月遅く、まだ霜が降りる可能性がある。秋は半月早く霜が降りる。それだけ帯広は気候がいい。そこで自作農になっているのに、とにかくしょっちゅう十勝中を自転車で走り回って土地を探していた。やはり気候がいかに農業にとって大事なのか、じいさんがそこまでして30代半ばで自作農になれたことに安住せず、気候のいい所にとにかく行きたいと、そういうことで来たのが1938（昭和13）年。運のいいことに、10年後に農地解放がありますよね。そこで良いも悪いも自分の土地になっちゃって、今のところに根付くことができたんです。

おやじは戦後、東京から帰ってきて家の手伝いはしていたんだけど、まだそのときは小作の時代で、そして20、21歳の頃いよいよ自作農になった。ただ、戦時中に農地が疲弊して作物が全然取れないようになってしまい、道が有畜農業、要するに有機肥料を手っ取り早くつくるためには家畜を飼えと指示してきた。そんなこともあって、おやじは牛を飼うことになったが、じいさんは「１頭の牛から出る牛乳で、毎日出荷してみたって経営の足しにならん。いい若いもんが毎日毎日、朝は乳搾って、牛の作業が終わらなければ畑もやれない。その後に畑をやるのかと思ったら、牛乳の出荷に出掛けていない。そんなものやめちまえ！」と。じいさんとおやじの大ゲンカになるわけですよ。そこでおやじは「そんなこと言うなら、俺は牛を連れて出ていく」みたいなね。自分のアイデンティティーというか、自分を失ってはならないという危機感がおやじにはあったらしい。その辺はよく分からないけど。とにかくおやじは意地張っちゃったわけ（笑）。それから農協と交渉して、近くまで集荷に来てもらうとかね。そういうこともメーカーと話し合ったりしてました。

最初は奥の方からずーっと運んで、38号線まで持っていく。そこに西帯広の小中学校があったんです、おやじの弟たちが通っている。自転車の縁に輸送缶２つぶら下げて。もう亡くなっちゃったけども、1937（昭和12）年生まれの叔父が「一度、道が悪くてよ、ひっくり返して牛乳全部こぼしちゃったんだよなあ。もう兄貴にどう怒られるかと思いながら帰ったら、仕方ないな、と言われただけだった」と話してくれたこともあります。そうやって家族みんなが協力して、牛を飼い始めたんですね。

だから、最初のテーマにつながるかどうか分からないけど、やはり北海道に、まず農民として生きていく上で、酪農って必須だったんじゃなかったのかな。当時もね、そりゃ多分、遺伝的な改良も品種改良もいろいろされたんでしょうけど、それでも気象条件になかなか合わない、いい作物ができない。今みたいに大規模でやれるわけでもないですから。僕らが小さい頃に近くで水田農家やってた人なんか、玄関に引き戸がないような家がありましたからね。入口にむしろが垂れ下がっているような家が何軒も。

干場　あの当時は十勝でもお米がつくられていたんですね。

広瀬　そう。だからうちらの地区なんか、お米の一大産地でしたよ。ただ、まずい米しか取れない（笑）。うちの辺りはちょうど高台なんで水田はなかったけど。それでも火山灰地で、最初に開墾した何年かは良かったんですけど、だんだん取れなくなっちゃって。酸性土壌だったから。そういう中で堆肥の要請はすごくあって、おやじはおやじなりに有畜農業の必要性を認識していたんだろうと思います。

片や気候を求めて帯広へ来たし、片や地元・北海道に合っている農業は何なんだと。多分、酪農御三家たる人たちは、それがよく分かってて「北海道に絶対、酪農を広めよう」と考えたのだろうと思います。資料を読む限り、明治時代にそう牛乳の消費は望めませんよね。

いくら牛乳がいいものだ、とか言われる時代になっていたと言っても。

干場　当時は高級品ですよね。

広瀬　そうそう。十勝地方でも大正時代辺りから、酪農家がぽつぽつ点在し始めて、僕らが後を継いだ頃、昭和40年代半ばくらいには、まだまだ帯広市内にたくさんの酪農家がいました。十勝での酪農がどんなふうに始まったのか経緯は分からないけど、でもやはり全道的なうねりの中にあった「酪農は寒地農業に向いている」という認識のある人たちから、酪農哲学が入ってきたのではないかなと思います。

「自分とおやじは違う」という意地

干場　米づくりを続けるよりは、家畜を飼って経営した方が安定するだろうという、お父さんの考えがあったということでしょうか。

広瀬　子どもの頃、おやじに聞いたんですよ。こんな大変な仕事、何で始めたんだって。俺はいい迷惑だ（笑）って。そしたらおやじが「俺は東京に行ってたけれど、食べ物がなかったんだ。子どもたちに牛乳の一滴でも飲ませてあげられりゃいいなと思って」と言うんですよ。だから自分が子どもの頃は「格好いいこと言うなよ。牛なんてこんなに大変なこと、よくやったな」って、いつもおやじに食って掛かってばかりで（笑）。

もちろん有畜農業が有効だろうという考えは心の底にあったんだろうけど。子どもの頃から、たった１頭の牛の牛乳を出荷したときから「まずは家族みんなで腹いっぱい牛乳を飲もうか」と、それがうちのおやじの考え。だからね、当時だったら１日に十数kgしか出ない、10升も出れば大したもんだったのに、そのうち１升や２升は飲んじゃう、という格好で始めたんだと思いますよ。だからね、おやじ笑いますよ。その頃、じいさんも当てにしていなかったから、乳代がみんな俺のものになってたって（笑）。ま、大した金じゃないけどね。

じいさんのやり方ではなく、おやじ自身の農業をやりたかったのと、それからみんな、牛乳を飲んでみたいとかね。俺もそうなんだけど、おやじも「自分とおやじは違う」という意地を張って、飼ったのではないかと。

干場　そこはつながっていたんですね（笑）。ところで宇右衛門（うえもん）さんというのはおじいさんの名前ですか。

広瀬　いいえ。おやじのじいさんのそのまた父親が最後の宇右衛門。1911（明治44）年に亡くなったんだかな。だから江戸時代生まれ。その先代の宇右衛門というのは、明治二十何年かに亡くなっている。まあ明治になってからね、そういう名前を継ぐことになったんでしょう。意地っ張りの家系なんです。

干場　いや、とても大事なことです。

広瀬　自分で「こう」と選んだことがけん引力になりますよね。押し付けられた、なんて思ったら決してできません。「俺が選んだんだ」と思えばね。「クソったれ、負けてたまるか」と。逆に奮発力がでます。

干場　そこから酪農の面白さが広がる気もするんです。その多様性も、ここから出てきているような気がします。

広瀬　まさにそう、そこで多様になるかならないか。若い頃は「何でこんなことやったんだ」と言ってましたが、まあ継ごうと。そこで、おやじと同じことをするのは嫌なんです。では、どう思ったかというと、おやじと違う酪農を、それが目標ですよ。それは何なんだ、と聞かれてもないですよ。食っていけるようになったら、俺は違うことをやるぞ、と。ただもうがむしゃらな20代。そして、30歳過ぎぐらいまで「おやじと違う酪農を」と、それしかなかったですよ。すごく意固地だった（笑）。

干場　広瀬さんは今と昔の酪農を比べて、良い点と問題点の両方を見ていると思うのですが、その辺はいかがでしょうか。

広瀬　今は悪いとこだらけだと思いますね（笑）。いいとこなんてないんじゃないか、みたいな。要するに、多様性が表現できない時代になってきている。何かといえば大規模化だし、メガファームだ、搾乳ロボットだ、哺乳ロボットだ、それが酪農家の労働軽減になるんだ、手取りを増やすんだ、と。ある側面から見ればそうだろうけど、卑近な例で言うと、帯広で肉牛農家を大きくやる人が出てきているんだけど、肉牛農家何人かで出資して、搾乳牧場をつくろうと。それをつくってともかくリースみたいにすることをやり始めているらしい。近くに俺の同級生がいて、同級生は今まで家族でやってきたんだけど、息子はそこに入ると。そんなことやってたら、家族経営の酪農家なんかなくなってしまう。そうですよね、結局飲み込まれていって、牛屋の戸数がどんどん減ってしまう。そしてそこのやり方はどうなんだというと、繁殖管理は全部肉牛屋がやる、ただ搾った牛乳は搾った人のものでいいだろう、生まれた子牛はちゃんと管理する。そのウエイトが大きくて。詳しくは聞いてないけど、今まで持ってた飼料もそこに集約して、一緒に収穫したりすることになるんだろうけど、それでは結局そこの労働者にしかなっていかないわけですよね。そうやって考えてみたら今、全国で１万6,000戸ほどいる酪農家が戸数としてはすごく減っちゃいますよね、単位として考えると。それと地域に散らばっている酪農家が歯抜け状態になっていきますよね。それで地域が成り立っていくのか。

それからもう１つは、十勝で大規模酪農経営をやっている同級生と何回か話してて「いやもう、うちの息子なんかは後を継げないさ」と言う。何でかというと、トータルで理解できてないと。搾乳なら搾乳、哺乳なら哺乳だとか。今までの酪農家は牛を生ませて育てて、大事にして搾って管理をして…トータルで初めて成り立つ仕事だと考えてきた。だけど、息子はパーツしか分からない。それでは本当の酪農家は育たないですよ。結局は企業化して、お金がある人は、マネジャーみたいな人を雇って社長をやらせて、あとはみんな労働者です。こんなことが永遠に続くはずはないですよ。

干場　地域がもたない。

広瀬　そう。まず地域が崩壊してしまう。

干場　家族経営の崩壊が、地域を崩壊させるということですね。

広瀬：翻って言えば、今は子牛が高いとか、はらみ（妊娠牛）も高いだとかね。いろいろな要素があるけど、やはり今までの、例えば家族で６、７頭搾っていればやっていけるような乳価にする方向に持っていきたいわけです。「中山間地域等直接支払制度」では補助金もらって酪農やったり、飼料畑を作ったりすれば、そういう所の方が、頭数少なくても成り立っています。

フランスのドゴール空港とか降りれば周囲は畑です。東京だと、どこまでがどこの町か、平らな所は全部工場や家。そんなに農地（にできる所）を無駄遣いしていいのかと、最近はそういうことに興味を持って新聞を読みます。昔はドーナツ化と言いましたよね。町がどんどん広がって農地をつぶしていく。今度はスポンジ化って言うんです。どういうことかというと、うちらの地域もそうなんだけど、ひと頃どんどんニュータウンになって、地域の学校が全部の子どもを収容し切れないから、２つに分けたり３つに分けたり、１つの校区に小学校が４つもあった。それが30、40年たってどうなったかというと、１クラス成り立たないくらいに子どもがいなくなってしまっている。それでいてまた新しく、清流の里とかつくって、大店立地法とかいう法律がつくられて、農地がどんどん消えてしまう。何で農地をそんなに無駄遣いするんだと。人口減少とか言ってるけど、いい加減にせえ、と思うんですよ。

そういうことを全体として考えてみると、やはり、少なくとも家族経営がやっていけるような農業政策をこれから進めるべき。大規模経営もやりたい人はやっていいんですけど、大規模化にどんどん向かっていかなければならないということ自体が、非常にね、変な状況だと思います。

それからよく思うのは、安倍首相が「攻めの農政」などと言って、6次化だとか、日本の農産物は安全・安心なんだから輸出にどんどん力を入れて、1兆円産業だとか何とか言ってますよね。何を言ってるんだと思いますね。自給率がこんだけ低いのに、何でよそに売ろうとするんですかね。本当に日本の国民のことを考えているのか、そんなふうに思ったり。やはりもう少し家族経営が成り立つような政策をしてほしい。それから土地の無駄遣い政策をやめてほしいですね。安倍首相は「日本国民の生命と財産を守る」って言ってるけど、最も大事な農業を守っていない、何を言っているのか。いつもそれは感じるんです。話がそれちゃったんだけど（笑）。

安全・安心な食料を残していくために

干場　将来の北海道酪農は、地域によって随分違うとは思いますが、どうあるべきだと思われますか。

広瀬　今、牛乳・乳製品の自給率は66、67%くらいですよね。韓国に行ったら「牛乳は自給率100%」って言う。それは飲用牛乳だけで、他の乳製品は全て輸入している。そういう国はそれでいいんだろうけど、日本はせっかく自給率67%なんだから、それを絶対に守るべきで。ここから落としてしまえば絶対に戻りませんよ。いつも思うのは、もちろん地球上の国同士がいろいろな形で経済的につながっているわけだから、日本だけトランプ（大統領）流に言う「アメリカファースト」なんてね、そういうことにはならないと思うのだけれども。日本は工業立国でもあるわけですが、食料は自給しなければならない。デンマークで思ったのは、北海道の半分くらいの面積、500万人くらいの人口で、一国を成しているわけですよね。必要な産業と必要でない産業をちゃんと分けています。車はすごく高いとか、燃料はめちゃくちゃ高いとか。それでも買いたい人は買えばいい。使いたい人は使えばいい。そうやって切り分けて考えると、少なくとも食料だけは自給した方がいいんじゃないか。そりゃ100%は無理だろうけど、今ある酪農は60、70%（の自給率）は絶対に守ろうと。例えば米なら100%にしようとか、麦なら50%にしようだとかね。そういう部門別の自給率目標をある程度定めて、そこから逸脱しそうになったら何かセーフティーガードなどを発動するなど、策を講じるだとか。そういうことを考えないと、もうバラバラな政策だから、さっき言った宅地税制とか大店立地法とか考えたら、農地を平気でつぶしていきますよね。

ホクレンの催事場とか、ヨーカドーだとかイオングループだとか、ショッピングモールはみんな、地方にありますよ、田んぼの中に。誰のためにあるんですかね。要するに大企業のためにある法律であり、一部の地域では地元の人の利便性の上に成り立っているんだろうけど、果たしてそこまで必要なのかと、農地をつぶしてまでも。誤解されては困るけど、もっと農業を温かく守るような政策が必要でしょう。多分、補助金漬けにしてしまうと誰も稼がなくなるから、厳しさも求められますが。何かみんなで知恵を集めて、農業を守っていくという、そういう方向性が必要なのではないかといつも思っています。

だからそのことに関連して今、自分がやっている教育ファームの意義は何かというと、要するにわれわれは少数民族です、言ってみれば。だけど、95%の消費者たちは安全・安心に興味を持っています。関心があるんです。自分たちが買っている物に。そこでそれをオープンにして見せて、われわれも彼らのニーズを知り、彼らも日本の農業は大事なんだと知り、互いの声を集約し大きくして行かなければならないですよね。一部の農家だけがワーワー言ったって、消費者からは「経営が悪いくせに何だ」とか「補償せいとは何ごとだ」と言われてしまう。そういうスタンスでものを考えるのではなくて、日本は食料自給が大事なんだと、地球から俯瞰（ふかん）して考えていくと、これから何百年先、子どもたち子孫にね、安全・安心な食料を残すのにどうしたらいいのか、ということをいつも考えなければいけないということです。

干場　教育ファームを随分昔からやってこられた目的は、そのような農業の大切さを、消費者に実際に来てもらって、見てもらって、理解してもらうためですね。

広瀬　まさにそうなんです。きっかけは、いろいろなものがふんだんにスーパーなどのショーケースに並んでいる。何でも買える時代になってきましたよね、昭和40、50年代。そういう中で消費者が求めてきたのは何かというと、価格なんです。安い方がいい。その中で、われわれ生産者が仲卸に求められたのは品種改良です。その品種改良って何か。今考えれば、流通のための品種改良です。ニンジンなんか、みんな同じ決まったサイズ、ダイコンも。あんなの誰も求めてないです、消費者は。ただ、洗ってきれいに入っているからおいしそうに見える。本で読んだことだけど、品種改良されてきて、それが人間にとってどうだったのかというと、栄養価が落ちている。ダイコンについても辛いとか苦いとかがなくて、何でも甘くて口触りのいいものばかり求めている。本来、野菜や作物が持っている栄養とかを全部壊して、嗜好性に走って、要するに消費者受けすることばかり求めているような品種改良だったように思います。だから、そういうことに疑問を感じている人もたくさん出てきているはずですよ。

そこで牛乳の話に戻るのだけど、牛乳も１円でも５円でも安い方がいいと。それは輸入品でも何でも安ければいいということでしょ。それが昭和40、50年代の考え方だったんです。いつも言う話ですが「コーヒー牛乳って牛にコーヒー飲ませれば出るんですか」とか「乳牛は年頃になっておっぱい大きくなれば乳が出るんでしょ」と言うお母さんがいたり、アホンダラってもんだよね（笑）。そんな簡単な話じゃないだろう。それこそ、土づくり、餌づくりから始まって、どれだけの時間と労力を掛けて１本、１リットルの牛乳になっていると思うのかと。そんな一朝一夕な、高い、安い、という問題じゃないよ。全ての食料について言えることです。

やっぱりそういう手間暇を考えたときに、消費者は手間暇掛けず手に入れることができるのだから、その分の対価を農家に与えてね、そしてまた再生産できるようにする。そういう価格になっていかないと、絶対に農業はなくなってしまいますよ。安い安い、甘い甘いばっかり言ってちゃ。そこで安倍首相が「甘くて形がそろっているのが、日本の農家が評価されているところだ」なんてね、これまた「アホかいな」ってなもんで（笑）。何を言っとんじゃ（笑）。

干場　聞くに堪えないですよね（笑）。

農業の大切さを伝えられるのは生産者だけ

広瀬　まったく。昔読んだ「地球白書」、ワールドウォッチ研究所のレスター・ブラウンという人が書いてる本で、しばらく続けて読んでいたんだけど、その中で「宇宙船地球号」という表現がある。前にも講演で何度か話したことがあるんだけど、あれを読んだときには、目からうろこでしたよ。一蓮托生なんだな、と。われわれは地球から出ていくわけにはいかないのだから。どうにかしてみんなで助け合うことが大切。安倍首相が言う「国民の生命と財産を守る」のは各国の政府がやることで、そのためには、やっぱり農業に大きなウエイトを置かなければ。

だけどこれは、今まで読んできたものによると、ヨーロッパ、イギリスは産業革命があって、ともかく都市生活者、労働者が集まって、遠くにたくさん植民地をつくって、そこから自分たちの食料を持ってくる、あるいは植民地に自分たちの分をつくってもらうという、今の自由経済みたいなことをやっていて、国内の食料生産をどんどん減らしてきましたよね。その後、ヨーロッパは戦場になったりして、食料の自給が落ちていっちゃった。特にイギリスなんかは、そのように産業革命後は自給率が落ちて落ちて、第１次世界大戦、第２次世界大戦と相次いで食料に窮するわけですよね。それはアメリカが助けていたから、もっていたようなもんです。その反省からヨーロッパでは自給率を上げているわけでしょ。そういう前例がありながら、日本だけが他国の公正と信義に何とかかんとか憲法の前文に書いてあるからか知らんけど、よくそんなことをね、お経のように唱えているなと。何かあったら食料なんか入ってきませんよね。そりゃ戦争したいとは思わないけど、国民を守るというのはどういうことなのかな、と。まあ政治の話をしても仕方ないんだけど。やはり国民１人１人に農業の大切さを伝えられるのは、生産者しかいないんじゃないかな。

干場さんの前で言うのは失礼だけど、学校の先生が言うよりか、僕らが生産現場をオープンにして見てもらって、疑問に答えるというか、何とか応援団をつくることです。だからうちのアイスクリームも、多分そういった応援団がいてくれるから、リピーターがどんどん増えてくれる。そう考えたら、例えば街中でね、アイスクリーム屋を始めたとしても、何とかパティシエだとかすごいプロフェッショナルがたくさんいて、そんな人たちと競争したって勝てっこない。では、われわれには何があるかというと、バックグラウンド（牧場の自然や雰囲気）ですよ。そこを支持してくれているんだろうなと、いつも思うんです。

干場　広瀬さんの店、ウエモンズハートのジェラート販売が、帯広市の真ん中でやっているのと、街から少し離れた今の場所でやるのとでは、全然意味が違いますよね。

広瀬　そう、全く違うと思いますね。ちょうど19年（取材時）になるんですよね、ウエモンズハートができてから。来年は20周年だなと威張っているんですけど（笑）。20年もやっていると、やってる方は年を取ってきて、あっち痛いこっち痛いと。女房も大変みたいだけど（笑）。ただこの過程で、例えば帯広ステーション、駅の所が高架になってリニューアルするときに、中のショッピングモールに出店してくれとか、競馬場や十勝村に店を出してくれと。あるいは、本当に寂れたシャッター街の広小路でも、場所があるから店を出してくれとか、まあ多種多様なオーダーがありました。特に帯広駅辺りだったら、企画会社の方たちが熱心にやって来て、女房と話したときに「いや、うちはつくりたてが命だから」という話をした。つくった後、ガチガチになったものを提供したって、このおいしさは出せないんだからと主張するわけです。そうしたら「分かりました。リニューアルして、機械も全て提供しましょう」とまで言ってくれて「こりゃいいぞ」と、結構心が傾いたんだけど、女房の最終決断は「ダメ」。それはなぜかと言うと、私にはもう２つも３つも店を見る能力はないんだと。ここでやっている意義を伝えられる人が育っていれば、それはそこでやってもいいかもしれない。「あんたが行ってやりなさい」って。「俺は牛の乳を搾らなきゃならない。そんなことできっかよ。それじゃやめよう」と（笑）。そんなことが何度かあった。今思うと、やらなくて良かったと思います。やはり、力がそがれてしまいますよね。ウエモンズハートをつくっただけで、おろそかになったところはありましたから。だから今、息子夫婦が酪農をやってくれているんだけど、女房とずっと言っていたのは「このスタイルは息子たちには継がせたくない」「酪農だけでやっていける経営をやってくれ」「これは『ついで』なんだ」と。もし息子が１人で経営できる酪農をやれれば、嫁がウエモンズハートを継いでくれてもそれはいい。好んでつぶす気はないけれど、邪魔になるならばいつでもつぶしていいと思っている。相手がどう注文してきたって、ダメなものはダメだし、自分の轍（てつ）を踏ませたくないし、やっぱり二股って、やってきてみて、裂けるものなのだと（笑）。抑えるので精いっぱいでしたよ。

干場　ただ、ジェラートを通して、広瀬さんが伝えたいメッセージは直接的ではないけれども、来た方に伝わって、また来てもらって、その良さを伝えるという役割は果たしているように思います。

広瀬　それはあります。だからバックグラウンドがある。そういう場所でやるわけですから。「まず、牧場に来てみて」と。やっぱりそういう雰囲気ですよ。ただ、一番困っていることは、自分が体調を崩しちゃって、環境整備がもうできないんですよ。

干場　息子さんご夫婦は、ご夫婦自身のやり方をこれからつくっていくでしょうね。

広瀬　そう。それでいいと思うの。だから店はわれわれの思いで、簡単に言うと、最初は牧場体験で受け入れて最終的には五感で、と言っても食べるものばかりはなかなか提供できない。牛乳を沸かして飲ませたりはしても、いろいろやってるうちに保健所に目を付けられるぞと。保健所に聞くと「ただでやってる、やってないではなくて、不特定多数の人に飲ませるのがダメなんだ」と。「へーっ」て話でね。そんなこともあり、やっぱり見に来ると「そんなに頑張っているなら、牛乳飲んでみたい。乳製品つくってないの？」という声が聞こえてきて「それなら乳製品つくれば売れるんかいな」と思って。乳製品を売るというのは、観光牧場の分野だと思っていたから。僕はただ、伝えるという牧場の役目しか考えていなかったから。でもそういうオーダー、ニーズってあるんだなと思った。ある年なんか女房と、レークヒル・ファーム（洞爺湖町）だとかいろいろ調べて、１泊２日とか２泊３日とか、物見遊山を兼ねてあちこち行って。

干場　レークヒル・ファームの方が先だったんですね。

広瀬　先です。ちょうどハッピネスデーリィ（池田町）、嶋木さんの所が10年前なんですよ。その後に、レークヒル・ファームの塩野谷さんが何かやりたいという話を聞いて行ってみた。だから、うちらより５年か６年早い。その次くらいがうちらです。砂川市の岩瀬牧場も見に行ったり。ともかく、酪農家がやっているという所を見つけては行って「観光牧場でなくても人が来るのか」と、それには驚きました。「じゃ、うちでもやってみようか」と始めた。やはり、そこで牛に触れて、乳搾りして、牛や乳の温かさを直に感じて。秋口になったら手が冷えているので、牛乳触ると「熱い」と言う子どももいるくらいで。元はお母さんのおっぱいなんだということを伝えられる。牛乳って冷えたものですからね、消費者にとっては。

そしてにおいもあるわけです。餌のにおい、糞尿のにおい、子どもたちにとっては全てが異臭だから、臭いという一点なんですよ。最初は臭いということでわれわれも委縮していたんです。でも、何年も受け入れているうちに、だんだんこっちも居直るようになってきて（笑）。「多分、今日はくせえなあ、雨上がりだし暖かいし」と思っていたら、朝から来る子どもたちが「くせえ、くせえ」と。「くそう、こいつら（笑）。てめえらはクソしないのか」みたいな、心の中では思って。すると先生が「おまえら、そんなこと言ってないで、整列して話を聞け」って。そのとき、俺もムッときてたから「みんなくせえか？」って聞いたら、みんなわっと「くせえ、くせえ」と（笑）。「ところで聞くけどよ、おまえさんたちはウンコしたくなったらどこへ行くの」って聞いたら「トイレ」と。「トイレ行ったら、ちゃんとお尻拭けるか」と聞いたら、「拭けるよ」って。「その後どうする」と聞くと「流す」。「臭くないか」と聞くと「ちょっと臭い」。「ところが牛は、みんなみたいにお利口じゃないから、トイレ行ってくれればいいんだけど、おじさんたちも行ってほしいんだけど、後で見たら分かるように、それこそ歩きながらでもウンコするし、餌食べながらでもジャーっと。だからおじさんたちは、それを処理するのが大事な仕事なんだ」と。「だけどそれは、ただ臭いだけなのか。そうじゃないんだ。有機肥料になって、そして化学肥料を減らす。いろいろなことに貢献できて、大事な肥料なんだよ」という話をしたわけです。

それから子どもたちの中で、どんなにおいがするか聞いたら「ウンコ臭い、ションベン臭い」の他に「酸っぱいにおいがする」とか「いいにおいがする」とか言う子もいるわけ。酸っぱいにおいはサイレージなんだ。そこで「ヨーグルト好きか？」と聞くと、みんな「好き」と。「ヨーグルトは牛乳からできてる。そうだよな、乳酸菌というものが働いて、発酵しておなかにいいんだよな」と言うと、みんな「いい」と言う。「ところでヨーグルトって酸っぱくないか？　このにおいは、こういうトウモロコシの草があって、これも実は乳酸発酵させていて、牛にとっては本当に大事な餌なんだよ」と。「できるものが違うから、みんなにとっては違和感あるだろうけど、牛はこれがすごく好きなんだ。それで初めて、牛はお乳を出してくれるんだよ」と話した。そうこう話しているうちににおいに慣れてくるし、みんな静かになってきた。そしてちょこちょこいろいろな話してから、牧場の中に4列くらいでぞろぞろ入って、先頭で俺が牛はこうだよとか説明する。やっぱり、「くさい、くさい」って言う子はいるんだ。そうすると隣の子が「失礼だ、失礼だ」って（笑）。

なんかそんなの見てたらね、子ども１人１人の背景がね、どういう親なのかとか、そんなことを考えるのが楽しかったんだけど。何を言いたいのかというと、これは必要とは言わないけど、きちっと説明する努力はすべきだし、あって然るべきなんだろうな。牛も自分たちと同じなんだなと分かってもらわないと、農業には生きるすべがない。そんなふうに思って、やっています。

苦しみも抱えることになった６次化

干場　ウエモンズハートを始められたとき、まだ６次産業という言葉はなかったですよね。広瀬さんたちには、今の６次産業というブームをつくろうとしている様子を、どう見ていますか。

広瀬　昔からの構造改善事業と同じですよ。サイロがいい、となればサイロばっかり建てたり。うちらは市街化調整区域で構造改善事業に一度も当たったことはないですよ。例えば、トラクタでも何でも（事業に当たれば）あの頃、半額でした。それでもメーカーに直接交渉したら値引いてくれるから、大体75%くらいで買えるんです。メーカーは値引きしないで補助金の恩恵を受ける。誰のための補助金なんだと。それから「この地域には５年間サイロの補助金だ」と言われ、自分の経営のペースに合わない補助金を受けている人たちがたくさんいる。６次化も同じようにただあおっているだけ。さっきも言ったように、首相が先頭に立って「品質向上を頑張れ」だとか「付加価値を与える自助努力をしろ」とか、政府の逃げ口上として格好付けているだけ。全く無駄なことなんだろうなと。

数年前、中札内の普及センターから連絡があって「６次産業化の話があるから、そういう生産者に６、７人集まってもらって、先輩として何か話していただけますか」と。それで俺は「30分間ではできない」って言ったんだよ。「俺は否定から入るよ。結論のいいとこまでいかずに、やめろみたいなところで話が切れてしまう。それでもいいのか」と。そうしたら呼ばれなかった（笑）。そんなようなもんでね、既に言ったように、股裂きですよ。ともかく畑作と酪農で一年中忙しくて、でも酪農一本に絞ったら、きっと仕事の山はあるけども、谷ね、自由になる時間もできるんじゃないかと。一本にしたかった。ところが、ガット・ウルグアイ・ラウンド合意（自由貿易の拡大）が出てきて「これはもう、農業が守られなくなる時代がくるのかな」と。乳価も据え置かれ、生産調整があったり、あるいは国際競争力の関係で乳価が下がる、とかね。「こりゃ酪農一本にすると、いろいろなことに振り回されるんだよなあ」と感じましたね。

それで「経営は１本の足より２本あった方がいい」ということではないかなと思った。でも畑作はやりたくない。何かないのかなと思ったときにたまたま、あちこち回って「ひょっとしてうまくやれば、これ経営になるんじゃないか」と、取り掛かっていったのがウエモンズハートのスタートなんですよ。やってみたら、思ったような目的は達したんだけど、同時に苦しみましたよ、２つを維持することに。女房に店を全て任せれば良かったんだけど、女房はつくって売ることに専念して。「お金のことは、私、分からないから」って（笑）、うまく逃げられて。やっぱり俺、今日は売れたのかとか心配になるわけですよ。獣医師を呼んで子牛を産ませなければならないようなときも、ちょっと忙しくて昼からでいいだろうと思ってたら、牛が死んでいた。そういうアホなことが何回もありましたよ。

干場　では最後に改めて、広瀬さんにとって酪農はどのようなもの、と考えていますか。

広瀬　牛乳というのは全てが満たされた、医療品みたいなものですよね。

干場　「完全食品」みたいな。

広瀬　そうそう。そういう側面に立って考えたらいいんじゃないかと、すごく思います。今、好きな食べ物ばかりを食べる個食だったり、それこそ店から買ってくるものなど、栄養の偏りがひどい。その中で一定程度、安定させる食品というのが牛乳で、それがベースになる必要があるのではないか。学校給食がそんな感覚ですよね。カルシウム、ミネラル、一番不足しがちなものをベースに置いて、その上に牛乳から取れるタンパク質、他に肉、魚、それから炭水化物、米とかパンとか、牛乳をベースに置いた献立です。それを一般市民も、われわれもそういう感覚に立たないと。好きなものばかり食ってたら私みたいな体形になるかもしれない（笑）。

干場　酪農は、牛乳という素晴らしい食品を生産できることが１番の基本ということですね。

広瀬　そうです。そんなことをこじつけながらも、いろいろ調べてみると、人間の体内の水分は１週間とか10日くらいで入れ替わりますよと書いてあった。他にも、例えばカルシウム、骨は３年か５年で入れ替わる。骨の新陳代謝が行われているのですね。筋肉は何年とか。その配分を考えたときに、その配分に沿った割合に牛乳の成分って入っているんじゃないかと思ったんです。だから大人だと体の60％、小さい子どもだと70％以上が水分ですが、牛乳もそうです。80％くらい水分でしょ。人間でいえば赤ちゃんですよね。外から他の水分が取れないときに、乳から全てを吸収しているわけですから、そりゃバランスがいいはずです。

じゃあ乳糖って何でしょうね。いろいろ読んでいくと、糖は脳に働き掛けて活性化させる。朝から糖類、炭水化物をしっかり取らないと脳が活性化しないわけですね。体全体のうち、脳は大変小さいものだけど、全体のエネルギーの1／4くらいは脳で使ってしまう。だから乳糖の量が多いのかなど。勝手に自分でそう想像しているんですけど（笑）。僕の断片的な知識の中でも、本当に「牛乳は完全栄養食品」という考えは崩れないんですよ。

干場　結局は、子どもが必要とするものを与えるために乳が出る。そういうところが最も基本となるところ、ということですね。

広瀬　そう。「牛乳は完全栄養食品」という、それがベースなんだと思うんです。なぜこういう配分になっているのか。牛乳の水分を含めて、あるいはミルクというのは多分、弱アルカリ性らしいんです。体に水分を取り込んで血液が体を回っていますが、それでどうやって老廃物を排出するかというと、イオン濃度の違い、pHでコントロールすることができる。ただの水ではない「乳清」が体にとって必要なpHをコントロールする。だからよく牛乳を買うのに「重たいから嫌だ」っていう話があるけど、「ジュース飲むよりは牛乳飲んだ方が絶対いいべや」と。「水分を取ってそこに余った乳製品の成分があれば、後は足りてないパンだけ食ってればいいべや」と、極論だけど（笑）。まあそんなふうに、だんだんと都合のいい（笑）ことばかり考えています。

干場　本日はありがとうございました。

【講演】私の農業

実践酪農学 2019（令和元）年５月17日から

吉川　友二さん
ありがとう牧場代表

ニュージーランド酪農との出会い －穀物多給への疑問から放牧酪農へ－

1991（平成３）年に大学を卒業してすぐ、自給自足の生活を志して斜里町へ行った。しかし計画通りにいかずに近くの酪農家に拾われる。それが酪農との縁の始まりで、今、足寄町で酪農をしている。しかし、当時は酪農などのお金のかかる農業をしようなんて考えてもみなかった。

その後、夏は北海道の有機農場で働いて、冬場は都府県へ出稼ぎという生活を４年間続ける。その中で旭川の山の中に戦後開拓で入植し、独自に山地酪農をつくり出した天才、斉藤晶さんと出会い、師匠と仰ぐようになる。

「人間の食べられない草を、人間が食べられる乳や肉に変えてくれるのが牛の１番の価値なのに、どうしてこんなにたくさん、穀物を牛に与えるのだろうか？」と、酪農場で働きながら思っていた。どこの酪農家の親方に聞いても穀物なしの酪農など無理だと言われた。

ニュージーランド（以下NZ）では穀物なしで酪農をやっていると、十勝の農家の視察報告書を読んで知った。NZでは穀物飼料なし、365日の放牧、季節繁殖（春にまとめて分娩させて、冬場は全ての牛が乾乳）をしているらしい。放牧草の栄養価が高いので、放牧をしていれば穀物飼料がいらないらしい。

その視察ツアーの企画をしたサージミヤワキの宮脇豊社長に、東京で出稼ぎをしているときにお会いした。そして報告書の参考資料に付いていた『低コスト酪農』の著者の１人、コンサルタントのボーンさんを紹介してもらった。

NZではそのボーンさんが牧場を案内してくれた。スコップで草地を掘ると（NZでは牧場見学をすると、牧草地に穴を掘って土壌まで

吉川（よしかわ）　友二（ゆうじ）さん

1964（昭和39）年、長野県上田市生まれ。ありがとう牧場代表。足寄町市街から車で約15分、植坂山で放牧酪農を行っている。2000（平成12）年６月に足寄町に移住。2002（平成14）年から搾乳を開始した。牧場面積は約10ha、乳牛は子牛を含めて約100頭。季節繁殖をしており、３月から子牛を産み始めて搾乳が始まり、12月末に来春の分娩に備えて、搾乳を終了する。また、敷地内にチーズ工房をつくり、放牧酪農牛乳を使ったチーズ作りにも取り組んでいる。「しあわせチーズ工房」と「ありがとう牧場チーズ工房」、および「JAあしょろチーズ工房」の３つのチーズ工房を結び「足寄やまなみチーズ街道」と呼ぶ

見るのかと、びっくりした）ミミズがうじゃうじゃいる。まるで堆肥の上に草が生えているようだ。この土の力が、穀物なしの酪農を可能にしているのだろう。そしてこの豊かな土をつくり出しているのが放牧による、牛・土（ミミズ）・草の循環である。

そのNZ訪問のときに、『低コスト酪農』の著者の１人が教師をしているワイカト職業大学を訪ねた。成り行きでワイカト職業大学の酪農学科の面接を受けて、半年間NZで酪農の勉強をすることになる。牧場で働きながら学校へ通いたいと、学校の先生に紹介してもらったのが19歳の青年のアレン。彼は低オーダーシェアミルカー（農場の経費の負担の割合に応じて、乳代の一定の割合を受け取る）で210頭を搾乳する牧場を１人で任されている。彼の牧場で手伝いをしながら、学校へ通った。アレンは人間的にも素晴らしく、彼との出会いのおかげで、１人で牧場を任されることを目標に、４年間NZで暮らすことになった。アランは私が何を言っても「Go for it.(どうぞ、どうぞ)」と返事をしてくれた。

マイペース酪農交流会に励まされて新規就農

NZから日本へ帰ってきたが、新規就農をするために莫大な借金をすることに自信が持てないでいた。北海道伊達市にあるびっくりドンキーの牧場（アレフ牧場）でお世話になっていた。同社の庄司昭夫社長がNZで働いていた私の牧場を訪ねてくれて、スカウトしてくれたのだ。

今は亡き庄司社長は、食産業に携わり農業にも関心が深く『はじめたくなる酪農の本』（アレフ）を出版している。そのあとがきの中で「自国の、小さな単位での資源の循環がこれからの世界の食と環境を守る要になっていきます」「少頭数による放牧・循環型の酪農です。農業は単なる経済的生産の道具ではなく、自然と人、人と人をつないで生命と文化を育む崇高な役割を担うものです。志の高い酪農家、農業者の活躍に期待します」と書かれている。

アレフ牧場でお世話になっていたNOSAIの獣医師からは「新規就農なんて絶対に無理」と言われていた。彼は往診のときに酪農家の元に私を伴ってくれた。牛舎につながれっぱなしの牛たちは、足が腫れているし、農家の人はいかにも疲れた顔をしているし……。「悪いことは言わないからやめろ」という獣医師の親心だったのだろう。

就農を後押ししてくれたのは、中標津町で先に就農をしていた友人の尾崎が貸してくれた本だった。彼は就農したばかりのころ、おんぼろの牛舎の片隅に暮らしていたが、３年で家を新築したと、新規就農者の中で有名人であった。その本というのは浜中町で新規就農をした海野さんがまとめてくれた立派な分厚い本で、農家の体験談と発言を集めた本だ。確か『北の大地の牛飼い』という題名だった。

規模拡大をして、１頭当たりの乳量を追求して朝から晩まで仕事を頑張っても、毎年赤字で経営が立ちいかなくなった何軒かの農家の話がその中にあった。その人たちがマイペース酪農（別海町の酪農家のグループ）に出会い、まず牛の頭数を減らし、放牧を始めて、濃厚飼料を減らし、１頭当たりの乳量を減らす。そして、牛たちが健康を取り戻すと、追い詰められていた経営も改善される。牛を牛らしく飼ったら、人間も人間らしい生活ができるようになった体験談であった。毎月の集まりでは「牛が減って良かったね」というのが決まり文句であった。それを読んで「これでできるなら自分もやれるかもしれない」と新規就農に踏み切った。

足寄町放牧酪農研究会の会長とNZで面識があった縁により、2000（平成12）年６月１日に足寄町に移住した。戦後開拓で苦労された木下利夫・千春夫妻が、後継ぎがいないので牧場を売っていい、と言ってくれた。

足寄町に移住すると、まず街場から通って、木下牧場の中の耕作放棄地に急いで柵を張り、水を飲めるようにポリパイプを這わせて、離乳子牛を30頭買い放牧を始めた。

育成牛の資産価値は１カ月で約１万円上がる。30頭飼っていれば、夏の間は耕作放棄地に放しているだけで、計30万円の資産増加だ。自営業は儲かるものだと、今まで人に使われていた私は目からうろこが落ちた。

足寄町で29年振りの酪農となる新規就農者ということだった。「絶対に成功しろ。お前が失敗したらその後が続かない」と発破を掛けられた。その当時、３年前に結成されたばかりの足寄町放牧研究会の動きが活発であった。毎月会員である７戸の牧場主婦が集まってにぎやかな勉強会を開いていた。その仲間に入れていただいて、本当にお世話になった。

30頭の子牛たちが成長し、2002（平成14）年２月12日に最初の牛が無事に子牛を生んで、いよいよ酪農家の仲間入りを果たした。放牧酪農を自分自身で経営してみると、何でみんなこんなに儲かることをしないのか不思議に思った。１頭当たりの乳量を追求しなくても、たくさん牛を飼わなくてもいい。放牧をしていれば、牛も健康だし、人も豊かに生活ができる、自然にも優しい、穀物飼料も最小限で良い。いいことづくめである。

１人でも多くの酪農家に、放牧がすごく儲かることを知ってもらいたい、そして放牧をやって欲しいと酪農雑誌に記事を書いたり、発言をしたりした。そこで学んだことは、酪農業界の人は誰も聞く耳を持たないということである。誰も聞く耳を持たないが、放牧を取り入れれば日本の酪農の未来は明るい。放牧は日本の酪農の救世主であり、環境への負荷を最小限にする切り札でもある。ここにお集まりの皆さん、日本の酪農産業が潰れる前に、１日でも早く切り札を切れるようにご協力をお願いします。「放牧の牛乳が飲みたい」とあちこちで発言してください。

酪農家にとって有効な補助金の形とは

指摘しておきたいのは、「日本は農地が狭いので放牧ができない」という、よく聞く誤解である。日本のように土地が狭ければ狭いほど放牧の恩恵が受けられる。放牧によって機械・施設への投資を最小限にできるからである。本州のような土地の狭い酪農家ほど、放牧のメリットを享受して欲しい。放牧のために必要なのは、広さではなく、土地のまとまりである。大規模化を推進するために使っている莫大な補助金を、飛び地を交換分合してひとまとまりにするために使うことが営農の効率を良くして、日本農業を強くする。酪農は特に、草を運び糞尿を運ぶ「運搬業」と言われているくらいなので効果が大きい。

もう１つ、「放牧は難しい」という誤解。これは、日本のコンサルタントや普及所の人の口癖である。放牧草にはどのような栄養成分があるか分からないこと、季節によって変わること、牛がどれだけ食べたか分からないこと、を指摘する。しかし、放牧では１頭当たりの乳量を追求するのではなく、農場の最大利益を追求して欲しい。

ありがとう牧場は「誰にでもできる酪農」を目標にしている。要するに放牧のことを言う。放牧で１万kgを搾ろうと思ったら難しいのかもしれない。私の牧場では5,000kgなので、何も難しくない。

NZのコンサルタントのボーンさんは、南アフリカのミミズが一番優秀であると言っていた。NZはもともと森林で草地ミミズがいなかったことから、草地ミミズを輸入した。オーストラリアもミミズを外国から入れている。牧畜民族の知恵である。日本は牧草の種と牛は輸入をしたが、ミミズにまで頭が回らなかった。日本の牧場を見学するときには牧草地を掘ってみるが、ほとんどミミズを見ることがない。日本では堆肥の中にたくさんミミズがいるが、それは草地ミミズとは違った品種である。
1964（昭和39）年に北海道知事の町村金五さんに招かれて、NZの草地学者、ロックハートさんが北海道で１年と２カ月間指導した。彼は「ミミズの速やかな分布拡大が、北海道における牧草地の開発に決定的な重要性を持つ」と報告している。彼は北海道の草地農業を良くするために情熱を注いだが「北海道は本当にやる気があるのだろうか」と、情熱を傾けるほどに、憤りも感じていたそうだ。後に北海道は、ロックハートさんの言うことを聞かず、輸入穀物を多給して畜舎で牛を飼い、１頭当たりの乳量を追求するアメリカ型の酪農を選択してしまう。
ここで補助金の提案をしたい。
大規模化を推進するための補助金を、ある酪農家が「クラスター爆弾」と呼んでいた。大規模化によって地域社会が破壊させられてしまうことを指して言う。小さな農家がたくさんある農村と、大きな農場が少しある農村を思い描いてもらえれば分かる。日本のように人口密度の高い国が、なぜ規模拡大をして農村人口を都会に流出させなければならないのだろうか。30人も40人も従業員がいる農場が私の集落にもあるが、場長さんや従業員さんがどこから通ってきているのかさえ知らない。地元の学校（芽登小学校）のPTAもいないので、場長さん以外の顔も知らない。
日本の酪農大規模化に対する補助金には、危うさがある。大規模化がそんなに儲かるのなら、自分で資本を蓄積して自己投資で大規模化するべきである。補助金が出るので、経営の中身もないのに、大規模化をして砂上の楼閣を築いているのが日本の酪農だ。
もう１つの危うさは、後継者にとって大規模農業が魅力的か、ということだ。大規模化した本人が優秀であったとしても、大規模牧場を運営できる優秀な後継者をどこから探してくるのだろうか。
穀物飼料を指導された通り１日10kgも与えると、農場の面積当たりの頭数が過剰になる。そうすると糞尿が畑地に還元する量を上回ってしまう。そこで国はバイオガス施設をつくるのに10億円以上もの補助金を出す。今の流れはバイオガス施設をつくれば環境問題は解決するみたいな雰囲気になっている。
しかし、そこに補助金を出すより、むしろ面積当たりに適正な頭数にまで減らせば、バイオガス施設など必要なくなる。牛の頭数を減らして、牛を健康に飼うことによって経営を改善できる可能性さえある。１頭減らしたら50万円を補償するのはどうだろうか。または穀物飼料を減らすために、１頭当たりの年間乳量を減らしたら、それを補償するのも効果があるだろう。
バイオガス発電は効率が悪い。発生したメタンガスを燃やし発電させるためのエネルギーロスが大きい。適正頭数にして、糞尿を直接畑に還すのが、１番効率が良い。もう１つの問題は、バイオガス施設の運転が地球温暖化ガスを増やすことである。バイオガス施設と農場の間で糞尿を運ぶときに車両の排気ガスが出る。施設と農場の距離が３～4km以上になると、むしろ地球温暖化ガスの排出量の方が多くなるという論文を読んだことがある。
補助金は諸刃の剣である。NZでは1984（昭和59）年の行政改革で、農業に対する補助金がなくなった。今、NZの酪農家に補助金について尋ねるとみんなが「補助金のあった昔に戻りたくない」と答える。補助金がなくなってから、NZの生乳生産量は伸び始めた。現在は酪農産業が外貨を稼いで、他産業を補助している。
なぜ補助金がない方がよいのかと聞くと、「補助金で市場がゆがめられる。例えば土地や牛の値段が高くなる」「経営の効率化の努力をして、昔よりも仕事に余裕ができた。昔は夫婦で働いていたので、２人で旅行などに出歩くことが難しかったが、経営を効率化したおかげで、２人で出掛けられるようになった」

「1番の問題は、経営の上手な農家ではなくて、役場に行って補助金をもらうのが上手な、押しの強い農家だけが生き残ってしまうことだ」と言われた。

NZの酪農家へのインタビューを続けて、なぜ大規模化をするのかを尋ねた。「優秀な農場マネジャーを見つけるのが、1番難しい。200頭の牧場を5つ持っていると、5人の優秀なマネジャーを探さなければならない。1,000頭の牧場だったら、1人だけ探せばよいからだ」という意外な答えが返ってきた。

その答えの理由は、NZでは農場主（資本家）と労働者がしっかり分かれているからだ。農場主でかつ農場現場で働いている人は少ない。優秀なマネジャーは少ないかもしれないが、豊富な酪農労働人材があるため、必要な際は新聞に広告を出せばすぐに見つかる環境にある。日本の酪農産業は酪農労働者がいないので、新聞に広告を出しても誰も来ない。そのため酪農家の奥さんがケガや病気をすると営農ができなくなって離農してしまうのが、日本酪農の労働の現状である。日本では資本家（農場主）が労働者を兼ねている。大規模化によって、仕事が増えて大変になるのは農場主自身なので、日本の酪農に大規模化のメリットはあまりないように思う。

放牧酪農は地域社会を活性化する
－農村の文化づくり、魅力的な農村づくり－

酪農業界の中で放牧を「みんな、しようよ」と訴えても、日本の酪農は変わらないことが分かった。遠回りのようでも消費者の1人1人に日本の酪農の現状を知ってもらうことが、日本に放牧を広げる唯一の方法ではないか。そんなことを考えていた2009（平成21）年のとある朝、共働学舎（新得町）で働いていたチーズ職人の本間幸雄さんが、鍋とカセットコンロを持ってチーズをつくりにやってきた。本間さんは酪農の現場も学びたいと1年間ありがとう牧場で働き、共働学舎へ戻って今度は共働学舎の牧場部門で2年間働き、共働学舎が放牧を本格的に始められるように努力した。

そして本間さんと2013（平成25）年、「ありがとう牧場しあわせチーズ工房」を建設して、乳製品の製造を始めた。チーズ工房を建設した理由は、次の3点である。

①1人1人の消費者に酪農の現状と放牧酪農・牛乳の良さを知ってもらうこと。消費者の方々が放牧牛乳を飲みたいと言ってくれれば、日本の酪農は変わる

②農村の人口を増やす。戦後の開拓で37戸だった植坂集落は、現在5戸1法人になっている。地方の疲弊を絵に描いたような所である。大半は東京オリンピックの前後に離農したそうだ。チーズ工房を農村の中につくって、チーズ職人の家族に農村に住んでもらうことで人口を増やしたい

③チーズづくりは農村の文化（誇り）創りである

本間さんは、ありがとう牧場を訪ねて来た理由を、共働学舎でチーズをつくっても、どうしても自分のつくりたい味にならなかったからだと言う。そのことをフランス人のチーズコンサルタントに尋ねると「それは牛乳が違うから。フランスのチーズは放牧牛乳でつくられているから」と言われたそうだ。また、七飯町のチーズ職人の山田さんからも「ヨーロッパで放牧がなくならないのは、おいしいチーズが食べたいからだ」と聞いたと言う。

本間さんは、ありがとう牧場の生乳を使うことで、放牧の牛乳と穀物で搾った牛乳は「同じように色は白くても別物だ」ということを学んでいった。フランスのチーズコンサルタントや山田さんの言うことは本当だと。今、本間さんのつくるチーズは、食べ比べるとずば抜けておいしい。また放牧の牛乳はおいしいだけでなく、健康にも良いことを学んだ。

私が何よりも消費者の方に届けたいのは、牛たちの野生の力であり、自然の調和である。

科学的には証明されていないが、放牧牛乳の中にはそれらが詰まっていると信じている。放牧した牛から搾った生乳は他の生乳と混ぜられて販売されるけれども、ホメオパシー効果で何万倍にも薄まれば薄まるほどパワフルな力になると思っている。消費者の方々の元気に、量無限小ながらも、私の牛乳が貢献していると思っている。放牧牛乳は奇跡の食品である。

このように放牧酪農、放牧牛乳は素晴らしいが、1番の障壁は消費者に「北海道ではみんな放牧をしているのでしょ」と言われてしまうことである。消費者が、放牧の牛乳か、舎飼いの牛乳かをスーパーマーケットで選択できるように、牛乳の表示義務を定めるべきである。それまでは北海道の酪農の現状を知っている私たちが地道に消費者に伝えていかなければならない。光を当てなければ、存在しないのと同じである。

1996（平成8）年、足寄町で戦後開拓地の酪農家7戸が集まって、足寄町放牧酪農研究会が発足した。普及所などの関係機関の反対による生みの苦しみのドラマは、参考文献に挙げた荒木和秋さんによるデーリィマン誌の連載に詳しい。足寄放牧研究会は短期間に劇的な経営改善の成果を出し、ゆとりのある生活（研究会の別名は「夫婦でNZへ行こう会」）も手に入れた。その成功を受けて、2004（平成16）年3月、足寄町議会が「放牧酪農推進の町」を宣言している。

他町村で放牧をして新規就農をしたいというと門前払いされる。そのため、放牧でも新規就農ができる町ということで、現在まで放牧酪農を志した15組の新規就農者が足寄町に根付いた。それは、放牧なので過大な投資の必要がない、小さな子どもがいて夫人が子育てで仕事ができなくても、1人で何とかなる省力性、頭数が少なくても儲かって借金を返せるという経済効率性が高いからである。

芽登小学校は、私の長男が入学した10年前には、7人の生徒しかいなかったが、今は後継者の就農もあり新規就農者の子どもたちと合わせて21人に増加した。これは放牧酪農によって規模が小さくても成り立つので、農家戸数が維持できるから。子育て支援を重視する隣の上士幌町では、児童数は減少していないだろうが、芽登小学校からほど近い北門小学校は2年前に90年の歴史をもって閉校になった。

「これからの日本における農村社会の維持は新規参入者をどれだけ受け入れるかにかかっている。（中略）放牧酪農は新規参入者の有効な営農手段であるため、（中略）放牧酪農を推進しなければ農村社会は衰退するという時代が訪れていることを日本社会は認識しなければならない。」（柏久　編著『放牧酪農の展開を求めて』p.246、荒木和秋）

新規就農者の中には、チーズづくりを目指す者、カフェをやりたい者などの変わり者がいる。本間さんが成果を早速に出して、2016（平成28）年に「しあわせチーズ工房」として独立した。本間さんの成功をきっかけに、本間さんに続く人が足寄にやってくることを期待している。おいしい放牧牛乳が手に入る足寄町はチーズ職人にとって、とても魅力的だ。足寄町へ行けばおいしいチーズが食べられる、チーズ工房を巡って、美しい放牧の景観も楽しめる。そのような農村を心に描いている。現在「JAあしょろチーズ工房」「しあわせチーズ工房」「ありがとう牧場チーズ工房」の3つを結んで「足寄やまなみチーズ街道」と自称している。

足寄開拓農協の30周年記念誌『硬骨の賦』の「発刊にあたって」において、当時の組合長の遠山さんが「ただ、聊か（いささか）心懸かりになることは、建設の途を急がなければならなかったあまり、精神材、即ち文化の蓄積に力及ばなかったことである。これからは、荒々しい開拓はなくなって内的建設の期に入るのであるから、文化の焔（ほむら）をより高く掲げてほしいものである。記念誌はその申し送り書でもある」と記している。私たち農民はいつまで建設の道を急がなければならないのであろうか。お国の言うことを聞いて終わりなき規模拡大をするのか、われわれ農民の先輩の戦後開拓一代目の志をしっかりと受け止めるのか、私たち次第である。

足寄開拓農協は2005（平成17）年にJAあしょろと合併して解散してしまったが、今年（2019年、講演時）は令和の始まりの年である。これからは心の開拓、文化の蓄積である。文化とは平たく言えば「お国自慢」である。若者も年寄りも暮らしたくなる魅力的な農村づくり。遠山さんはまた、「わが組合が“開拓”の二字を残すのは、果てなき夢を持ち続け、その夢を達成する意志を持っているからである」と書いている。

放牧の普及を消費者頼りにしていては申し訳ない。農民の主体性の回復が放牧への転換を促している。前述した『放牧酪農の展開を求めて』のp.274荒木和秋さんの文章を略して紹介する。

「文化は経済的ゆとり、生活のゆとり、精神的なゆとり、そして人々の触れ合いの中から生まれる。お互いの交流の場を設け、自らの生き方を語り合う集まりが生まれてきている。その代表的な集まりが根室地方で開催されているマイペース酪農と称される農民の主体性の回復の取り組みである」。

日本酪農の問題点
－目標は生産量、農家の利益は優先されない－

３年前の話になるが、農業コンサルタントをしているNZの知人が、酪農の視察に訪れたホクレンの職員に「NZの酪農から何か学ぶことがあるか」と尋ねたところ、ホクレンの職員は「何もない」と答えたと教えてくれた。

現在の北海道は各農協単位で乳量の割り当てがある。それは前年比103％の増産である。前年の実績が割り当て量になるため、各農協は最低でも乳量を前年と同じにしないと、割り当て乳量が年々減っていってしまう。それが農家の経営を良くすることよりも、乳量の確保が目的になってしまう原因である。

103％の増産のためには配合飼料をよりたくさん与えるか増頭する以外、指導することは許されない。農家の経営を改善するために、頭数を減らして放牧酪農に転換するなど、乳量を減らすリスクのある指導などはできない。ホクレンの職員がNZからは学ぶことは何もないと言ったのは、とても正直な発言であったのである。

しかし、日本の乳量を増産する１番の方法は、酪農家が儲かることである。日本の乳生産量が減ってきた原因が、後継者不在による離農であることを考えると、若者から見て魅力的な酪農を目指すべきである。儲かる、ゆとりのある生活、暮らしたくなる農村を築くことである。全ての酪農業界、関係機関の第１の目標を農家の利益の向上に据えることである。個々の農家が儲かれば、国全体の乳量が増えることは、酪農家の利益を最優先にしているNZが証明している。

NZの酪農家に利益よりも生産量を目標にしていますなどと言ったら、信じてもらえないか、気が違ってしまったのかと思われる。NZへ視察に来る農業関係者は、NZの１頭当たりの平均乳量を聞いただけで、「日本の牛の半分以下だ」とNZから学ぶことをしない。「木を見て森を見ず」である。その結果が1994（平成６）年には日本とNZは同じ乳生産量であったのが、今はNZが2.1倍に乳量を増やし、日本は生産量を減らしている。その現実に目を向けるべきだ。

牛乳を出荷し始めた2002（平成14）年だと思う。普及員の勉強会へ出席した。当時乳価は77円／kgであった。これからは60円に下がる。これからの乳価の下落を乗り切るには、フリーストール、TMR（Total Mixed Ration：草と穀物を混ぜて牛に与えることで、胃の中の発酵が安定して、より多くの穀物を与えることができる）しかない。家族２世代で営農をして、１頭１万kg、（確か）120頭搾乳、年間出荷乳量が120万tにしなければならない。頭数が多くても、フリーストール・パーラにすれば、つなぎ飼いのときよりも仕事は楽になる、という話であった。この講演の３年後の2005（平成17）年に75円まで下がって、後は上がり続けて現在101円にまでなっている。乳価が上がったのは酪農家が国の言った通りに規模拡大、１頭当たりの乳量を増やす努力をして逆に経営が苦しくなったからだろう。同じ過ちをいつまで続けるのだろうか。終わりなき規模拡大は今日も続いている。

ぶっちゃけた話、NZで100％全ての酪農家が放牧をしているのは、乳価が安いので放牧以外の方法では経営が成り立たないからだ。

では、なぜ日本は酪農家の利益が優先されないのか。その答えは、酪農産業の構造にある。NZでは乳業会社を酪農家が所有して、資材会社を民間が所有している。そのために乳業会社は酪農家の利益を最大限にするための努力をし、資材会社には競争させて農家の資材購入費を最小限にする。NZの乳業工場は農家の季節繁殖を可能にするために、冬の間工場を閉鎖する。こんな投資の無駄を日本の乳業会社ができるだろうか。

日本の場合は、このNZの産業構造と全く逆である。乳業会社は民間が所有して、農協は資材を売っている。乳業会社はできるだけ生乳を安く買おうとする。農協は資材を高く売って儲けようとする。そして日本の乳業会社は配合飼料の会社も兼ねているので、牛乳を買って儲けて、配合飼料を売って儲けているので、配合飼料を売れば売るほど牛乳の生産も増えて儲かる仕組みになっている。

農協・ホクレンの場合は牛乳を出荷額（2.5％）と、配合の販売額（５％）の両方でペーパーマージンが入る。酪農家にたくさん配合飼料を使って、たくさん牛乳を搾ってもらえばもらうほど莫大なペーパーマージンが入る。酪農家の利益とは関係なしに農協が儲かる仕組みになっている。かつて濃厚飼料の値段が円安で高騰して酪農家が苦しんだときに、農協の儲けが最大になった。

1960年代から1970年代にかけて、日本はアメリカの余剰穀物の処理のために、穀物多給、舎飼いの酪農をアメリカに教えられた。濃厚飼料の輸入量は1960（昭和35）年の548万t、65（昭和40）年の807万t、70（昭和45）年の1520万tと、10年間で2.8倍になった。

このアメリカに教えられた酪農の方法が、農協に莫大な利益をもたらすことに当時の農協関係者は気がついてびっくりしたことだと思う。これを知ってしまうと、放牧への後戻りは極めて難しい。足寄開拓農協が放牧酪農を受け入れられたのは、研究会が発足する前に１度、農家の負債のために破たんをした経験があるからだ。農家が儲からなければ、農協はつぶれる。

規模拡大の誘導と「ホルスタイン純血主義」の押し付け

普及所を数年前に退職した元所長さんと話す機会があった。彼はアメリカに視察に連れて行かれて、そこで大規模フリーストール、穀物多給（穀物と牧草を混合して給餌する方法。穀物だけを多量に与えると胃袋の中で異常発酵が起こり牛が病気になるので、あらかじめ穀物と草を混合してから給餌する〈TMR〉）、１頭当たりの乳量を追求する酪農を見せられて、これからの酪農はこれしか生き延びる道がないのだと指導された。「その当時は、これしかないとすっかり信じて頑張ったんだよなあ」と言っていた。その当時、農業経営学者の中に警鐘を鳴らした人はいたのだろうか。

経営コンサルタントの須藤純一さんや荒木和秋さんなどの農業経済学者、経営学者の発言に耳を傾けるべきであった。

酪農家が賢ければいいだけの話だが、普及所の方々が騙されてしまったのだから、酪農家にもっと賢くなれというのは酷である。酪農家の大きな問題は、周りの酪農家の経営を全く知らないことである。計器なしの飛行機を操縦しているのと同じである。酪農学園大学の先生がまとめた『未来をはぐくむ清水町農業の躍進─ビジョン推進資料─』(清水町, 1996) は、儲けの少ない農家ほど規模拡大の意向が強いことを危惧していた。

規模拡大、規模拡大と補助金で誘導される酪農行政の現状では、自分の経営は他の農場と比べて効率が悪いので、牛の頭数を減らした方が経営が改善するのではないかと考えるのは難しい。経営がうまくいかないのは規模が小さいから、1頭当たりの乳量が少ないからであると考えてしまうのだろう。

酪農家全員ではないが、国の言うことをそのまま信じて営農をしている人もいるのだとびっくりしたことがある。新規就農をしたばかりのときに、家畜排せつ物法が施行されることの説明会に参加した。そこである酪農家が「国の言う通りに今まで規模拡大、規模拡大で頑張ってきたのに、こんな法律をつくられたら、もう酪農はやっていけない」と発言していた。

今の日本のホルスタイン種の品種改良は、目的が農家の利益ではなく、生産量であることの象徴だ。牛を豚化(豚さんすみません)しているようにしか見えない。つまり、穀物を限界まで与えた上で死なない牛の改良をしている。草を食べる反すう動物を、穀物を食べる動物に改良しようというのか。そもそも北海道から沖縄まで、ホルスタインの純血種を飼う必要はあるのだろうか。イスラエルではゼブーなど、熱帯の牛の品種と、ホルスタインを交雑して改良していると酪農雑誌で読んだことがある。なぜ都府県は都府県に合った暑さに強い牛を品種改良しないのだろうか。日本の経産牛の初回受胎率は約31%、NZは70%に近い。2010(平成22)年からようやくNZの種雄の精液が日本に輸入できるようになった。しかし、5代前までホルスタインの純血の証明がないと輸入できないそうだ。その制約でNZの種雄ランキング上位の精液は輸入できない。これでは最初からNZと競争することすらできない。NZで20年前から進んでいるのは、雑種強勢の利用である。日本の酪農家はホルスタインの純血を守るために酪農をしているわけではない。雑種強勢を利用して農家の利益を最大化するべきである。

私の牧場ではホルスタインとブラウンスイスの交雑をしている。雑種の1代目は体格が良く、繁殖・乳量・健康ともに優秀である。NZではホルスタインとジャージーを交互にかけ合わせていくのが1番良いとされている。ホルスタインとジャージーの交雑種の種雄は、NZでキーウィブルと呼ばれている。日本の酪農家が雑種強勢を利用すれば5年くらいで利益が向上するだろう。

放牧は奇跡の農法

山の中で放牧酪農をしていると、「地球は天国だなあ」と思う。地球を天国と呼ばなかったら、どこを天国と呼べばよいのだろうか。

草しか育たない厳しい自然条件の土地でも牛を山に放していると、豊かに家族が暮らしていける。牛たちは自分たちの食糧の上を歩き回っている。空気がタダであって、水があって、石油でさえ湧き出ているのが地球である。

「乳と蜜の流るる郷(さと)」という言葉(元は賀川豊彦著作の書名)があるが、蜜とは「クローバの花の蜜」なのだそうだ。「アラブには石油がある、NZには白クローバがある」NZの酪農家の言葉である。白クローバのおかげで、大気中の窒素を永遠に大地に取り込んで、牛たちが草を食べ、糞尿を土地に還して年々土壌が豊かになっていく。大地が豊かになっていくだけではなく、人間にまで自然は乳と蜜の分け前を与えてくれるのだ。アラブの石油は有限だけど、白クローバのある放牧酪農は永遠だ。こんな天国が地獄になってしまうのは分配が間違っているからである。みんなで分かち合えば天国だ。奪い合えば地獄だ。

牛を野に放つだけで、牛が大地を踏みしめ、草を食み、糞尿を大地に返す。山野の生態系がこの牛の行為のおかげで牧草地に変わる。放牧をしていると牧草地を耕して種をまき直すという草地更新が必要なくなる。当然である。西洋では、放牧をして生き残った草のことを牧草と呼ぶのだから。

半面、規模拡大、1頭当たりの乳量追求をする酪農（この農法を放牧酪農に対して施設酪農と略する）は、外国から多くの穀物を輸入することで成り立っている。農業は無から富を生み出す唯一の産業だ。そう考えると、放牧酪農は農業だが、施設酪農は加工業である。輸入穀物を大量に家畜に与えている日本の酪農は、世界中の飢餓、外国の水資源枯渇、かんがいによる農地の劣化、そして国内における糞尿公害を引き起こしている。

乳加工品に対する関税が下がれば、アメリカも穀物輸出ではなく、もっと儲かる乳製品に加工して日本へ輸出をするだろう。NZは麦やトウモロコシが栽培できる農地で放牧酪農をして、その生乳を加工することにより外貨を獲得している。麦やトウモロコシを輸出しても儲からない。また、日本は今、経済が豊かで穀物を輸入しているが、家畜のためにいつまでも穀物を買える保証はない。

穀物の輸入をやめたら日本の牛乳は足りなくならないのだろうか。私が就農した牧場も放牧をやめたために耕作放棄地が1／5程度あり、ハギやフキ原野に戻っていたが、放牧をすると2、3年ですっかり元の素晴らしい草地に戻った。耕作放棄地請負人と自分で呼んでいる。足寄では放牧をやめると傾斜地が耕作放棄地になる。離農地跡が利用されていない場合もある。こんな農地が北海道のあちこちにある。畳1枚の土地でも大切に放牧で利用する。それが日本の酪農家の常識になれば放牧地に事欠くことはない。

NZがその良い例である。NZは土地の値段が北海道に比べてとても高いという理由がある。土地が安いと粗放的な利用になりやすい。NZではロードサイド・グレージングといって、道端に電牧を張って放牧しているのを見る。河川敷の放牧。鉄道脇の放牧。ゴルフ場・公園は羊の放牧で管理しているところもある。

耕地を酪農で利用できなくても、肉牛やヒツジを利用することにより、日本でも反すう動物の放牧によって、良質なタンパク資源が湧いて出てくる。

オランダ・NZ・スイスに学ぶ酪農行政

われわれ酪農家が豊かな心になるのを待っていては、環境破壊が手遅れになってしまう。では行政は何をすればよいのか。オランダの酪農を例にとる（グローバルジェネティックスの足寄町勉強会から）。

2015（平成27）年にEUのクォーター制が終了した。常識で考えると乳牛の増頭をして、生乳を増産しそうなものだが、同年7月に新しいリン酸排出量宣言をした。クォーター制終了後からオランダの乳製品の輸出量が45%増加している。にもかかわらず、2015（平成27）年7月と2017（平成29）年7月の頭数を比較して、強制的に頭数の4%削減を決めた。淘汰1頭当たり約30万円の補償もしている。EUの環境法令は1ha当たりの排出量が窒素170kg、リン酸250kgである。

もう1つの課題「離農がもたらす問題は、日本酪農、農業の根本問題と言える。後継者不足と経営意欲喪失による離農が2／3を占めている状況は、現在の北海道が抱える問題が単に経済的な問題ではなくなっていることを示している」（『放牧酪農の展開を求めて』p.271）

NZ式農場継承、それは農場主になることが魅力的であるために、若者が努力の末に農場を獲得するシステムである。優秀なマネジャーは多額の報酬を得ることができるシェアミルキングまたはイクイティーマネジャーなどのシステムがある。農場主と共同出資をして利益を分配する仕組みである。家族継承の場合でも、全ての子どもたちに同額の相続をしなければならないので、家の農業を継いだ子どもは兄弟に乳代から相続額を返済し続けて、完済して初めて農場主になることができる。

NZの農場平均搾乳頭数は400頭である。365日放牧で畜舎はない。仕事は究極のアウトドアスポーツである。1人で200頭の牛を扱うのはかなりきつい（特に分娩シーズン）。NZの酪農従事者のライフプランは、50歳になったら現場仕事から足を洗って、経営のみの仕事に専念することである。

NZの平均農場資産額は4億2,000万円である。その農場主になれるのは酪農学科を卒業した人の40人に1人いるか、いないかである。それでも若者が農場主を目指す魅力がある。私の同級生たちはこれが私の生き方「way of life」だからと言っていた。4億円の牧場を取得するためには2億円のキャッシュがないと、市中銀行がお金を貸してくれない。しかし、優秀なマネジャーは貴重なので、牧場で働きながら2億円をためるのにそれほど年月がかからないそうだ。

また、スイス型農場継承は、親子間継承（知人のフリッツの農場の例）で多額の投資によって省力化を図り、後継者に魅力的な営農をすることで離農を防ぐシステム。フリッツの牧場の家は木造で500年も持ちそうな立派な家屋である。そして驚いたのは、家屋とパーラ、乾草庫、納屋、フリーストールが同じ1つの建物にあるのだ。乾草庫には風で収穫草を乾草にする施設がある。草の給餌は人が乗るクレーンが畜舎の中を移動して行う。

高投資によって低労働力を達成している。スイスの酪農家の平均面積は26ha、搾乳頭数は25頭である。先進農家のフリッツの所で搾乳数は50頭、面積は30ha。この規模で親子2代が暮らして、親子2人で搾乳をしていた。スイスには小規模な農家がたくさんある。家屋が立派であり、同じ造りをしていて農村集落に統一感があり、それが魅力になっている。フリッツは地元のコーラスグループに入っていて、どこにいても歌い始める。

フリッツは酪農家11戸の共同出資による、グリュイエールチーズの工房を持っている。そのため、スイスの平均乳価よりも高く牛乳を売ることができる。チーズからできるホエーを利用するための、共同出資の豚農場もある。チーズのための牛乳には、1頭当たり年7,000kg以下（穀物をやり過ぎていないことの証明）、低体細胞数、放牧の義務、サイレージではなく乾草の給与、などの条件がある。

終わりに－豊かな心－

2018（平成30）年5月、長沼町にある北海道子実コーン組合の組合長・柳原さんを訪ねた。畑作の輪作にはトウモロコシが必須である。家畜用のトウモロコシに補助金が出て、やっとトウモロコシがつくれるようになった。トウモロコシの作付けは輪作の中で、土づくりになくてはならない。トウモロコシが畑作農家を救い、北海道の畑作農家の希望の光であることを聞いた。応援をさせて頂くことにする。別海町には遺伝子組み換えではない飼料給与に取り組んでいる酪農家もいるので、北海道の畑作農家と酪農家の連携が進んでいく。外国に頼らない農業への一歩が始まっている。

「牧場の在り方と、土・草・牛の思いとは一致していないのが一般的です。彼ら（土・草・牛）の思いや生き方を尊重すれば、人もまた尊重されるものです」マイペース酪農で有名な三友盛行さんの言葉である。私たち酪農家に必要なのは、自然と同じだけの「豊かな心」だ。その豊かな心で自然と向き合って農業をしたときに、どのような農業ができるのかこれからが楽しみだ。自分の牧場は、自分の心の鏡であることを肝に命じたい。

ここに今日集まった私たちが、豊かな心で自分自身、社会、自然に向き合って幸せに生きられますように。

参考文献

荒木和秋（2003）『世界を制覇するニュージーランド酪農　－日本酪農は国際競争に生き残れるかー』デーリィマン社：生産システムのみではなく経営継承システム、普及システム、農民教育システムなど日本が学ぶべき点が書かれている

柏久（2012）『放牧酪農の展開を求めて　－乳文化なき日本の酪農批判－』日本経済評論社

落合一彦（1997）『放牧のすすめ』酪農総合研究所：農業は無から富を生み出す唯一の産業です。それが多額の補助金によって大規模化されて、加工酪農＝資源浪費型酪農になってしまう。放牧酪農によって本来の農業である、無から資源を生み出す酪農にならなければならない

野原由香利（2004）『牛乳の未来』講談社：普通の酪農家が放牧をして立ち直ったお話。優秀な酪農家ではなく、普通の酪農家が放牧に転換をして成功する姿に、勇気をもらえる

野原由香利（2007）『草の牛乳－牛乳の未来を拓く人びと』 農文協

須賀丈・岡本透・丑丸敦史（2012）『草地と日本人－日本列島草原１万年の旅－』 築地書館

久保純一・小谷英二（2006）『はじめたくなる酪農の本　小さな牧場の大きな夢』アレフ

荒木和秋「よみがえる酪農のまち　足寄町放牧酪農物語」デーリィマン（2018年６月号～2020年３月号）：足寄町放牧酪農研究会のドラマ

「広報ほくれんNo430」（2018年10月号）：新農力発見の中に子実コーンについて、道産飼料100％の試みが取り上げられた。Web上で見ることができる

座談会　新規就農の魅力は「自分でやり方を決められること」

出席者｜青井　慎一郎さん　清水町　萩原　拓也さん　西興部村　真家　裕史さん　西興部村

司　会｜干場　信司

地震によるブラックアウトの影響は

司会　まずは北海道胆振東部地震についてお聞きします。地域によって相当違ってたと思うが、それぞれどういう状況でしたか。

青井　地震は朝３時くらいでしたよね。そのときはちょうど外にいて、難産があって真っ暗な中、子牛の肢を引っ張っていて。家に戻ったら電気がつかず、携帯を見たら速報が入っていた。それから24時間くらい停電が続いて、次の日の２時か３時にやっとついたんです。朝は搾乳できなくて、その日は集荷日だったんだけど来ない。昼過ぎくらいまでは待とうと思ったんですけど、結構続くらしいと聞いて、発電機を借りようと思いました。うちには小さい家庭用の発電機はあったんですけど、それじゃ200Ｖも出ないし、大きな発電機を借りられそうな所に連絡しました。するとたまたま知り合いが借りに行っていたので、一緒に借りてもらって、夕方５時くらいに到着。電気屋さんが６、７時くらいに来てつないでくれて、搾乳はそれからだったので、ちょうど丸24時間後、丸１日置いて夜、搾乳できました。

司会　乳房炎はどうでしたか。

青井　まあ何頭かは出たけど、そんなにひどくはないですね。高泌乳牛は別にして、乳量が少ない牛は気にならない程度でした。その日は何とか夕方分の生乳はバルクに入れました。次の日の朝、入らない分はスラリーに混ぜて、集荷が来ないので夕方は全部捨てて、また夕方搾って、朝搾って。次の日は集荷日ではないので、その日の晩に捨てるよう言われて、その日の夕方の分から集乳してもらえました。結果、3.5日分くらい廃棄しました。

司会　萩原さんはどうでしたか。

萩原　うちはトラクタのPTOで回す発電機を持っているので、４時くらいから発電機回して、住宅にも使いました。この発電機は200Ｖで、すごい容量があるので、バーンクリーナとバルクを全部動かしても余裕がありました。70kVAくらいあるのかな。

青井　２年前くらいに、うちらの農協でも「買うように」って言ってましたね。

萩原　僕は就農したときに、食い物の自給自足とエネルギーの自給自足を目指していたので、最初に発電機を買っていた。それがエンジンの発電機だったんです。ただエンジンの発電機はたまに動かしてやらないと、いざというときに使えません。５、６年使っていなかったので、まあ月１回は回してはいたんですが、結局ダメになっちゃって、それでトラクタPTO駆動のものを買ったんです。今回もエンジン回してスイッチだけ切り替えれば、家まで全部、電気が通りました。

司会　いくらくらいでしたか。

萩原　170万円くらいだったかな。

青井　借りた45kVAだと家まで全部問題なかった。うちはバーンクリーナがないから、真空ポンプとバルクが同時に動けばよかった。

真家　うちにも45 kVAのが来て。バッテリ式のエンジン回すものだったんだけど、冷却器からバーンクリーナ、リレー式の換気扇を全部一気に動かしても全然大丈夫。50頭くらいの規模ですが。

司会　牛乳も全然大丈夫でしたか。

真家　冷えているところから集乳してくれたので、朝、僕も発電機借りてきて、取り付けて。9時くらい、いつもより3時間くらい遅く搾乳を始めて、冷えてるか確認の電話がかかってきて、冷えてますと答えたらローリが来た。うちでは捨てた分は全然ない。

司会　西興部村はみんなそんな感じですか。

真家　だと思います。

萩原　全部よつ葉乳業に入るのですが、紋別に2年ほど前にできた工場があって、発電装置も最新式で止まらずに動かしてました。僕が就農した次の年に台風で、雄武町や西興部で電柱が倒れたり、D型ハウスがそのまま国道に飛ばされるようなことがあって。だから僕は自分で発電機を用意するようになった。牛の価格が高い今だったら2、3頭ダメになるくらいなら発電機を用意していた方がいい。隔離された山奥の牧場は、こういう事態のとき、電気が通るのは最後じゃないですか。まず札幌、それから旭川、というふうに後回しになるから。

新規就農のタイミングと資金

司会　それでは次の話題に移ります。新規就農するまでの経緯についてお願いします。

萩原　僕は学校卒業後、ヘルパーやったり、雇われで牧場長やったりと、4年くらい津別町にいました。当初は津別で就農するつもりだったんですがいい物件がなくて、いろいろ見ているうちに西興部でやめる人がいるということで、そこで1年くらいやってから就農しました。大学出てから6年くらいでした。

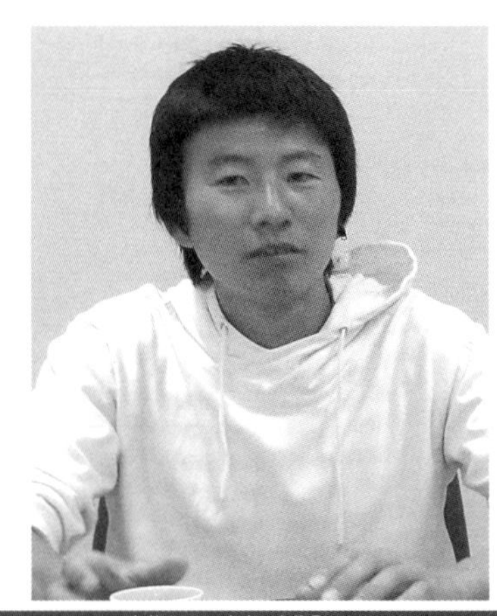

青井　慎一郎さん（あおい　しんいちろう）

1984（昭和59）年生まれ、広島県広島市の非農家出身。総飼養数は約130頭（うち経産牛約70）。年間個体乳量は約9,200kg、年間出荷乳量約600t。飼料畑面積は50haで全て牧草だが15haが放牧地、残り35haが採草地（うち10haほどは兼用地で、収穫が終わるたびに放牧地を増やしていく大放区）。夏は町営牧場に育成牛を預託する（約200円/日）。フリーストール牛舎（70頭余収容、築約45年）はあるが、夏場は使わず、冬も夜だけ。冬でも日中は約2haのパドックに出す。配合飼料はパーラ（タンデム型、3頭ダブル）でのみ給与

司会　リレー方式の就農で何か問題はなかったんですか。

萩原　土地、牛舎や牛、住宅までそのまま引き受ける、いわゆる居抜きだったので、細かいことはありましたが、全体的にはスムーズでした。就農としては一番いいパターンだったのでは。初産牛を40頭そろえるのではなくて、経産牛40頭で始められれば次の年には子どもが生まれてきますから。はらみだと2年間は後継牛が上がってこないので結構大変ですよね。うちは3年目くらい、リース期間中からはらみの販売ができたので良かったと思う。

司会　公社のリース事業を使いましたか。

萩原　はい。この地区への新規就農は僕が初めて。西興部を探したのも、誰も新規で入っていない所に入りたかったからです。足寄町とか浜中町とかは最初から候補になかった。お金の問題もありますが（笑）、好きにやりた

萩原（はぎわら）　拓也（たくや）さん

1974（昭和49）年生まれ、神奈川県横浜市の非農家出身。総飼養数56頭（うち搾乳牛30）、飼料畑面積45ha（うち借地約15。20haが放牧地）。ホルスタインのほか、ブラウンスイス10頭、ジャージー２頭、黒毛和種４頭、ホル・ジャーやホルとブラウンスイスのF_1なども飼養。年間個体乳量7,500kg。冬季を除いて昼夜放牧で、放牧期間は配合飼料を与えずビートパルプのみ給与。オーストラリアで見たパーマカルチャーという農場の運営方式を目指す

かったから。

司会　人のやってることはやりたくなかったと（笑）。真家さんはどうでしたか。

真家　僕は酪農学園大学を卒業した後に、そのまま付属農場で３年間働いていました。それから大学の新名先生の紹介で、西興部にヘルパーとして来ました。働くうちに、自分でもやりたいなと思うようになり、いろいろ相談しました。萩原さんもいましたし。希望する規模、そして居抜きする人との関係が大事だから、ある程度自分で住んでいる所、ある程度信頼をされている所で就農したいなと思っていました。そうするうちに、今の牧場の親方（元経営者）が、若かったんですけど、病気でやめなければいけなくなって、うちでやってみるかと打診されたんです。僕はいつでもいける気持ちでいたんで「ぜひやらせてください」と。そうしてこいつなら何とかやっていけるだろうと皆に背中を押されて就農できた感じです。人の縁で就農できた。伴侶とも研修中に結婚することになりました。やはり新規就農は信用度合いが大切になってくるので、１人より２人の方が良く、そこは一番要な部分でした。

司会　萩原さんは結婚した後に入ったんですよね。

萩原　はい。

司会　では青井さんお願いします。

青井　僕は卒業後、十勝清水にヘルパーとして入りました。清水を選んだのは、ヘルパーやってた先輩がやめることになり、空きが出ると聞いたからです。学生のときの実習でも清水に来ていたことがあります。ヘルパーやりつつ、今の牧場でアルバイトとして牧草収穫とか手伝っていたんですけど「後継者いないのでいつでもやめられる。後継を探している」という話を聞いていて。まだ、ヘルパーになって２年目くらいで準備が整っておらず早いかなとも思ったんですけど、その農家さんから「もう年も年だからもたんぞ」と言われて。初めは従業員という形で１年ちょっと一緒に働かせてもらって、それから法人化してもらい、そこに自分が就農する、という形でした。飼われている牛だけは全部買って、後は個人でリースする形なので公社のリース事業には乗せられなかった。農家さんもリース事業の新規の規模（初妊40頭）では納得できない方だったので「２、３年はオレが面倒見てやる」と言ってくれました。３、４年で機械・建物、土地を購入しました。L資金を借りて。それで名前だけが農家さん名だった法人からも離れて、僕が代表の法人経営になった。ちょっと特殊な感じですが、形としては通常のリレー方式の居抜きです。

司会　個人のリースのお金はどこから。

青井　先方の心意気ですね。要するに待っててくれたので分割で支払いました。最終的に減価償却を考えると割に合わなかったんじゃないかと思います。クミカンも法人主が借りていたので、営農貯金2,000万円くらいを担保に置いてくれて、最初はそれで回せと。自分

の営農資金がたまって、これで大丈夫となるまで４年間は保証していただいたわけです。現在残っている負債は、土地を購入した時のＬ資金の返済だけで、農家さんに支払う分は完済しています。居抜きだと最初から収入があるので、借金は結構な額だったけど払い先も決まっていたので無事払い終えた。

司会　萩原さんの方は、リースで借りた分は返済を終えているのですか。

萩原　７年で完済しました。でも、住宅建てたんで、また借金です（笑）。

真家　僕は就農して５年目で、ちょうどリース期間が終わる年なんです。来年からＬ資金にして、農協を通して毎年返済していく形です。それで後20年だったかな。もう１つ、就農施設等資金（就農支援資金）というのを別に組んでいて、これもリースに乗らない物件、機械だったり牛だったり、住宅だったり、もろもろの借りたのがある。それは３年据え置きの９年間で償還、年間200万円の支払いになる。これにリースの償還が入ってくるので、毎年500万円くらいの返済になると思う。20年の返済で組むんですけど、そんなに施設はないので早めに償還したいと思っています。できればＬ資金のみの支払いになった区切りで一気に払い終えたいなとは思うんですけど。施設もだいぶ古くなってきたけど、リース事業で修繕はできない。修繕は自己資金でやってくれと言われているので、現在ほとんど手を付けていない状態です。就農時からかかった修繕代が浮いていたら、もっと資金を残せたかも知れない。自分の年齢と同じくらいの築35～36年くらいで、鉄骨の腐れやサビが本当に多くて。早く返して大規模リフォームするか、新しい牛舎を考えないとやっていけないかなと思っています。

司会　皆さん順調に返してきているということで、素晴らしいと思います。

真家　今の乳価の高止まりはかなりありがたいですね。個体はどうしても高いですけど。

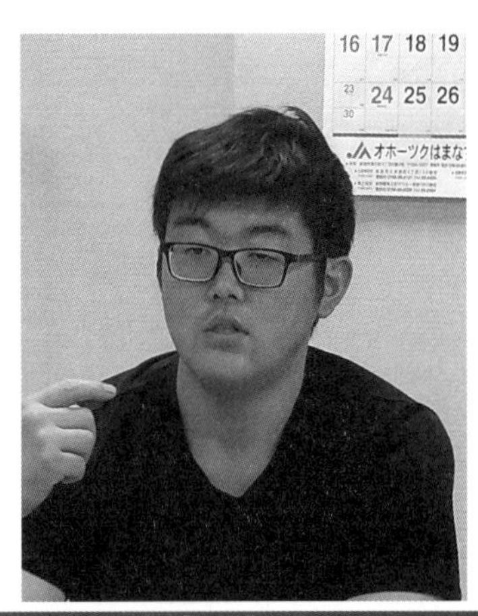

真家（まいえ）　裕史（ひろし）さん

1982（昭和57）年生まれ、茨城県石岡市の非農家出身。総飼養頭数約90頭（うち搾乳牛約50）、年間出荷乳量約400t。最近の乳検データでは年間個体乳量9,000kgを達成。飼料畑面積は60ha（うちトウモロコシ10）。サイレージ主体で配合飼料は圧ぺんトウモロコシ＋ビートパルプ＋バイパスタンパク質などを10kg／日・頭を給与。いったん牛舎に入ったら牛舎を出るまでに全ての仕事が終わっている作業体系にしたいと思っている

青井　ちょうど就農したときは東日本大震災があって牛の価格が安い時期。新規枠は500tでしたが既に500tは搾っていたので牛を減らそうかとも考えました。結局、法人として引き継ぐことにしました。震災後は個体価格がどんどん高くなるし、乳価も上がるしでありがたかった。

萩原　2003（平成15）年の乳価はキロ74円で、それが今は100円。牛も以前ははらみでも40万円で買えたんですけどね。

青井　ちょうど自分が学生の頃で、牛屋さんがどんどん減っていた時期でした。

萩原　自分は、どこに行っても「今は新規就農する時期ではない」って。牛が高くなって。それまでは公社の事業で、補助金が１頭17万5,000円。35万円の半額を補助すると言ってました。その土台が狂ったというか、僕の就農時で60万円くらいだったから。その前年までは40万円くらいで買えた。でもこれはもう、タイミングとしか言いようがないですね。

真家　居抜きという形が一番いいと思いますね。最初から牛を導入するのは資金もいる

し、生き物だからどうなるか分からないということもあります。既に牧場に馴染んだ牛を引き継ぐのが一番いいんじゃないですかね。

萩原　いくら少頭数、30、40頭と言っても、放牧でやりたいと言っても、今40頭そろえるのなら4,000万円ですからね、牛だけで。

真家　カラの状態から新規就農するのなら、この状態で億の金がかかるって感じですよね。

萩原　ここ何年かで、はらみが100万円になったことで、新規就農しにくくなった。多分5年くらい前までは北海道の新規就農が平均年20戸くらい、僕が入った時も22戸だった。しかしここ3、4年で新規就農者が半分以下に減っているんですね。絶対的に物件は増えているんだけど、入りたい人もいるはずなんだけど、入れない。借金が膨らむからか、もしくはTMRセンターとの絡みで施設はあるけど土地が手に入らないとかで。

真家　売り手と買い手の折り合いがつかないと、遊ばせておくわけにいかないので、大規模経営やTMRセンターが吸収しなければならなくなる。そうなると、もう出てこない。入りたくても「あそこはもうないですよ」となる。牛舎すらなくなっていますから。土地だけしかなくて、それを誰かが管理している形になってしまう。そこに牛舎を建てて就農するのは資金的に無理です。

大変さと面白さ

司会　次に「新規就農の大変さと面白さ」について、それぞれお話しください。

青井　大変さと面白さ、どっちもどっちといった感じ。大変なのが面白い（笑）。そう思えるようになってきました。ハプニングも楽しめるくらいに。最初の何年かは金銭面といい作業面といい、本当に大変で、目の前のことをやるしかなかったけど、でもだんだん同じことやるにも気持ちのゆとりが出てきた。実は2年前、交通事故で首の骨が折れたんです。そのときは地域の人に助けてもらって、また退院したころに台風で牛舎が水没したりとか。その他いろいろとあったのですが、ちょっとくらいのことではだんだん気にならなくなってきた（笑）。今回の停電もそうですね。電気が復旧したらすぐに元通り。台風のときは1カ月水が出なかったし、畑にも砂がいっぱい流れてきて、しばらくはどうもならんって思ったんですけど、今回は牛乳が出荷できなかっただけで。経済的には被害があったんだろうけど、健康だったし気分的には大変さはなかった。面白さの1番は、自分のやりたいようにできること。やりたい範囲も、金銭面含めて自分で考えられる。自由だと思います。結果の責任も自分だし。それが楽しい。

司会　萩原さんは？

萩原　やっぱり、酪農をやることによって、いろいろなことができる、というか。これが例えば鶏の新規就農だとすると、60haの土地なんて持てないだろうし、鶏農家が牛を飼うとなるとそれは大変だと思うけど、酪農家が鶏を飼うというのなら、実際うちにもいるし。ヤギもいるけど、結構簡単に飼えるんですよね。ブタでも牛の草をあげれば飼えます。そういうのは面白いところですね。酪農をベースにしていろんな広がりが持てる。逆はなかなか難しいと思うんです。

大変さと言えば、まず初期投資が大きいこと。特にこの何年かは10頭買えば1,000万円かかってしまう。新規就農の時には、例えばトマト農家ならハウスの2、3棟建てても初期投資は1,000万円もかからない。酪農家だとそれが5,000万円とかになってしまう。でもうまく経営すれば就農10数年くらいで家も建てれたし、経営的にも面白いところは結構あります。僕らが就農したころは、農業は大変で儲からないと言われてましたが、今はガラッと変わって酪農は儲かるとか、面白がって経営している人も結構いますからね。TMRセンターに入って、いっぱい搾って、とてもいい経営してる人もいますし。そういうのがいろいろ選べる、というのがいいですね。うちみたいに30頭くらいで小さくやったり、放牧やったりしているところでも、それなりの経営になります。TMRセンターを利用して1万kg搾ってもいい。多様性が受け入れられるのはやっぱり素晴らしい。

司会　真家さんどうですか。

真家　大変さ、と聞かれても、先に話を聞いちゃうと今まで大変なことなんてまるでなかったよ（笑）、という気になりますが。牛舎の浸水もなかったし、大雨でトウモロコシと電牧器が一気に流されたことがあったくらいで。強いて言うならば、1人でやっている分、繁殖から何やら全部自分なので、たまにおろそかにすると空胎期間が長くなったりして、なかなか繁殖成績が上げられなかったりします。もうちょっとうまくできるかなと思っていたのですが。まだまだやり切れていないというか、獣医師頼みになっているところがあるので、まあこれは自身の成長の話であって大変なことではないのですが（笑）。2人目の子がいて妻はまだ作業に参加することができないし。言い訳になってしまいますね。

面白さというのは、萩原さんが言っていたように、毎月、お金が入ってきて、そのお金を回す、自分の経営に反映させていく、運用していくことができるというのが、面白いところかなと思います。後は、一番この仕事が最高だなと思うのは、玄関開けたらすぐ職場、というところ（笑）。なぜかというと茨城の実家から東京の予備校まで、始発で出かけて終電で帰るという生活を2年間していたので。しかも満員電車のギュウギュウ詰めで、具合悪くなっちゃって、最終的には予備校やめたいななんて感じになって。これ社会人になって一生やるのかな、サラリーマンにはちょっと向いてないなと思い始め、フィールドに気持ちが行った。満員電車も何にもない、玄関開ければすぐ仕事場がいいんです。「やべえ、寝過ぎた」と思ってもすぐ牛舎ですから、誰に怒られるでもなく（笑）。そういうところも自分でやっている良さだなと思います。牛1頭1頭の変化が肌で分かり、こんだけ乳量が伸びてきた、こういう管理にしたら病気なくなったなとか、そういうように力を入れた分だけ跳ね返ってくる、それが一番面白いですね。

新規就農者から既存農家はどう見えるか？

司会　今お聞きしてて、3人が共通しているのは、自分の考えで、自分の経営の仕方が決められる。責任は自分が背負わなければいけないけど、ということですね。そういった酪農の良さについては、新規に入った人ほど感じていると思うんですけど、既存の酪農家の人たちを見てて、どのように感じますか。

萩原　就農するまでは、どうしても酪農家になりたかったから、後継者の人を見るとうらやましく思っていました。ただ、僕らは好きな所でできる、ということもあった。西興部には17戸しかないので既存の農家とうまくつながっている。

司会　そのうち新規は。

萩原　3戸です。今度4戸目が入るので、新規の割合がすごく多くなります。

真家　離農しても新規が入るから、全体の人数は変わらない。減らしていないです。ちゃんと居抜きができている。理想的な形ができています。

司会　それ、珍しいよね。

萩原　道内でも。ここ10~20年で戸数が減っていないのは他にないと思う。

司会　西興部はなぜ、それができるのでしょうか。

萩原　小さな村な分、絶対に減らさないと、行政も一所懸命だし。

真家　1番は、萩原さんの存在じゃないですか。新規就農1発目なんで、本人から直接話も聞けるし、こうしたらいい、ああしたらいいというのが数珠つなぎになっていると思う。やめる人も入ってくる人もみんなヘルパーなんですけど、仕事の後の飲んでいる場などで、アドバイスしたりしています。

萩原　地区の特徴として、オホーツクは新規就農希望者がいないんですよ。やはり浜中とか足寄とか、あるいはここを通り越して猿払村に行くんですよ。やっぱり宣伝がすごいから。けれども、変わった人がぽつらぽつら来るんです。そいつをピンポイントで捕まえているんですよね。例えば足寄だと新規就農希望者が５人も10人もいて、順番待ちで、路線が決まっているんですね。僕はそういうのは嫌だったんです。そこで新規就農希望者が誰もいない所で就農したいと。今もそういう状況なんです、ここは。新規就農希望者がいないから、来たらその人が筆頭候補になれるんですよ。そういう面白さはありますね。

司会　萩原さんが入って、大変だったろうけど周りの農家からある程度、信頼を得て。そうすると次に新しく入ってきた人も、きっとやってくれるだろうという信頼感があるのかも知れない。

真家　もちろん、やりたい所でやれるのが新規就農ですけど、やれる所でやる、と考えるのも新規就農だと思う。そっちにシフトした方がかえってやりやすかったりする。例えば十勝でやりたい、とか気持ちは分かるけど、希望していた所より、入りやすい所に来た方がうまくいく、という人もいますよね。

司会　浜中は７人が待っているとか、足寄は２人かな。だから浜中でヘルパーやってて今月結婚した若者は足寄に移ったり。

青井　路線が決まっているのはねえ。

萩原　用意された牧場の話を流してしまったら、またかなり待っちゃうという。

司会　既存の人たちを見ていて、もうちょっとこうした方がいいんじゃないかな、とか思うことは。既存の人は親との関係とか、地域の関係とかいろいろなしがらみを抱えている。親のやってきたやり方があって、そこに自分が戻ったとしても、やりたいようにできず、すぐケンカになる。そうなっても、当然だと思うけど。

青井　３人とも就農前にヘルパーの経験があったから分かると思うけど、例えば実家に戻る前にヘルパーを経験したりすれば、他の経営を見ているのでかなり違うのでは。学校出てすぐ実家に就農すると、他を見られない。

司会　なるほど。

青井　自分が清水にヘルパーに入った時、130戸くらいヘルパー組合に入ってて、自分も90戸くらい２年間で回ったんですよね。小さい経営から大きい経営まで。いろいろなやり方を手っ取り早く見られた。

司会　実家に戻る人もヘルパーを経験して、他の経営を見るとかなり違うと。

青井　あと、見方も違うと思うんですよね。自分は何の基盤もなくヘルパーに入ったんで、結構農家の息子さんだと実家（のやり方）が基準になっている。僕の場合は基準がないから、全部の方法について、どうなんだろうって考える。自分と同期で入った農家の息子は実家と似ている所はここか、ここはうちでもこうしたいなとか、見ていたように思う。

司会　新しく自分で始めた人たちは、大変だけれども、自分のやり方ができるという面があり、一方、実家の跡継ぎで戻る人は、非常に恵まれているんだけど、なかなか自分だけでは決められない、という面があると。

真家　地区の農家さんでも、父さんが配合飼料をどんどん与えて、ばんばん搾っているのに、自分の代では放牧で6,000～7,000kgという人も普通にいるので、後継者だから自分のやり方ではできない、ということでもないと思う。親がやってきたことを、否定とまでは言わないけど、オレはこうしたいんだ、というのが強い人だったらいくらでもできるのかなと。その分、自分も外に出て勉強してきて帰ってきているのだから。

司会　あと、親がどれくらい許容力を持っているか。

真家　でも、親の知識や経験とかを、経営者になるときに引き継げるということは大きい。僕は全然知らなかったから、痛い目にあって覚えるしかなかった。痛い目にあってやっと人から聞くしか知識は得られない。じいちゃんばあちゃんが教えてくれているところは、哺乳の仕方１つ取っても、すごくうらやましかったですよ。新規だからいい、ということばかりではなく、一長一短ですよね。

青井　地区には８戸の牧場があるんですけど、そのうち２戸に僕の１歳下、２歳下がいるんです。30過ぎで実家に帰ってきたんですが、どっちも両親から機械の使い方とかも教えてもらって、作業も両親がいて自分がいて、従業員がいて。でもその２人はよその経営を見ていないから、自分の家のやり方しか知らない。最初に僕が入ったとき思ったのは、自分がこうやりたいと思ったとしても、人のやり方を知ることも大事だなと。前の経営者との併走期間は１年ちょっとだけど、一緒にやって基準ができた。その上でこれからはどうしようと考えられた。だから新規でなくても、親と一緒にやりながらいずれ自分のものにしていくと思えば。両親が立派な方だとなおいいのですが。

萩原　例えば両親がブリーダーやってて、１万2,000kg搾っているのに、その子どもが配合飼料をやらず7,500kgも搾らない。親がフリーストール飼養なのに、自分は頭数減らして放牧でやりたいとか。親はブリーダーで、本人はニュージーランドで学んで放牧に切り替えた人の苦労を聞くとやっぱり大変かなと。父親のやり方をそのまま引き継いでも何の問題もないわけだし。

青井　現状でうまくいっていればいるほど、変えるのは難しい。経営が悪いのだったら自分が入って変えるでいいけど、うまく行ってる場合は、どうなるか分からない方向に変えるのは大変なんじゃないかな。

萩原　でもうまく行ってるからこそ帰ってくるんですよね。経営悪かったら絶対戻ってこない（笑）。

司会　それでも、帰ってくるとケンカ（笑）。みんなそうなんでしょう。親子は、酪農家でなくても一緒にやるのは難しいよね。

今、新規就農希望者を阻むもの

司会　では、今後の新規就農がどうなっていくか、それを妨げているものは何か、どうすれば新規就農しやすくなるのか。そのあたりはどうでしょう。

萩原　これから人の数が減ってきて、酪農家の数が減ってきて。行政としては人口を減らさないことだと思うんです。1,000頭の牧場を１つつくるより、100頭の牧場を10戸つくった方が、行政としてはいいに決まっていると思うんですよね。新規就農したい人が、どういう経営をやりたいのか、みんな明確に持っていると思うんです。放牧でやりたいとか、１万kg以上搾っていきたい、とか。それを受け入れる側でかなえてあげる。こちらのやり方を押し付けるのではなく、本人の希望がかなえられる場所に誘導してあげる。放牧可能な場所を見つけてあげたり、TMRセンターがある所を紹介したりとか。トラクタに乗りたくない、畑はやらず買い餌で、という人もいますから。やってはいけないのは、受け入れ側の都合で新規就農者を縛ること。例えば本人は放牧や少頭数でやりたいのに、今までやってた人がTMRセンターを使ってうまくやってたから、同じ方法で入ってほしいと、就農者側の哲学を曲げてしまう。そうなると、将来的にいろいろな問題が出てくるのではないだろうか。

真家　やりたくないことをやらされることになっちゃうし、まあそれで納得したのなら納得した人が悪いのだから。

萩原　そこらへんの分化、最初に人を呼ぶんだったら、この地域は例えばTMRセンターを使う人を募集します、とかしないと。漠然と新規就農したい人を集めて、ヘルパーやってもらって２年、３年住んでから実はTMRセンターを使う方法しかないんだよ、というのではその人の人生を壊してしまう。この牧場が何年か後に空くから、そういうやり方が合った人に来てほしい、という言い方をしないと。最近、よく耳にするんですよね。TMRセンターはこれからもっと増えると思いますが、構成員がやめた後、その後どうするかというような。

司会　新規就農希望者は、自分のやりたいことができる、というのがすごく大きな要因なのに、欠員が出たのでと、一般の会社のような募集をしても合わない、という話でしょうか。

真家　その方法でも、酪農やりたかったんですよ、という人がいればそれで問題はないんですけどね。合えばいいんですよね。舎飼いでやりたかった、TMRセンター利用でやりたかった、最初からそう思って入ってきたなら万々歳です。それ以外の人にとっては、それはちょっとそこでは、ってなりますし、何年も待ってて疲労困憊していたら、自分の気持ちを曲げて妥協して入ることもあり得ます。入った後で、こんなはずではなかった、となってしまったら、せっかく新規就農できたのに一番つまらないことになる。そうならないように、情報開示して必要な情報がすぐ分かるような体制整備が必要ですよね。

司会　うまくマッチングできるように、情報が伝われば。

真家　担い手センターなどでそういうことはやっているんですけど多分、手が回っていないのでは。

萩原　少頭数で放牧やりたいという人はもちろんいるんだけど、フリーストールでやりたいとか、TMRセンター利用して搾りたいという人も結構な数がいるんです。そういうのをうまくマッチングさせる仕組みづくりというか。

青井　なかなか情報が出てこないですよね。ここが絶対に空く、みたいなことでもなければ。数年後空くかもよ、程度では。

萩原　でも、それは農協なり行政がやらないと。例えば65歳で線を引いて、目星だけでも付けておけば、そんなに大幅にずれることはないだろうから。

真家　新規就農の先進地みたいな所は、そんな線引きをきっちりしていて、この人は何年後に絶対やめるから、確実に入れると、確約ができている。普通はやれるだけやりたい。実際はやめようかなと思っても、明日にもやめたいとなってからバタバタする。

司会　浜中とかでは、そういうふうにしているんでしょうね。

真家　割り切っているというか。そういう条件で覚書とかしているんでしょうね、恐らく。

司会　浜中は、大規模はやらせない、というわけではないけど、やらないんだよね。家族経営が中心だって、そういう方針を持っているから。新規で入れるけども、でっかくどかんと、というのはしない。大規模牧場の「酪農王国」などはあるけれど、それらは農協が土地の余っている状況を判断してつくった。こうした方針を持っている所には新規が集まるのでしょうね。十勝はどうなんでしょう。

青井　十勝はまた条件が違っていて。さっき西興部では周りの人が空いた土地を欲しがることがそんなにないということでしたが。

萩原　結構いっぱいいっぱいで大規模化も高止まりという状況ですね。

青井　清水はまだ、土地が空いたら新規に人を入れるより、周りに分けた方が搾れるだろうと。清水は十勝の中でも自由な方で、農協も、やりたいならやらせる、周りが土地を譲ってくれるなら、お金が何とかできるなら、好きなようにどうぞ、みたいな。特別な補助はないけど制約もしない。コントラが利用できるんで、大きい経営は離れていようが畑があれば手に入れようとします。最近、日勝峠の一番上の牧場がやめられたんだけど、本当に山の中の畑で何kmも離れているのに牧草だけ取りに来る。牛舎も新しいので新規で入りたいという人もいるけど、土地はもう全部周りに譲られて残っていない。山奥なので、そんなに牧草が取れるわけではないのに、少しでも欲しいという大きな所の経営者は多い。自分が入った牧場のように、やめる人が、自分のやってきた土地をばらばらにして欲しくない、そういう意思があれば違うんでしょうけど。

萩原　前の親方が、そういうちゃんとした哲学を持っていてくれればいいんだけどね。だけど、こっちはあなたに譲る、そっちはあなたに譲る、ってなると。

青井　全部ばらばらになってしまう。

萩原　そのためには今日・明日という話ではなくて、5年後、10年後どうするかというプランがないとできないですよね。ここに新規就農者をいずれ入れて、町の人口を減らさないだとか、そういうのがないと。

司会　萩原さんが最初に言った、農家の戸数が減ったら地域としてダメになる、ということは地域の人、農家の人は分かっているはずだけど、農協だったり、政治家の中に生産量さえあればいい、みたいに考えている人たちがいるんでしょうね。

自由に経営できる酪農のすばらしさ

司会　それでは、最後のテーマです。酪農は他の農業とはちょっと違って、全ての要素が含まれている産業だと個人的に思います。家畜という要素が入ってはじめて「循環」というものが成り立つ。もちろん、この考えに迎合する必要は全くないんだけど、そういう酪農の基本的な考え方について、どう思いますか。

真家　循環型酪農をどれだけやれているか分からないけど、基本的に、出たもので土地を肥沃(ひよく)にしていって、取れたもので餌をつくって、食べさせて、というローテーションということ。それが一番外部依存の少ない形だと思うんです。畑の面積と牛の頭数と排せつ物の量、それがマッチングしていれば、一番経済的に牛飼いができると思うので、自分もそうしたいと考えています。うちの場合はちょっと特殊で、都市型酪農ではないのですが、周りでうちだけなんです。すぐ近くに中学校があり、畑に尿散布できない。何も言われてはいないのですが、気分が悪いじゃないですか。授業中に尿の臭いとかしてきたら。遠い畑以外はBB肥料を買って使っていますが、収量は少ない。お金も毎年200万円以上かかっています。堆肥も尿もあるのに。地域でバイオガス施設が稼働するので、どれだけ消化液が使えるのか期待はしています。

個人的には、こういった形が一番経済的にいいのではないかと思っていますが、地域では最近、バランスが崩れてきていて、大規模すぎる所がドカっとあり、糞尿に対して畑の面積が少なくなってきている。人工湿地をつくったり、いろいろやっている所はあるのですが。必要以上に畑に糞尿が入れられると余計な病気も増えたりする。だから大規模化もいいんですけど、範囲内でやる。それが結果的には萩原さんが言ったみたいに、1,000頭1戸より100頭が10戸の方がいいのだと思います。大規模経営のトウモロコシの畑を見ると、これ沼じゃないのかってほど、糞尿まいている所もありますから。その畑を次の年に起こせば、またそれが出てくる。意味あるのか、みたいな。

司会　そのためにトウモロコシをつくっているんじゃないの（笑）。

真家　まさにそう言ってる人もいます。量をまくためにトウモロコシ畑を増やしていると。そうしてないと糞尿をまく所がない。反

3tとか4tとか決まってるから、そこから離れてしまうと害が出てしまう。害が出ないようにするのがサイクルですから。

青井　大きい所、小さい所ありますが、いろいろある方がいいのかなと。多種多様というか。みんな好きなようにやるのがいいけど、生乳生産の面からみると、やっぱり大きい所も必要かなと。もともと出身が本州で、牛乳が好きで牛の世界に進んで来た者でもありますし。牛乳から入ってきた者としては、牛乳の値段が高くなって嗜好品化するのはどうかと。いっぱい搾って安く売ってくれるところがないと。みんながみんな小規模で、高く売る、というのはどうもね。うまく共存できたらいいなと思います。ただ、バイオガス施設の容量を超えちゃうくらい大きくなるのはどうかと思う。十勝はまだ畑屋さんがあるんで、そこにまけるとはいえ、まく時期が決まっているんで、消化液をためる所がない。一時期にドバーっとまくのはどうかなと。

真家　なんで消化液の量が増えるんですかね。希釈するからでしょうか。原料より確実に量、増えてますよね。

司会　加水はしていないけど、洗い水とか、工程で出る水が逃げないんで全部たまる。搾乳ロボットを使っているなら、その水浄水だとか。計算上で、1頭当たり多く見ても糞尿が70kgくらいと言われているのが、100kgで計算しても実際にはあふれてしまうみたい。

萩原　消化液って実際どうなんですか。畑を長く維持できるものなのですか。

司会　有機物が全部出ちゃってるわけではないし、ヨーロッパでずっと使ってきて、特に問題はないのでダメということはないと思う。

萩原　西興部で今、まさに整備しているんですよ。ほとんどの農家がそれに入る予定で、村内の電気はそれで全部賄えるとか。

真家　でも、できた電力はほぼ売電なんですよ。町が得することはなくて、売電して償還費にする。

司会　多分、補助金が入るんですよ。そうすればペイできると思うんだよね、計算上。

萩原　それで町中の電気がつくれたらね。

真家　この前のブラックアウトのとき、バイオガス施設を持っている人の話だと、自分の所で発電した電気は結局使えないのさ。

青井　十勝も太陽光パネルがこの何年かですごく立ってる。なのにそれも停電時には使えない。

真家　発電した電気が直接入るわけではなく、売電の差額で電気代が安くなってる、という話で。災害のときなどには何の意味もない（笑）。

萩原　この町だけは電気が消えない、とかできればいいのに。西興部の役場の人にも言ったんだけど、人口も多くない小さい所は自給自足に近づける方がいいと思うんです。周りから隔絶されても、薪はいっぱいあるし、それでボイラーとか動かして。自立した村、ってうたってるんだから。

青井　せっかくバイオガス施設があるんだから、エネルギーも自給できたら。

萩原　いざというときに使えたら、それはそれで、すごい村の売りになるよね。全道でブラックアウトしても西興部だけはこうこうと明かりがついているとか。

真家　そんなうたい文句でもあったら、いくらでも人集まると思う。過疎化だって言ってるけど。

青井　自給自足をしたい人なんかも来る。

萩原　うちの前に沢、川が流れているんだけど、僕の夢は水力発電で住宅の明かりだけでも賄いたい。バルクとかは動かせなくても。

司会　別系統でケーブルを引っ張らなければならない、ということになるのかな。普通の電力会社の系統につなげて流すことはできないと思うし。

萩原　ブレーカまでが電力会社の持ち物だから、その先につないで切り替えできるようにすれば。PTO発電機はそういう仕組みで、いったん切ってつなぎ替えるだけでいいはず。しかし、今回感じたんだけど、いつも停電って5分とか10分とかじゃないですか、落雷とかで。でも、発電機買って使ってみたらすごい安心感で。

青井　今回みたいにいつ復旧するか分からず、搾乳できない事態はとても不安。

萩原　どうしたって僕らは生き物相手の商売だから、その土地から離れられない、必ずやらなければならない搾乳があるから、やっぱり自前で用意しなければならない。これだけ気候がおかしくなってきているから、またすぐ同じような事態が来るかもしれない。台風でも。そういうときに自立する用意というか。昔の農家って、みんなそうだったと思うんだよね。水も自前の沢から引いてきて、食料は鶏飼ってつぶして食べてとか。オーストラリアにあるパーマカルチャーという考えが、そういう考えなんですね。2、3家族のコミュニティーを自分たちだけで維持していく。その景色が素晴らしかった。牛もいるし、豚もいるし、果物もベリーだとかあるしね。それらを有機的に絡み合わせて、1つの土地をうまく回していく。

司会　それがまさしく循環だよね。

青井　大きな循環ですね。

司会　循環にはね、牛だけでなくて、豚がいて鶏がいてヒツジもいて、それぞれ食うものが違ったりして、能力も違っているから、それで循環をうまくつくってきた、ということなんでしょうね。

萩原　景色的にも本当に素晴らしい。鶏なら鶏の適所、豚は豚の適所に置いて、その間に果物とかベリーがあって。過去見たことのない感じだったから。

司会　それこそが先ほど言った循環、萩原さんの考える循環型のイメージ。

萩原　酪農を基盤とした目指す形です。酪農は毎日の収入があるから計画が立つけど、鶏だけならできない。面積も少ないだろうし。借金さえなくなれば、目指す方向に進める。水力発電とか、住宅の前にツリーハウスをつくろうだとか。そんなことをしていると、学生が来たときに「西興部に住みたいね」となる。そういう人が1人でも出てくればと思う。

青井　本当にそう思います。まあこういうところでは、牛の話とか農業、農家の話ばかりになるけど、そこに生活すると、それ以外のことがいろいろあると思うんですよね。地域の活動だったり、子どもが小学校行ったら小学校の活動だったり。

司会　青井くんの奥さんだって。

青井　うちの奥さんは今、搾乳とか全然しません。小学校のPTAとか、少年団のコーチだとか、他にもJAの女性部、若妻会の会長やったりとか、そっちの方が忙しくて。まあそれもありかなと思っています。

司会　今日は本当に長時間ありがとうございました。聞いているときりがないと言うか、面白かった。やっぱり先ほど言われた、自分で決めて、大変だけどそれを自分で形にできる、こんなぜいたくなこと他にはないと思いますね。

真家　こんなやり方にしたら、こんなに面白いのかとか。そういうの入れることに抵抗はないですね、僕らは。今さら人に聞けない、なんてことなくて。ゼロから始めると先入観はないし、いいことは見てきて吸収すればいい。取り入れて、これは面白いと自分で満足できればいいんじゃないかな。人に何言われても。

司会　そういう気持ちでやることが、やっぱり地域を引っ張っていくことになる。変にとらわれない形でできちゃう。それから、やっぱり楽しくやっている人にはかなわない。いくら儲けている人でも面白いと思ってやってる人には絶対かなわない。

真家　今日、石灰か何かをオバケみたいなでっかいトラクタでまいてたのを見たんだけど、頑張ってるなあって（笑）。見てて面白いけど、僕にはできないなと思って（笑）。

萩原　人間関係のストレスがないのがいいですよ、酪農は（笑）。生き物相手は。

司会　それ、ぜいたくな話だよね。世の中には都会などにはそんな（ストレス感じている）人たくさんいるけど、どこにも行きようがない。だから農業は、特に家畜を扱う仕事はすごく包容力があるから、例えば精神的な病をちょっと持っている人とか、肉体的にハンデを持っている人でも、十分できるというパワーを持っていると思う。

萩原　牛乳は毎日売られているけど、僕らは毎日売る努力をしなくてもいいから、そういうストレスもないし、客を捕まえに行かなくてもいいという販売は僕らくらい。非常に珍しいですよね。

真家　普通なら顧客を捕まえに行って、その後それを離さないようにしなければならない。商品展開しなければならない、マーケティングしなければならない。

青井　いくら変動があるといっても、他よりは安定しているし。

真家　１年間「この値段で売ります」と決まったら変わりませんから。地震が来ようが災害が来ようが。

司会　その良さというものを、既存の農家の人は気が付いていない。

萩原　多分、それが当たり前と思っている。牛乳を２日に１回必ず持って行ってくれる。これが魚屋だったら、自分の持ってる魚をどう売りさばくか、在庫を抱えたらダメだとか、そういった手続きを全部、自分たちでやらなければならないけど。僕たちの場合は、気がついたら持って行ってくれてる。お金も定額で毎月入ってくる。休みはない代わりに毎日収入がある。人に頭下げて買ってもらっているのでもないし。他の商売の人と比べたらものすごいメリット。

真家　他の業種の人とかは、企業努力とか大変でしょうね。

青井　清水町のある牧場では、本州の大企業の新人研修を受け入れているんですね。５、６人で来て１日２日なんですけど体験していくというもので、よくみんな衝撃を受けてます。みんな言うんです「思ったより、補助金で成り立っていないんですね」と。農業はもっと補助金に頼って回しているのではないかと、思っていたようです。

司会　話は本当に尽きません。本日は本当に忙しい中、みなさんありがとうございました。

一同　まあ、僕らは自由ですから（爆笑）。

おわりに

干場　信司

多様性の容認と守るべき基本

（1）酪農の多様性

第1章から第3章まで述べてきたように、現在の酪農の経営方式は極めて多様である。この多様性をもたらしている要因は、主に次の2つに分けて考えることができるであろう。

1つは酪農が本来的に持っている多様性であり、もう1つは、急速な飼養管理技術の進歩に伴い選択肢が拡大したことによる多様化である。それぞれについて述べる。

①本来的に酪農が持っている多様性

第1章でも述べたが、デンマークの戦後復興は主穀農業から主畜農業への変換によってもたらされたといわれている。主穀農業と主畜農業の違いは、家畜の存在である。主穀農業では、地力の略奪になりやすく持続的ではないが、家畜が加わることにより、作物残さの利用や家畜から生産される糞尿の肥料としての利用、飼料作物を組み込んだ輪作体系などにより、生産体系が多様化するし、同時に家畜からは卵・乳・肉などの生産物も得られ、最終的には持続的生産が可能となる。

そのことは、黒澤酉蔵が表した「循環農法図」を見ても明らかである。家畜が存在することで、初めて物質の循環が成立する。

北海道について考えてみると、稲作や畑作が可能な地域では、家畜を導入することで残さ物の有効利用や堆肥の還元により複合経営が可能であり、稲作や畑作が不可能な草地主体の地域（宗谷・根釧地域）であっても、酪農や肉牛生産が可能である。このように、家畜が導入されることによって、気象条件や土地条件が異なるそれぞれの地域において、そこならではの循環型の農業生産体系が成立するのである。

そして、この循環型農業生産体系に不可欠なのが酪農である。なぜなら、牛は幅広い気象条件（特に寒冷環境）に対応可能であり、牧草などの繊維分から野菜や穀物の残さ物までの多様な飼料を受け入れてくれ、その上で商品価値の高い牛乳を生産してくれるからである。

②新技術の導入に伴う選択肢の多様化

21世紀に入ってから（本書の時代区分では転換期）の酪農における飼養管理作業の自動化・ロボット化技術には目を見張らざるを得ない。

これまで自動化が難しかったつなぎ飼いにおける給餌作業にも、個体ごとに給餌量を調節可能な国産の自動給餌機（例えばマックスフィーダー）が開発された。搾乳ロボットは放し飼いにおける搾乳作業の無人化を可能としたし、つなぎ飼いにおいても搾乳ユニット自動搬送装置（例えばキャリロボ）は、人の搾乳作業を乳頭清拭とミルカの装着およびディッピングだけにしてくれた。繁殖管理（発情発見）も乳牛の活動量から推測ができてきている。また、糞尿の管理にはバイオガスシステムの利用も可能となり、電気エネルギーの生産も可能にしている。

さらに、ヘルパー、コントラクター、TMRセンター、哺育・育成センターなどの営農支援システムも北海道内各地で整備されてきている。

当然ながらこれらの新技術や支援システムの導入は、もともと多様な乳牛の飼養管理方式を、さらに著しく多様化させた。例えばこれまでは、搾乳牛120頭規模の経営は夫婦2人ではほぼ無理であったが、搾乳ロボットや自動給餌機を導入することで、実現可能な範囲になっている。
また、これまでは、かなり多くの飼養管理者がいなければ実現できなかった、500頭規模の搾乳牛を抱えた大規模経営が、以前よりはるかに少ない人数で可能となっている。今や、バイオガスプラントをも併設した500頭規模の大規模法人経営が、酪農経営の典型であるかのような勢いを見せている。
一方では、40頭ほどの搾乳牛を放牧主体で飼い、高い所得率を維持することで、悠々と経営している酪農家も存在している。また、自家生産した牛乳を用いたアイスクリームやジェラート、チーズの生産販売を行い、いわゆる６次産業化している酪農家も現れてきている。
このように現在の酪農経営は、半世紀前にはおよそ想像すらできなかった形態に変化し、また多様化してきている。

（２）守るべき基本　－酪農哲学の再確認－

近年、高水準の乳価や個体販売価格の高騰が続き、「畜産クラスター」と呼ばれる補助金制度のお陰もあって、「酪農バブル」状態が続いている。そのため、前述した多様な酪農経営方式のどれを選んでも経営はそれなりに成り立つし、上手にやれば巨額な富の蓄積も夢ではない。今がチャンスという空気が流れ、規模の拡大を目指す農家も少なくない。
しかし、こんな時こそ、気をつけなくてはいけない。そして原点に戻らなくてはいけない。原点とは、先人たちがたゆまぬ努力の中で創り上げた酪農哲学である。
確かに今は、技術的には少人数でも自動化・ロボット化した装置・機械を用いれば、多頭数を飼うことができるかもしれないが、物質の循環はうまくいっているであろうか。多頭数から生産される糞尿の量は凄まじく多い。牛乳生産量の３倍くらいは想定しなくてはならず、それを農地に還元する必要がある。従って、まず糞尿を還元できる農地に見合った経営規模にしなくてはならない。もちろん、畑作が行われている地域であれば、還元は必ずしも自分の農地だけでなくても良いであろう。畑作農家とのいわゆる耕畜連携も優れた方法である。
いずれにしても、経営規模の決定は、使用する機械装置や施設から決めるのではなくて、あくまでも糞尿を還元できる農地面積から決めなくてはならない。
今一度、宇都宮仙太郎がデンマークから学んだ「有畜農業」の意味を、町村敬貴が実践した「牛づくり、草づくり、土づくり」の心を、そして西蔵が唱えた「健土健民」と「循環農法図」の哲学を、思い起こす必要があるのではないだろうか。
経済発展を優先する風潮（思想）は、目覚ましく発展する工業技術と結び付くうちに、農業の持続性を支える物質循環の大切さを忘れさせてしまう。循環を管理する役割を担っている人間が、工業技術の魔力に取りつかれてしまうのである。
搾乳ロボットも自動給餌機も素晴らしい機能を持っているが、あくまでも道具である。道具を使うために経営するわけではなく、酪農家本人の経営方針を実現するために道具を使うのである。牛との触れ合いを大切にしたいと思っている酪農家は搾乳ロボットを使わないであろう。その酪農家にとっては、搾乳ロボットは幸せを奪う機械なのかもしれない。
素晴らしい機能を持った機械・施設が悪いわけではない。これからもどんどん新しい技術が登場し、経営形態も変わっていくかもしれない。また、経営規模も、農家の希望に合わせて、小規模なものから大規模なものまで多様になるであろう。しかし、変わってはならないもの、守らなくてはならないものがあることを忘れてはならない。それは、物質循環が可能な範囲で経営を行うということである。多様な新技術と酪農哲学の共存である。

（3）将来に向けての課題

守るべき基本を再確認する中で、北海道酪農の将来に向けて、次のような課題が見えてくる。

①改めて畜産環境規制の見直しを

20年ほど前に制定された家畜排せつ物法の趣旨は「野積みと垂れ流しの禁止」であり、数的な規制はされなかった。当時ヨーロッパにおける畜産環境規制は、ほとんどが面積当たりの飼養頭数で表されていた。日本でも同様の数的規制をすべきとの声が制定の直前まであったようであるが、日本の現状、特に都府県の畜産の現状を考えた時に、無理との判断をしたと思われる。当時の日本の状況においては、家畜糞尿による環境汚染が大きくなり、社会からの批判も強まる中で、少しでも早く規制法を制定することが優先されたものと思われ、ある意味では、やむを得ぬ決定であったかもしれない。しかし、20年を経て、改めて大規模化を志向する雰囲気がつくられる中で、再び同じ過ちを繰り返さないためにも、数的な根拠を示した規制が必要になってきていると思われる。その例の１つを第２章第６節４．で述べている。

②経営規模の問題

酪農経営において、無制限の経営規模の拡大が果たして好結果をもたらすか否かについて、十分に検討が必要であろう。検討のポイントの１つ目は前述した環境問題である。２つ目は、規模の拡大によって機械化や自動化がやりやすくなるというメリットはあるだろうが、輸送に使われるエネルギーは著しく増加すると思われる。第２章第５節で述べているライフサイクルアセスメント（LCA）を用いた、総合的な検討などが必要である。そして３つ目は、地域の活性化の視点である。酪農家の離農が進んでいる地域においては、大規模法人経営の牧場が設立されることにより、生乳生産量を落とさずに、逆に増やすことも可能である。しかし、生乳生産量は維持できても、そこに住む人がいなくなれば地域は疲弊していくであろう。小規模の酪農家がたくさん存在できるようにすることの方が、地域の活性化が図られるものと思われる。

③わが国の生乳生産量の在るべき姿

わが国の生乳生産量は2018年度時点で約730万トンで、そのうちの55％が飲用乳として、残りの約45％が乳製品用として用いられている。北海道では全国生乳生産量の54％が生産されており、そのうちの７割強は乳製品向けで、飲用乳向けは３割弱に過ぎない。この生乳生産を行うために用いている飼料の自給率は、北海道でも62％ほど（2017年度）であり、全国では20％前後であろう。つまり、わが国における生乳生産は、膨大な量の飼料を海外に依存して成り立っていることになる。

物質循環の視点からこの状況を見てみるとどうなるであろうか。海外から飼料を輸入して牛乳を生産し、それを加工して乳製品を作るという極めて効率の悪い迂回生産をするくらいなら、乳製品を輸入した方が総合的な効率は良く、家畜排せつ物処理の問題も少なくなるはずである。飼料自給率を70～80％に高めて、国内における生乳生産をできるだけ物質循環が可能な範囲で行い、それで生産される生乳量が物質循環を守ることのできる適正生産量と考えるのである。得られた生乳は、まず優先的に飲用乳向けとし、残りを乳製品に廻し、不足する乳製品は輸入するのである。飼料用穀物の輸入量が大幅に減少し、食料自給率の向上が期待できるであろう。

飼料穀物の輸入は複雑な力関係の中で決まってきているし、総生乳生産量を減少させることは、わが国の酪農業や乳製品加工業に対して極めて大きな影響が生じることは、想像に難くない。しかし、将来にわたって持続的な酪農生産を行っていくためには、このような可能性を検討の範囲に入れておくことも必要であろう。

④酪農の担い手問題

北海道では近年、毎年200戸近くの酪農家が離農しているが、新規参入者はそのわずか1割程度に過ぎない。②の経営規模の問題でも述べたように、生乳生産量は大規模酪農場によってカバーできるかもしれないが、地域に住む人が少なくなってしまえば、地域は寂れる一方である。新規参入を望む若者がいないわけではない。担い手を育てる体制が十分とは言えないであろう。

現在では、一般企業に就職した大学新卒者が3年以内に離職する割合が、30人以下の規模の企業で約5割、500人から1,000人規模の大企業でも3割近くいるのである。それが良いこととは思わないが、認めざるを得ない現実である。酪農は初期投資が大きいこともあって、簡単には参入できないことは理解できるが、酪農の将来、地域の将来のことを考えるならば、もっとチャレンジがしやすい方式を考えるべきである。道内でも、浜中町、別海町や足寄町などが、独自の方法で担い手の要請を行っている。デンマークやニュージーランドなどの担い手養成や経営継承のシステムを参考にしながら、さらに真剣に考えなくてはならないであろう。

⑤女性の果たす役割

酪農経営は、そこで働く女性が生き生きとしているかどうかで決まってくるように思われる。特にフリーストール方式を採用している家族経営の牧場では、牛に触れる時間が長く、牛の体調のことを知っているのは妻であることが多い。夫は、給餌や糞尿管理の機械作業が主体となるからである。もちろん仕事の分担は、酪農家によって異なるが。

また酪農は、仕事場と生活の場がなかなか仕分けしにくい仕事でもある。その意味でも、女性の果たす役割は大きくなる。このような実態にも関わらず、酪農家ではこれまで女性の立場は軽んじられることが多かった。

しかし、時代は確実に変わってきているように思われる。女性が実質的な経営を担っている酪農家も少しずつ増えてきているようである。女性の理事がいる農協ももっと増えるべきであろう。女性の酪農家とうまく意思疎通を取ることは、農協の営農指導をする上でも重要になってくるので、営農指導の担当者として女性が採用されることが多くなるものと思われる。

謝辞

本書の出版に当たって、大変多くの方々からご支援いただいた。

公益財団法人栗林育英学術財団には、2年間にわたり研究助成をいただき、本書作成に向けた調査や準備を行うことができた。ご支援に感謝したい。

出版の予定が大幅に遅れてしまった。ひとえに干場自身の遅筆のせいであり、共著者の皆さまにもお詫び申し上げる。

本書の出版を引き受けていただき、遅い原稿に対しても寛容な対応をしてくださったデーリィマン社の新井敏孝社長はじめ星野晃一出版部長、お手数をおかけし通しであった重堂恭介制作部長、その他の皆さまに心からお礼を申し上げたい。

最後になるが、本書の出版に当たり、株式会社町村農場からご支援をいただいた。記して感謝申し上げる次第である。

北海道の酪農に携わっている皆さまが、これまで歩んできた足跡を振り返り、持続的で世に誇るべき将来の酪農像を創り出す上で、本書が何らかの参考になることを願ってやまない。

監修　干場　信司

重版の謝辞

お陰様で初版が完売となり、重版することとなった。重版に当たっては、北海道酪農協会からご支援をいただいた。心から感謝申し上げる。

また、公益財団法人北農会、NPO法人グリーンテクノバンク、一般社団法人北海道酪農畜産協会、一般社団法人北海道地域農業研究所には、ホームページに本誌の発行について告知していただいたり、機関誌に書評を掲載していただいた。記して感謝申し上げたい。お忙しい中、書評をご執筆下さった酪農学園大学名誉教授の中原准一氏（「地域と農業」）および道総研酪農試験場長の大坂郁夫氏（「北農」）にも感謝申し上げる次第である。

監修　干場　信司

北海道酪農の150年の歩みと将来展望

―酪農技術の発展と酪農哲学の再考―

初版発行　令和３年４月１日
第2刷発行　令和３年12月１日

監　修　千　場　信　司
編　集　北海道酪農の歩みと将来展望を考える会
発行者　新　井　敏　孝
発行所　デーリィマン社
〒060-0005　札幌市中央区北5条西14丁目
電話　011(231)5261(代　表)
011(209)1003
FAX　011(271)5515
印刷所　岩橋印刷株式会社

ISBN978-4-86453-077-4 C0061 ¥2000E